通信工程专业基本理论与工程实践系列丛书

现代通信系统实训教程

伊学君 刘磊 编著

清华大学出版社
北京

内容简介

本教程是为适应高等院校通信专业课程教学和改革的需要而编写。

本教程以现代交换原理和光纤通信技术为理论指导，以工程实践为主线。内容安排如下：第一部分理论基础，简单介绍实践过程中与通信有关的基本概念；第二部分仪器设备，描述华为程控交换设备和光传输设备硬件结构及功能等；第三部分软件使用，介绍实训过程中涉及的软件及其功能特点和基本使用方法；第四部分应用与实践，选取典型的12个实训单元深入详细地描述交换设备及传输设备的配置方式。

本书可作为高等院校通信和信息类专业的本科教材，也可供从事通信工程方面的技术人员参考。

图书在版编目(CIP)数据

现代通信系统实训教程/伊学君，刘磊编著. —北京：清华大学出版社，2014（2022.1重印）
（通信工程专业基本理论与工程实践系列丛书）
ISBN 978-7-302-34132-1

Ⅰ. ①现… Ⅱ. ①伊… ②刘… Ⅲ. ①通信系统－高等学校－教材 Ⅳ. ①TN914

中国版本图书馆CIP数据核字(2013)第243610号

责任编辑：邹开颜 赵从棉
封面设计：常雪影
责任校对：赵丽敏
责任印制：刘海龙

出版发行：清华大学出版社
网　　址：http://www.tup.com.cn，http://www.wqbook.com
地　　址：北京清华大学学研大厦A座　**邮　　编**：100084
社 总 机：010-62770175　**邮　　购**：010-62786544
投稿与读者服务：010-62776969，c-service@tup.tsinghua.edu.cn
质量反馈：010-62772015，zhiliang@tup.tsinghua.edu.cn
印 装 者：北京富博印刷有限公司
经　　销：全国新华书店
开　　本：185mm×260mm　**印　　张**：20.25　**字　　数**：490千字
版　　次：2014年1月第1版　**印　　次**：2022年1月第9次印刷
定　　价：57.00元

产品编号：054815-04

前言

FOREWORD

进入21世纪的人类已经迈进了一个全新的信息化时代，交换技术、光纤通信技术作为通信网的核心技术，其实习实践也是通信与信息专业中有特色、必不可少的重要课程。本教程是编著者结合近年来在高校从事该门课程的教学与研究经验，借鉴华为通信设备手册精心编撰而成。

本教程在内容选取和编写上有以下特点：

1. 教程所构建的知识基础平台内容丰富，覆盖了程控交换、光纤通信等技术。

2. 教程以华为应用广泛、技术成熟的C&C08系列程控交换机和OSN系列传输设备为学习对象，系统地讲述了两种通信设备的使用和调试方法。

3. 本教程含有大量的图文和图表，使理论知识更加直观，容易理解和掌握，更具有系统性。

4. 在传授知识的同时，注重培养学生在工程实践领域中阐述、分析和解决问题的方法和思路，具有前沿性和时代性。

本教程由伊学君和刘磊编著。其中，刘磊编写第1～4章，伊学君编写第5～11章。本书的出版得到了清华大学出版社的大力支持，在此表示衷心感谢。另外，在编写过程中，作者查阅了大量资料，鉴于某些资料是设备手册，无法确认原始作者，参考文献未能全部列出，在此也表示感谢！

由于时间紧迫，编著者学识有限，书中难免存有错误和问题，恳请广大读者批评指正。

作　者

2013.9

CONTENTS

第一部分 理论基础

第一部分

理论基础

交换技术

什么是交换，为什么在通信网中一定要引入交换的功能，通信网中交换设备究竟要完成哪些功能，在现有通信网中都有哪些交换方式，不同的交换方式之间的区别是什么，本章主要介绍交换及通信网中一些基本概念，使读者掌握通信中一些基本概念、重要概念，为后续学习打下基础。

1.1 交换的引入

通信就是在信息的源和目的之间进行信息传递的过程。人们的社会活动离不开通信，尤其是在一个信息化的社会，现代通信技术的飞速发展使人与通信的关系变得密不可分。在现代通信网中，为满足不同需求而采用的通信方式各不相同，通信手段多种多样，通信内容丰富多彩，从而使通信系统的构成不尽相同。一个最简单的通信系统是只有两个用户终端和连接这两个终端的传输线路所构成的通信系统，这种通信系统所实现的通信方式称为点到点通信方式，如图 1.1 所示。

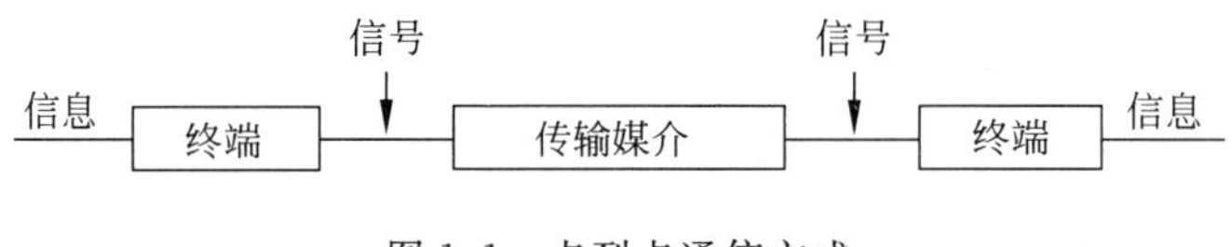

图 1.1　点到点通信方式

点到点通信方式仅能满足与一个用户终端进行通信的最简单的通信需求。然而，现实的通信更多的是要求在一个群用户之间能够实现相互通信，而不仅仅是与一个用户进行通信。以电话通信为例，人们当然希望能与电话网中的任何一个用户在需要时进行通话。那么，要想实现多个用户终端之间的相互通话，最直接的方法就是用通信线路将多个用户终端两两相连，如图 1.2 所示。

在图 1.2 中，6 个电话终端通过传输线路两两相连，实现了任意终端之间的相互通话。由此可知，采用这种互联方式进行通信，当用户终端为 6 个时，每个用户要使用 5 条通信线路，将自己的电话分别与另外的 5 个电话相连，不仅如此，每个电话机还需要配备一个 5 选 1 的多路选择开关，根据通话的需要选择与不同的话机相连，以实现两两通话，如图 1.3 所示。若不采用这种多路选择开关,则每个用户就要使用5个电话终端实现与任意终端的通话。

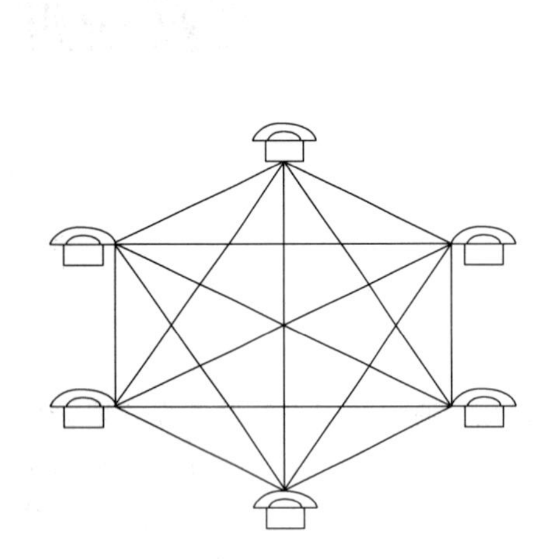

图1.2 两两互联的电话通信

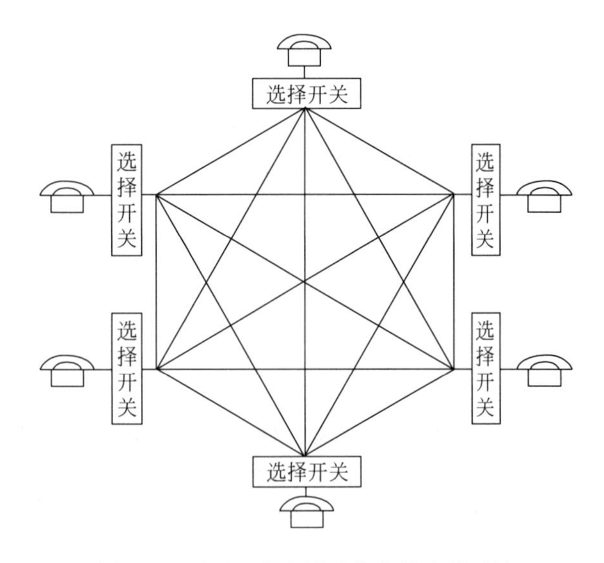

图1.3 两两互联电话通信中的选择开关

两两互联的通信连接方式的特点是:

(1) 若用户终端数为 N,则两两相连所需的线对数为 CN2=$N(N-1)/2$。

(2) 每个用户终端需要配置一个 $N-1$ 路的选择开关。

例如,有100个用户要实现任意用户之间的相互通话,采用两两互联的方式,终端数 $N=100$,则所需要的线对数为 $N(N-1)/2=100(100-1)/2=4950$ 条,且每个用户需要配置一个99路的选择开关。显而易见,这种方式的缺点是:

(1) 两两互联所需线对的数量很大,线路浪费大,投资大,很不经济。

(2) 需要配置多路选择开关,且主、被叫之间需要复杂的开关控制及控制协调。

(3) 增加一个用户终端的操作很复杂。

因此,当用户终端数 N 较大时,采用这种方式实现多个用户之间的通信是不现实的,无法实用化。

为实现多个用户终端之间的通信,引入了交换节点,各个用户之间不再是两两互联,而是分别由一条通信线路连接到交换节点上,如图1.4所示。该交换节点就是通常所说的交换机,它完成交换的功能。在通信网中,交换就是在通信的源和目的之间建立通信信道,实现通信信息传送的过程。引入交换节点后,用户终端只需要一对线对与交换机相连,节省了线路投资,组网灵活方便。用户间通过交换设备连接方式使多个终端的通信成为可能。

由一个节点组成的通信网如图1.4所示,它是通信网中最简单的形式。实际应用中为实现分布区域较广的多终端之间的相互通信,通信网往往由多个交换节点构成,这些交换节点之间或直接连接,或通过汇接交换节点相连,通过多种多样的组网方式,构成覆盖区域广泛的通信网络。图1.5所示为多个交换节点构成的通信网。

用户终端与交换机之间的连接线路叫做用户线。交换机与交换机之间的连接线路叫做中继线。通信网的传输设备主要由用户线、中继线以及其他相关传输设备构成。交换设备、传输设备和用户终端是通信网的基本组成部分，通常称为通信网的三要素。

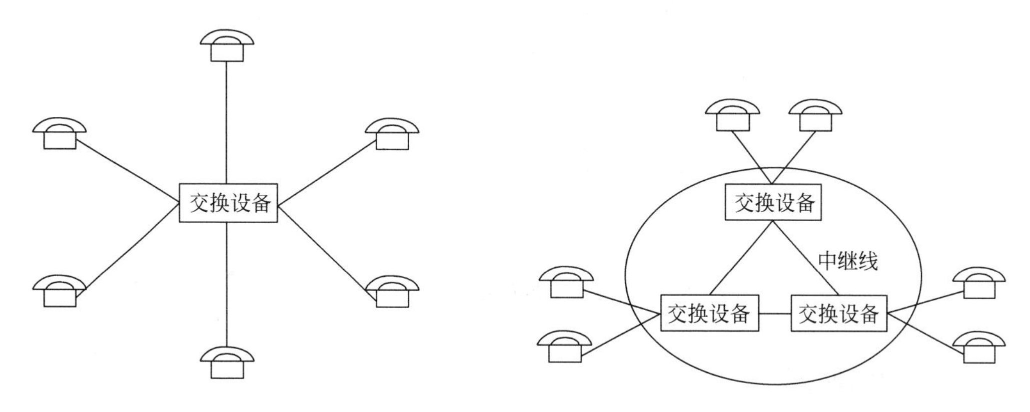

图 1.4　引入交换节点的多终端通信

图 1.5　多个交换节点构成的通信网

1.2　各种交换方式

在通信网中，交换功能是由交换节点即交换设备来完成的。不同的通信网络由于所支持的业务的特性不同，其交换设备所采用的交换方式也各不相同，目前在通信网中所采用的或曾出现过的交换方式主要有以下几种：

(1) 电路交换

(2) 多速率电路交换

(3) 快速电路交换

(4) 分组交换

(5) 帧交换

(6) 帧中继

(7) ATM 交换

(8) IP 交换

(9) 光交换

(10) 软交换

对于上述交换方式，通常按照信息的传送模式和交换类型的不同进行分类。按照信息的传送模式不同可将交换方式分为电路传送模式(circuit transfer mode，CTM)、分组传送模式(packet transfer mode，PTM)和异步传送模式(asynchronous transfer mode，ATM)三大类。如电路交换、多速率电路交换、快速电路交换属于电路传送模式；分组交换、帧交换、帧中继属于分组传送模式；而 ATM 交换则属于异步传送模式。这种分类下的各种交换方式如图 1.6 所示，图中左边属于 CTM 的交换方式，右边属于 PTM 的交换方式，ATM 在图的中间。ATM 交换方式面向宽带多媒体应用，它是在 CTM 和 PTM 的基础上，避免了它们的缺陷，又借鉴了它们的优点，而产生的一种交换技术。在 ATM 交换方式之后又出现了一些新的交换方式和技术，如 IP 交换、光交换和软交换。

此外，按照交换信息类型的不同，可将交换方式分为基于电信号的交换方式和基于光信号的交换方式，光交换是基于光信号的交换方式。

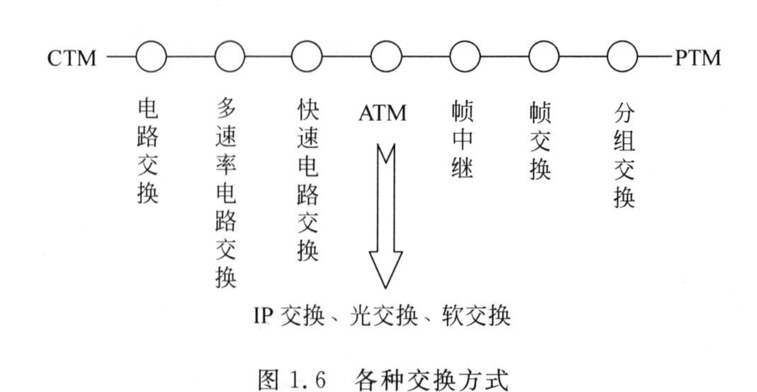

图 1.6 各种交换方式

1.2.1 电路交换

电路交换(circuit switching,CS)是通信网中最早出现的一种交换方式,也是应用最普遍的一种交换方式,主要应用于电话网通信中,完成电话交换,已有100多年的历史了。

电话通信的过程是:首先摘机,听到拨号音后拨号,交换机寻找被叫,向被叫振铃,同时向主叫送回铃音,此时表明在电话网中的主、被叫之间已经建立起双向的话音传送通道;当被叫摘机应答,即可进入通话阶段;在通话过程中,任何一方挂机,交换机就会拆除已经建立的通话通路,并向另一方送忙音提示对方挂机,从而结束通话。从电话通信的简单描述不难看出,电话通信分为三个阶段:呼叫建立、通话、呼叫拆除。电话通信的过程也就是电路交换的过程,因此电路交换的基本过程可以分为连接建立、信息传送、连接拆除三个阶段。

电路交换具有6个特点:

(1) 信息传送的最小单位是时隙。

(2) 面向连接的工作方式。

(3) 同步时分复用。

(4) 信息传送无差错控制。

(5) 信息具有透明性。

(6) 基于呼叫损失制的流量控制。

1.2.2 多速率电路交换

为了克服电路交换只提供单一速率(64kbit/s)的缺点,人们提出了多速率电路交换(multi-rate circuit switching,MRCS)方式。多速率电路交换本质上还是电路交换,具有电路交换的特点,可以将其看做采用电路交换的方式为用户提供多速率的交换方法。

多速率电路交换和电路交换都采用同步时分复用,即只有一个固定的基本信道速率,如64kbit/s。多速率电路交换的一种实现方式是:将几个这样的基本信道捆绑起来构成一个速率更高的信道,供某个通信使用,从而实现多速率交换。另一种方式是设置多个基本信道速率,这样,一个帧就被划分为不同长度的时隙。从上述多速率电路交换的实现方式来看,该交换都是居于固定带宽分配的。

1.2.3 快速电路交换

为克服电路交换固定分配带宽不能适应突发业务的缺点,人们提出了快速电路交换

(fast circuit switching,FCS)方式。

在快速电路交换中,在传送用户信息时才连接物理传送通道,即只在信息要传送时才使用所分配的带宽和相关资源,因此提高了带宽的利用率。但是由于只在信息需要传送时才建立物理连接,所以所传送信息的时延要比电路交换大。

1.2.4 分组交换

分组交换(packet switching,PS)将用户要传送的信息分为若干个分组(packet),每个分组中有一个分组头,含有可供选路的信息和控制信息,其本质就是分组转发(store and forward)。

分组交换有虚电路和数据报两种方式。

1.2.5 帧交换

随着数据业务的发展,需要更快速、可靠的数据通信,分组交换可支持中低速率的数据通信,但无法支持高速率的数据通信,究其原因主要是由复杂的协议处理导致的。为了满足高速率数据通信的需要,人们提出了帧交换(frame switching,FS)方式。

帧交换是一种帧方式的承载业务,为克服分组交换协议处理复杂的缺点,简化了协议,其协议栈只有物理层和数据链路层,去掉了三层协议功能,从而加快了处理速度。由于在二层上传送的数据单元为帧,所以称其为帧交换。

1.2.6 帧中继

帧中继(frame relay,FR)与帧交换方式相比,其协议进一步简化,它不仅没有三层协议功能,而且对二层协议也进行了简化,只保留了数据链路层的核心功能,以达到为用户提高吞吐量、低延时特性的目的,并适合突发性的数据业务。

1.2.7 ATM交换

ATM交换技术是以分组传送模式为基础并融合了电路传送模式的优点发展而来的,它主要有以下3个优点:

(1) 固定长度的信元和简化的信头。

(2) 采用了异步时分复用方式。

(3) 采用了面向连接的工作方式。

1.2.8 IP交换

随着Internet的飞速发展,IP技术得到广泛应用,因此将最先进的ATM交换技术和应用最普遍的IP技术融合起来,成为宽带网络的发展方向。这里所说的IP交换是指一类IP与ATM融合的技术,它主要有叠加模型和集成模型两大类。

1.2.9 光交换

通信网的干线传输越来越广泛地使用光纤,光纤目前已成为主要的传输介质。光交换是基于光信号的交换,在整个光交换过程中,信号始终以光的形式存在,在进出交换机时不需要进行光/电转换或者电/光转换,从而大大提高了网络信息的传送和处理能力。

1.2.10 软交换

NGN(next generation network)即下一代网络，实现了传统的以电路交换为主的电话交换网(PSTN)向以分组交换为主的IP电信网络的转变，从而使在IP网络上发展语音、视频、数据等多媒体综合业务成为可能。它的出现标志着新一代电信网络时代的到来。

软交换是下一代网络的控制功能实体，它独立于传送网络，主要完成呼叫控制、资源分配、协议处理、路由、认证、计费等功能，同时可以向用户提供现有电路交换所能提供的所有业务，并向第三方提供可编程能力，它是下一代网络呼叫与控制的核心。

1.3 通信网的组成

通信网的基本组网结构主要有星形网、环形网、网状网、树状网、总线型网和复合型网等。

1.3.1 星形网

星形网的结构简单，节省线路，但中心交换节点的处理能力和可靠性会影响整个网络，因此全网的安全性较差，网络覆盖范围较小，适用于网径较小的网络，如图1.7所示。

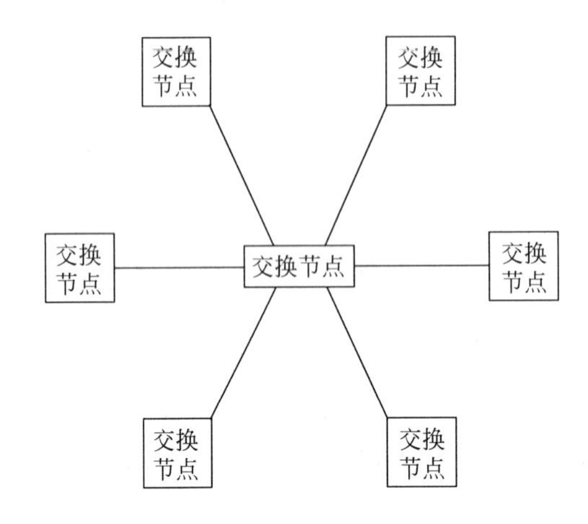

图1.7 星形网

1.3.2 环形网

环形网的结构简单，容易实现，但可靠性较差，如图1.8所示。

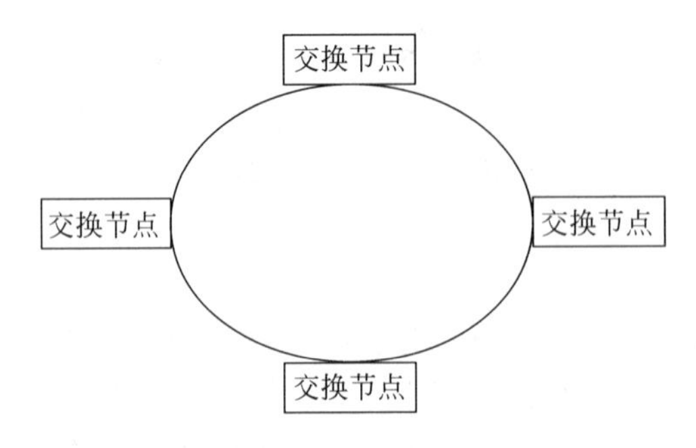

图1.8 环形网

1.3.3　网状网

网状网中所有交换节点两两相连，网络结构复杂，线路投资大，但可靠性高，如图 1.9 所示。

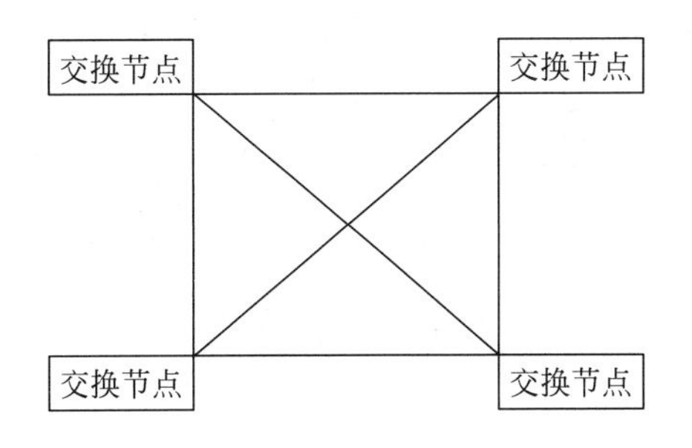

图 1.9　网状网

1.3.4　树状网

树状网也叫分级网，网络结构复杂性、线路投资的大小以及可靠性介于星形网和网状网之间，如图 1.10 所示。

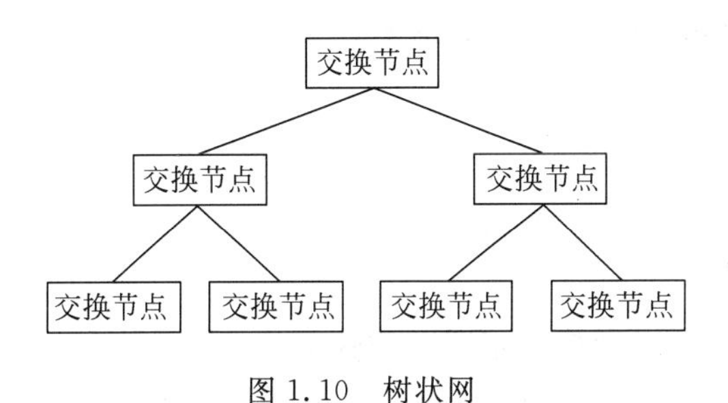

图 1.10　树状网

1.3.5　总线型网

在总线型网中，所有交换节点都连接在总线上，这种网络线路投资经济，组网简单，但网络覆盖范围较小，可靠性不高，如图 1.11 所示。

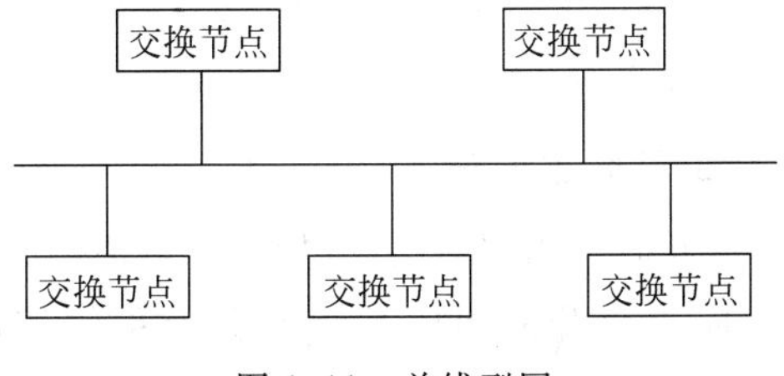

图 1.11　总线型网

1.3.6　复合型网

复合型网是上述几种结构的混合形式，是根据具体应用情况的不同采用的网络结构组合而成,如图 1.12 所示。

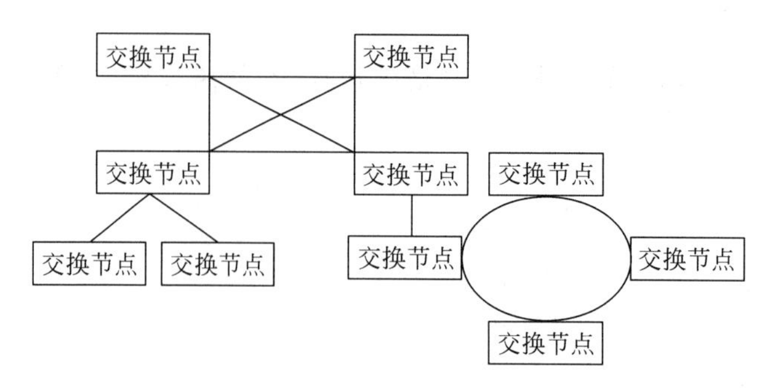

图 1.12　复合型网

1.3.7　通信网的分类

交换设备是构成通信网的核心设备,交换功能是通信网必不可少的。通信网支持业务的能力以及所表现出的特性都与它所采用的交换方式密切相关,交换与通信网是密不可分的。

对通信网可以从不同角度进行分类,主要有以下 5 种。

1. 根据通信网支持的业务不同进行分类

(1) 电话通信网

(2) 电报通信网

(3) 数据通信网

(4) 综合业务数字网

2. 根据通信网采用传送的模式不同进行分类

(1) 电路传送网：PSTN、ISDN。

(2) 分组传送网：PSPDN、FRN。

(3) 异步传送网：B-ISDN。

3. 根据通信网采用传输媒介的不同进行分类

(1) 有线通信网：传输媒介为架空明线、电缆、光缆。

(2) 无线通信网：通过电磁波在空间的传播来传输信号,根据采用电磁波长的不同又可分为中/长波通信、短波通信和微波通信等。

4. 根据通信网使用场合的不同进行分类

(1) 公用通信网：向公众开放使用的通信网,如公用电话网、公用数据网等。

(2) 专用通信网：没有向公众开放而由某个部分或单位使用的通信网,如专用电话网等。

5. 根据通信网传输和交换采用信号的不同进行分类

(1) 数字通信网：抗干扰能力强,有较好的保密性和可靠性,目前已得到广泛应用。

(2) 模拟通信网：早期通信网,目前已很少使用。

1.4 电话网的基本结构

电话网的基本结构如图 1.13 所示。

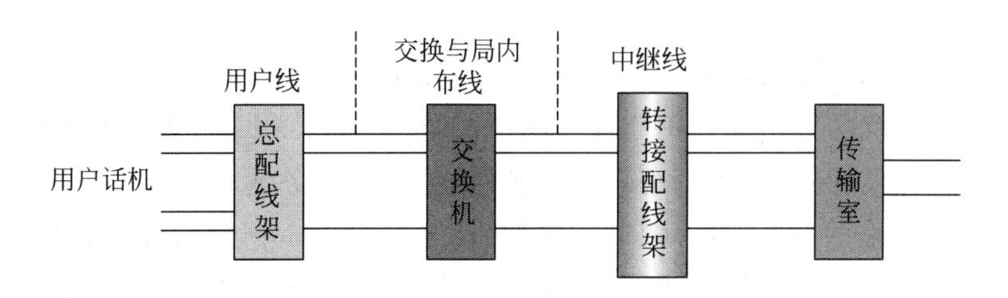

图 1.13 电话网的基本结构

用户环路：它是用户话机和交换局总配线之间的连接线，这种线路称为用户环路(也称用户线)。

交换部分：电话网的智能部分。若主被叫在同一交换局内，交换机可以通过用户环路把它们连接起来。若主被叫不在同一交换局内，则交换机可以通过交换局之间的连接线路(中继线路)将它们连接起来。

局间传输设备：这是各交换局之间的电话网部分。它既包括发送和接收设备，又包括各种多路传输媒体。

1.5 交换系统的基本结构

程控交换系统由硬件和软件两大部分组成，这里的基本结构是指硬件结构。

程控交换系统的基本结构如图 1.14 所示，硬件可分为两个子系统：信息传送子系统和控制子系统，整个系统的控制软件存放在控制系统的存储器中。由于电话网中交换设备的信息传送子系统，传送和交换的信息主要是话音，因而通常称之为话路子系统。话路子系统又是由交换网络和接口设备构成的。

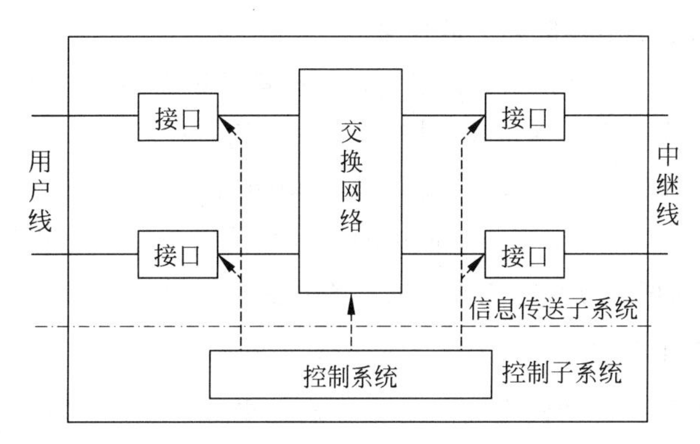

图 1.14 程控交换系统的基本结构

1.5.1 控制子系统

控制子系统是交换机的“指挥系统”，交换机的所有动作都是在控制系统的控制下完成的。控制子系统是由处理机及其运行的系统软件、应用软件和 OAM(Operate Administrate Manage)软件所组成的。

数字程控交换机实际上采用的是分级分散的控制方式，其控制系统是由中央级控制系统和用户级控制系统两级组成。用户级控制系统即用户级 CPU，一般负责对用户模块内的所有用户线路进行监视扫描，控制用户级交换网络，完成话务的集中，并对相关资源进行分配。中央级控制系统是由处理器(CPU)、存储器、各种 OAM 终端和各种外设组成的，远端接口是控制子系统与集中操作维护中心、网管中心、计费中心的数据传送接口。中央 CPU 一般负责系统资源的分配、中央交换网络的控制、呼叫处理、信令处理、控制用户级 CPU 以及完成系统的操作、维护、管理等功能。

1. 程控交换机对控制系统的基本要求

对程控交换机的控制系统，最基本、最关键的有两方面的要求。

(1) 呼叫处理能力　程控交换机的核心工作就是处理各类呼叫，因此通常用呼叫处理能力来衡量程控交换机控制系统的处理能力。呼叫处理能力是指在满足服务质量的前提下，处理机处理呼叫的能力。

(2) 可靠性　程控交换设备是通信网中的核心设备，通信业务的特性决定了对其可靠性的要求比较高。按照国内电话交换设备技术规范要求，程控交换机系统中断的指标是 20 年内系统中断时间不得超过 1 小时。由于控制系统是程控交换机的“神经中枢”，所以要求控制系统的可靠性高，故障率低。当出现故障时，处理故障的时间要短。为提高控制系统的可靠性，人们在控制系统的构成方式上采用了多机分散和冗余配置，注重处理机间通信的可靠性和运行软件的可靠性，并增强控制系统的故障防御和自愈能力。

2. 控制系统的构成方式

程控交换机控制系统的构成方式多种多样，但从控制系统工作的基本原理来看，主要可以分为两种基本方式：集中控制和分散控制。

(1) 集中控制　集中控制是指处理机可以对交换系统内的所有功能及资源实施统一控制。该控制系统可以由多个处理机构成，每个处理机均可控制整个系统的正常运行。

(2) 分散控制　分散控制是指对交换机所有功能的完成和资源使用的控制是由多个处理机分担完成的，即每个处理机完成交换机的部分功能及控制部分资源。该控制系统由多个处理机构成，每个处理机分别完成不同的功能并控制不同的资源。

3. 多处理机的工作方式

程控交换控制系统多处理机之间的工作方式主要有三种：功能分担方式、话务分担方式和冗余方式。

(1) 功能分担方式　如果多个处理机分别完成不同的功能，就称该多处理机采用的是功能分担的工作方式。

(2) 话务分担方式　如果多个处理机分别完成一部分话务功能，就称该多处理机之间采用的是话务分担方式。

(3) 冗余方式　在现代程控交换机中，为提高控制系统的可靠性，处理机系统一般均采用冗余配置，即除了正常运行的处理器之外，还配有备用的处理机，当原来正常运行的处理机发生故障时，备用机将替代发生故障的处理机继续工作，以保证系统正常运行。通常把正常运行的处理机叫做主用机，把配置备用的处理机叫做备用机，这种主用机和备用机之间的工作方式叫做冗余方式。

冗余方式按照配置备用处理机数量和方法的不同，可以分为以下两种。

① 双机冗余配置　双机冗余配置有两套处理机系统：一个为主用，一个为备用。双机冗余配置又可根据具体工作方式的不同分为同步方式、互助方式、主/备用方式。

② $N+m$ 冗余配置　$N+m$ 冗余配置方式就是有 N 个处理机在线运行，m 个处理机处于备用状态，较常用的是 $N+1$ 冗余配置方式，即 $m=1$。

1.5.2　话路子系统

话路子系统是由中央级交换网络和用户级交换网络以及各种接口设备组成的。

交换网络主要完成交换的功能，即在某条入线与出线之间建立连接，从而实现不同线路端口上的话音交换。数字程控交换机的交换网络是数字交换网络，主要采用 T 接线器或 T 和 S 接线器，并按照一定的拓扑结构和控制方式构成，用于完成时分复用信号的交换。由此可知，交换系统完成交换功能的主要部件就是交换网络，交换网络的最基本功能就是实现任意入线与出线的互联，它是交换系统的核心部件。

接口的功能主要是将进入交换系统的信号转变为交换系统内部所适应的信号，或者是相反的过程，这种变换包括信号码型、速率等方面的变换。

交换网络的接口主要分为两大类：用户接口和中继接口。用户接口是交换机连接用户线的接口，如电话交换机的模拟用户接口、ISDN 交换机的数字用户接口。中继接口是交换机连接中继线的接口，主要有数字中继接口和模拟中继接口，现已很少见到模拟中继接口。

用户电路是用户终端设备与交换机的接口，用户终端通过用户线连接到交换机，因而每条用户线对应于一套用户电路。

交换机与交换机之间的通信线路叫做中继线，中继电路是连接中继线的接口，它一般是交换机与交换机之间的接口，连接数字中继线的是数字中继电路，连接模拟中继线的是模拟中继电路，模拟中继电路现在已经很少使用。

1.5.3　交换系统的基本功能

(1) 本局接续　本局接续就是在本局用户之间建立的接续，即通信的主、被叫都在同一个交换局。

(2) 出局接续　出局接续是主叫用户线与中继线之间的接续，即通信的主叫在本交换局，而被叫在另一个交换局。

(3) 入局接续　入局接续是被叫用户线与中继线之间的接续，即通信的被叫在本交换局，而主叫在另一个交换局。

(4) 汇接接续　汇接接续是中继线与中继线之间的接续,即通信的主、被叫都不在同一个交换局。

1.6 PCM 基本原理

1.6.1 数字传输系统模型

数字传输是整个数字通信系统的基础。所谓数字传输,是指以数字信号传输信息的方式,它的系统模型(即原理框图)如图 1.15 所示。

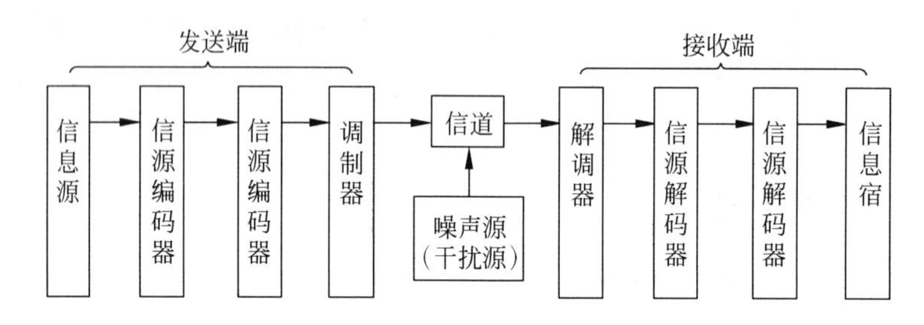

图 1.15　数字传输系统模型

1. 信道和噪声

所谓信道是指传输信号的通道,按传输媒质可分为有线信道和无线信道两类。常见的有线信道如双绞线、同轴电缆、光缆等,常见的无线信道如微波通道、卫星通道等。噪声是指对通信无用、起干扰作用的各种信号的总称,如电磁干扰等。

2. 信息源和信息宿

在数字通信系统中,信息源是指产生原始电信号的设备,如电话机、摄像机等,它的主要作用是完成原始信息(语音、文字、图像等)到电信号的转换。信息宿是指接收原始信息的设备,如电话机、电视机等,它的主要作用是将电信号还原成原始信息。

3. 信源编码器和信源解码器

由于在数字通信系统中交换和传输的都是数字信号,而很多信息源和信息宿只能理解模拟信号,因此,在这个过程中就存在着模拟信号与数字信号的变换与反变换。信源编码器主要完成模拟信号到数字信号的变换,简称 A/D 变换,也称编码;信源解码器则完成数字信号到模拟信号的反变换,简称 D/A 变换,也称解码。

4. 信道编码器和信道解码器

由于传输系统性能不完善,加上内外噪声干扰,数字信号在传输的过程中可能会发生差错——误码,从而导致信息传输质量的下降。为了降低系统发生差错的概率,提高系统的抗干扰性,以及在系统发生误码时接收端能自动检测出误码或纠正误码,将差错控制在允许的范围内,需要对从信源编码器输出的数字信号按照一定的规律进行适当的处理,如增加一定数量的数字码以引入冗余度、改变信号的极性以消除直流分量等,这个过程就称信道编码,完成信道编码的设备就是信道编码器。同样,在接收端需要使用信道解码器将接收到的经过信道编码处理的信号还原成信源解码器可以识别的数字信号，这个过程就称信道解码。

5. 调制器和解调器

所谓调制是指将基带数字信号通过适当的处理将其频谱搬移到适合远距离传输的信道频段上，变成载波数字信号的过程。如通过调制器可将基带数字信号调制成微波信号、卫星信号、光信号等。解调是调制的逆过程，是指将载波数字信号还原成基带数字信号的过程。应当指出的是，对于具体的数字传输系统而言，其方框图并非一定要与图 1.15 所示的框图完全一致。

1.6.2 脉冲编码调制

在数字电话通信系统中，人们的话音信号是模拟信号，那么在发话端就要先经过 A/D 变换器将模拟信号变换成数字信号送入交换设备、传输系统。在接收端再经过 D/A 变换器将数字信号还原成模拟的话音信号。在程控交换机中，广泛采用脉冲编码调制(PCM)对数字信号进行调制。PCM 传输系统的框图如图 1.16 所示。

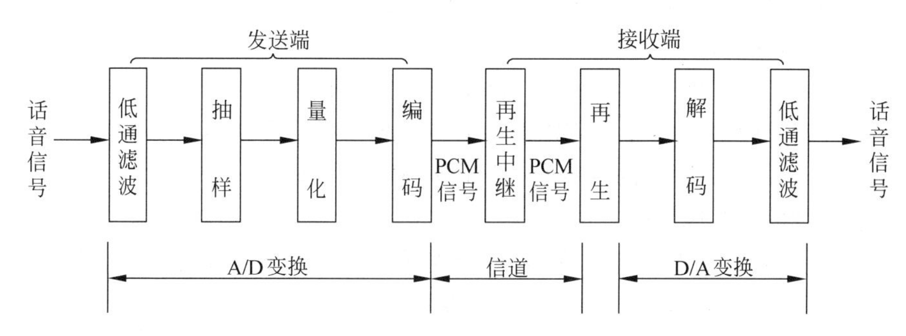

图 1.16 PCM 传输系统(基带传输)框图

1. 抽样

模拟信号变成数字信号的第一步工作就是要对模拟信号进行抽样。所谓“抽样”，就是用很窄的矩形脉冲按一定的周期读取模拟信号的瞬时值。为了能在接收端恢复成原来的信号，根据抽样定理，抽样信号的频率至少应为所传送信号最高频率的 2 倍。通常的通话频带的带宽是 4000Hz(话音频带规定为 300～3400Hz)，因此，抽样频率取 8000Hz 就足够了。经过抽样后的信号是经过脉冲调制过的信号，称为脉冲幅度调制信号(PAM)。由于 PAM 信号易受干扰，不适于传输，因此，还需要将其变换成抗干扰性能强的信号。

2. 量化

抽样所得到的信号虽然在时间上是离散的，但其在幅度取值上仍然是连续的，即抽样值的幅度大小可能有无限多种，因此它不能用有限个数字来表示，仍然属于模拟信号。要想使它成为数字信号，还需把它的抽样值进行离散化处理，将幅值为无限多的连续信号，变换成有限数目的离散信号，这一在幅值上的离散化处理的过程称为“量化”。

国际上允许采用两种折线形压扩特性：13 折线 A 律压扩特性和 15 折线 μ 律压扩特性。我国与欧洲采用 A 律，北美与日本采用 μ 律。

3. 编码

模拟信号经过抽样和量化以后，在时间上和幅度取值上都变成了离散的数字信号。如果量化级数为 N，则信号幅度上有 N 个取值，形成有 N 个电平值的多电平码。但这种具有 N 个电平值的多电平信号在传输的过程中会受到各种干扰，并会产生畸变和衰减，接收端难以正确识别和接收。如果信号是二进制码，则只要接收端能识别出是“1”码还是“0”码即可。因此，二进制码具有抗干扰能力强的优点，且容易产生，在数字通信系统中得到了广泛的应用。将上述量化以后的信号变换成二进制码的过程就是编码。

4. 传输码型

编码器的输出码型有以下几种：

(1) 单极性不归零码(NRZ)

(2) 单极性归零码(RZ)

(3) 交替极性倒置码(AMI)

由于 HDB3 码既保持了 AMI 码的优点(无直流分量，高频分量也较少)，又克服了 AMI 码的连“0”码所引起的缺点，因此，在 PCM 中被广泛采用。

HDB3 码的规律是：

(1) 连续的“0”码不超过 3 个时，与 AMI 码的规律相同。

(2) 连续的“0”码出现 4 个时，则将 4 个连续的“0”码用被称为“取代节”的 000V 或 B00V 来代替。V、B 都是附加的传号码(“1”码)，称为取代码。

取代码 V、B 的安排原则是：

(1) 出现 4 个连续的“0”码时，则将 4 个连续的“0”码变换成传号码 V 码，此码或为“+1”(以 V+表示 V－)，或为“－1”(以 V－表示)。

(2) 各 V 码本身之间极性交替反转，以保证 V 码的插入不引起直流分量。

(3) V 码必须与前邻的传号码(“1”码)保持同极性，以保证接收端能识别 V 码，由于 V 码破坏了原来极性交替反转的规律，因此 V 码所在位被称为“破坏点”。

(4) “各 V 码本身之间极性交替反转的原则”与“V 码必须与前邻的传号码同极性的原则”必须同时满足。两个原则同时得到满足的条件是：相邻两 V 码之间的原始传号码的个数为奇数。

5. 30/32 路 PCM 的帧结构

30/32 路 PCM 帧结构如图 1.17 所示。从图中可见，一个复帧由 16 帧组成，一帧由 32 个时隙组成，一个时隙为 8 位码组。

时隙 1～15、17～31 共 30 个时隙用来作话路，传送话音信号。时隙 0(TS0)是“帧定位码组”，用于发/收端同步。时隙 16 用于传送各话路的信令码。信令按复帧传输，即每隔 2ms 传输一次。一个复帧有 16 帧，即有 16 个“时隙”(8 位码组)。除了 F0 帧之外，其余帧 F1～F15 用来传送 30 个话路的信令。

从码率上讲，由于抽样重复频率为 8000Hz，也就是每秒钟传送 8000 帧，每帧有 32×8＝256bit，因此总码率为：256bit/帧×8000 帧/秒＝2048kbit/s。对于每个话路来说，每秒钟 8000 个时隙，每时隙 8bit，所以码率为：8bit×8000＝64kbit/s。

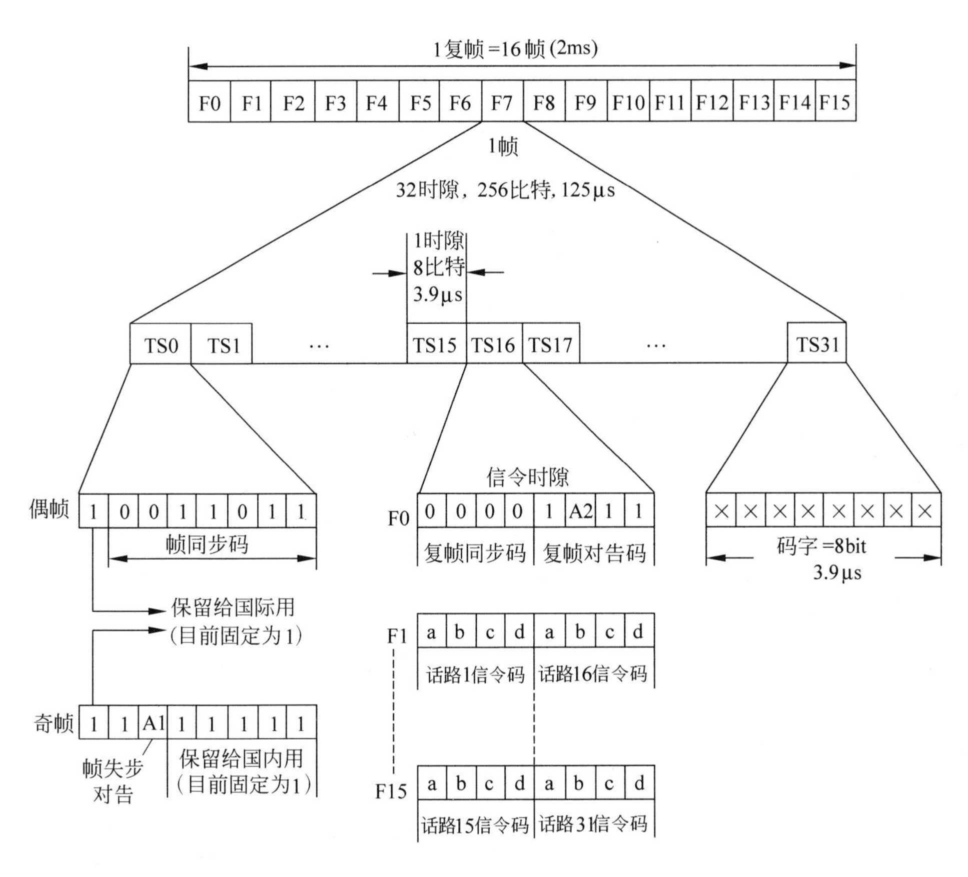

图 1.17 30/32 路 PCM 帧结构

1.7 电话呼叫处理的基本原理

数字程控电话交换机是由处理机和程序软件控制,通过对硬件电路设备状态变化的识别及相应的数据处理,然后输出有关的处理信号使对应的设备动作,完成交换机的话音通信和数据通信。

1.7.1 呼叫接续的处理过程

交换机通过周期性定时扫描,对用户线路状态进行监视。当用户摘机后,交换机即开始呼叫处理,一个正常的呼叫接续处理如下。

1. 主叫用户 A 摘机呼叫

(1) 交换机通过定期扫描,检测到用户 A 的摘机状态。

(2) 交换机检查用户,用户 A 的类别:一般分机、投币话机、用户小交换机等。

(3) 调查话机类别:按键式话机、号盘式话机。以便接上相应的收号器,目前已有许多程控交换机的收号器为通用型式,两种话机信号均可接收。

2. 送拨号音,预备收号

(1) 交换机检测完用户 A 的类型后,寻找一个空闲收号器,及它至主叫用户之间的空间链路。

(2) 寻找拨号音信号源和主叫用户间的空闲路由，占用并接续后，向主叫用户送拨号音。

(3) 交换机对收号器进行输入监视，准备收号。

3. 主叫 A 拨号，交换机收号

(1) 主叫用户听到拨号音后，开始拨被叫号码。

(2) 由收号器接收被叫号码，收到第一位号码后，停送拨号音。

(3) 交换机对收到的号码进行按位存储，并进行“已收位”和“应收位”的对比计数。

(4) 对被叫号码的首位进行号码分析。

4. 号码分析

(1) 根据被叫号码的首位，可确定呼叫类型：本局呼叫、出局呼叫、长途或特服呼叫等。并决定该收几位。

(2) 检查用户 A 的呼叫是否允许接通的，是否限制用户，用户的权限级别是什么。

(3) 检测被叫用户忙闲状态，如为空闲，则予以示忙，防止其他呼叫再对此占用。

5. 连接被叫用户

(1) 检查并预占空闲链路：向主叫送回铃音的链路、向被叫送捺铃信号的链路。也可直接控制用户电路振铃。

(2) 预占主、被叫用户的通话路由。

6. 向被叫振铃

交换机向被叫用户振铃，向主叫用户送回铃音，同时监视主、被叫用户的状态变化。

7. 被叫应答并通路

(1) 被叫听到振铃信号，摘机应答，交换机检测到被叫状态变化后，停止向被叫振铃和向主叫送回铃音。

(2) 交换机建立主、被叫间的通话路由，双方进行通话。

(3) 启动计费设备，开始计费。

(4) 监视主、被叫用户状态。

8. 话毕、挂机

主被叫任何一方话毕挂机，交换机检测到状态变化后，恢复通话路由，停止计费，向另一方送忙音。

1.7.2 状态转移图

交换机在处理整个呼叫过程时，都是由处理机监视和识别输入信号，然后进行分析，根据分析结果进行任务执行和输出命令，使设备做出相应的处理。接着处理机对处理后的结果再进行监视、识别、分析、执行……。不断循环完成接续任务。

由于在呼叫过程中，会出现各种不同的情况，如超时拨号、中途挂机等，因此要求处理的方法也各不相同。一个呼叫处理的过程是相当复杂的，下面用状态转移图来表示呼叫的处理过程。

整个局内呼叫可分成六种稳定状态：空闲、听拨号音、拨号、振铃、通话、呼忙音。从一种稳定状态到另一种稳定状态，交换机需经过输入信号识别、分析处理、输出执行命令等步骤。呼叫处理的状态转移图如图 1.18 所示。

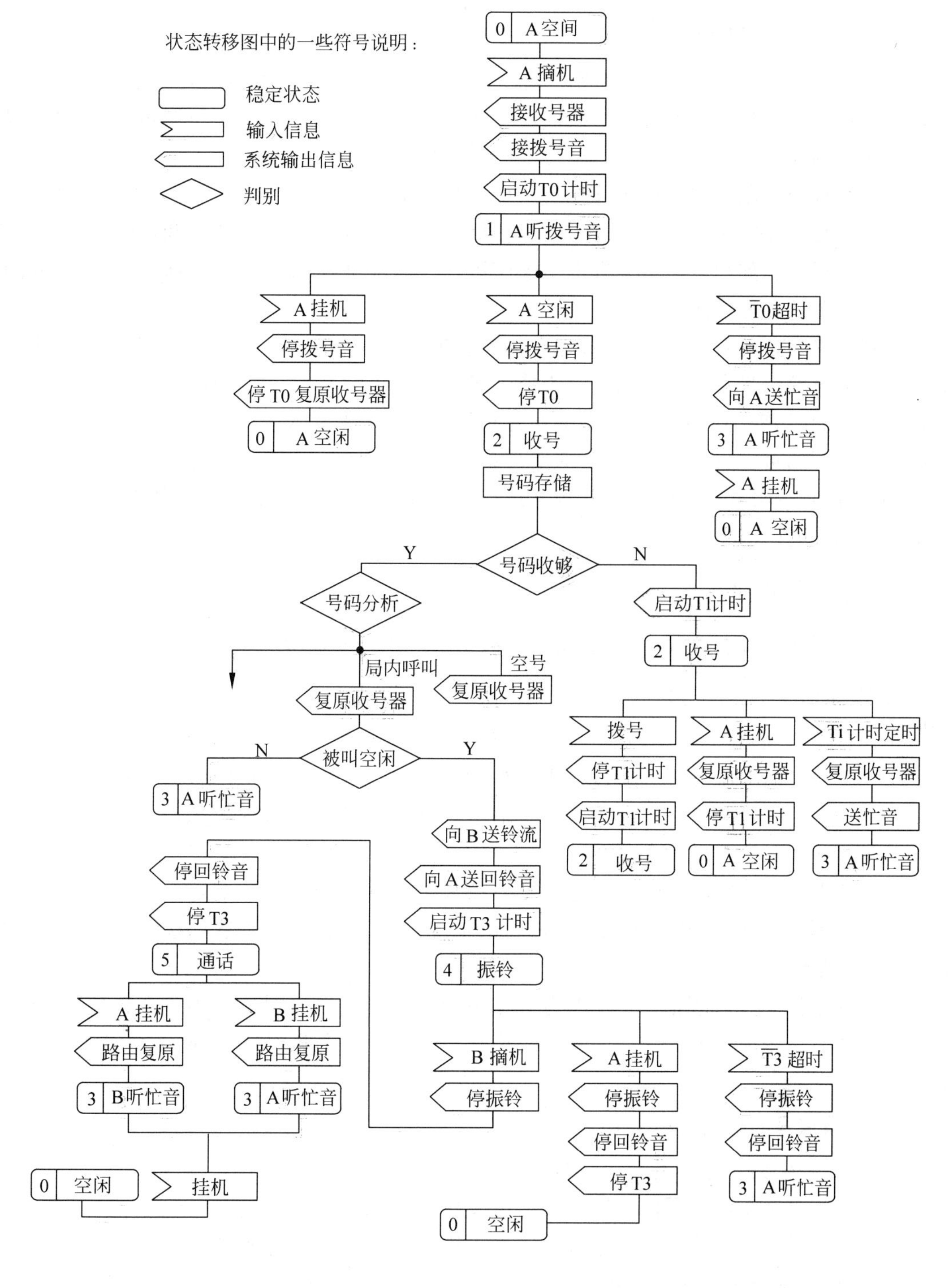

图 1.18 呼叫处理的状态转移图

1.8 信令系统

1.8.1 信令的基本概念

电话通信过程分为三个阶段：呼叫建立、通话、呼叫拆除。在呼叫建立和呼叫拆除过程中，用户与交换机之间、交换机与交换机之间都要交互一些控制信息，以协调相互的动作，以完成对交换的控制，这些控制信息称为信令。

交换系统的控制子系统使用信令与用户和其他交换节点进行“协调和沟通”。信令是通信网中规范化的控制命令，它的作用是控制通信网中各个通信连接的建立和拆除，并维护通信网的正常运行。如用户向交换机发出的摘机、挂机、拨号音等信号，交换局之间传送的用户状态、数字、计费等信息。

随着交换设备的发展，信令方式也在不断发展和完善。从最早步进制交换局所采用的简单的直流脉冲信号发展到了纵横制交换局所采用的多频互控信号，不仅提高了信令的速度，而且增加了信令的容量。程控交换局尤其是数字交换局的引入对信令方式提出了更高的要求和实现的可能，于是又出现了随路信令（如 NO.1 信令）和公共信道信令（如 NO.7 信令）。完善的信令方式是保证通信网正常运行，完成网络中各部分之间信息的正确传输和交换的重要前提。

1.8.2 信令的分类

信令的种类很多，可按各种方式分类。常见的分类方法如下。

1. 按照信令所完成的功能分类

按照信令所完成的功能可将信令分为监视信令、路由信令和管理信令。

(1) 监视信令　监视信令具有监视功能，用来监视通信线路的忙闲状态，如果用户线上主、被叫的摘、挂机监视信令以及中继线上的占用信令都是监视信令，它们分别表示了当前用户线和中继线的占用情况。

(2) 路由信令　路由信令具有选择接续方向，确定通信路由的功能，如主叫用户所拨的被叫号码就是路由信令，它是此次通信的目的地址，交换机根据它来选择接续方向，确定路由，从而找到被叫。

(3) 管理信令　管理信令具有操作维护功能，用于通信网的操作、维护和管理，从而保证通信网的正常运行，如 NO.7 信令系统中的信令网管理消息、导通检验消息等都是管理信令。

2. 按照信号的形式分类

按照信号的形式，信令可以分为模拟信令和数字信令。

(1) 模拟信令是将信令按模拟方式传送，它适用于模拟通路。

(2) 数字信令是将信令按数字编码的方式传送，它适用于数字通路。

3. 按照信令所工作的区域分类

按照信令所工作的区域可将信令分为用户信令和局间信令。

(1) 用户信令 用户信令是在用户终端和交换节点之间的用户线上传送的信令，即用户——网络接口信令，主要有用户线状态信令、地址信令和各种音信令。

用户信令是交换网中在用户话机和交换机之间传送的信令，它包括用户状态信号、用户拨号所产生的数字信号以及铃流和信号音。

(2) 局间信令 局间信令是在交换局间中继线上传送的信令，主要用于完成交换局之间的接续与控制。按照信令与话路的关系，局间信令又可分为随路信令和公共信道信令。

局间信令是通信网中各交换节点之间传送的信令，即网络接口(NNI)信令。它在局间中继线上传送，主要有与呼叫有关的监视信令、路由信令和与呼叫无关的管理信令，以控制通信网中各种通信接续的建立和释放，并传递与通信网管理和维护相关的信息。

目前通信网的局间信令都是数字信令，主要采用 NO.7 信令系统和中国 NO.1 信令系统。

4. 按照信令传送通路与用户信息传送通路的关系分类

按照信令传送通路与用户信息传送通路的关系，可将信令分为随路信令和共路信令。

(1) 随路信令 随路信令是信令和用户信息在同一通路上传送的信令。随路信令的传送通路与用户信息的传送通路存在一一对应关系。在我国，典型的随路信令是中国 NO.1 信令，它是由线路信令和多频互控信令(MFC)构成的。它最早是为长途网上使用而设计的，后来逐步推广到本地网，曾在国内的电信网中广泛使用。

随路信令具有以下两个基本特征。

① 共路性：信令和用户信息在同一通信信道上传送。

② 相关性：信令通道和用户信息通道在时间位置上具有相关性。

其他随路信令：除了中国 NO.1 信令以外，国际上常见的随路信令系统还有 NO.5 信令、R1 信令和 R2 信令等。

近年来，随着 NO.7 信令的普及，特别是全国 NO.7 信令网的建成，中国 NO.1 信令目前已逐步退出电信网。但作为曾经广泛使用的长途局间信令，了解中国 NO.1 信令对于深刻理解 NO.7 信令仍然有着十分重要的作用。

(2) 共路信令 共路信令的信令通道和用户信息通路是分离的，信令是在专用的信令通道上传送的。共路信令的信令通道和用户信息通道之间不具有时间位置的关联性，彼此相互独立。如一条 PCM 上的 30 条话路的控制信令通道可能根本就不在这条 PCM 上。

因此，共路信令具有以下两个基本特征。

① 分离性：信令和用户信息在各自的通信信道上传送。

② 独立性：信令通道和用户信息通道之间不具有时间位置的相关性，彼此相互独立。

NO.7 信令是典型的公共信道信令。共路信令的传送速度快、信令容量大，可传送大量与呼叫无关的信令，便于信令功能的扩展和开放新业务，适应现代通信网的发展。

1.8.3 NO.1 信令系统

1. 概述

由于电信网规模巨大，很难在较短的时间内用 NO.7 信令完全替代随路信令，随路信令系统在国际电信网和各国国内电信网至今仍然有广泛的应用。为了实现网上现有交换设备的互通，保护电信运营商的投资，随路信令系统仍然是程控交换机一个必不可少的功能。

C&C08 支持在我国应用较为广泛的随路信令——中国 NO.1 信令系统，提供完全符合《中国电话网随路信号方式技术规范》规定的各种线路信令和记发器信令，如直流线路信令(DC)、带内单频线路信令(SF)、数字型线路信令(DL)、多频互控记发器信令(MFC)等，具有稳定可靠、功能齐全、适应能力强、维护方便、兼容性好等特点。

2. 中国 NO.1 信令的体系结构

中国 NO.1 信令由线路信令和记发器信令两部分组成。

线路信令在线路设备(中继器)之间传送，由一些线路监视信号组成，主要用于监视中继线的状态、控制接续的进行。由于每条中继线要配备一套线路设备，不是全局公用的，因此，为降低成本，线路信令相对比较简单，信号的种类也相对较少。

中国 NO.1 信令的线路信令有三种形式：直流线路信令、带内单频脉冲线路信令和数字型线路信令。

记发器信令在记发器之间传送，由选择信号和一些业务信号组成，主要用于选择路由、选择被叫用户、管理电话网等。由于记发器是公用设备，数量较少，因此，记发器信令可以做得复杂一些，信号的种类也相对多一些。

3. 中国 NO.1 信令技术特点

中国一号信令具有如下技术特点：

(1) 支持 E1 电路。

(2) 支持双向电路。

(3) 提供符合标准的最大/最小、主控/非主控中继电路的选线方式。

(4) 提供电路的半永久连接。

(5) 提供外接回波抵消功能。

(6) 提供卫星电路选路控制功能。

(7) 提供转发汇接和端到端汇接方式。

(8) 提供追查恶意呼叫(MCI)功能。

(9) 提供主叫用户号码显示(CLIP)功能。

1.8.4 NO.7 信令系统

1. NO.7 信令的特点

信令是通信网的神经系统，它是通信网中交换节点在建立接续过程中所使用的一种通信语言，通信网采用何种信令方式与通信网中的交换节点所用的控制技术和通信网的传输技术息息相关。早期的通信网采用的信令为随路信令，主要存在以下缺点：

① 信令传送速度慢，不能适应数字交换和数字传输。

② 信令容量有限，信令系统功能受到限制。

③ 无法传送与呼叫无关的信令信息，如网管信息。

④ 面向应用条件设计的信令，使得不同网络或同一网络具有不同的信令系统，既不经济也不便于管理。

⑤ 信令设备一般按话路配备，成本较高。

1972 年 CCITT 研究了一种新型的采用最佳信令速率为 64kbit/s 的 CCS—

CCITTNO.7 信令方式。NO.7 信令主要具有以下四个优点。

① 信令传送速度快，减少了呼叫建立时间。对远距离长途呼叫，它可使拨号后的时延缩短到 1 秒钟以内，这不仅提高了服务质量，还提高了传输设备和交换设备的使用效率。

② 具有提供大量信令的潜力。这有利于传送各种控制信令，如网管信令、集中维护信令、集中计费信令等，并可发展更多的新业务。

③ 统一了信令系统。随路信令通常是针对某一网路的专用信令，而公共信道信令是一个通用的信令系统，有利于在综合业务数字网（Integrated Services Digital Network，ISDN）中的应用。

④ 信令系统与话音通路完全分开，可以很方便地增加、修改信令，并可在通话期间随意地处理信令。

在 CCITT 提出的一系列 NO.7 信令技术规范的基础上，我国也制定了适合我国国情的 NO.7 信令方式技术规范。NO.7 信令系统具有以下六个特点。

① 局间的公共信道信令链路是由两端的信令终端设备和它们之间的数据链路组成，数据链路是传输速率相同的双向数据信道。

② 公共信道信令以经数字编码的信令单元（SU）传送信令，采用分组传送数据的方式，因此，信令终端必须具有信令单元的同步、定位和差错控制功能，以保证发送端发送的信令消息能被接收端可靠地接收。

③ 一条数据链路要传送若干条话路的信令，信令单元中必须包含一个标记，以识别该信令单元传送的信令是属于哪一个话路。

④ 由于话路与信令通道分开，所以必须要对话路进行单独的导通检验。

⑤ 必须要设置备用设备，以保证信令系统的可靠性。

⑥ 在多段接续中，信令消息按逐段转发的方式工作。

由上述可知，公共信道信令是与随路信令完全不同的信令方式。在通信网中使用公共信道信令，具有很大的优越性。

NO.7 信令系统是一种国际通用的标准公共信道信令系统，具有传递速度快、信令容量大、功能强、灵活可靠等优点，能充分满足电话网（PSTN）、陆地移动通信网（GSM）、智能网（IN）等对信令的要求。

C&C08 自 1994 年底在浙江义乌首次开通 NO.7 信令系统以来，目前已成功实现与 S1240、EWSD、DMS100、AXE10、5ESS、NEAX61、F150、E10B 等网上主要机型的对接，在国际局、关口局、长途局、汇接局、端局等的建设中获得了广泛的应用，并在俄罗斯、伊朗、巴基斯坦、泰国等国家的电信网中获得成功应用。

C&C08 的 NO.7 信令系统在满足原邮电部颁布的一系列技术规范要求的基础上，同时兼容 ITU-T 的系列建议，可提供 NO.7 信令系统中的各层次功能，如 MTP、TUP、ISUP、SCCP、TCAP、INAP 等，具有稳定可靠、功能齐全、适应能力强、维护方便、兼容性好等显著优点，不仅可作为 SP 使用，还可作为综合 STP 使用。

2. NO.7 信令的体系结构

CCITT 1988 年蓝皮书 Q.700 建议中介绍了 NO.7 信令系统的基本结构，整个信令系统主要划分为消息传递部分（MTP）、信令连接控制部分（SCCP）、电话用户部分（TUP）、ISDN 用户部分（ISUP）、事务处理能力应用部分（TCAP）等几个部分，共分为四个功能级。

NO.7信令系统的结构和功能划分及其与开放系统互连(OSI)七层基准模型之间的关系如下。

MTP的第一级完成OSI第一层物理层的功能,第二级完成OSI第二层数据链路层的功能,第三级和SCCP一起完成OSI第三层网络层的功能,TC完成OSI第四至六层的功能,TCAP只完成了OSI模型第七层的一部分功能,其余部分作为TC用户。

NO.7信令系统在1980年的黄皮书的建议中,主要考虑了完成通话和传送与接续有关的信息要求,所以只提出了4个功能级的要求。但后来在发展ISDN和智能网时,不仅需要传送与电路接续有关的信息,而且需要传送与电路接续无关的信息。例如用于维护管理、面向ISDN用户之间的端到端的信息等。

原来的MTP功能明显不足,于是在1984年的红皮书中增设了SCCP,即在不修改MTP的前提下,通过增加SCCP来增强MTP的功能,以满足面向连接和非连接端到端的信息传递要求。此时,对NO.7信令系统仍提出4个功能级的要求,同时将MTP和SCCP加起来称为网络服务部分(NSP)。

随着ISDN、智能网、移动通信、集中维护等业务的发展,仅增加SCCP仍然不够,于是在1988年的蓝皮书中增加了事务处理能力(TC)及其应用部分(TCAP)等内容,目的是进一步增强传送节点至节点的消息以及传送与接续无关的消息的能力。蓝皮书对NO.7信令系统提出了双重要求,一方面是对原来的4个功能级的要求,另一方面是对OSI7层的要求。CCITT 1992年的白皮书又进一步完善了这些新的功能和程序。

3. 基本信号单元格式

起源于用户部分的信令和其他信息以信号单元的方式在信令链路上传递。信号单元由传送用户部分产生的可变长度信令信息字段和消息传送控制所需的若干固定长度字段组成。在链路状态信号单元中,信令信息字段和业务信息的八位位组由信令链路终端产生的状态字段代替。有三种形式的信号单元,即消息信号单元(MSU)、链路状态信号单元(LSSU)和填充信号单元(FISU),它们由包含在所有信号单元中的长度表示语区分。MSU出现差错时需要重发,LSSU和FISU不重发。

1.8.5 信令网

NO.7信令网是具有多种功能的业务支撑网,它不仅可用于电话网和电路交换的数据网,还可用于ISDN网和智能网,可以传送与电路无关的各种数据信息,实现网络的运行、管理、维护和开放各种补充业务。NO.7信令网本质是载送其他消息的数据传送系统,是一个专用的分组交换数据网。

1. 信令网的组成

信令网是独立于电话网的一个支撑网,它由信令点(SP)、信令转接点(STP)和信令链路(Link)三部分组成。

信令网按结构可分为无级信令网和分级信令网。

在电信网中使用NO.7信令系统时,根据信令消息的传送路径以及该消息所属信令点之间的结合关系,可采用下述三种工作方式。

(1) 直联工作方式

两个相邻信令点之间的信令消息通过直接相连的信令链路传送,如图 1.19 所示。

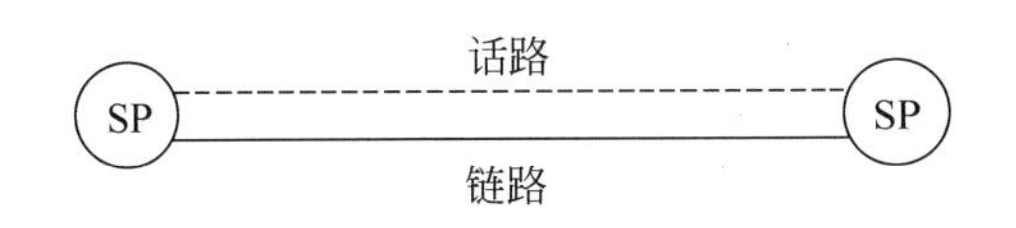

图 1.19 直联工作方式
SP—信令点

(2) 准直联工作方式

两个信令点之间的信令消息通过两条或两条以上串接的信令链路来传送,但只允许通过预定的路由和信令转接点,如图 1.20 所示。

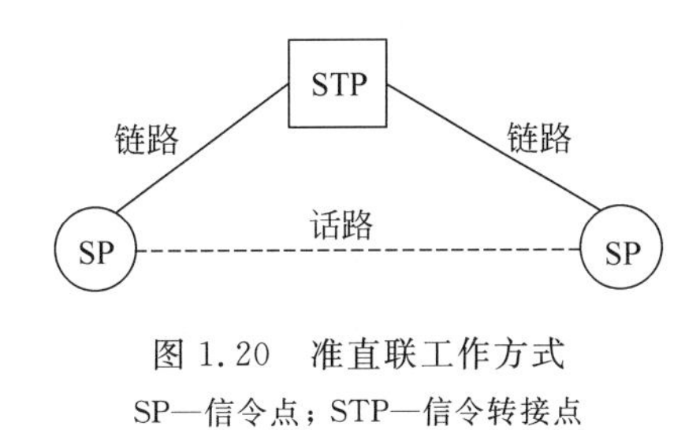

图 1.20 准直联工作方式
SP—信令点;STP—信令转接点

(3) 全分离工作方式

这种方式与准直联工作方式基本一致,所不同的是,它可以按照自己选择路的方式来选择信令通路,比较灵活,但在信令消息的寻址方面就要考虑周全。由于全分离工作方式较复杂,因此目前未被采用,而是采用直联、准直联相结合的工作方式,以满足通信网的要求。当局间话路足够大,从经济上考虑合理时,采用直达的信令链;当两个交换局之间的话路较小,设置直达信令链不经济时,采用准直联工作方式。

2. MTP 部分

(1) MTP 概述

消息传递部分(MTP)构成 NO.7 信令系统的第一、二、三功能级,其主要功能是在信令网中提供可靠的信令消息传递,并在系统和信令网故障情况下,为保证可靠的信息传递,采取措施避免或减少消息丢失、重复及失序。MTP 在功能上由信令数据链路、信令链路功能和信令网功能三个功能级组成。

(2) 信令数据链路

信令数据链路是 MTP 的第一级功能,它定义了信令数据链路的物理、电气和功能特性,确定了与数据链路的连接方法,主要用于为信令传输提供物理通路。信令数据链路由同一数据速率传输信号的双向数据通路组成。

(3) 信令链路功能

信令链路功能是 MTP 的第二级功能,它规定了把消息信号传送到信令数据链路上的功能和程序,主要用于与第一级共同保证在两个直接连接的信令点之间提供可靠的传送消息的信令链路。信令链路功能又可以分为信号单元定界、信号单元定位、差错检出、差错校正、初始定位、处理机故障、第二级流量控制和信令链路差错率监视等八大部分。

3. TUP 部分

(1) TUP 概述

TUP(电话用户部分)协议规定了将 NO.7 信令系统用于电话呼叫控制信令时所必需的电话信令功能,可用来控制接续所用的各种电路的交换,满足 ITU-T 确定的自动电话业务特性的所有要求。

C&C08 的 TUP 协议由 MPU 板主机软件中的 TUP 协议处理子模块实现。

(2) TUP 消息的类型

TUP 消息为长度可变格式,它以消息信号单元(MSU)的形式在信令链路上传递,其业务字段(SI)为 0100,消息内容位于信令信息字段(SIF)中。所有的 TUP 消息都包含标题,它由标题码 H0 和标题码 H1 两部分组成,其中,H0 标识消息群,H1 标识具体的消息类型。

4. ISUP 部分

(1) ISUP 概述

ISUP(ISDN 用户部分)协议定义了包括话音业务和非话音业务(如电路交换数据通信)控制所必需的信令消息、功能和过程。ISUP 能完成电话用户部分(TUP)和数据用户部分(DUP)的功能,并且能实现范围广泛的 ISDN 业务,具有非常广阔的应用范围。

C&C08 的 ISUP 协议由 MPU 板主机软件中的 ISUP 协议处理子模块实现。ISUP 消息均通过消息传递部分 MTP 传递,同时信令连接控制部分 SCCP 提供对 ISUP 端到端信令业务的支持。

(2) ISUP 消息的类型

ISUP 消息为长度可变格式,它以消息信号单元(MSU)的形式在信令链路上传递,其业务字段(SI)为 0101,消息内容位于信令信息字段(SIF)中。

5. SCCP 部分

(1) SCCP 概述

信令连接控制部分(SCCP)为 MTP 提供附加功能,它与 MTP 的第三级相当于 OSI 的第三层,主要用于实现虚电路和数据报的分组交换功能,以便通过 NO.7 信令网在电信网中的交换局与交换局、交换局与专用中心(如 SCP、网管中心等)之间传递电路相关和非电路相关的信令信息及其他类型的信息,建立无连接和面向连接的网络业务。

由于 MTP 的寻址功能仅限于向节点传递消息,只能提供无连接的消息传递功能,而 SCCP 则利用目的信令点编码(DPC)和子系统(SSN)来提供一种寻址能力,用来识别节点中的每一个 SCCP 用户;另外,SCCP 还提供全局码(GT)的寻址方式,解决了 MTP 信令点编码不具备全局性、网内编码容量有限、用户过少的问题。

(2) SCCP 的功能

SCCP 的主要功能有网络服务功能、编路功能、管理功能。

1.9 软交换与下一代网络

1.9.1 软交换产生的背景

随着信息服务与应用的兴起与发展，在21世纪第一个10年期间，许多国家的数据业务量将超过话音业务量。目前，在北美数据业务量已经超过了电路交换的话音业务量，某个时刻，亚洲的大部分地方也将如此。未来的趋势表明，以IP为代表的数据业务将持续快速增长，因为，随着诸如Internet 2之类先导网的发展会出现许多新的应用，传统电信业务从电路交换网向IP网的转移将加快，宽带接入的推广使用将大大增加网上流量。

为了适应以IP业务为代表的数据业务迅猛发展，支持层出不穷、越来越多的网上应用，世界各国都在探索与试验可持续发展的下一代网络。那么，究竟什么是下一代网络呢？

通过这几年的探索，现在普遍认为，从网络特性看，下一代网络应该是：

(1) 一个通过高速公共传输链路和路由器等节点利用IP承载话音数据和视像等所有比特流的多业务网络。

(2) 一个能为各种业务提供有保证的服务质量的网络。

(3) 一个在与网络传送层及接入层分开的服务平台上提供服务与应用的网络。

(4) 一个向用户提供宽带接入能充分发挥容量潜力的网络。

(5) 一个具有后向兼容性能充分挖掘现有网络设施潜力和保护已有投资，允许平滑演进的网络。

上述这些特性不同于目前的PSTN网和因特网，PSTN是专门为话音业务设计的，其实时性、可靠性和服务质量是有保证的，但传数据是不灵活的、低效的。因特网非常灵活、传送数据的效率高、能承载任何类型的数字比特流，但它的服务质量只能尽力而为。

根据上面的定义，下一代网络代表着电话网与因特网在业务上的融合与互通，是两者的最佳组合，既有因特网的灵活性，又能为话音业务和重要的数据应用提供有保证的服务质量。

为了适应网络发展的需要，1998年，软交换技术被作为下一代交换技术被正式提出。

1.9.2 什么是软交换

NGN(next generation network，下一代网络)是电信发展史上的一个里程碑，它标志着新一代电信网络时代的到来。

软交换技术是电路交换网向分组网演进的核心技术，它的主要设计思想是：业务/控制与传送/接入分离，各实体之间通过标准的协议进行连接和通信。

在广义上，软交换是一种解决方案，是一系列采用标准协议的各网络设备的总称。按照这种思想，下一代分组网络将具有清晰的层次结构，主要由业务平面、控制平面、接入平面和传送平面等多个平面组成。其中，控制平面主要完成各种呼叫控制，并负责相应业务处理信息的传送，是下一代分组网络的核心。

我国信息产业部电信传输研究所对软交换的定义是“软交换是网络演进以及下一代分组网络的核心设备之一，它独立于传送网络，主要完成呼叫控制、资源分配、协议处理、路由、认证、计费等主要功能，同时可以向用户提供现有电路交换机所能提供的所有业务，并向第三方提供可编程能力。”

在狭义上，人们又习惯将软交换理解为一种实实在在的设备，即软交换设备。在本书的描述中，将不严格区分这两个概念。

NGN 是业务驱动的网络，世界公认的主要特征有：

(1) 业务和终端趋于 IP 化；

(2) 高速宽带，能综合实时业务、非实时业务、宽带业务、窄带业务以及多媒体业务；

(3) 业务网采用业务与呼叫控制分离、呼叫与承载分离的体系结构；

(4) 安全可信的网络；

(5) 能够保证电信级的服务质量；

(6) 有良好的生态模型和商业价值链。

1.9.3 软交换的体系结构

软交换设备是下一代网络的核心，各运营商在组建以软交换设备为核心的软交换网络时，其网络体系架构可能有所不同，但至少应在逻辑上分为两个层面：软交换网与软交换互通点，如图 1.21 所示。

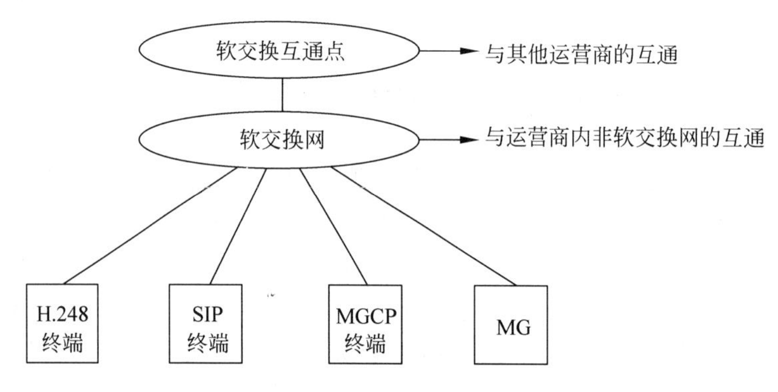

图 1.21 分组网中的网络框架

(1) 软交换网代表运营商内部的软交换网络，负责为该运营商内的用户提供呼叫控制、地址解析、用户认证、业务等功能。

(2) 整个系统由软交换设备、中继媒体网关(如 H.248 终端、SIP 终端、MGCP 终端等)、各种终端接入设备(如 MG 等)以及网管台账系统等标准独立构件组成。

(3) 软交换互通点负责与其他运营商网络的互通。

1.9.4 软交换的主要功能

软交换设备是多种逻辑功能实体的集合，提供综合业务的呼叫控制、连接以及部分业务功能，是下一代电信网中语音/数据/视频业务呼叫、控制、业务提供的核心设备，也是目前电路交换网向分组网演进的主要设备之一。其主要功能包括以下几部分。

1. 呼叫控制和处理功能

软交换设备可以为基本呼叫的建立、维持和释放提供控制功能，包括呼叫处理、连接控制、智能呼叫触发检出和资源控制等。

2. 协议功能

软交换是一个开放的、多协议的实体,因此必须采用标准协议与各种媒体网关、终端和网络进行通信,这些协议包括 ISUP、TUP、INAP、MGCP、H.248、SCTP、H.323、RADIUS、SNMP、SIP、M3UA、BICC、DSS1 等。

3. 业务提供功能

软交换应能够提供 PSTN/ISDN 交换机提供的业务,包括基本业务和补充业务;可以与现有智能网配合提供现有智能网提供的业务;可以与第三方合作,提供多种增值业务和智能业务。

4. 业务交换功能

业务交换功能与呼叫控制功能相结合提供了呼叫控制功能和业务控制功能(SCF)之间进行通信所要求的一组功能。

5. 互通功能

(1) 软交换应可以通过信令网关实现分组网与现有 NO.7 信令网的互通。

(2) 可以通过信令网关与现有智能网互通,为用户提供多种智能业务;允许 SCF 控制 VoIP 呼叫且对呼叫信息进行操作(如:号码显示等)。

(3) 可以通过软交换中的互通模块,采用 H.323 协议实现与现有 H.323 体系的 IP 电话网的互通。

(4) 可以通过软交换中的互通模块,采用 SIP 协议实现与未来 SIP 网络体系的互通。

(5) 可以与其他软交换设备互通互连,它们之间的协议可以采用 SIP-T、BICC 和 H.323。

(6) 提供 IP 网内 MGCP 终端、H.248 终端、SIP 终端和 H.323 终端之间的互通。

6. 资源管理功能

软交换应提供资源管理功能,对系统中的各种资源进行集中的管理,如资源的分配、释放和控制等。

7. 计费功能

软交换应具有采集详细话单及复式计次功能,并能够按照运营商的需求将话单传送到相应的计费中心。当使用记账卡等业务时,软交换应具备实时断线的功能。

8. 认证与授权功能

软交换应能够与认证中心连接,并可以将所管辖区域内的用户、媒体网关信息送往认证中心进行认证与授权,以防止非法用户/设备的接入。

9. 地址解析功能

软交换设备应可以完成 E.164 地址至 IP 地址、别名地址至 IP 地址的转换功能,同时也可完成重定向的功能。

10. 语音处理功能

(1) 软交换应可以控制媒体网关是否采用语音压缩,并提供可以选择的语音压缩算法,算法应至少包括 G.729、G.723 等。

(2) 软交换应可以控制媒体网关是否采用回声抵消技术。

(3) 软交换应可以向媒体网关提供语音包缓存区的大小，以减少抖动对语音质量带来的影响。

1.9.5 软交换的业务

软交换除了支持必备的语音业务外，还支持电路交换机所支持的补充业务、智能业务等。

(1) 支持 PSTN 业务。

(2) 支持 ISDN 业务。

(3) 支持现有智能网提供的业务。

(4) 支持 IP 与智能网 IN 互通的业务。

(5) 支持第三方提供的业务。

1.9.6 软交换的相关构件

构件化是软交换的主要特征之一。根据网络划分的层次结构，软交换系统主要由边缘接入层、核心交换层、网络控制层、业务应用层等四个部件构成。

(1) 边缘接入层：将用户连接至网络，集中用户业务并将它们传递至目的地，包括各种接入手段。

(2) 核心交换层：将信息格式转换成为能够在网络上传递的信息格式。例如，将话音信号分割成 ATM 信元或 IP 包。此外，媒体层可以将信息选路至目的地。

(3) 网络控制层：包含呼叫智能。此层决定用户收到的业务，并能控制低层网络元素对业务流的处理。

(4) 业务应用层：在呼叫建立的基础上提供额外的服务。

1.9.7 软交换的优点

软交换具有以下优点。

(1) 网络体系采用开放的网络架构体系

① 将传统交换机的功能模块分离成为独立的网络部件，各个部件可以按相应的功能划分，各自独立发展。

② 部件间的协议接口基于相应的标准。

部件化使得原有的电信网络逐步走向开放，运营商可以根据业务的需要自由组合各部分的功能产品来组建网络。部件间协议接口的标准化可以实现各种异构网的互通。

(2) 网络是业务驱动的网络

① 业务与呼叫控制分离。

② 呼叫与承载分离。

分离的目标是使业务真正独立于网络，灵活有效地实现业务的提供。用户可以自行配置和定义自己的业务特征，不必关心承载业务的网络形式以及终端类型，使得业务和应用的提供有较大的灵活性。

（3）网络是基于统一协议的分组网络

近几年随着 IP 的发展，电信网络、计算机网络及有线电视网络将最终汇集到统一的 IP 网络，即人们通常所说的“三网”融合大趋势，IP 使得各种以 IP 为基础的业务都能在不同的网上实现互通。

1.9.8　性能及可靠性指标

1. 系统容量

当软交换位于端局时，设备容量为 100KB；当软交换位于汇接局时，设备容量为 200KB 中继，并可根据需要灵活扩展。

2. 系统处理能力

当软交换位于端局时，处理能力为 140 万 BHCA；当软交换位于汇接局时，处理能力为 300 万 BHCA。

3. 时延

时延是指软交换对消息的转发时间。软交换的平均时延为 200ms（暂行规定）。

4. 系统可靠性和可用性

（1）软交换系统必须采用容错技术设计，系统必须达到或超过 99.999%的可用性，全系统每年的中断时间小于 3 分钟。

（2）要求软交换系统具有高可靠性和高稳定性。主处理板、电源和通信板等系统主要部件应具有热备份冗余，并支持热插拔功能。

1.9.9　软交换的相关协议

1. MGCP 协议

MGCP 协议是软交换设备与 MGCP 终端之间使用的协议。MGCP 的连接模型基于 endpoint（端点）和 conneticon（连接）两个构件。端点发送或接收数据流，它可以是物理端点或虚拟端点。连接由软交换控制的终端在呼叫涉及的端点间建立，可以是点到点、点到多点的连接。连接按呼叫划分，一个端点上可以建立多个连接，不同呼叫的连接可以终结于同一个端点。

2. SIP 协议

软交换设备与 SIP 系统互通时采用 SIP（起始会话协议），SIP 是 IETF 提出的在 IP 网络上进行多媒体通信的应用层控制协议，可用于建立、修改、终结多媒体会话和呼叫。SIP 协议采用基于文本格式的客户-服务器方式，以文本的形式表示消息的语法、语义和编码，客户机发起请求，服务器进行响应。SIP 独立于低层协议——TCP 或 UDP，而采用自己的应用层可靠性机制来保证消息的可靠传送。

SIP 消息有两种：客户机到服务器的请求（request），服务器到客户机的响应（response）。

第2章 光纤通信技术

2.1 光导纤维

2.1.1 引言

1. 什么是光纤

利用光导纤维传输光波信号的通信方式称为光纤通信。

光纤通信作为现代通信的主要传输手段，在现代通信网中起着重要的作用。自20世纪70年代初光纤通信问世以来，整个通信领域发生了革命性变化，它使高速率、大容量的通信成为可能。目前光纤通信的使用工作波长在近红外区，即0.8～1.8μm的波长区，对应的频率为167～375THz。

光导纤维（简称光纤）本身是一种透明的玻璃纤维，目前使用通信光纤的基础材料是二氧化硅，因此它是属于介质光波导的范畴。

2. 光纤通信的优越性

光纤通信技术从20世纪70年代初到目前四十多年的时间里，能够如此迅猛地发展，主要决定于它无比的优越性，概括起来主要有以下几点。

(1) 传输频带宽，通信容量大。

(2) 传输损耗小，中继距离长。

(3) 抗电子干扰能力强。

(4) 光纤线径细、重量轻，而且制作光纤的资源丰富。

光纤通信的发展依赖于光纤通信技术的进步。为了适应网络发展和传输容量不断提高的需求，人们在传输系统的技术开发上作出了不懈的努力。光纤通信技术作为信息技术的重要平台，在未来信息社会中将起到重要作用。超高速度、超大容量以及超长距离传输的光纤通信一直是人们追求的目标，而光纤到户和全光网络更是人们希望早日实现的梦想。

2.1.2　光纤的结构和分类

1. 光纤的结构

光纤有不同的结构形式，目前通用的光纤绝大多数是用石英材料做成的横截面很小的双层同心圆柱体，外层折射率比内层低。折射率高的中心部分叫作纤芯，折射率低的外围部分叫做包层。光纤的基本结构如图 2.1 所示。

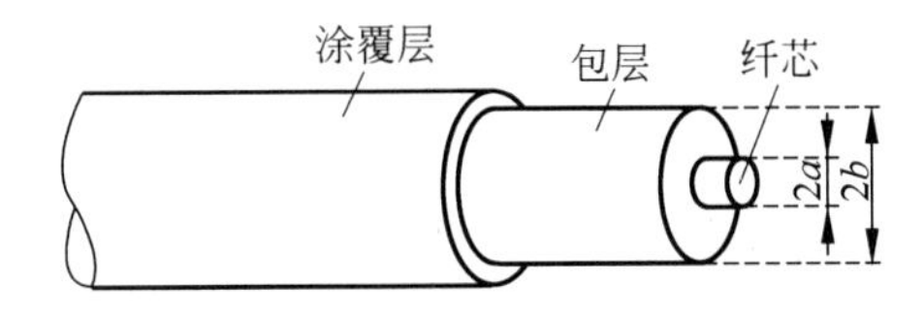

图 2.1　光纤的结构

2. 光纤的分类

(1) 光纤按照横截面折射率分布不同来划分，一般可以分为阶跃型光纤和渐变型光纤两种。

(2) 按照纤芯中传输模式的多少来划分，一般可以分为单模光纤和多模光纤。

2.2　光纤通信系统的组成

根据不同的用户要求、不同的业务种类以及不同阶段的技术水平，光纤通信系统的形式可多种多样。

目前采用比较多的形式是强度调制/直接检波的光纤数字通信系统。该系统主要由光发射机、光纤、光接收机以及长途干线上必须设置的光中继器组成，如图 2.2 所示。

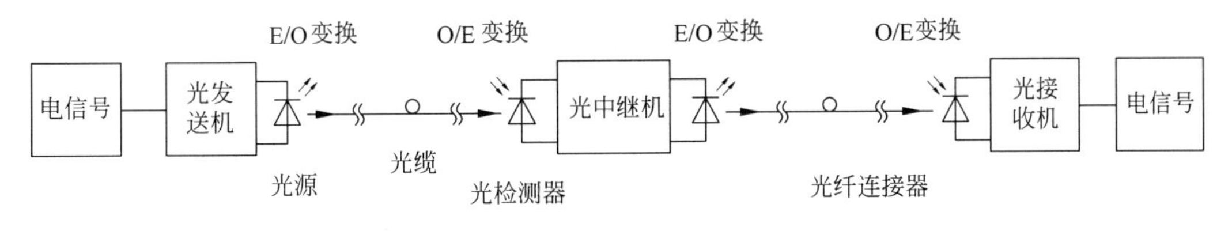

图 2.2　光纤数字通信系统示意

在点对点的光纤通信系统中，信号的传输过程如下。

由电发射机输出的脉冲调制信号送入光发送机，光发送机的主要作用是将电信号转换成光信号耦合进光纤，因此，光发射机中的重要器件是能够完成电-光转换的半导体光源，目前主要采用半导体激光器(LD)或半导体发光二极管(LED)。

光接收机的主要作用是将光纤传送过来的光信号转换成电信号，然后经过对电信号的处理后，使其恢复为原来的脉码调制信号送入电接收机。光接收机中的重要部件是能够完成光-电转换任务的光电检测器，目前主要采用光电二极管(PIN)和雪崩二极管(APD)。

为了保证通信质量在收发端机之间适当距离上必须设有光中继器。光纤通信中光中继器的形式主要有两种：一种是光-电-光转换形式的中继器，另一种是在光信号上直接放大的光放大器。

2.3 衰减和色散对中继距离的影响

1. 衰减对中继距离的影响

一个中继段上的传输衰减包括两个部分内容，其一是光纤本身的固有衰减，再者就是光纤的连接损耗和微弯带来的附加损耗。下面就从光纤损耗特性开始进行介绍。

光纤的传输损耗是光纤通信系统中一个非常重要的问题，低损耗是实现远距离光纤通信的前提。构成光纤损耗的原因很复杂，归结起来主要包括两大类：吸收损耗和散射损耗。

2. 色散对中继距离的影响

光纤自身存在色散，即材料色散、波导色散和模式色散。对于光单模光纤，因为仅存在一个传输模，故单模光纤只包括材料色散和波导色散。除此之外，还存在与光纤色散有关的种种因素，会使系统性能参数出现恶化，如误码率、衰减常数变坏，其中比较重要的有三类：码间干扰、模分配噪声及啁啾声。

2.4 SDH

同步数字体系(synchronous digital hierarchy，SDH)是一种新的传输体制，广泛地应用于实用的光纤通信系统中。而且低速的光纤通信系统中沿用传统的强度调制-直接检波(IM-DD)的系统方式，即电-光转换和光-电转换的信号传输方式，但随着系统容量的不断提高，电子器件处理信息的速率还远远低于光纤所能提供的巨大负荷量的矛盾就更加显现。为了进一步满足各种宽带业务对网络容量的需求，进一步发掘光纤的频带资源，开发和使用新型光纤通信系统将成为未来的趋势，其中采用多信道复用技术便是行之有效的方式之一。

2.4.1 光同步数字传输网

SDH 网是由一些 SDH 网络单元(NE)构成的，在光线上进行同步信息传输、复用、分插和交叉连接的网络。SDH 网的概念中主要包含以下几个要点。

(1) SDH 网有全世界统一的网络节点接口(NNI)，从而简化了信号的互通以及信号的传输、复用、交叉连接等过程。

(2) SDH 网有一套标准化的信息等级结构，称为同步传递模块 STM-N(N=1,4,16,64)，并有一种块状帧结构，允许安排丰富的开销比特，用于网络的操作维护管理(OAM)。

(3) SDH 网有一套特殊的复用结构，现存准同步数字体系(PDH)、同步数字体系(SDH)和 B-ISDN 的信号都能纳入其帧结构中传输，并具有兼容性和广泛的适用性。

(4) SDH 网大量采用软件进行网络配置控制，增加新功能和新特性非常方便，适合将来不断发展的需要。

(5) SDH 网有标准的光接口，即允许不同厂家的设备在光路上互通。

(6) SDH 网的标准网络单元有终端复用器(TM)、分插复用器(ADM)、再生中继器(REG)和同步数字交叉连接设备(SDXC)等。

1. SDH 的网络节点接口、速率和帧结构

(1) 网络节点接口

网络节点接口(NNI)是表示网络节点之间的接口。在实际中也可以看成传输设备和网络节点之间的接口。它在网络中的位置如图 2.3 所示。

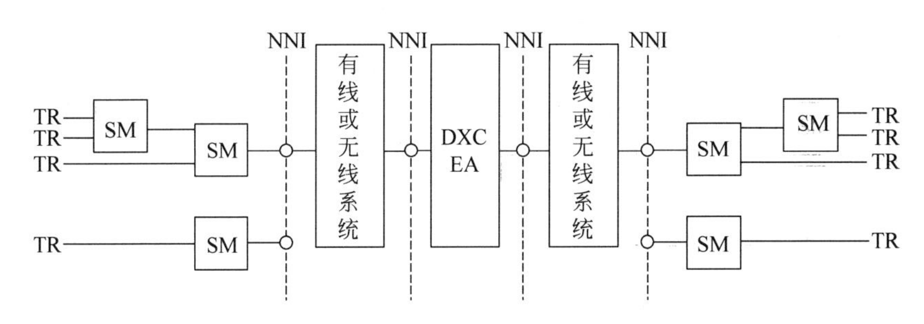

图 2.3 NNI 在网络中的位置

TR—支路；DXC—数字交叉连接设备；SM—同步复用设备；EA—外部接入设备

一个传输网主要是由传输设备和网络节点构成。而传输设备可以是光缆传输系统设备,可以是微波传输系统或卫星传输系统设备。简单的网络节点只有复用功能,而复杂的网络节点应包括复用和交叉连接等多种功能。

要规范一个统一的网络节点接口,则必须有一个统一、规范的接口速率和信号帧结构。

(2) 同步数字体系的速率

SDH 所使用的信息等级结构为 STM-N 同步传输模块,其中最基础的模块信号是 STM-1,其速率是 155.520Mbit/s,更高等级的 STM-N 信号是将 N 个 STM-1 按字节间插同步复用后所获得的。其中 N 是正整数,目前国际标准化 N 的取值为：$N=1,4,16,64,256$。相应各 STN-N 等级的速率为：

STM-1　155.520Mbit/s

STM-4　622.080Mbit/s

STM-16　2488.320Mbit/s

STM-64　9953.280Mbit/s

STM-256　39 813.12Mbit/s

(3) 帧结构

由于要求 SDH 网能够支持支路信号(2/4/140Mbit/s)在网中进行同步数字复用和交叉连接等功能,因而其帧结构必须具备下述功能。

① 支路信号在帧内的分布是均匀、有规律的,便于接入、取出。

② 对 PDH 各大系列信号,都有同样的方便性和实用性。

为了满足上述要求,SDH 帧结构为一种块状结构,如图 2.4 所示。

由图 2.4 可知,在 STM-N 的帧结构中,共有 9 行,$270\times N$ 列,每个字节=8 比特,帧周期为 125μs。字节的传送顺序是：从第一行开始由左向右,由上至下传输,在 125μs 时间内传完一帧的全部字节数为 $9\times 270\times N$。

例如：STM-1 的帧结构

信息结构：9 行 270 列

一帧的字节数：$9\times 270=2430$

一帧的比特数：$2430\times 8=19\,440$

速率：
$$f_b=\frac{\text{一帧比特数}}{\text{传一帧的时间}}=\frac{9\times 270\times 8}{125\times 10^{-6}}=1\,552\,520(\text{Mbit/s})$$

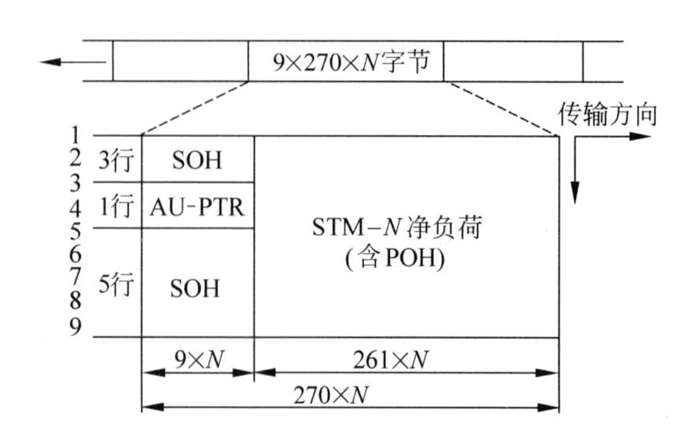

图 2.4　STM-N 的帧结构

此方法可以求出当 N 为 1,4,16,64,256 时任意速率值。由图 2.4 可以看出，整个帧结构可以分为三个区域：段开销(SOH)区、信息净负荷区和管理单元指针。

段开销(SOH)是指在 SDH 帧结构中，为了保证信息正常传送而供网络运行、管理和维护所用的附加字节，它在 STM-N 帧结构中的位置是第 1～9×N 列中的第 1～3 行和第 5～9 行。在图 2.5 中以 STM-1 为例给出其段开销字节安排。

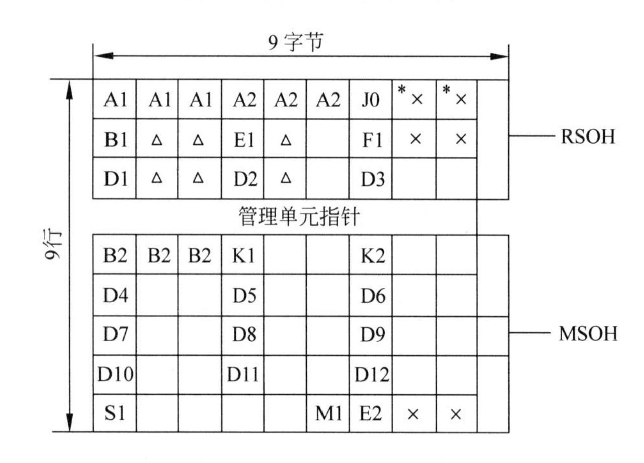

图 2.5　STM-1 段开销(SOH)的字节安排

△—与传输媒质有关的特征字节(暂用)；×—国内使用保留字节；＊—不扰码字节；
所有未标记字节待将来国际标准确定(与媒质有关的应用，附加国内使用和其他用途)

信息净负荷区域内存放的是有效传输信息，也称为信息净负荷，它是由有效传输信息加上部分用于通道监视、管理和控制的通道开销(POH)组成。通常 POH 被视为净负荷的一部分，并与之一起传输，直到在接收端该净负荷被分接出来。信息净负荷在 STM-N 中的位置是第 10～270×N 列。

管理单元指针实际上是一组数码，用来指示信息净负荷中信息起始字节的位置，这样在接收端可以根据指针所指示的位置正确地分解出有效信息。管理单元指针在 STM-N 中的位置是第 4 行的 1～9×N 列。

2. SDH 网的特点

SDH 网具有以下特点。

(1) SDH 网络是由一系列 SDH 网元(NE)组成的，它是一个可在光纤或微波、卫星传输系统上进行同步信息传输、复用和交叉连接的网络。

(2) 它有全世界统一的网络节点接口(NNI)。

(3) 它有一套标准化的信息等级结构，被称为同步传输模块 STM-N。

(4) 它具有一种块状帧结构，在帧结构安排了丰富的管理比特，大大增加了网络的维护管理能力。

(5) 它有一套特殊的复用结构，可以兼容 PDH 的不同传输速率，而且还可以容纳 B-ISDN 信号，因而具有广泛的适用性。

2.4.2 复用、映射、结构

各种信号复用映射进 STM-N 帧的过程，都必须经过映射、定位和复用三大关键步骤。

ITU-T 在 G.707 建议中给出了 SDH 的复用结构与过程。由于 ITU-T 要照顾全球范围内的各种情况，因而 ITU-T 所规定的复用结构是最为复杂的。由于我国选用的是 PCM30/32 系列 PDH 信号，因而根据 ITU-T 的复用结构，简化出适用于我国的 SDH 复用结构，如图 2.6 所示。

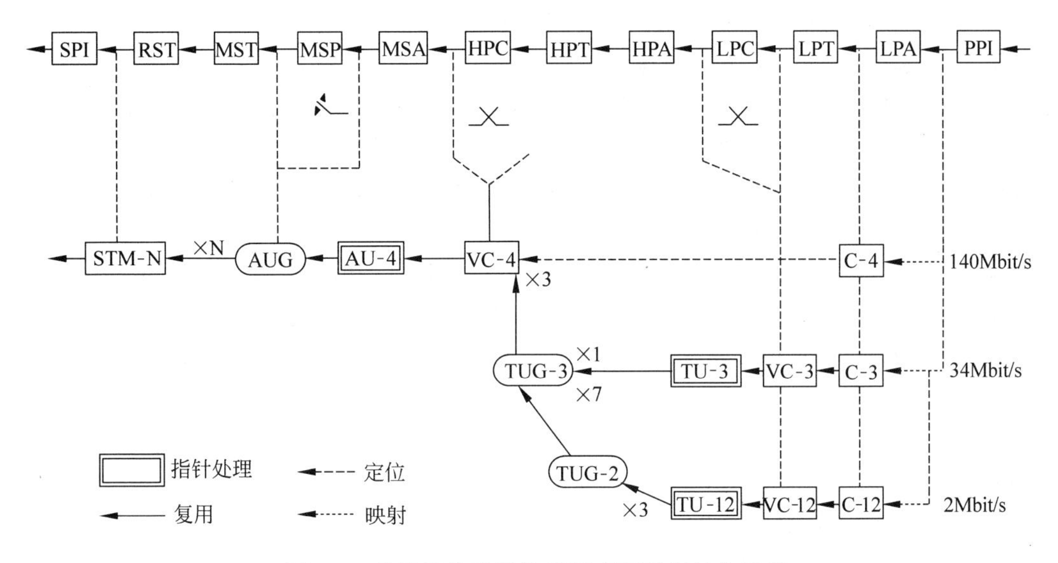

图 2.6　我国目前采用的 SDH 复用映射结构示意

SPI—SDH 物理接口；RST—再生段终端；MST—复用段终端；MSP—复用段保护；MSA—复用段适配功能；HPC—高阶通道连接功能；HPT—高阶通道终端；HPA—高阶通道适配功能；LPC—低阶通道连接功能；LPT—低阶通道终端；LPA—低阶通道适配功能；PPI—PDH 物理接口

我国目前采用的复用结构是以 2Mbit/s 系列 PDH 信号为基础的，通常采用 2Mbit/s 和 140Mbit/s 支路接口，但由于 1 个 STM-1 只能容纳 3 个 34Mbit/s 的支路信号，因而相对而言不经济，故应尽可能不使用该接口。

1. 复用单元

由图 2.6 可见，SDH 的复用结构是由一系列复用单元组成，各复用单元的信息结构和功能各不相同。常用的有容器(C)、虚容器(VC)、管理单元(AU)、支路单元(TU)等。

(1) 容器

容器(C)是一种装载各种速率业务信号的信息结构，主要完成 PDH 信号与 VC 之间的适配功能。针对不同的 PDH 信号，ITU-T 规定了五种标准容器，我国的 SDH 复用结构中，仅用了装载 2048Mbit/s、34 368Mbit/s 和 139.264Mbit/s 信号的三种容器，即 C-12、C-3 和 C-4，其中 C-4 为高阶容器，C-12 和 C-3 为低阶容器。

(2) 虚容器

虚容器(VC)是用来支持 SDH 通道层连接的信息结构，它是由标准容器 C 的信号加上用以对信号进行维护与管理的通道开销(POH)构成的。虚容器又包括高阶虚容器和低阶虚容器。

无论是高阶 VC 还是低阶 VC，它们在 SDH 网络中始终保持独立的相互同步的传输状态，即其帧速率与网络保持同步，并且在同一网络中的不同 VC 都是保持相互同步的，因而在 VC 级别上可以实现交叉连接操作，从而在不同 VC 中装载不同速率的 PDH 信号。另外，VC 信号仅在 PDH/SDH 网络边界处才进行分接，从而在 SDH 网络中始终保持完整不变，独立地在通道的任意点进行取出、插入和交叉连接。

(3) 支路单元与支路单元组

从图 2.6 中可以看出，VC 出来的数字流进入管理单元(AU)或支路单元(TU)。TU 是为高阶通道层和低阶通道层提供适配功能的一种信息结构，它是由虚容器和一个相应的支路单元指针组成。指针用来指示虚容器在高一阶容器中的位置，这种净负荷中对虚容器位置的安排称为定位。一个或者多个 TU 组成一个支路单元组(TUG)。

这种 TU 经 TUG 到高阶 VC-4 的过程就称为复用，复用的方式是字节间插。

(4) 管理单元

管理单元(AU)是一种在高阶通道层和复用层提供适配功能的信息结构，由高阶 VC 和一个相应的管理单元指针构成。一个或多个在 STM-*N* 帧中占固定位置的 AU 组成一个管理单元组(AUG)。管理单元指针的作用是用来指示高阶 VC 在 STM-*N* 中的位置。

(5) 同步传输模块

同步传输模块(STM-*N*)是在 *N* 个 AUG 的基础上，加上能够起到运行、管理和维护作用的段开销构成。如前所述，*N* 表示不同的信息等级，*N* 个 STM-1 可同步复用成 STM-*N*。

(6) 关于通道、复用段、再生段的说明

在 SDH 传输系统中通道、复用段、再生段的关系如图 2.7 所示。

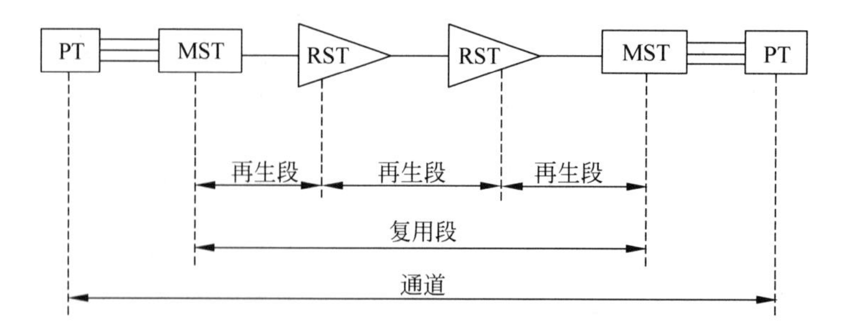

图 2.7 SDH 传输系统中通道、复用段、再生段间的关系

在图 2.7 中,PT 指通道终端,它是虚容器的组合分解点,完成对净负荷的复用和解复用以及完成对通道开销的处理。

MST 指复用段终端、完成复用段的功能,其中如产生和终结复用段开销(MSOH)。相应的设备有光缆线路终端、高阶复用器和数字宽带交叉连接器等。

RST 指再生段终端。它的功能模块在构成 SDH 帧结构过程中产生再生段开销 ROSH,在相反方向则终结再生段开销 ROSH。

从图 2.7 还可以看出通道、复用段、再生段的定义和分界。

2. 映射方法

SDH 能够将已有的各种级别的 PDH 信号、ATM 信元以及随后出现的 IP 数据信息映射进 STM-*N* 帧内的相应级别的容器。所谓映射是指把在 SDH 网络边界与虚容器进行适配的过程,其实质是使各种支路信号与相应的虚容器的容量保持同步,使 VC 能够独立地在 SDH 网中进行传送、复用和交叉连接。

2.4.3　SDH 网元

光同步传输网是由一系列 SDH 网络单元组成。它的基本网络单元有同步光缆线路系统、复用器和数字交叉连接设备等。

1. 终端复用器(TM)

TM 的示意图如图 2.8 所示。TM 是一个双端口器件,可以提供从 G.703 接口到 STM-1 输出的简单复用功能。例如,它可以将 63 个 2Mbit/s 信号复用成一个 STM-1,同时根据所传送的复用结构的不同,在组合信号中,每一个支路的信号保持固定的对应位置,这样便于利用计算机软件进行信息的插入与分离工作,也可以将若干个 STM-*N* 信号组合成一个 STM-*M*(*M*>*N*)。例如,将四个 STM-1 信号按照字节间插方式复用成一个 STM-4 信号,并且每个 STM-1 信号的 VC-4 都固定在相应位置上。同理,复用器也可以灵活地将 STM-*N* 信号 VC-3/4 分配到 STM-*N* 帧中的任意位置上。

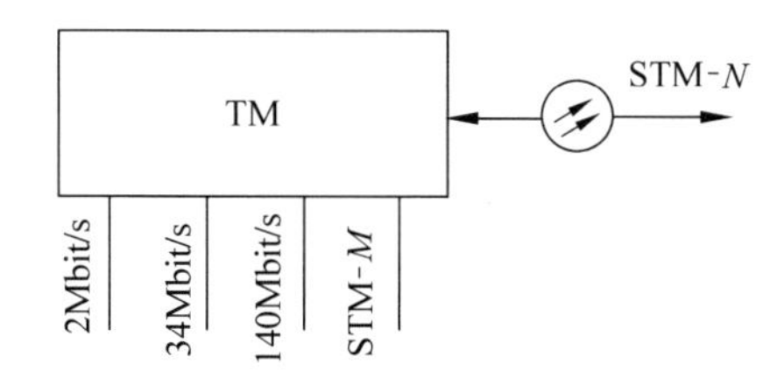

图 2.8　终端复用器(TM)示意

2. 分插复用器(ADM)

ADM 是在 SDH 网络中使用的另一种复用设备。具有能够在不需要对信号进行解复用和完全终结 STM-*N* 情况下经 G.703 接口接入各种准同步信号的能力。它也具有将 STM-*N* 输入到 STM-*M*(*M*>*N*)内的任一支路的能力,如图 2.9 所示。

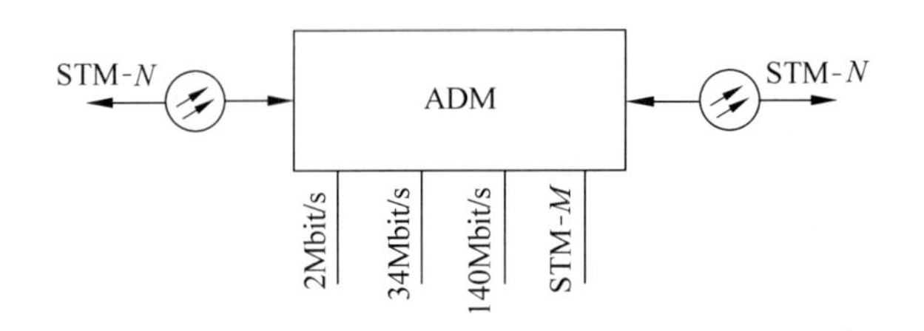

图 2.9 分插复用器(ADM)示意

3. 数字交叉连接设备(DXC)

(1) DXC 的基本功能

DXC 的基本功能如下。

① 电路调度功能。

② 业务的汇集和疏导功能。

③ 保护倒换功能。

DXC 实质上是兼有复用、配线、保护/恢复、检测和网络管理等多种功能的一种传输设备。由于 DXC 采用了 SDH 的复用方式,省去了传统的 PDH DXC 的背靠背复用、解复用方式,从而使 DXC 变得明显简单。另外 DXC 的交叉连接功能实质上也可以理解为一种交换。当然,这与通常的交换机有许多不同的地方。

(2) DXC 连接类型

通常 DXC 交叉连接类型可以分为以下 5 种。

单向:单向交叉连接提供单方向通过 SDH 网元的连接,并可以用来传送可视信号。

双向:双向交叉连接是用来建立双方向通过 SDH 网元的交叉连接。

广播式:广播式交叉连接能把输入的 VC-*n* 交叉连接到多个输入端,并以 VC-*n* 输出。

环回:将 VC-*n* 交叉连接到其自身的交叉连接。

分离接入:终结输入 STM-N 中的 VC-*n*,并在输出 STM-N 中相应的 VC-*n* 上提供测试信号。

4. 再生终结器(REG)

由于光纤固有功率损耗的影响,使得信号在光纤中传输时,随着传输距离的增加,光波逐渐减弱。如果接收端所接收的光功率过小时,便会造成误码,影响系统的性能,因而此时必须对变弱的光波进行放大、整形处理,这种仅对光波信号进行放大、整形的设备就是再生器。由此可见,再生器不具备复用功能,它是最简单的一种设备。

2.4.4 SDH 光传输系统

在 SDH 光缆线路系统中,可以采用多种结构,例如,点到点系统、点到多点系统以及环路系统等,其中点到点链状系统和环路系统是使用最为广泛的基本线路系统。

1. 点到点链状线路系统

图 2.10 所示为典型的点到点链状系统,从图中可以看出,该系统是由具备复用功能和光接口功能的线路终端、中继器和光缆传输线路构成,其中,中继器可以采用目前常见的光-电-光再生器,也可以使用掺饵光纤放大器(EDFA),在光路上完成放大的功能。另外,在此系统中,既可以构成单向系统,也可以构成双向系统。

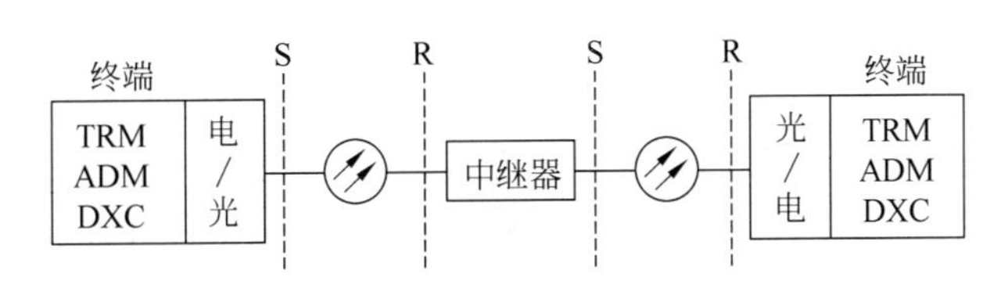

图 2.10 点对点链状线路系统

2. 环路系统

环路系统如图 2.11 所示。在环路系统中可以选用分插复用器，也可以选用交叉连接设备作为节点设备，它们的区别在于后者具有交叉连接功能，它是一种集复用、自动配线、保护/恢复、监控和网管等功能为一体的传输设备，可以在外接的操作系统或者电信管理网络(TMN)设备的控制下，对由多个电路组成的电路群进行交叉连接，因此其成本很高，故通常使用在线路交汇处，而接入设备则可以使用数字环路载波系统(DLC)、宽带综合业务接入单元(B-ISDN)。

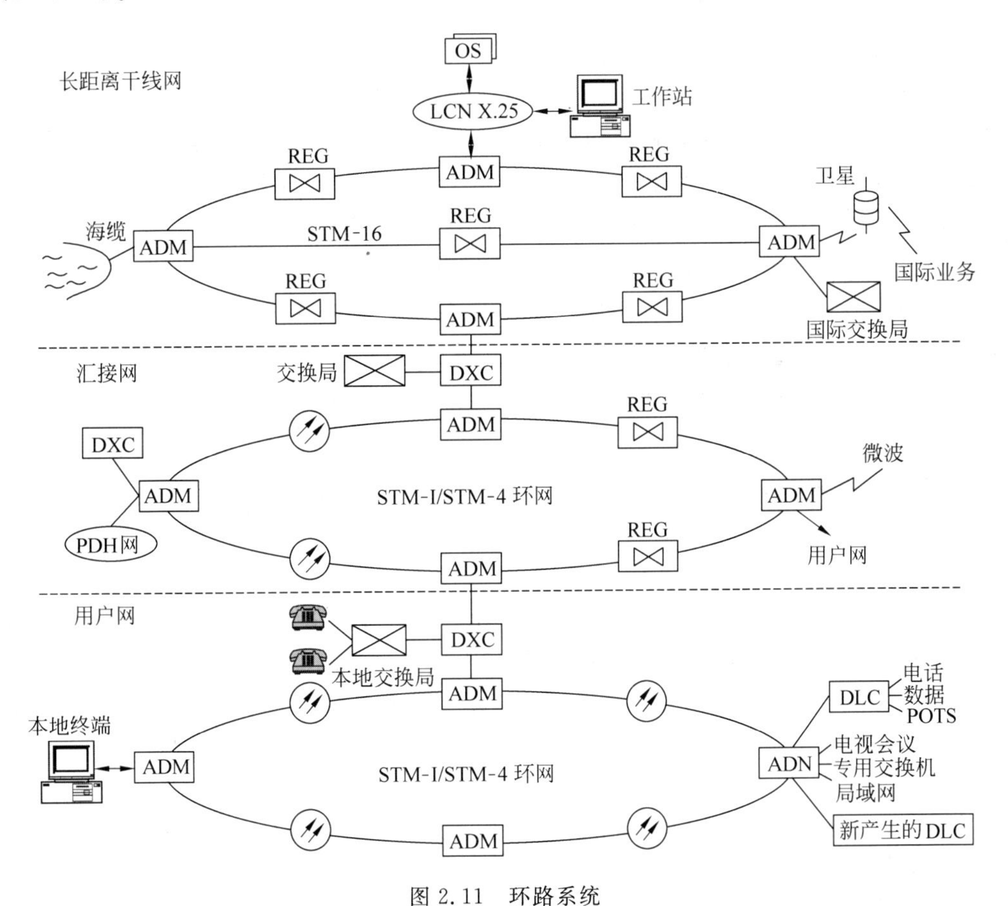

图 2.11 环路系统

TM—终端复用器；DLC—数字环路载波系统；OS—操作系统；
DXC—数字交叉连接设备；REG—再生中继器；POTS—普通电话业务；
LCN—本地通信网；ADM—分插复用器

2.4.5 SDH的网同步

在SDH同步网络中，主要采用主从同步方式，系统中每个从时钟都将与主时钟保持同步，但实际上不同的工作状态下，时钟的运行模式有所不同，大致可以分为正常工作模式、保持工作模式和自由运行模式三种状态模式。

正常工作模式是指从时钟和同步链路送来的主时钟信号处于锁定状态，这样从时钟与时钟链路送来的时钟信号在频率和相位上保持一致，因而在同步链路的正常工作状态下，从时钟能够准确跟踪同步网的基准时钟。当同步链路出现故障时，则从时钟自动跟踪其他同步链路送来的主时钟信号，否则暂时进入保湿工作模式。

在保持工作模式下，从时钟以参考时钟丢失前所存储的最后一段时间内的频率信号为基准，从而保证从时钟在一定时间内的频率偏差在允许的范围之内，这样维护人员可以利用这段时间修复链路，使整个网络恢复正常，否则便进入自由运行模式。

2.4.6 SDH的网络保护

随着技术的不断进步，信息的传输容量以及速率越来越高，因而对通信网传递的信息的及时性、准确性的要求也越来越高。如果一旦通信网络出现线路故障，那么将会导致局部甚至整个网络瘫痪，因此网络生存性问题是通信网设计中必须加以考虑的重要问题。因而人们提出了一种新的概念——自愈功能。

自愈功能是指当网络出现故障时，能够在无须人为干预的条件下，在极短的时间内从失效状态中自动恢复所携带的业务，使用户感觉不到网络已经出现了故障。其基本原理是使网络具有备用路由和重新建立通信的能力。自愈的概念只涉及重新建立通信，而不管具体失效元部件的修复与更新，而后者仍需人为干预才能完成。

在SDH网络中的自愈保护可以分为自动线路保护倒换、环形网保护、网孔形DXC网络恢复及混合保护方式等。

1. 自动线路保护倒换

(1) 1+1结构

图2.12所示为1+1线路保护倒换结构。从图中可以看出，由于发送端是永久地与主用信道、备用信道相连接，因而STN-*N*信号可以同时在主用信道和备用信道中传输，在接收端其MSP(复用段保护功能)同时对所接收到的来自主、备用信道的STN-*N*信号进行监视。正常工作情况下选用来自主用信道的信号作为输出信号，一旦主用信道出现故障，则它会自动从备用信道中选取信号作为接收信号。

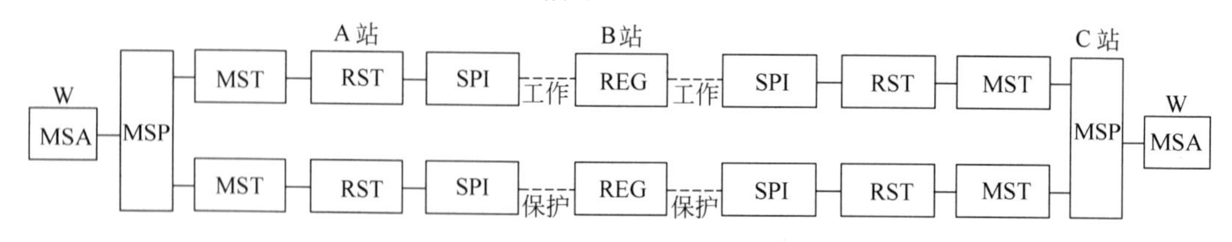

图2.12 1+1线路保护倒换结构

REG—再生中继器

(2) 1∶n 结构

图 2.13 所示为 1∶n 线路保护倒换结构。从图中可以看出，在 1∶n 结构中，备用信道由多个主用信道共享，一般 n 的取值范围为 1～14。

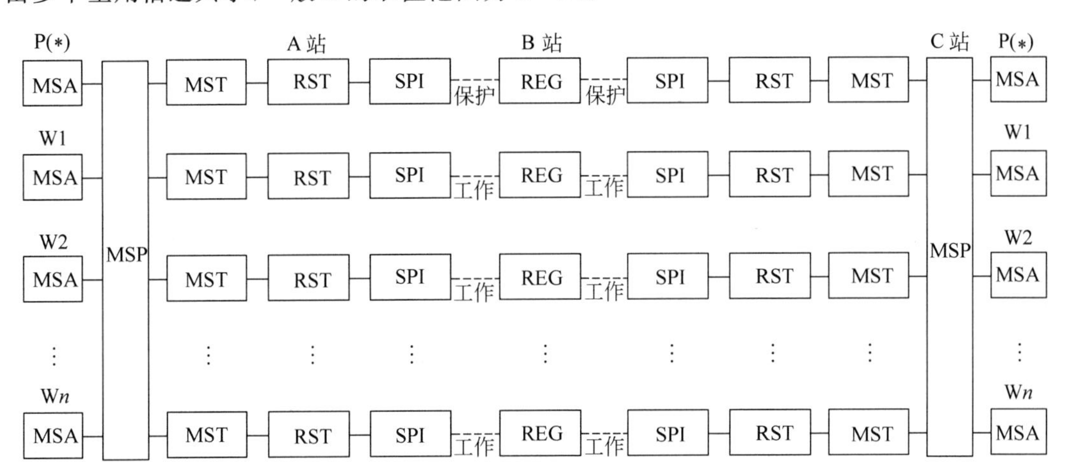

图 2.13 1∶n 线路保护倒换结构

*—仅对额外业务才需要；REG—再生中继器

2. 环路保护

SDH 网中所采用的网络结构有很多种，其中环形结构才具有真正意义上的自愈功能，故而被称为自愈环，即无须人为干预，网络就能在极短的时间内从失效故障中自动恢复所携带的业务，使用户感觉不到网络已经出现了故障，因而环形网络具备发现替代传输路由，并重新确立通信的能力。可见它特别适应大容量的光纤通信发展的要求，得到了广泛的重视。

(1) 自愈环结构方式的划分

按照自愈环结构来划分，可以分为通道倒换环和复用段倒换环。前者是以通道为基础的保护，后者是以复用段为基础的保护。

按照进入环的支路信号和由分路节点返回支路信号方向是否相同来划分，可以分为单向环和双向环两种。所谓单向环是指所有的业务信号在环中按同一方向传输；而双向环是指进入环的支路信号和由此支路信号分路节点返回的支路信号的传输方向相反。

按照一对节点之间使用光纤的最小数量来划分，可以分为二纤环和四纤环。

(2) 几种典型的自愈结构

目前多采用下面四种结构的环形网络。

① 二纤单向复用段倒换环

② 四纤双向复用段倒换环

③ 二纤双向复用段倒换环

④ 二纤单向通道倒换环

第二部分

仪器设备

第3章 程控交换机

3.1 C&C08交换系统

3.1.1 C&C08系统概述

C&C08数字程控交换系统(以下简称C&C08)是华为技术有限公司为适应我国PSTN网络大规模建设的需要,于1997年开发成功的大容量数字程控交换设备。

C&C08采用先进的软、硬件技术,完全符合ITU-T和新国标《邮电部电话交换设备总体技术规范书》的要求,具有丰富的业务提供能力和灵活的组网能力,适用于PSTN网络的本地网端局、汇接局、关口局、长途局等各级交换局的建设。

3.1.2 C&C08系统特点

1. 大容量

C&C08的电路交换在中央交换网(CNET)进行,CNET为三级T网(T×T×T)交换结构,由边缘交换网和中央交换网构成一个全利用度的交换网,其最大交换容量为128K×128K时隙。C&C08支持的最大中继数为4096PCMs(即12万条中继电路)。

2. 高可靠性

C&C08在硬件上采取单板的主备用、负荷分担、冗余配置等可靠性设计方法,并通过优化单板和系统的故障检测/隔离技术提高了系统可维护性。在软件方面,采取对关键资源进行定时检测、任务监控、存储保护、数据校验等措施,提高软件的容错能力;采取备份倒换机制、流量控制等技术,保证软件的可靠性及鲁棒性;另外,软件的设计、开发和测试等流程均依照CMM(能力成熟度模型)各种规范要求进行。根据业界通用做法,采用可靠性预计方法估计,C&C08的MTBF(平均无故障运行时间)达到79 955小时(3331天),系统年平均中断时间为3.285分钟。

3. 高处理能力

在C&C08中,单个SM模块的BHCA值达200K(其中CPU占用率为52%),整个系统的BHCA值达6000K,话务量处理能力为100kErl。此外,C&C08的号码存储和分析能力均达到31位,可满足各种位长的呼叫对交换机呼叫分析能力的要求。

4. 高集成度、低功耗

C&C08通过内部各功能模块的优化,各单板充分采用强处理能力的专用或通用芯片及新工艺、新技术,最大限度地提高了系统的集成度,降低了单板及系统功耗,系统模块间耦合更加紧密,系统的可靠性也得到提高。同时,为了适应大容量关口局、汇接局的建设要求,C&C08通过在内部集成SDH光传输技术,仅用9个机架就可以实现12万中继的容量,而耗电仅8.2kW,大大地降低了设备的占地面积和对供电系统的要求,节省了网络的建设成本。

5. 支持标准STM-1光/电接口

C&C08提供标准的STM-1光/电接口,能够通过公用传输网接入/汇出大容量中继,提高组网的灵活性,同时节省交换设备和SDH传输设备之间的ADM(分插复用器)设备,真正做到交换传输一体化,降低了交换设备和传输设备的整体造价,经济效益非常可观。C&C08通过STU板提供STM-1接口,容量为63个E1,此外,通过软件设置,还可方便地实现华为/朗讯的E1编号方式。

6. 丰富的业务提供能力

C&C08全面顺从《邮电部电话交换设备总技术规范书》及其相关补充规定的技术要求,不仅可以全面提供满足国标规定的PSTN、ISDN、Centrex等基本业务、承载业务或补充业务,而且还能为运营商量身定做多种功能和增值业务,如酒店接口功能、Centrex话务台功能、智能商业网业务、校园卡业务等,能配合SCP、SMP提供完善的智能网业务,如200业务、300业务、800业务。

7. 强大、灵活的组网能力

(1) 提供E1、T1、E&M、载波中继等各种数字与模拟中继接口,支持中国一号信令、NO.7信令、R2信令、NO.5信令等多种国内、国际信令,具有强大的组网能力。

(2) 提供标准的V5.1/V5.2接口,支持多厂家接入网设备的接入。

(3) 提供BRI、PRI、PHI、V.35、V.24等数字或数据接口,支持DSS1、PHI、TCP/IP、X.25等多种信令或协议,可接入PSPDN、DDN、Internet等数据网络或多媒体通信网络。

(4) 提供OFL(光纤链路)、iDT(内部数字中继)、RDT(远端数字中继)等内部数字接口,支持多种远端组网解决方案,用户可根据需要灵活选择远端交换模块(RSM、SMⅡ、RSMⅡ等)、远端用户模块(RSA、RSP等)等远端组网设备,适用于各种复杂情况下的本地网组网。

(5) 支持SPM组网方式,最大提供12万中继,可满足大容量关口局、汇接局的建设要求。

(6) 支持14位、24位NO.7信令点编码自动识别,具有SP和综合型STP功能。

(7) 支持INAP协议,提供SSF、CCF、SRF和CCAF等各项功能,可用做标准智能网结构的SSP、本地智能网结构的SSAP或SSP/SSAP合一设置。

8. 维护操作方便实用

C&C08在设计上采用了MML(man machine language,人机语言)命令行和GUI

(graphic user interface,图形用户界面)相结合的操作维护系统,提供基于 MML 的业务图形终端,操作可靠,使用直观、方便。此外,C&C08 还提供通俗易懂、内容翔实的联机帮助系统,使维护人员在操作时更加得心应手,从而可方便地实现数据配置、设备维护、状态跟踪、性能统计、故障监测、用户管理等多种操作维护功能。

9. 支持软件补丁功能

C&C08 支持软件在线打补丁功能。当需要对主机程序进行一些适应性和排错性修改时,可以利用补丁生成工具,将用于修改软件缺陷的一个或多个补丁组织起来,及时生成基于某个软件版本的补丁文件。维护人员只需要执行简单的 MML 命令,就可以将软件补丁在线打入到设备中修改错误,在不影响系统业务的情况下实现对系统的在线升级。软件补丁不但可以用来解决软件故障,而且可以提供一些新增功能,支持一些新业务。

10. 支持在线扩容

C&C08 在设计上采用网交换、业务处理以及系统资源相分离的模块化思想,各模块功能相对独立,模块与机框相对应,可以根据不同的需求进行系统各个模块的配置。

3.2 C&C08 的基本硬件结构

数字程控交换机在硬件上主要由数字交换网络、控制设备、外围接口设备、OAM(操作/管理/维护)系统等四大部分组成,其基本硬件结构如图 3.1 所示。

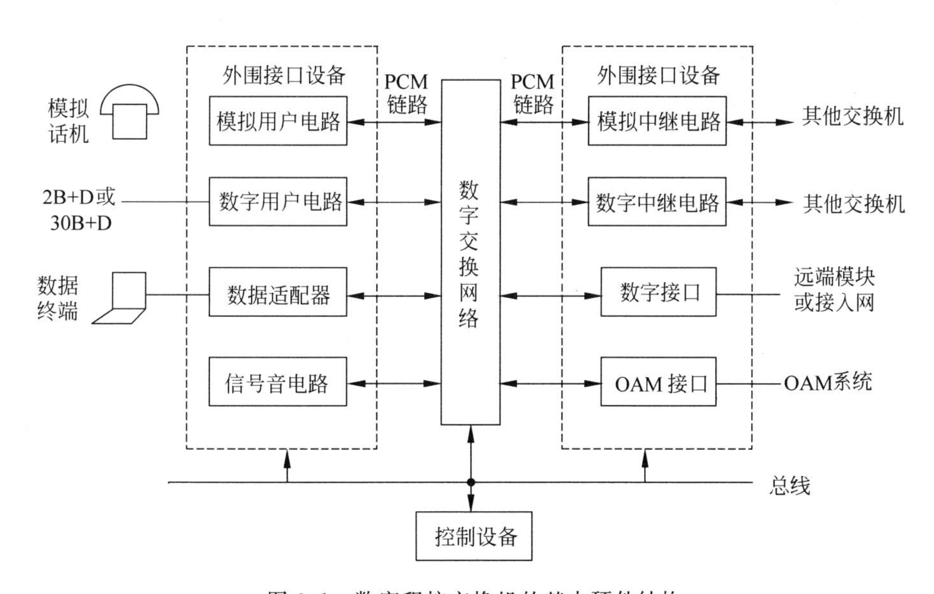

图 3.1 数字程控交换机的基本硬件结构

1. 数字交换网络

数字交换网络由数字接线器组成,它基于 PCM 时分多路复用原理工作,主要功能是为数字信号的交换提供接续通路,是数字程控交换机的核心部件之一。数字接线器是数字交换网络的基本组成单元,它可分为时间(T)接线器和空间(S)接线器两种,其基本分工是:T

接线器负责实现时隙交换，S 接线器负责实现母线(空间)交换。

2. 控制设备

控制设备是数字程控交换机的核心控制部件，它在硬件上由一系列处理机组成，本质上是一个计算机控制系统，其主要作用是：

(1) 定期对外围接口设备进行扫描，响应其处理请求，并进行资源分配，如信号音分配、时隙分配等。

(2) 控制交换机完成呼叫处理功能，如判断用户权限、建立呼叫路由、处理局间信令等。

(3) 提供人机接口或界面，实现对交换机的操作、管理、维护、测试、计费、告警等 OAM 功能。

3. 外围接口设备

在数字程控交换机中，核心是交换网络，还包括控制系统和各种外围接口设备(比如用户模块、中继器、信令设备等)。

4. OAM(操作/管理/维护)系统

C&C08 在硬件上具有模块化的层次结构。整个硬件系统可分为以下 4 个等级(图 3.2)。

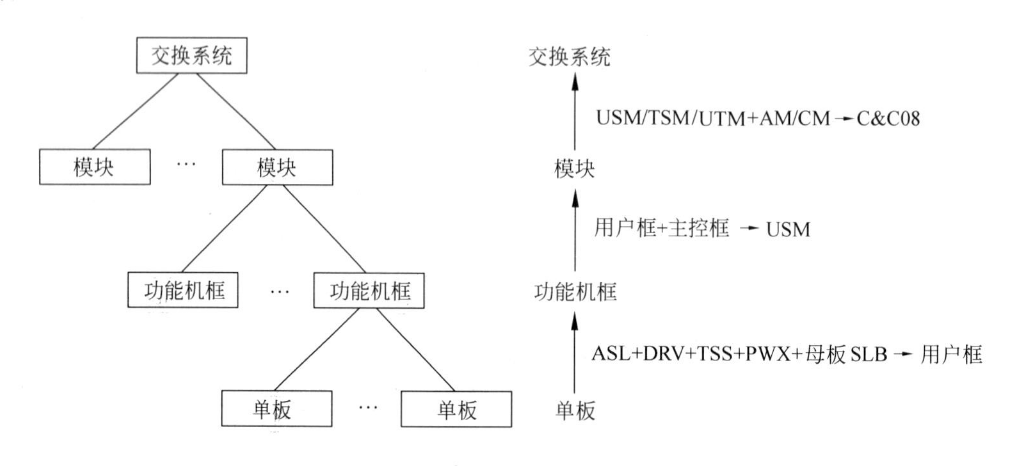

图 3.2 C&C08 的硬件结构示意

(1) 单板：单板是 C&C08 数字程控交换系统的硬件基础，是实现交换系统功能的基本组成单元。

(2) 功能机框：当安装有特定母板的机框插入多种功能单板时就构成了功能机框，如 SM 中的主控框、用户框、中继框等。

(3) 模块：单个功能机框或多个功能机框的组合就构成了不同类别的模块，如交换模块 SM 由主控框、用户框(或中继框)等构成。单个功能机框或多个功能机框的组合就构成了不同类别的模块，如时钟模块由 CKM 框构成，而通信模块则由 CCM 框、CNET 框、LIM 框等组合构成。

(4) 交换系统：不同的模块按需要组合在一起就构成了具有丰富功能和接口的交换系统。

这种模块化的层次结构具有以下优点：

(1) 便于系统的安装、扩容和新设备的增加。

(2) 通过更换或增加功能单板，可灵活适应不同信令系统的要求，处理多种网上协议。

(3) 通过增加功能机框或功能模块，可方便地引入新功能、新技术，扩展系统的应用领域。

C&C08 在硬件上采用模块化的设计思想，整个交换系统由一个中心模块和多个交换模块(SM)组成，其体系结构如图 3.3 所示。

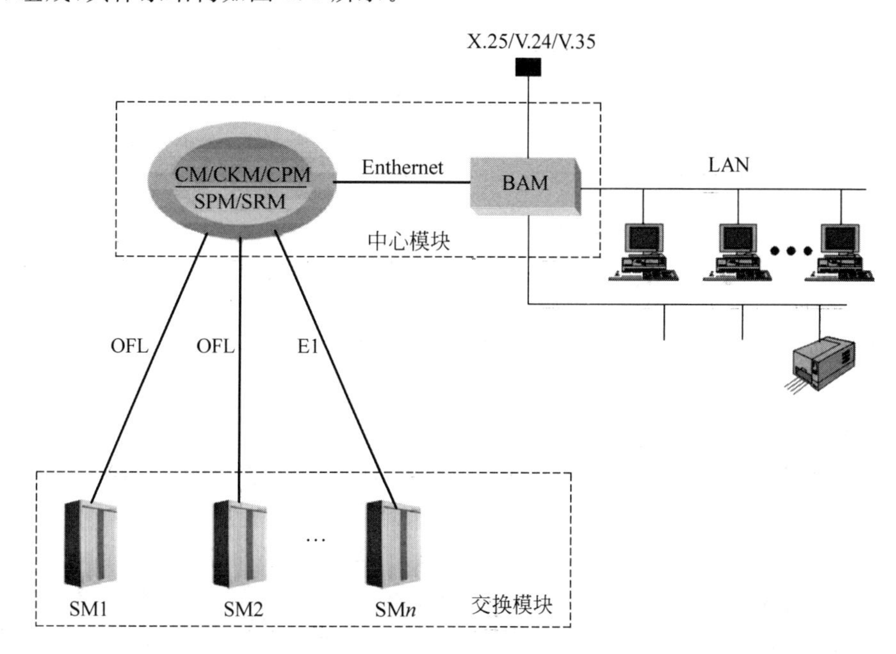

图 3.3　C&C08 的硬件体系结构

BAM—后管理模块；CM—通信模块；CKM—时钟模块；CPM—中央处理模块；
OFL—内部光纤接口；SPM—业务处理模块；SRM—共享资源模块；SM—交换模块

C&C08 交换机是采用全数字三级控制方式。无阻塞全时分交换系统。语音信号在整个过程中实现全数字化。同时为满足实训方对模拟信号认识的要求，也可以根据用户需要配置模拟中继板。

实训维护终端通过局域网(LAN)方式和交换机 BAM 后管理服务器通信，完成对程控交换机的设置、数据修改、监视等来达到用户管理的目的。

3.3　各模块结构组成及功能

3.3.1　中心模块

中心模块是 C&C08 的枢纽部件，主要完成核心控制与核心交换功能，并提供交换机主机系统与计算机网络的接口，完成操作、维护、管理、计费、告警、网管等 OAM 功能。

中心模块是一个广义的概念，它是一系列子模块的总称，中心模块按照模块化的思想进行设计，主要由管理/通信模块(AM/CM)、时钟模块(CKM)、业务处理模块(SPM)和共享资源模块(SRM)组成。管理/通信模块(AM/CM)是管理模块(AM)和通信模块(CM)的总称，其中，AM由中央处理模块（CPM）和后管理模块（BAM）组成，CM由通信控制模块（CCM）、中央交换网（CNET）以及线路接口模块（LIM）组成。

中心模块的层次结构如图3.4所示。

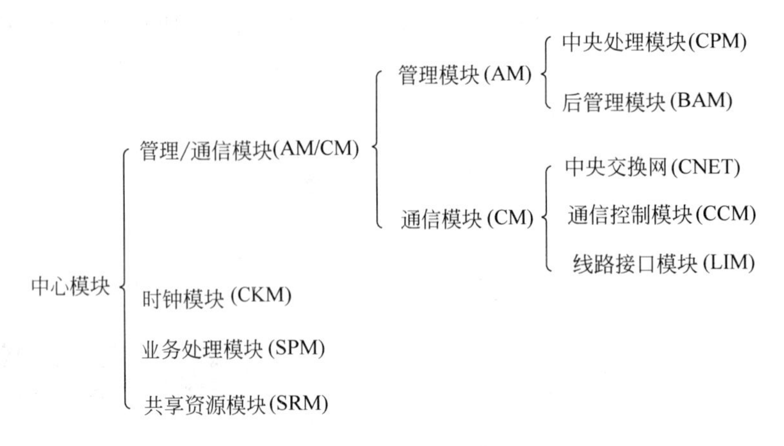

图3.4 中心模块的层次结构

1. 管理模块

管理模块（AM）主要负责模块间呼叫的接续管理与控制，并提供交换机主机系统与外部计算机网络的接口。

（1）中央处理模块（CPM）：也称前管理模块，主要负责整个交换系统的模块间呼叫接续管理，完成系统全局数据的存储和处理，并负责管理和维护中心模块的设备。CPM还提供交换机主处理机与维护操作终端的接口，与BAM配合完成交换系统的OAM功能。CPM面向业务，完成交换的实时控制与管理，所以也称主机系统。

（2）后管理模块（BAM）：负责提供交换机主机系统与外部计算机网络的接口，通过安装并运行终端管理软件，完成对交换机的操作、维护、管理、计费、告警、网管等OAM功能。BAM在硬件上为一台服务器，通过以太网接口分别与CPM和外部计算机网络相连，是外部计算机网络访问交换机主机系统的通信枢纽。BAM（后台）面向维护者，完成对主机系统的管理与监控，也称终端系统。

2. 通信模块

通信模块（CM）主要负责SM模块间话路和信令链路的接续，完成核心交换功能。

（1）中央交换网（CNET）：由时隙交换网和网络控制两部分组成，主要负责时隙分配和接续控制，完成语音业务或数据业务的交换。CNET采用TTT三级交换网络，由两级边缘交换网和一级中央交换网构成，最大交换容量为128K×128K时隙，实际安装容量可在16～128K之间以16K时隙为单位平滑叠加，以适合不同交换容量的需要。

（2）通信控制模块（CCM）：是模块间通信的核心，主要用于完成各模块间（包括CPM、CNET、SPM、LIM、SM等）通信控制数据的传递，因此，也称信令交换网。

（3）线路接口模块（LIM）：完成业务数据与信令数据的复合和分解，提供传输线路驱动接口，使中心模块与交换模块、接入网设备、远端用户模块或中继传输设备相联。此外，LIM还为全局共享资源接入系统（中央交换网）提供链路通道。

3. 时钟模块

时钟模块(CKM)的主要功能是同步上级局的基准时钟信号，为交换系统提供符合国标要求的 2MHz、8kHz 等帧同步信号，使 C&C08 与整个 PSTN 网络同步工作。

4. 业务处理模块

业务处理模块(SPM)主要负责处理与中继接口业务相关的各种信令或协议，包括 NO.7 信令、中国一号信令、DSS1 信令、V5.1/V5.2 协议、PHI 分组协议等，是 C&C08 的核心部分之一。

5. 共享资源模块

共享资源模块(SRM)主要负责提供 SPM 模块在处理业务过程中所必需的各种资源，如各种信号音、双音收号器、多频互控收发器、会议电话资源等。

3.3.2 交换模块

交换模块(SM)具有独立交换功能，主要用于实现模块内用户的呼叫及接续的全部功能，并配合中心模块完成模块间的交换功能。

SM 在功能上独立于中心模块，可提供分散数据库管理、呼叫处理、维护操作等各种功能，是 C&C08 的核心部件之一。

1. SM 的总体结构

SM 的总体结构如图 3.5 所示。

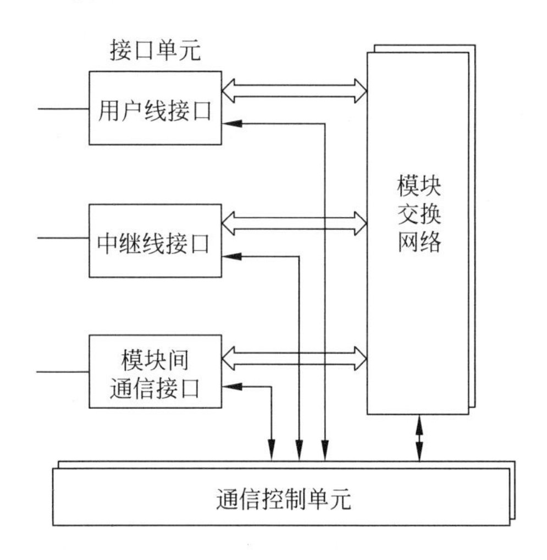

图 3.5　SM 的总体结构

SM 在功能上主要由通信控制单元、模块交换网络、接口单元等三部分组成。SM 以模块交换网络为中心，在通信控制单元的控制下，由接口单元对外提供各种接口。

各子单元的主要功能如下。

(1) 通信控制单元

通信控制单元控制 SM 的运作，主要完成模块内的呼叫控制功能，同时，还具有信号音产生、设备维护、设备测试、告警处理等功能。

SM 通过光纤链路或 E1 线路与中心模块相连，通信单元负责完成 SM 与中心模块、SM 与 SM 之间的通信，同时亦为维护测试信号从 BAM 下达至 SM 和由 SM 上报至 BAM 提供传输通路。当 SM 提供中继线时，通信控制单元还具有信令及协议处理功能。

(2) 模块交换网络

模块交换网络提供 4K×4K 时隙的单 T 交换网，完成基本的时隙交换功能，是模块内话路交换的中心。此外，模块交换网络还完成时钟锁相与驱动、会议电话桥接、FSK 信号调制等功能。

(3) 接口单元

接口单元的主要功能是完成交换机与各类通信业务终端、网络设备或 AM/CM 之间的信号转换，提供各种用户-网络接口或网间接口，实现交换机向用户提供业务、网间互通以及模块互联等目的。

2. 机框/单板配置

根据不同的组网方式和容量配置，SM 在硬件上可以安装以下几种功能机框。

(1) 主控框，每个 SM 模块必配，其单板位置与组网方式紧密相关，主要单板有 NOD、SIG、MPU、CKV、BNET、LAP、LPMC2、OPT、ALM 等。

(2) 数字中继框，每个 SM 模块可配 1～2 个，在 USM 模块中不配，其主要单板为 DTM。

(3) 模拟中继框，非标准设备，在需要时选配，常见的单板有 AT0、AT2、AT4、EM4、MTK、CT0、TKD 等。

(4) 用户框，每个 SM 模块可配 1～22 个，在 TSM 模块中不配，其主要单板有 ASL、DSL、DRV 等。

(5) RSA/RSB/RSP 框，在有远端用户模块时根据组网方式选配，其主要单板有 RSA、RSP、ASL、DSL、DRV、TSS 等。

(6) 时钟框，仅在 SM 模块为独立局时配置，其与中心模块的时钟框(CKM 框)完全一致。

3. SM 的分类

(1) 按照所提供的接口单元划分用户交换模块(USM)，只提供用户线接口，不能单模块独立成局。中继交换模块(TSM)，只提供中继线接口，可单模块独立成局。用户中继交换模块(UTM)，既提供用户线接口，又提供中继线接口，可单模块独立成局。

(2) 按照接入中心模块的组网方式划分近端交换模块(SM)，通过多模光纤接入中心模块，适用于近距离组网(500 米以内)。远端交换模块(RSM)，通过单模光纤接入中心模块，适用于远距离组网(50 千米以内，推荐 30 千米)。远端交换模块(SMⅡ)，通过 E1 接口接入中心模块，可充分利用现有的传输网络资源，适用于各种复杂条件下的远距离组网。远端交换模块(RSMⅡ)，通过 E1 接口接入 SM 或 RSM(不推荐的组网方式)。

(3) 按照到中心模块之间的话路的备份关系划分主备用 SM(B1 模块)，SM(RSM)到中心模块的两条光路上的话路互为主备用关系，话路总容量为 512 路。负荷分担 SM(B2 模块)，SM(RSM)到中心模块的两条光路上的话路为负荷分担关系，话路总容量为 1024 路。

3.3.3　通信控制单元

1. 硬件组成

通信控制单元在硬件上由主控框构成。

主控框在物理上占用两个标准机框的位置，其主要单板包括二次电源板 PWC、通信主节点板 NOD、双机倒换板 EMA、主处理机板 MPU、时钟驱动板 CKV、交换网板 BNET、存储板 MEM、多频互控板 MFC、协议处理板 LAP、告警板 ALM、信号音板 SIG、模块通信处理板 LPMC2、光纤通信板 OPT 等，单板配置如图 3.6 所示。

0 1	2	3	4	5	6	7	8	9	10	11	12	13	14	15	16	17	18	19	20	21	22	23	24 25
PWC	NOD	NOD	NOD	NOD	NOD	NOD	EMA		MPU	CKV	BNET	CKV	BNET		MEM	MFC	MFC	LAP	LAP			ALM	PWC
PWC	NOD	NOD	NOD	NOD	NOD	SIG	SIG		MPU						MEM	LAP	LAP	LPMC2	LPMC2	OPT	OPT		PWC

图 3.6　主控框的单板配置

2. 结构原理

由于通信控制单元在硬件结构上与模块交换网络位于同一机框，因此，二者又合称主控单元。SM 采用三级分散控制结构，从上至下依次是：第一级 MPU，第二级 NOD 和 ALM，第三级 DRV 和 DTM。MPU 通过总线与主控框内的各单板（如 NOD、SIG、BNET、MFC、LAP、LPMC2、OPT、ALM 等）通信，从而实现第一级控制。NOD 通过串口与 DRV 和 DTM 通信，ALM 通过串口与告警箱通信，从而实现第二级控制。

NOD 板上的串口为主控制点（也称主节点），DRV 和 DTM 板上的串口为控制点（也称从节点），从节点对下级单板（如 DRV 板对 ASL 板的控制）或自身构成第三级控制。

3.3.4　模块交换网络

1. 硬件构成

模块交换网络在硬件上由主控框的 BNET 板构成（CKV 板只用于时钟信号的驱动）。

2. 结构原理

BNET 板各部分电路的主要功能是：

(1) HW 输入/输出驱动电路提供对中继线、用户线等接口单元的 HW 线接口，并完成 HW 信号的驱动。

(2) 4K×4K 的单 T 网完成时隙交换功能，其控制方式为“顺序写入、控制读出”。

(3) 总线接口与 SM 主控单元（MPU）相连，完成数据、地址、控制等信号的发送与接收，实现 MPU 板交换网络的控制。

(4) 时钟锁相及输出电路用于锁相同步外部时钟源，并将锁相出的时钟信号提供给整个 SM 模块的其他部分。

(5) 会议电话桥接电路提供会议电话的汇接功能，可同时支持多组会议电话，总成员数达 64 个。

(6) FSK 数字信号处理电路提供主叫号码(CID)的 FSK 调制功能，可同时完成 32 时隙主叫号码的 FSK 调制。

3.3.5 接口单元

1. 接口单元的分类

SM 模块的接口单元主要可分为以下三类。

(1) 用户线接口

- 模拟用户线接口，也称 Z 接口，由 ASL 板提供。
- 数字用户线接口，又称 U 接口或 BRI 接口，由 DSL 板提供。
- 数据接口，如 V.35 接口、V.24 接口等，由 DIU 板、HSL 板提供。

(2) 中继线接口

- 数字中继接口，如 E1 接口、T1 接口等，由 DTM 板提供。
- 模拟中继接口，如环路中继、实线中继、载波中继、E&M 中继、磁石中继等，分别由 AT0、AT2、AT4、EM4、MTK 等单板提供。

(3) 模块间通信接口

- 多模光接口，由 OPT 板提供。
- 单模光接口，由 OLE 板提供。
- 接口单元在硬件上主要由用户框、数字中继框、模拟中继框等组成，其中，模块间光接口由主控框的 OPT/OLE 板提供。

2. 硬件构成

接口单元在硬件上主要由用户框、数字中继框、模拟中继框等组成，其中，模块间光接口由主控框的 OPT/OLE 板提供。

(1) 16 路用户框

16 路用户框在物理上占用一个标准机框的位置，主要单板包括二次电源板 PWX、模拟用户板 ASL、数字用户板 DSL、双音收号及驱动板 DRV、用户测试板 TSS 等，单板配置如图 3.7 所示。

PWX	ASL	ASL	ASL	ASL	ASL	ASL	ASL	ASL	ASL	ASL	DRV	DRV	DSL	DSL	DSL	DSL	DSL	DSL	DSL	DSL	DSL	TSS	PWX
0 1	2	3	4	5	6	7	8	9	10	11	12	13	14	15	16	17	18	19	20	21	22	23	24 25

图 3.7 16 路用户框的单板配置

每块 ASL 板可提供 16 路模拟用户线，满框配置时可插 19 块 ASL 板，共可提供 304 路模拟用户线；若全部插 DSL 板，每块 DSL 板可提供 8 路数字用户线，满框配置时共可提供 152 路数字用户线。

(2) 32 路用户框

SM 除支持 16 路用户框以外，还支持 32 路用户框，其主要单板包括二次电源板 PWX、32 路模拟用户板 ASL32、双音收号及驱动板 DRV32、用户测试板 TSS 等，单板配置如图 3.8 所示。

PWX		ASL32	ASL32	ASL32	ASL32	ASL32	ASL32	ASL32	ASL32	ASL32	ASL32	DRV32	DRV32	DSL32	DSL32	DSL32	DSL32	DSL32	DSL32	DSL32	DSL32	DSL32	TSS	PWX	
0	1	2	3	4	5	6	7	8	9	10	11	12	13	14	15	16	17	18	19	20	21	22	23	24	25

图 3.8　32 路用户框的单板配置

每块 ASL32 板可提供 32 路模拟用户线，满框配置时可插 19 块 ASL32 板，共可提供 608 路模拟用户线。

32 路用户框主要用于单框集成度高、用户端口数多且对话务量要求较高场合，与 16 路用户框相比，其主要特点是：提高了设备的集成度，降低了设备的造价。ASL32 槽位兼容 ASL、DSL、DIU、HSL 等单板。每框提供 64 路 DTMF 收号器、最大支持 64 路同步呼叫。具有收敛比调节功能，框间 HW 线的数量可根据话务量灵活配置为 2、4、8 条，对应的收敛比分别为 9.5∶1、4.75∶1、2.375∶1。DRV32 板具有 2K×2K 时隙的交换网片，可完成框内用户的时隙交换功能，并通过 HW 线与 BNET 板构成两级话路交换结构。支持用户端口、HW 导通测试功能，大大地方便了系统维护。支持单板软件在线加载功能(DRV32 板)。

(3) 数字中继框

数字中继框在物理上占用一个标准机框的位置，主要单板包括二次电源板 PWC、E1 数字中继板 DTM 等，单板配置如图 3.9 所示。

PWC		DTM	DTM	DTM	DTM		DTM	DTM	DTM	DTM	DTM	DTM	DTM	DTM		DTM	DTM	DTM	DTM					PWC	
0	1	2	3	4	5	6	7	8	9	10	11	12	13	14	15	16	17	18	19	20	21	22	23	24	25

图 3.9　数字中继框的单板配置

每块 DTM 板可提供 2 路 E1 接口(即 60 路数字中继线)，满框配置时可插 16 块 DTM 板，共可提供 32 路 E1 接口(即 960 路数字中继线)。

3. 用户框的结构原理

用户框对外提供用户线接口，接入各类通信业务终端，主要完成信号转换、用户线收敛等功能。

用户电路是程控交换机通过用户线与用户终端相连的接口电路，由于用户线和用户终端有数字和模拟之分，所以用户电路也有两种：模拟用户电路和数字用户电路。模拟用户电路是程控交换机通过模拟用户线与模拟终端设备相连的接口电路；数字用户电路是数字程控交换机(ISDN交换机)通过数字用户线与数字终端设备相连的接口电路。这里介绍模拟用户电路,如图3.10所示。

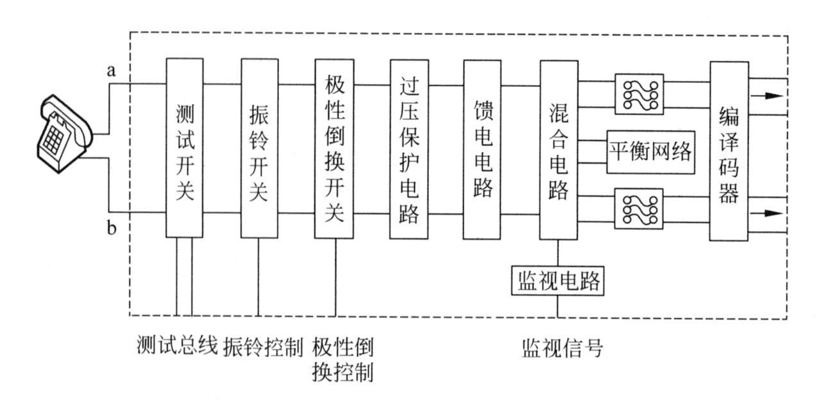

图3.10 模拟用户电路的功能框图

模拟用户电路的功能可以归纳为以下BORSCHT七个功能。

- B(battery feeding)馈电
- O(overvoltage protection)过压保护
- R(ringing control)振铃控制
- S(supervision)监视
- C(codec&filters)编译码和滤波
- H(hybrid circuit)混合电路
- T(test)测试

(1) 馈电

在电话通信中交换机通过用户线向用户终端提供通信电源,这种馈电功能是由交换机的用户电路完成的。在我国馈电电压规定为−48V或60V,国外设备一般为−48V。目前此功能大都由集成电路来实现。

(2) 过压保护

由于用户线是外线,所以可能受到雷电或高压电等袭击,交换机内是严禁高压进入的,这会损坏交换机的内部设备。为了防止外来高压的袭击,交换机一般采用两级保护措施:第一级保护是在总配线架上安装避雷设施和保护器,但是这样仍然会有上百伏的电压输出,仍可能对器件产生损伤,还需要采取进一步的保护措施;第二级保护就是用户电路的过压保护。

(3) 振铃控制

向用户振铃的铃流电压一般较高,我国规定的标准是90V±15V、20Hz交流电压作为铃流电压,铃流电压一般是通过继电器控制或高压电子器件向话机提供的。

(4) 监视

为完成电话呼叫,交换机必须能够准确判断出用户线上的以下三种情况。

① 用户话机的摘挂机状态。

② 用户话机发出的拨号脉冲。

③ 投币、磁卡话机的输入信号。

上述用户线的几种情况的判断可以通过监视用户线上直流环路电流的通/断来实现,用

户挂机空闲时，直流环路断开，没有馈电电流；反之，用户摘机后，直流环路接通，有馈电电流。

(5) 编译码和滤波

编译码器的任务是完成模拟信号和数字信号之间的转换。数字交换机只能对数字信号进行处理，而话音信号是模拟信号，所以要用编码器(coder)把模拟话音信号转换成数字话音信号，然后送到交换网络中进行交换，并通过解码器(decode)把从交换网络来的数字信号转换成模拟话音信号送给用户。编译码器和滤波一般采用集成电路来实现。

(6) 混合电路

混合电路用来完成二/四线的转换。

用户话机的模拟信号是二线双向的，数字交换网的PCM数字信号是四线单向的，因此在编码以前和译码以后一定要进行二/四线转换。

(7) 测试

用户电路可配合外部测试设备对用户线进行测试，它是通过测试开关将用户线接至外部测试设备实现的。

用户电路除了以上七项基本功能外，还具有主叫号码显示、计费脉冲发送、极性反转等功能。

4. 数字中继框的结构原理

中继电路是交换机和中继线的接口设备，也叫中继器。交换机的中继电路有数字中继电路和模拟中继电路。模拟中继电路是交换机与模拟中继线的接口，用于连接模拟交换局，模拟中继电路的功能与用户电路的功能基本相似。这里主要介绍数字中继电路。

数字中继框对外提供数字中继接口，可配合不同的信令或协议，主要完成局间中继对接、V5接入、ISDN接入(30B+D)、远端用户模块接入等功能。

数字中继框通过DTM板对外提供数字中继线接口，各DTM板单独工作，彼此之间互不影响。SM主处理机对数字中继框的控制采用三级结构，即“主处理机(MPU)→主控制点(NOD)→从控制点(DTM)”。

DTM板为不同的协议接口(如TUP、ISUP、PRI、PHI、V5.2、IDT、RDT等)提供物理链路，其主要功能是：

(1) 码型变换和反变换，主要是PCM传输线上的HDB3码和局内的单极性不归零码(NRZ码)之间的变换。

(2) 时钟提取，从上级局提取8kHz时钟送网板作为参考时钟源，以便SM模块与上级局同步。

(3) 帧同步信号的提取、插入与检测。

(4) 随路信令(线路信令)提取与插入。

数字中继电路是连接局间中继线的接口设备，用于数字交换局或远端用户模块相连接。数字中继电路的基本功能有6个。

(1) 码型变换。由于PCM线上使用的传输码型与交换网络内部的码型不同，PCM上使用的传输码型一般都是HDB3码型(高密度双极性码)，交换机内部的码型一般采用单极性不归零码(NRZ码)，码型变换的任务就是在接收和发送方向完成这两种码的相互转换。

(2) 帧同步。帧同步就是从接收的数据流中搜索并识别到帧同步码，以确定一帧的开始，使接收端的帧结构排列和发送端的完全一致，从而保证数字信息的正确接收。在帧同步的过程中会有两个基本状态，帧同步状态和帧失步状态。

(3) 复帧同步。如果数字中继线上采用的是随路信令(中国 NO. 1 信令),则除了帧同步外还要有复帧同步。

(4) 时钟提取。时钟提取的任务是从输入的数据流中提取时钟信号,以便与远端的交换机保持同步。

(5) 提取和插入信号。提取和插入的信号主要包括帧同步信号、复帧同步信号和告警信息的插入与提取。

(6) 帧定位。帧定位就是用弹性缓存方式,用提取的时钟控制将输入码流写入弹性缓冲器,用本局时钟控制从弹性缓冲器中读出码流,从而把输入数据的时钟调整到本局系统时钟上来,实现系统时钟的同步。

3.3.6 通信方式

按照承载的物理媒介来划分,SM 模块内的通信方式基本上可以分为两类：总线通信、串口通信。

1. 总线通信

总线通信方式主要用于主控框内 MPU 板与框内其他各单板之间的通信。在主控框内,各单板的内存中均分配了一块区域,这个区域我们称为“邮箱”,它们通过母板总线与 MPU 板的“邮箱”相连。

MPU 板的“邮箱”与各单板的“邮箱”统一编址,即各单板的“邮箱”相当于 MPU 板内存的一部分,MPU 板通过内存交换的方式完成与各单板之间的信息交换,这种通信方式有时也称为“邮箱通信”。

通过这种方式与 MPU 板通信的单板有 NOD、MFC、DTR、LAP、NO7、SIG、EMA、OPT、LPMC2、BNET、MEM、ALM、TCI、CHD 等。

2. 串口通信

串口通信方式主要用于主控框内 NOD 板与用户框内的 DRV 板、数字中继框内的 DTM 板之间的通信。在 SM 模块内,NOD 板为主节点,DRV 板、DTM 板为其从节点,NOD 板通过邮箱与 MPU 板间通信,通过串口与下级从节点通信,是 MPU 板与各类用户设备、中继设备之间通信的桥梁。

3.4 程控交换实训平台

3.4.1 实训平台硬件配置

本实训平台由如下五大部分组成：BAM 后管理服务器、主控框、中继框、用户框、实训用终端。

1. BAM 的配置

BAM 系统由前后台 MCP 通信板、工控机、加载电缆等组成。BAM 通过 MCP 卡与主机交换数据,并通过集线器挂接多个工作站。BAM 网络结构如图 3.11 所示,配置方式见表 3-1。

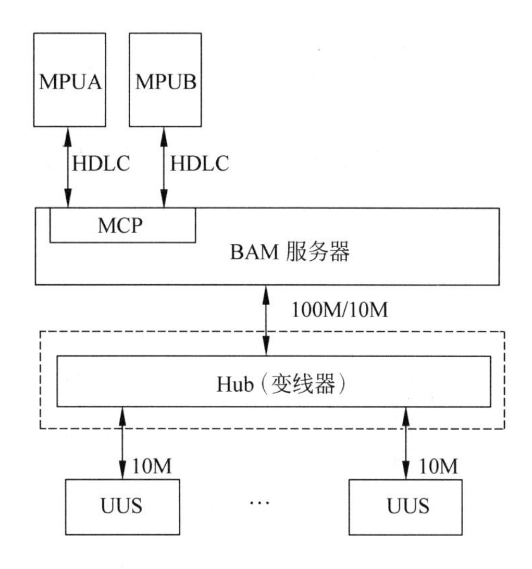

图 3.11 BAM 网络结构

表 3-1 BAM 的配置

名 称	规 格	配置
前后台通信板	C805MCP	2
加载电缆	AM06FLLA8 芯双绞加载电缆	2
网络终接器	50Ω 网络终接器	2
工控机	C400 以上/128M/2×10G 以上/640MMO/CDROM/MODEM/网卡	1
工具软件	中文 Windows 2000 Server	1
工具软件	SQL Server 2000	1

2. 主控框的配置

主控框的单板配置如图 3.12 所示，其中，NO7、MFC、LAP、MEM 板槽位兼容，但在 MEM 槽位不能插 NO7 板、LAP 板和 MFC 板。MC2 槽位和其他槽位不兼容，其他单板插到 MC2 板的槽位容易烧板。

1	2	3	4	5	6	7	8	9	10	11	12	13	14	15	16	17	18	19	20	21	22	23	24	25	26
PWC		NOD	NOD	NOD	NOD	NOD	NOD	EMA		MPUA	CKV	BNETA	CKV	BNETA		MEM	MFC	MFC	MFC	MFC			ALM	PWC	
PWC		NOD	NOD	NOD	NOD	NOD	SIG	SIG		MPUB						MEM	MFC	MFC	MFC	MFC				PWC	

图 3.12 主控框的单板配置

MEM 板用于话单存储，也可在 C&C08 数字程控交换系统作为智能交换平台时提供计算机网络接口。每块 LAP 板提供 4 路协议处理，可以配合不同的单板软件配置成以下两种类型的协议处理板。

(1) CB03LAP0：NO.7#信令处理板，提供4条TUP信令链路或4条ISUP信令链路。

(2) CB03LAP1：V5.2协议处理板，提供8路Link协议处理，可支持8组V5.2接口(每组1～16条E1)；每块NO7板提供2条TUP信令链路或2条ISUP信令链路。

3. 数字中继框的配置

数字中继框配置如图3.13所示。

PWC	DTM	DTM	DTM	DTM		DTM	DTM	DTM	DTM	DTM	DTM	DTM	DTM		DTM	DTM	DTM	DTM	DRV	DRV	DRV	DRV	PWC

图3.13 BSM数字中继框配置

说明：每1块DTM板占1个主节点，占2条HW线。每个中继框最多可配16块DTM板，即960DT。实际需要DT数多于960时，需另加1个中继框。

每块C805DTM提供2路E1接口，可以配合不同的单板软件和不同的协议处理板配置成以下几种接口。

(1) DT数字中继接口：在MFC多频互控板的配合下，实现NO.1#信令局间连接，每个BSM最多配32块板，提供1920条话路。

(2) TUP NO.7#信令中继接口：在NO.7#板或NO.7信令处理板(CB03LAPA0)配合下，实现NO.7信令局间连接，每个BSM最多配24块板，提供1440条话路。

(3) V5.2接口：在V5.2协议处理板(CB03LAP1)的配合下，实现接入网标准接口。每个V5.2接口可包括1～16条E1，需CB03LAP1板上配置V5.2协议链路工作。

4. 用户框的配置

本程控交换实训平台系统采用32路用户框，用户框板位结构如图3.14所示：1框内可插2块PWX、19块ASL32(简称A32)、2块DRV32(简称D32)，共608个用户。

0	1	2	3	4	5	6	7	8	9	10	11	12	13	14	15	16	17	18	19	20	21	22	23	24	25
PWX		A32	A32	A32	A32	A32	A32	A32	A32	A32	A32	D32	D32	A32	A32	A32	A32	A32	A32	A32	A32	A32	TSS	PWX	

图3.14 32路用户框板位结构

用户中继配置原则说明：

(1) 交换模块(BSM)配置原则是兼顾主节点NOD和HW线资源的限制及资源的合理利用两个方面。

(2) 交换模块最多可提供64条HW线、44个主节点(11块NOD板)。

(3) 一个满配置用户框占2个主节点和2条HW线，那么4个满配置用户框刚好占满2块主节点板。

(4) 一块DTM板占1个主节点和2条HW线，那么4块DTM板就占满一个主节点板。

(5) 对于用户/中继混装的模块,每减少4个用户框(1216ASL/608DSL)就可以将闲置出来的8个主节点用来增加8块中继板DTM(480DT)。

5. 实训用终端设备的配置

C&C08数字程控交换系统一般带有多台计算机终端(工作站),分别用做维护终端、计费终端等,各终端通过网线与BAM系统相连,其配置见表3-2。

表3-2 维护终端配置

设备名称	规 格	配置
维护终端	台式微机/P41.7GHz或以上/128M/20G/软驱/CDROM/集成网卡/集成声卡/17"彩显/中文Windows 2000	1～15

3.4.2 各框单板功能简介

1. PWC板

PWC板为二次电源板,为本机框的设备提供+5V/20A直流电源。

2. PWX板

PWX板为二次电源板,为本机框的设备提供+5V/10A直流、-5V/5A直流、75V/25Hz/0.4A交流铃流电源。

3. NOD板

NOD板各主节点提供了主机(MPU板)与用户框、中继框中的各单板进行高层通信的通道,各主节点与主机通过邮箱连接,与各单板通过串口连接,负责将邮箱来的主机信息与串口来的从节点信息进行交换,实时地上报从节点的状态变化。

一块主节点板上有四路独立的主节点,每路主节点在CPU微处理器的控制下与主机和从节点通信。主机通过邮箱给主节点下配置,主节点通过邮箱向主机上报响应以及从节点的信息,同时主节点通过串口与从节点通信。

4. MPU板

C&C08MPU是B型机平台所用的主控板,主控板是SM模块的核心控制部件,主要用于处理SM模块的各种业务,完成设备管理、呼叫处理、接续控制、高层协议处理、告警处理、话单处理等功能,完成对主控框内其他单板的控制。

C&C08MPU主机板主要功能如下:

(1) 通过NOD接收用户和中继的状态,并对其发出相应的命令;

(2) 针对用户状态,控制SIG板送出相应的信号音和语音信号;

(3) 根据本局用户和中继状态,控制MFC板接收和发送MFC信号;

(4) 控制交换网板进行接续;

(5) 以邮箱方式通过通信板(MC2、LAPMC2)与其他模块通信;

(6) 通过HDLC同步串口与后台通信,并由此进行主机软件加载;

(7) 通过EMA进行主备切换和主机数据热备份。

5. CKV 板

CKV 板用于驱动差分时钟信号和差分网板主备信号到各功能机框，以避免差分时钟信号点对多点的星形连接引起的时钟恶化，提高时钟的传输质量，避免不确定性。

6. BNET 板

BNET 板位于 SM 的主控框内，是 SM 自身控制、维护通信链路的交换中心，同时也是话音通信和数据通信的交换中心。能完成以下功能。

(1) 提供本框及用户框、中继框的工作时钟。

(2) 提供一个 4K×4K 的 T 网络，完成 4096×4096 时隙的无阻塞交换。

(3) 完成 32 时隙主叫号码 FSK 数字信号的发送处理。

(4) 提供一组最多 64 方的会议电话或多组多方会议电话，还支持 64 个时隙的会议电话。

(5) 具有多种时钟工作方式：

① 本板时钟(自由振荡方式)；

② 锁相时钟框时钟；

③ 锁相 DT 时钟；

④ 锁相 OPT 时钟；

⑤ 提供本板自测功能；

⑥ 支持 OPT 主备用或负荷分担工作方式。

模块内交换话音流程：ASL→DRV→BNETA→DRV→ASL。

7. MFC 板

当采用 NO. 1# 信令系统作为局间信令时，用于完成多频信号的接收和发送。记发器的数量可通过数据设定设置成 16 路或 32 路。

CC04MFC 多频互控板具有以下功能：

(1) 根据主机命令经交换网络向对端局发送前向或后向多频记发器信号；

(2) 接收、识别经交换网从中继到达的多频记发器信号，将结果上报主机；

(3) 具有自检功能，在上电复位或主机强制复位后检测本板工作状态，也可通过中继器进行自环测试。

采用数字信号处理(DSP)电路实现局间多频信号的接收和发送，数字信号处理器通过并口与本板单片机联系。

8. LAP 板

协议处理板的总称，主要完成协议处理的链路层功能。按照协议的不同又可分为以下几种。

(1) LPN7 板：NO. 7# 信令处理板，每板可处理 4 条 MTP 信令链路。

(2) LPV5 板：V5 协议处理板，每板可处理 8 路 V5.2 链路。

(3) LPRA 板：PRA 中继处理板，每板可处理 8 路 DSS1 链路。

(4) LPRSA 板：RSA 中继处理板，每板可处理 32 路 RSA 链路(LAPD 链路)。

LAPN7 的功能为：

(1) 作 LAPN7 时支持 4 条 NO. 7# 信令链路，长消息，用于 A、B、C 模块均可。

(2) 作 NO.7 时可完全替代 CC01NO70，只支持 2 条 NO.7# 信令链路，短消息，用于 A、B、C 模块均可。

9. SIG 板

SIG 信号音板提供接续所需要的各种信号音，如拨号音、忙音、回铃音等，并通过交换网络送给用户或中继。

SIG 信号音板采用专用的信号音处理软件，对于不同指标要求的信号音可形成相应的数据文件，语音也可录制成数据文件；将不同国家和地区要求的信号音和语音合成不同的文件组，开局时根据需要选择加载信号音文件即可满足各种不同的需求。当需要改变语音内容时，可以现场录制，现场加载。

SIG 单板实现对单板软件和所有数据文件的加载，将单板软件和数据文件放在 BAM 中作为主机软件的若干个文件进行管理。主要特点如下：

(1) 128 路放音通道，放音内容可动态控制。

(2) 每路放音内容可现场录音。

(3) 所有语音内容以文件形式从 BAM 动态加载。

交换机在接续过程中所需的全部数字音信号由数字音信号电路(SIG)产生，而对应的模拟信号则由其他电路转换生成。

SIG 电路受控于 MPU 电路，其工作状态、放音内容均由 MPU 电路以命令或表格方式下达给 SIG 电路，语音信号的出入则以 2.048Mbit/s PCM 方式(E1 接口)与 BNET 板相连后提供，一套 SIG 电路可接 2 条 PCM 的 HW 线，使得在任一时刻能提供存储器所存语音中的 128 种语音，并可用任一条 HW 通道对四个可录音时隙之一进行录音。信号音电路在每个模块中有 A、B 两套互为热备份。

10. DTM 板

DTM 数字中继板可用于随路信令方式、公共信道信令方式、综合业务数字网。C805DTME1 数字中继板插于中继框。

DTM 数字中继板的主要功能有：

(1) 提供 2 路 E1(32 时隙)PCM 接口与其他交换机相接；

(2) 从上级局提取 8K 时钟送交换机系统作为参考时钟源，以便交换机与其他交换机同步；

(3) 为不同协议接口(如 TUP、ISUP、PRA、V5TK、IDT、RDT)提供物理链路。

11. ASL 板

模拟用户模块在主机(MPU)控制下，提供 16 路/32 路模拟用户线接口，用户板(ASL)上的单片机完成对用户线状态的检测和上报。ASL 是用户模块的终端电路部分。按照所接模拟用户线的数目可将用户板分为 16 路模拟用户板和 32 路模拟用户板，CC0HASL 单板为 32 路模拟用户板，它只能插在 32 路用户框内。

CC0HASL 单板主要实现以下功能：

(1) 提供 32 路模拟用户接口。

(2) 单板具备 BORSCHT(馈电、过压/流保护、振铃、监视、编译码、混合、测试)功能。

(3) 提供某些特殊功能(2 路反极、CID 等)。

(4) 单板提供软件 A/μ 率可调、接口阻抗可调、增益可调功能。

采用单片机(CPU)对 32 路用户电路进行控制,并与上级主节点(NOD)通信。COMBO 具有很强的 DSP 功能,主要完成时隙分配与交换、铃流控制及摘挂机检测等功能。

用户电缆(32 对用户线),接在用户框母板的对应电缆接口。32 路用户框可以插 16 路用户电缆的插头,两个插头分别插在最上面和最下面。32 路用户电缆插法:第 9 到第 12 个用户是第一个插头的中间一竖排针,第 13 到第 16 个用户是第二个插头的中间一竖排针。

12. DRV 板

每个用户组有两块互助的 DRV32 板,每块 DRV32 板拥有 32 个双音多频收号器,同时为半框的用户提供 HW(话音)信号、NOD(信令)信号和时钟信号的驱动,并完成 HW、NOD 信号电平的变换。

DRV32 板采用数字信号处理器(DSP)实现双音多频的收发功能。当需要进行 DTMF 收号时,主机通过主节点对 DRV32 板上的单片机下发命令,CPU 控制交换网络的相应的时隙交换到数字信号处理器的同步串口。数字信号处理器检测到号码后,通过中断上报 CPU。CPU 再经串口上报主机。

13. MCP 板

MCP 前后台通信板卡是 C804MCP 卡的升级版,采用 PCI 总线方式,插在计算机的 PCI 插槽内。C805MCP 卡融合了 C804MCP、H301FCP、CC03PCI0,以及 CC04WDT 等几种维护板卡的功能。在物理上,C805MCP 一共包括了三块单板:主板、扣板、接口板。主板可以独立完成 C804MCP 卡的功能,但在提供 FCP 卡和 PCI 卡的功能时,必须增加扣板和接口板。

在 CC08 数字程控交换系统中,MCP 卡用于实现 BAM 与 AM 的通信,因此只需要安装 C805MCP 卡主板即可。

C805MCP 卡主板提供两个 DB9 的接口,提供两路 HDLC 的通路,供 MCP 卡与主机间的通信用;提供一个调试串口,供调试使用,串口采用 4PIN 的电话插座。

3.5 C&C08 的软件结构

C&C08 的软件系统主要由主机(前台)软件和终端 OAM(后台)软件两大部分构成,其体系结构如图 3.15 所示。

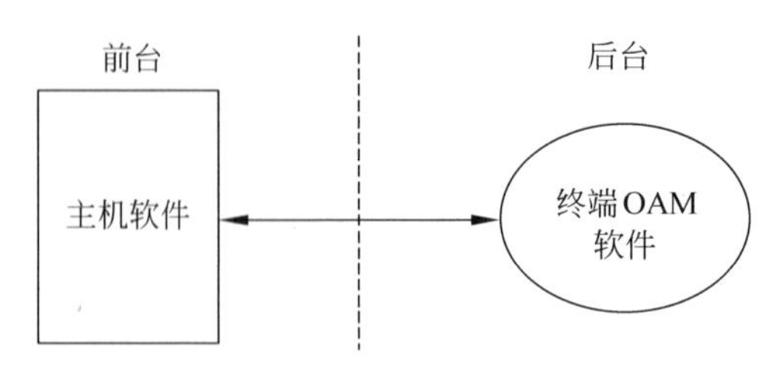

图 3.15 C&C08 的软件体系结构

3.5.1　主机软件

主机软件是指运行于交换机主处理机上的软件，它采用自顶而下和分层模块化的程序设计思想，主要由操作系统、通信处理模块、资源管理模块、呼叫处理模块、信令处理模块、数据库管理模块、维护管理模块等七部分组成。其中，操作系统为主机软件的内核，属系统级程序；其他软件模块则为基于操作系统之上的应用级程序。主机软件的组成如图3.16所示。其他软件模块则为基于操作系统之上的应用级程序。

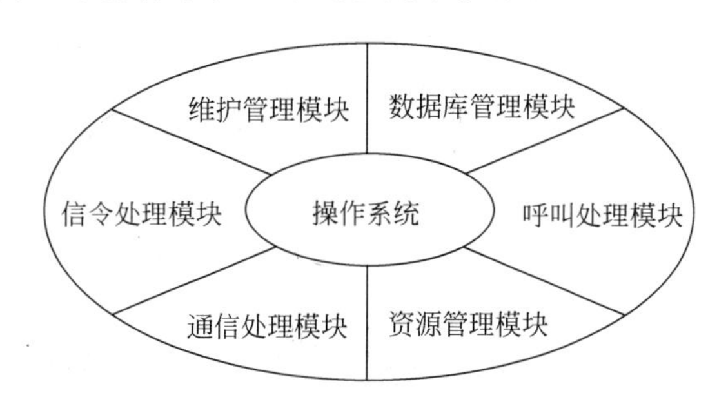

图3.16　主机软件的组成

若从虚拟机的概念出发，可将C&C08的主机软件分为多个级别，较低级别的软件模块同硬件平台相关联，较高级别的软件模块则独立于具体的硬件环境，各软件模块之间的通信由操作系统中的消息包管理程序负责完成。整个主机软件的层次结构如图3.17所示。

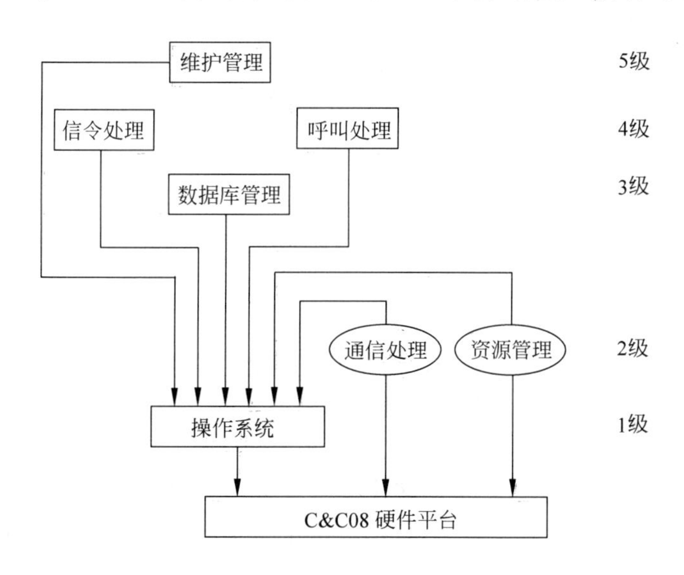

图3.17　主机软件的层次结构

1. 操作系统

C&C08的主机软件采用嵌入式实时操作系统，主要执行任务调度、内存管理、中断管理、外设管理、补丁管理、用户接口管理等功能，是各应用级程序正常运行的基础和平台。

C&C08主机软件的操作系统是一个嵌入式应用环境下的实时系统，其基本功能如下。

(1) 系统初始化：完成整个系统软件环境和硬件环境的配置和初始化。

(2) 程序加载：将后台终端(BAM)上的程序和数据加载到主处理器的内存中并引导执行。

(3) 中断管理：完成中断向量表的设置、中断处理程序的管理。

(4) 任务调度：指多任务多重实时处理系统中的任务优先级调度及其相应的资源(处理机和内存)管理和分配。

(5) 消息包管理：消息包是C&C08主机软件各模块间通信的实体，任何一个任务的激活是由另一任务或操作系统发送的消息包来驱动完成的。消息包管理就是负责完成消息的两个功能：激活其他任务就绪、执行任务间传递数据。

(6) 内存管理：完成处理器中存储器资源的申请和释放管理。

(7) 时限管理：完成各种定时任务的启动、激活或撤销。

(8) 时钟管理：指系统时间的管理，系统时间包括年、月、日、时、分、秒等。

(9) 系统负荷控制：指操作系统实时监视处理机的利用率(或称之为忙闲度)情况，当利用率达到预定的上限阈值时采取过载控制，即暂停一些优先级低的任务来降低处理机负荷，使处理机迅速脱离过载状态。此后，当处理机利用率恢复正常，并继续下降到预定的利用率下限阈值时，才解除过载控制。通过设置上、下阈值，可使处理机在最佳利用率状态下运行。

(10) 系统容错管理：指操作系统监视系统运行和任务执行的情况，一旦出现异常(例如寻址过大、程序死循环、内存故障、处理机故障等)，可采取相应的故障处理和系统恢复措施，确保系统正常运行。

(11) 补丁管理：指操作系统提供的软件自动升级功能，当整个软件系统需要进行一些功能性改进时，可以通过补丁管理实现在线升级，降低功能改进的风险。

2. 通信处理模块

通信处理模块主要完成模块处理机之间及模块处理机同各二级处理机之间的通信处理功能，如主/备用处理机间的通信、模块间的通信、主/从节点间的通信、前/后台间的通信等。

(1) 模块主/备用处理机通信任务

为确保系统的可靠性，模块处理机均为双机配置、主/备用热备份工作方式。一旦主用模块处理机故障，备用模块处理机将自动转为主用来支撑整个交换系统的运转。

(2) 模块间通信任务

由硬件系统的介绍可知，C&C08由多个模块组成，它们构成一个交换平台。各模块间的通信(如AM/CM与SM之间、SM与SM之间等)由模块间通信任务来完成，常见的通信协议有LAPD协议、内部信令等。

(3) 主节点通信任务

用户/中继单板的处理机系统完成用户/中继电路的模拟/数字信号的采集、转换与分析，并按一定的协议格式由主节点通信任务上报给模块处理机处理；或在接收到模块处理机的指令后，经主节点通信任务下发给用户终端或对端局。

(4) 前/后台通信任务

后台终端系统为维护人员提供对交换系统的OAM(维护、管理、操作)功能，它是一个计算机网络，采用 TCP/IP 协议，可允许多台工作站同时对交换系统进行操作，各工作站与交换系统的通信由前/后台通信任务完成。

(5) 告警通信任务

告警通信任务主要负责将交换系统的告警信息发送到外围告警终端设备，如行列告警灯、告警箱、告警台等。

(6) 主机与数据链路层协议系统的通信任务

主机与数据链路层协议系统主要完成主机与交换平台中其他处理机系统之间的通信工作，如 MPU 板与 NO.7# 、LPN7、LPRA、LPRSA 等协议处理板之间的通信。

需要说明的是，软件系统内部各软件模块间的通信是由操作系统中消息包管理程序负责完成的，不属于通信类任务之列。通信处理模块因为与硬件平台相关联而处于较低级别。

3. 资源管理模块

资源管理模块主要完成对交换系统中各种硬件资源的初始化、申请、释放、维护和测试等功能，这些资源包括交换网络、信号音、DTMF 收号器、MFC 记发器、会议电话时隙、FSK 数字信号处理器、智能语音等，具体包括以下几类管理任务：

(1) 交换网络管理；

(2) 信号音管理；

(3) DTMF 收号器管理；

(4) MFC 记发器管理；

(5) 会议电话时隙管理；

(6) FSK 数字信号处理器管理；

(7) 智能语音管理；

(8) 语音邮箱管理；

(9) 电脑话务员管理。

资源管理模块因与具体硬件平台相关联也处于较低级别，它们主要为呼叫处理模块提供服务支持。

4. 呼叫处理模块

呼叫处理模块是基于操作系统和数据库管理模块之上的一个应用软件系统，它在资源管理模块和信令处理模块的配合下，主要完成号码分析、局内规程控制、被叫信道定位、计费处理等功能。

呼叫处理模块是 C&C08 的业务处理核心，它支持 ITU-T、ETSI 等多种国际规范，可完成 PSTN 业务、ISDN 业务、数据业务以及 IN 业务等多种业务的接续处理。

5. 信令处理模块

信令处理模块主要负责在呼叫接续过程中处理各种信令或协议，包括各种用户-网络接口(UNI)协议和网络-网络接口(NNI)协议，如用户线信令、NO.1# 信令、NO.7# 信令、DSS1 信令、V5 协议等。

信令处理模块配合呼叫处理模块完成各种类型的呼叫的接续控制，是交换系统实现各种通信业务的重要软件基础。

信令处理模块在功能上可分为多个独立的子模块，它们分别处理不同的信令或协议，互不影响，便于扩充和升级。这些子模块主要包括：

(1) 用户线信令处理子模块；

(2) NO. 1# 信令处理子模块；

(3) NO. 7# 信令处理子模块；

(4) DSS1 信令处理子模块；

(5) V5 协议处理子模块。

6. 数据库管理模块

数据库管理模块的主要功能是：响应呼叫处理模块的数据查询请求，完成呼叫处理过程中对主机数据库所有数据(如设备数据、路由数据、中继数据、用户数据、网管数据以及计费数据等)的检索功能，响应终端 OAM 软件的数据维护请求，完成对主机数据库所有数据的增加、删除、修改、查询、存储、备份和恢复等维护功能。

7. 维护管理模块

维护管理模块的主要功能是：

(1) 负责监视交换设备的运行状况，及时发现系统的异常或故障现象，并产生告警和故障报告，驱动相应的硬件设备发出可闻、可视信号以警示维护人员；在紧急情况下还可自动执行复位、倒换等操作，以保证系统的安全可靠运行。

(2) 执行或响应来自后台(终端 OAM 软件)的操作维护指令或请求，支持维护人员完成系统维护、数据管理、告警管理、测试管理、话单管理、话务统计、环境监控等功能。

3.5.2 终端 OAM 软件

终端 OAM 软件是指运行于 BAM 和工作站上的软件，它与主机软件中的维护管理模块、数据库管理模块等密切配合，主要用于支持维护人员完成对交换设备的数据维护、设备管理、告警管理、测试管理、话单管理、话务统计、服务观察、环境监控等功能。

终端 OAM 软件采用客户机/服务器模型，主要由 BAM 应用程序和终端应用程序两部分组成。其中，BAM 应用程序安装在 BAM 端，是服务器；终端应用程序装在工作站端，是客户机。

1. BAM 应用程序

BAM 应用程序运行于 BAM 上，集通信服务器与数据库服务器于一体，与主机软件中的维护管理模块、数据库管理模块等相互配合，主要用于实现对交换系统的 OAM 功能，是终端 OAM 软件的核心。

C&C08 提供了一整套行之有效的操作维护方法和工具，是保证交换系统正常运行、降低运营成本、提高通信服务质量的重要手段和方法。

(1) BAM 的网络配置

BAM 是本地操作维护系统的核心，它作为 TCP/IP 协议中的服务器端，一端响应 WS 客户端的连接请求，建立连接，从而完成来自客户端的命令的分析与相应的处理工作；同时，另一端响应来自主机侧的连接请求，建立连接，实现 BAM 和主机的通信，从而实现来自主机的数据加载请求和告警信息的接收处理等业务。

BAM与主机主备用单板（包括SPC、AMP、CDP）的连接是在一个网段内（一个封闭的与主机连接的局域网），而与客户端的连接是在另一个网段内（一个开放的操作维护局域网），两个网段是互相不可见的，这样可以在一定程度上保证网络的安全性，降低对系统安全性的依赖。BAM的网络配置如图3.18所示。

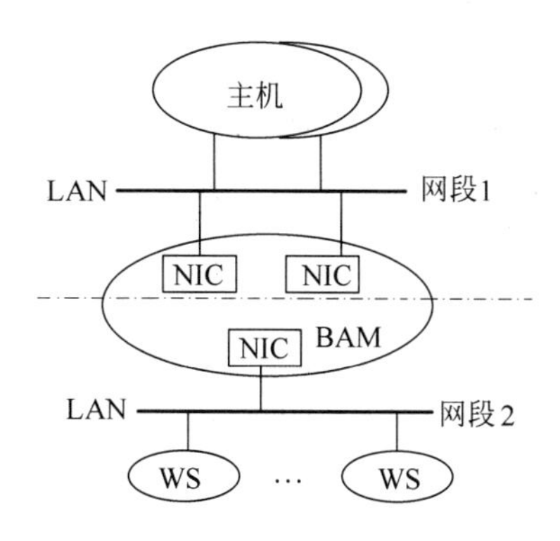

图3.18　BAM的网络配置

BAM—后管理模块；WS—工作站；NIC—网卡；LAN—局域网

(2) BAM应用程序的组成

BAM应用程序基于Windows NT操作系统，采用SQL Server作为数据库平台，通过多个并列运行的进程（服务器程序）来实现终端OAM软件的主要功能，其软件组成如图3.19所示。

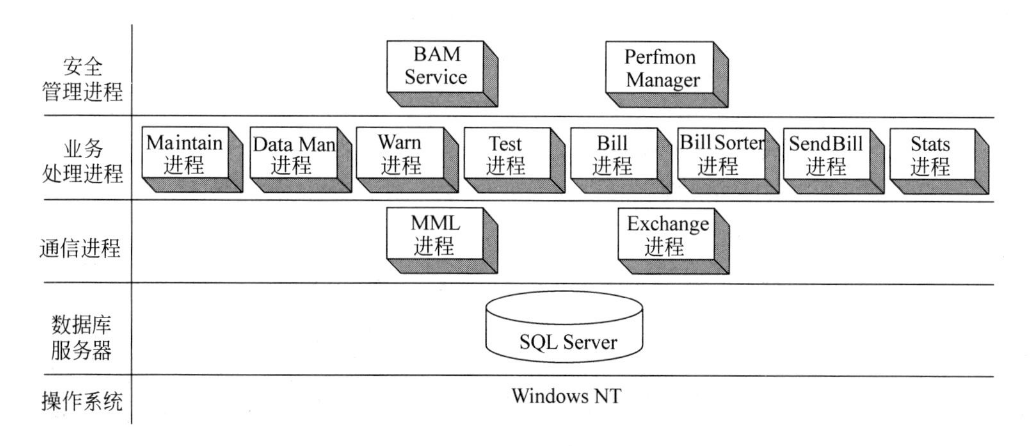

图3.19　BAM应用程序的软件组成

SQL Server：完成对各种业务数据的存储，为各种业务进程提供数据库支持。

MML进程：接收客户端（WS）的文本串，并编译生成一种结构形式，通过共享内存发送给对应的业务处理进程进行业务处理；同时能够将业务进程的处理结果发给对应的MML客户端。此外，该服务器还具有权限管理功能。

Exchange进程：接收业务处理进程的数据帧，并将其发送给交换机主机；同时将交换机主机发出的数据帧发送给对应的业务处理进程进行处理。该进程能够监视业务处理进程与交换机主机间的数据包，同时内置有加载、数据格式转换以及设定功能。

Maintain 进程：完成系统维护业务的处理，如用户管理、设备管理、资源管理、时钟管理、电路维护、链路维护、端口维护、接续跟踪、信令跟踪、网管指令处理、补丁程序管理等。

Data Man 进程：完成数据管理业务的处理，它利用 SQL Server 将大部分数据管理业务封装在存储过程中，大大地简化了对数据的增加、删除、修改、查询、存储、备份和恢复等维护操作。

Warn 进程：完成主机告警信息和 BAM 内部告警信息的处理，并将经过解释后的告警消息通过告警接口送往告警箱，通过网管接口送往网管中心。此外，还具有存储告警信息、查询告警历史记录等功能。

Test 进程：完成例行测试和诊断测试业务的处理。

Bill 进程：完成话单业务的处理，如定时从主机取话单、定时备份话单等。

Bill Sorter 进程：完成话单的分类处理。

Send Bill 进程：完成话单的发送处理。

Stats 进程：完成话务统计业务的处理，如话务统计任务登记、话务统计结果查询与存储等。

Perfmon Manager：整个 BAM 应用程序的管理功能模块，完成对其他业务处理模块的管理工作，包括运行状况的监视工作。

BAM Service：完成对 Perfmon Manager 模块的监视功能，并在 BAM 软件运行发生异常的时候完成对 BAM 的重启功能。

(3) BAM 应用程序的工作原理

BAM 应用程序是实现系统 OAM 功能的核心软件，BAM 应用程序以多个并行的业务处理进程为核心，分别处理功能上相对独立的几个业务部分。

在工作站侧，BAM 通过 MML 进程与各个工作站进行通信，接收工作站发来的命令，经处理后转发给相应的业务处理进程，并将结果返回给工作站。

在主机侧，通过 Exchange 进程和交换机主机进行通信，完成各种维护命令的转发和交换机各种信息的接收。

另外，各个业务处理进程还通过 DBLIB 接口访问 SQL 数据库，实现数据查询等操作。

各进程之间相对独立，系统调试维护方便。每个进程都有一个共享内存，接收其他进程传送的数据包。通过这些共享内存，将各个独立的进程连成一体。对于每一个进程，底层都有一个专门的线程接收其他进程传送的数据帧；发送也采用独立的线程，而对于每个被发送的进程，分别采用一个线程。

因此，每个进程框架底层通信模式是一个接收线程加上多个发送线程，这样使得每对进程间的通信比较独立，不会影响其他进程间的通信。

(4) BAM 应用程序的特点

BAM 应用程序具有以下特点。

① 面向业务。

② 高效率的并行执行。

③ 易于调试和维护。

④ 安全。

⑤ 稳定。

2. 终端应用程序

终端应用程序基于 Windows 操作系统运行于工作站上，作为客户机/服务器方式的客户端，通过 TCP/IP 协议与 BAM 通信与 BAM 连接，提供基于 MML 的业务图形终端，具有多窗口中文操作界面，可以实现系统所有的维护功能，如业务维护系统、告警台以及话务统计报表系统等。

（1）业务维护系统

基于 MML 的图形终端软件主要包括以下功能模块。

① MML 导航树模块。MML 导航树模块向用户提供 C&C08 的基本操作命令集，命令集按属性进行树形分类提供给用户。用户只需输入命令和参数，MML 模块就可以自动地组成命令报告下发，通过 MML 可以完成对主机的各种操作，包括数据配置、用户管理、设备管理等。

② 维护导航树模块。维护导航树模块以树形方式向用户提供维护命令集，维护操作分为跟踪维护操作和设备面板维护操作。系统提供多种跟踪维护方式，双击对应节点，可以打开相应的跟踪界面。

（2）告警台

告警台实时、准确、鲜明地反映记录在 BAM 中的告警信息。用户可以通过告警台查询、浏览所有的告警信息，对告警进行管理。

告警信息包括告警名称、告警产生（及恢复）时间、告警级别、告警定位信息以及告警修复建议等。

（3）话务统计报表系统

话务统计报表系统可以根据用户需要创建、打印话务统计报表，允许用户查看报表内容以及任意话务统计结果。

第4章 光传输设备

4.1 OSN2000产品功能

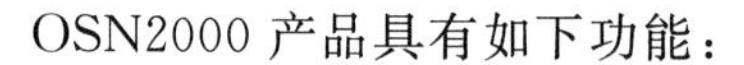

OSN2000产品具有如下功能：

(1) 集中控制方式，主要的控制功能集中在SCC板上；

(2) 灵活的管理方式；

(3) 强大的TCM功能，支持STM-4的VC4TCM功能，方便运营商之间的故障定位(仅SL4支持)；

(4) 支持制造信息上下载和查询(AFB、OSB1A和OSB4A不支持)；

(5) 预留主控双备份，预留智能特性功能；

(6) 支持设备自然散热(无风扇)；

(7) 支持光纤自动搜索；

(8) 支持复用段旧/新/重构协议(默认为新协议)；

(9) 支持网络定时协议(NTP)(默认关闭)；

(10) 会议电话自动拆环(断纤保护)；

(11) 支持复用段压制功能(默认打开)。

4.2 组网能力

OptiX OSN2000是MADM(Multi Add/Drop Multiplexer)系统，支持STM-1/STM-4级别的线性网、环形网、环带链、环相切、环相交和DNI(Dual Node Interconnection)组网等复杂网络拓扑。

OptiX OSN2000作为接入层设备，可以和华为公司的Metro系列设备、OSN系列设备进行混合组网。

OptiX OSN2000还支持与第三方设备的混合组网。在混合组网时，可以采用以下方式互通管理信息：

（1）扩展 DCC 字节
（2）DCC 字节的透明传输
（3）外时钟接口传输管理信息
（4）IPOVERDCC
（5）OSIOVERDCC（TP4）

OptiX OSN2000 的基本组网形式如表 4-1 所示。

表 4-1　OptiX OSN2000 的基本组网形式

拓扑名称		拓　扑　图
1	链形	
2	环形	
3	环相切	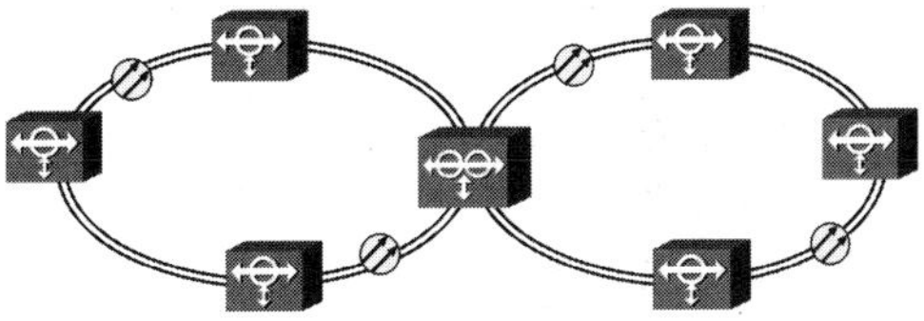
4	环相交	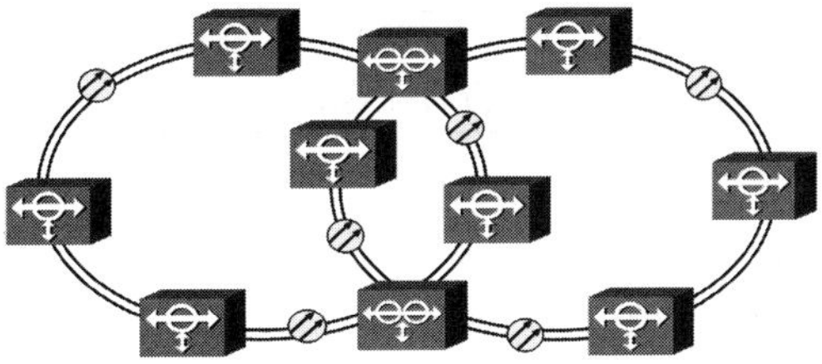
5	环带链	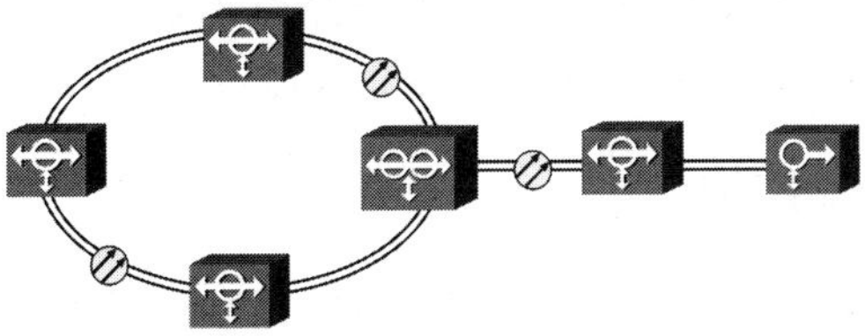
6	DNI	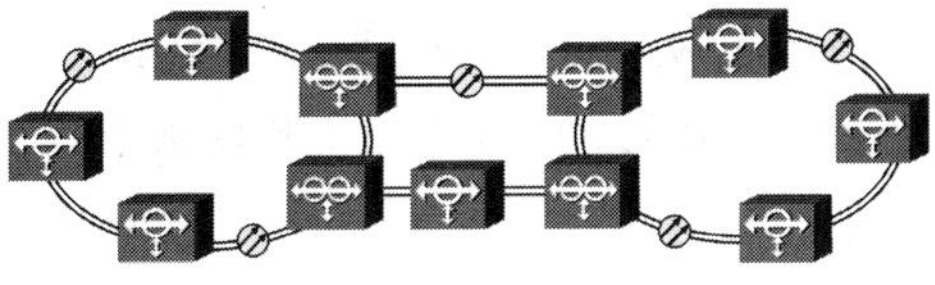

续表

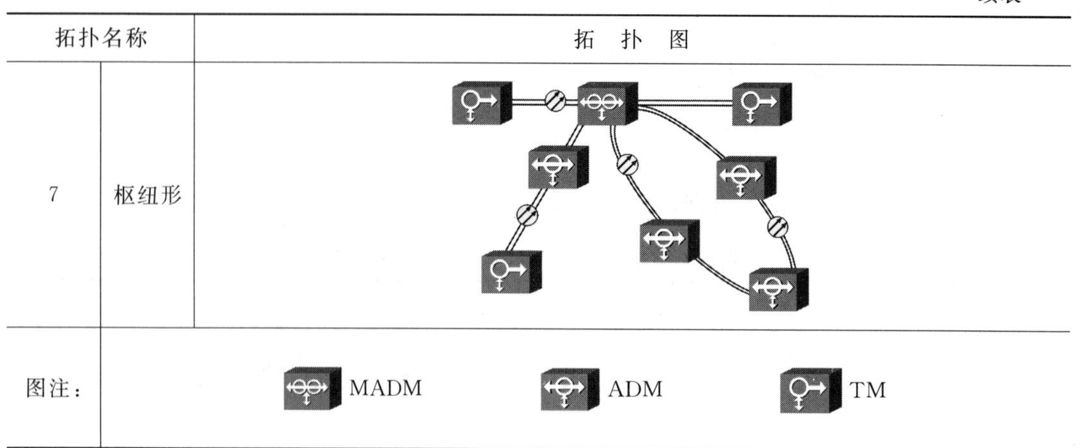

拓扑名称		拓扑图
7	枢纽形	
图注：		MADM　ADM　TM

4.3 业务接口

OptiX OSN2000 提供的业务接口类型见表 4-2。

表 4-2　OptiX OSN2000 的业务接口

接口种类	描　　述
SDH 接口	STM-1 光接口：S-1.1、L-1.1、L-1.2 STM-4 光接口：S-4.1、L-4.1、L-4.2 STM-1 电接口
PDH 接口	75/120ΩE1 电接口 75ΩE3/T3 电接口
以太网接口	FE 接口：10/100BASE-T、100BASE-FX GE 接口：1000BASE-SX/LX/ZX

4.4 机柜

OptiX OSN2000 采用子架式设计，子架结构设计满足 IEC60297 和 ETS300119 标准。可安装在 ETSI 机柜(300mm 深或 600mm 深)或 19 英寸标准机柜中。

4.4.1 子架结构

OptiX OSN2000 子架尺寸为：436mm(宽)×228mm(深)×353mm(高)，满配置重量为 25kg。

OptiX OSN2000 子架，从上到下分成两个区域：插板区、走纤区。其中，插板区从左到右又分成三个区域：出线板区、处理板区、出线板和辅助出线板区。子架结构如图 4.1 所示。

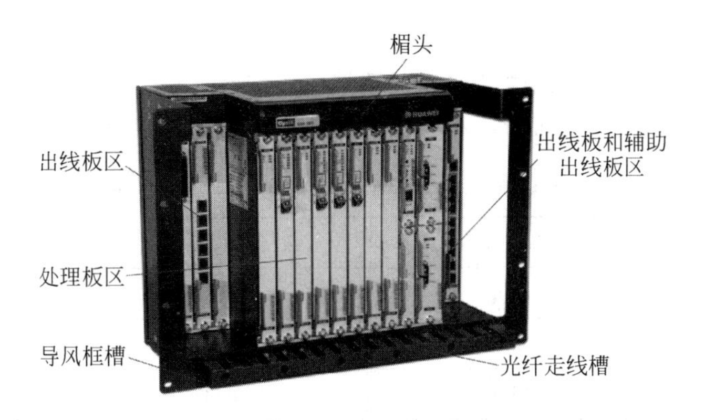

图 4.1 OptiX OSN2000 子架结构

4.4.2 槽位分布

OptiX OSN2000 设备共有 18 个槽位，其槽位分布如图 4.2 所示。

01 (IU1)	02 (IU2)	03 (IU3)	04 (SU1)	05 (SU2)	06 (SU3)	07 (XCS)	08 (XCS)	09 (SU4)	10 (SU5)	11 (SU6)	12 (SCC)	14 (PIU)	16 (IU4)	17 (IU5)	18 (AUX)
出线板	出线板	出线板	处理板	处理板	处理板	交叉、时钟、线路板	交叉、时钟、线路板	处理板	处理板	处理板	SCC	PIU	出线板	出线板	出线板 or AUX
												PIU			
01 (IU1)	02 (IU2)	03 (IU3)	04 (SU1)	05 (SU2)	06 (SU3)	07 (XCS)	08 (XCS)	09 (SU4)	10 (SU5)	11 (SU6)	13 (SCC)	15 (PIU)	16 (IU4)	17 (IU5)	18 (AUX)

图 4.2 OptiX OSN2000 设备的槽位分布

1. 出线板槽位区

OptiX OSN2000 出线板的槽位分布如下：业务出线板槽位——Slot1～Slot3、Slot16～Slot18；系统辅助接口或业务出线板槽位——Slot18。

出线板提供光或电信号的物理接口，用于将光或电信号接入到对应的处理板。

2. 处理板槽位区

OptiX OSN2000 处理板的槽位分布如下：业务处理板槽位——Slot4～Slot6、Slot9～Slot11；交叉、时钟、线路板槽位——Slot7～Slot8；电源接口板槽位——Slot14～Slot15；系

统控制和通信板槽位——Slot12。

3. 出线板槽位与处理板槽位的对应关系

OptiX OSN2000 设备的处理板槽位和出线板槽位的对应关系如表 4-3 所示。

表 4-3 处理板槽位与出线板槽位的对应关系

处理板槽位	对应的出线板槽位	处理板槽位	对应的出线板槽位
Slot4	Slot1	Slot9	Slot16
Slot5	Slot2	Slot10	Slot17
Slot6	Slot3	Slot11	Slot18

4. 对偶槽位的对应关系

配置复用段保护环时,建议优先考虑将用于组成同一个环的两块单板插在对偶槽位上。这样,即便 SCC 板不在位时,配置在对偶槽位的两块线路板也能够对 ADM 东西向槽位之间的开销字节进行穿通处理(不需要 SCC 参与)。OptiX OSN2000 设备的复用段对偶槽位分布如表 4-4 所示。

表 4-4 对偶槽位的对应关系

槽位	对偶槽位	槽位	对偶槽位
Slot4	Slot5	Slot27	Slot28
Slot6	Slot9	Slot10	Slot11

注:Slot27 和 Slot28 并非物理槽位,而是逻辑槽位。当 Slot7 和 Slot8 插 XCS1A/XCS4A 时,单板上的线路子板 OSB1A/OSB4A 为一对对偶板,这对线路子板,占逻辑槽位 Slot27 和 Slot28。

4.5 单板

4.5.1 单板类型

OptiX OSN2000 系统由以下单元组成:

(1) SDH 业务处理单元;

(2) PDH 业务处理单元;

(3) 以太网业务处理单元;

(4) 交叉、时钟单元;

(5) 系统控制与通信单元;

(6) 电源单元;

(7) 辅助接口单元;

(8) 光功率放大单元。

OptiX OSN2000 系统结构如图 4.3 所示,各个单元所包括的单板及功能如表 4-5 所示。

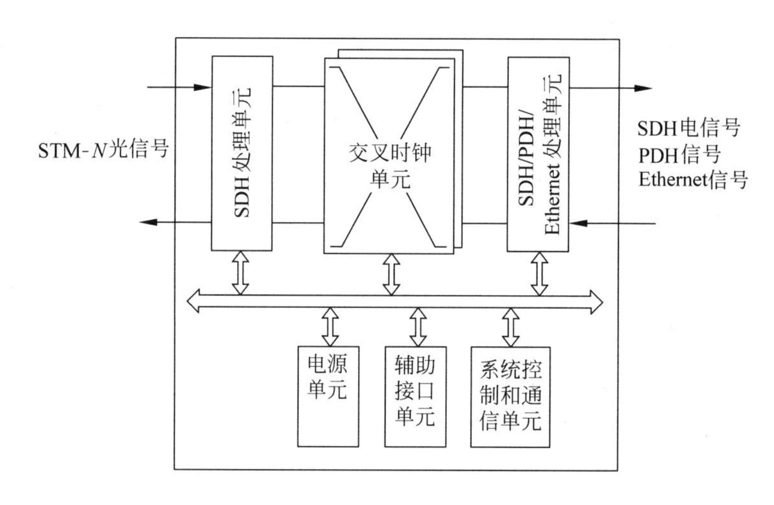

图 4.3 OptiX OSN2000 功能结构

表 4-5 OptiX OSN2000 各个单元所包括的单板及功能

系统单元		所包括的单板	单元功能
SDH 业务处理单元(光)		SL1A、SD1、SQ1、SL4、SD4、SLM、OSB1A、OSB4A	接入并处理 STM-1、STM-4 光信号；恢复及提取线路时钟；高阶、低阶指针及段开销、高阶通道开销的处理；TCM 处理(只限 SL4 板)
SDH 业务处理单元(电)	处理板	SDE	接入并处理 STM-1 速率的 SDH 电信号，并实现 TPS 保护
	出线板	EU2S	
	保护倒换桥接板	DSB	DSB 配合 SDE、EU2S 共同实现 SDE 板的 TPS 保护
PDH 业务处理单元	处理板	PL1、PT1、PD3	接入并处理 E1、E3/T3 速率的 PDH 电信号，并实现 TPS 保护(LA1 和 TA1 不支持 TPS 保护)
	出线板	LA1、TA1、L75S、L12S、T75S	
	保护板	PL1P、PT1P	PL1P 和 PT1P 作为保护板实现 PL1 和 PT1 板的 TPS 保护。其中，PL1P 实现 PL1 板的 TPS 保护；PT1P 实现 PL1 和 PT1 板的 TPS 保护
	保护倒换桥接板	ASB	ASB 配合 PD3、D34S 共同实现 PD3 板的 TPS 保护
以太网业务处理单元	处理板	EFT0、EMS1	接入并处理 10/100BASE-T、100BASE-FX 的 FE 信号和 1000BASE-SX/LX/ZX 的 GE 信号，EFFS8 和 ETFS8 支持 TPS 保护
	出线板	EFFS8、ETFS8	
	保护倒换桥接板	ASB、DSB	ASB 配合 EFT0、ETFS8 共同实现 EFT0 板的 TPS 保护 DSB 配合 EFT0、EFFS8 共同实现 EFT0 板的 TPS 保护
交叉/时钟单元		XCS1A、XCS4A	提供交叉连接功能，完成系统的业务调度；跟踪外部时钟源或线路、支路单元提供的时钟源信号，为系统各单板提供各种系统时钟信号
系统控制和通信单元		SCC	单板的通信和控制；单板的配置和管理；告警收集和性能监控

续表

<table>
<tr><th colspan="2">系统单元</th><th>所包括的单板</th><th>单 元 功 能</th></tr>
<tr><td colspan="2">辅助接口单元</td><td>AUX</td><td>对外提供辅助接口，包括外时钟接口、网管接口、远程维护接口(OAM)、广播数据接口、同步数据接口、开关量接口、机柜指示灯输出接口、机柜指示灯级联接口、公务电话接口等</td></tr>
<tr><td colspan="2" rowspan="2">电源单元</td><td>PIU</td><td>为系统提供电源，输入为−48/−60VDC，输出为3.3V/−48VDC</td></tr>
<tr><td>CAU</td><td>将110V/220V交流电压转换为−48V直流电压，给OptiX OSN2000供电</td></tr>
<tr><td>光功率放大单元</td><td>盒式光纤放大器</td><td>61COA</td><td>实现光功率放大和前置放大</td></tr>
</table>

4.5.2 实训中心传输设备

实训中心三台传输设备的板位结构如图4.4所示。

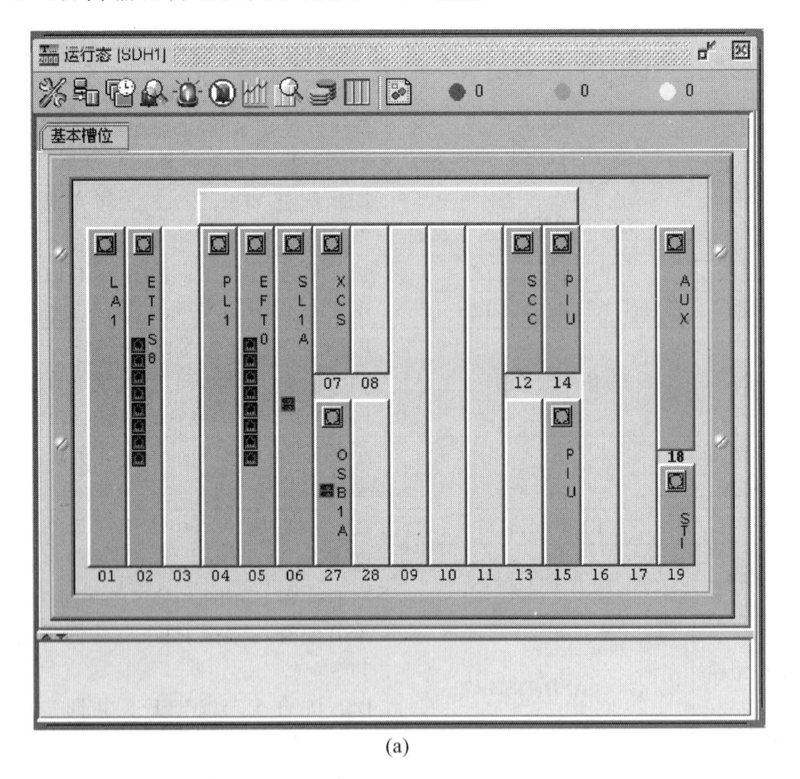

(a)

图 4.4

(a) SDH1板位图；(b) SDH2板位图；(c) SDH3板位图

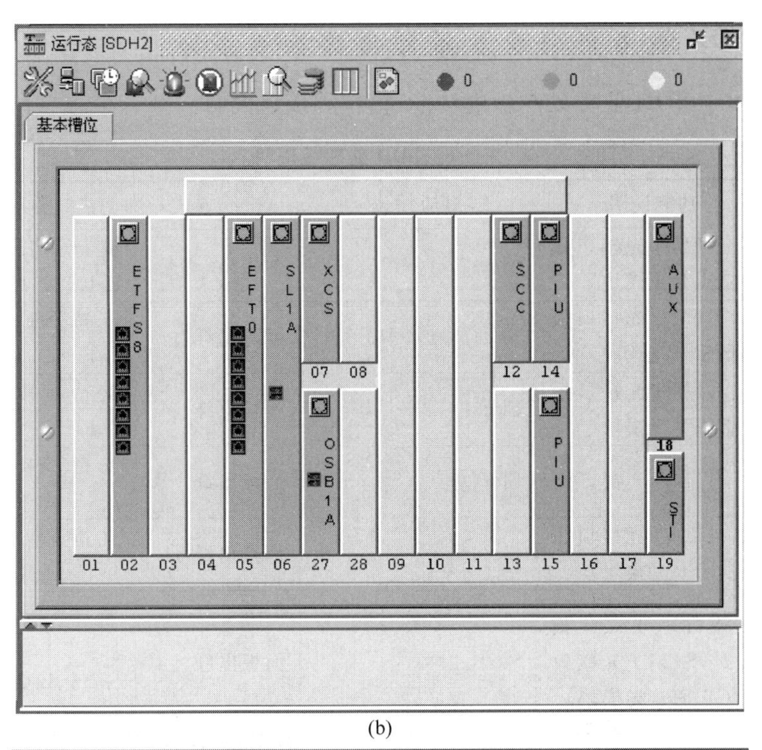
运行态 [SDH2]
0
0
0
基本槽位
ETFS8
EFT0
SL1A
XCS
OSB1A
SCC
PIU
PIU
AUX
STI
07 08
12 14
18
01 02 03 04 05 06 27 28 09 10 11 13 15 16 17 19

(b)

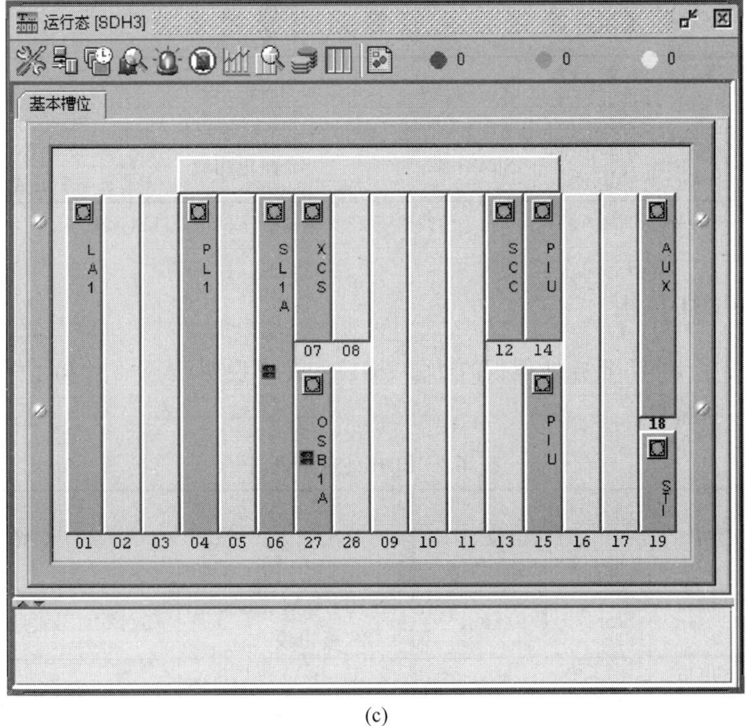
运行态 [SDH3]
0
0
0
基本槽位
LA1
PL1
SL1A
XCS
OSB1A
SCC
PIU
PIU
AUX
STI
07 08
12 14
18
01 02 03 04 05 06 27 28 09 10 11 13 15 16 17 19

(c)

图 4.4 （续）

4.5.3 SDH单板

表4-6给出了SDH业务处理板的功能、槽位和接口说明。

表4-6 SDH处理板说明

单板名称	功能说明	对应槽位	出线方式	接口类型	连接器
SL1A	1％STM-1光接口板(带SFP光模块)	Slot4/5/6/9/10/11	面板出纤	支持S-1.1、L-1.1、L-1.2	LC
SD1	2％STM-1光接口板(带SFP光模块)	Slot4/5/6/9/10/11	面板出纤	支持S-1.1、L-1.1、L-1.2	LC
SQ1	4％STM-1光接口板(带SFP光模块)	Slot6/9	面板出纤	支持S-1.1、L-1.1、L-1.2	LC
SL4	1％STM-4光接口板	Slot6/9	面板出纤	支持S-4.1、L-4.1、L-4.2	SC
SD4	2％STM-4光接口板(带SFP光模块)	Slot6/9	面板出纤	支持S-4.1、L-4.1、L-4.2	LC
SLM	1％STM-4光接口板＋4％STM-1光接口板(带SFP光模块)	Slot6/9	面板出纤	支持S-1.1、L-1.1、L-1.2、S-4.1、L-4.1、L-4.2	LC
SDE	2％STM-1电接口板	Slot4/5/6/9/10/11	使用EU2S板出线	75ΩSTM-1电接口	SMB
OSB1A	1％STM-1光接口板(带SFP光模块)	Slot27/28	面板出纤	支持S-1.1、L-1.1、L-1.2	LC
OSB4A	1％STM-4光接口板(带SFP光模块)	Slot27/28	面板出纤	支持S-4.1、L-4.1、L-4.2	LC

注：OSB1A/OSB4A为XCS1A/XCS4A板上的线路子板，占逻辑槽位Slot27和Slot28。

4.5.4 PDH单板

表4-7给出了PDH业务处理板的功能、槽位和接口说明，表4-8给出了PDH出线板的功能、槽位和接口说明。

表4-7 PDH处理板说明

单板名称	功能说明	对应槽位	出线方式	接口类型	连接器
PL1	16％E1电接口处理板	Slot4/5/6/9/10/11	使用LA1、L75S、L12S板出线	75/120ΩE1电接口	DB78
PT1	48％E1电接口处理板	Slot4/5/6/9/10	使用TA1、T75S、T12S板出线	75/120ΩE1电接口	DB78
PD3	6％E3/T3电接口处理板	Slot4/5/6/9/10/11	使用D34S板出线	75ΩE3/T3电接口	SMB

表 4-8 PDH 出线板说明

单板名称	功能说明	对应槽位	接口类型	配合单板
LA1	75/120Ω16% E1 电接口出线板	Slot1/2/3/16/17/18	DB78	与 PL1 配合使用
TA1	75/120Ω48% E1 电接口出线板	Slot1/2/3/16/17	DB78	与 PT1 配合使用
L75S	75Ω16% E1 电接口倒换出线板	Slot1/2/3/16/17	DB78	与 PL1 配合使用
L12S	120Ω16%E1 电接口倒换出线板	Slot1/2/3/16/17	DB78	与 PL1 配合使用
T75S	75Ω48% E1 电接口倒换出线板	Slot1/2/3/16/17	DB78	与 PT1 配合使用
T12S	120Ω48%E1 电接口倒换出线板	Slot1/2/3/16/17	DB78	与 PT1 配合使用
D34S	75Ω6% E3/T3 电接口倒换出线板	Slot1/2/3/16/17/18	SMB	与 PD3 配合使用

4.5.5 以太网单板

表 4-9 给出了以太网业务处理板的功能、槽位和接口说明，表 4-10 给出了以太网业务出线板的功能、槽位和接口说明。

表 4-9 以太网处理板说明

单板名称	功能说明	对应槽位	出线方式	接口类型	连接器
EFT0	8%FE 以太网透传处理板	Slot 4/5/6/9/10/11	使用 ETFS8、EFFS8 板出线	10/100Base-、T100BaseFX	RJ-45、LC
EMS1	6% FE + 1% GE 带交换功能的快速以太网板	Slot 4/5/6/9/10/11	GE 信号使用面板出线；FE 信号使用 ETFS8、EFFS8 板出线	10/100Base-、T100BaseFX、1000BASE-SX/LX/ZX	RJ-45、LC

表 4-10 以太网出线板说明

单板名称	功能说明	对应槽位	接口类型	配合单板
ETFS8	8 路 10/100Base-T 以太网倒换出线板	Slot1/2/3/16/17/18	RJ-45	与 EFT0、EMS1 配合使用
EFFS8	8 路 100Base-FX 光接口以太网倒换出线板	Slot1/2/3/16/17/18	LC	与 EFT0、EMS1 配合使用

4.5.6 其他功能单板

表 4-11 给出了其他功能单板的功能、槽位和接口说明。

表 4-11 其他功能单板说明

单板名称	功能说明	对应槽位	出线方式	接口类型	连接器
XCS1A	交叉连接与时钟处理板(带一个 STM-1 光接口,采用 SFP 光模块)	Slot7/8	面板出纤	支持 S-1.1、L-1.1、L-1.2	LC
XCS4A	交叉连接与时钟处理板(带一个 STM-4 光接口,采用 SFP 光模块)	Slot7/8	面板出纤	支持 S-4.1、L-4.1、L-4.2	LC
SCC	系统控制和通信板	Slot12	—	—	RJ-45
AUX	辅助板	Slot18	—	—	RJ-45
PIU	电源接入板	Slot14/15	—	—	DB3
CAU	电源集中管理单元	Slot29①	—	—	DB3
61COA	盒式掺铒光纤放大单元	Slot30/31/32/33②	面板出纤	—	SC

注:① UPM 电源转换系统在 T2000 网管中作为一块单板 CAU 来处理,CAU 占逻辑槽位 Slot29。
② OptiX OSN2000 最多可同时支持 4 个 COA,分别占逻辑槽位 Slot30~Slot33。

第二部分

软件使用

第5章 Ebridge平台

5.1 Ebridge 平台简介

Ebridge 通信软件是深圳市讯方通信技术有限公司根据大学教学需要而开发的命令行软件，采用客户端/服务器(Client/Server)工作方式，完全兼容深圳华为技术有限公司的 Navigator 命令行软件。

5.2 Ebridge 的基本操作

5.2.1 程控实训中 Ebridge 的使用

1. 服务端

实训开始时，教师需先启动 Ebridge 服务端，单击“C&C08”服务启动图标，此时界面提示“7010 初始化华为 c&c08 程控交换机工作站……”，当提示“(CC08)Ebridge_Server 服务启动成功!”时，学生就可以启动 Ebridge 客户端了(图 5.1)。

图 5.1　启动 C&C08 服务端

2. 客户端

教师启动 Ebridge 服务端后，学生双击桌面 图标，打开如图 5.2 所示的界面，检查服务器的 IP 地址，单击“确定”按钮。

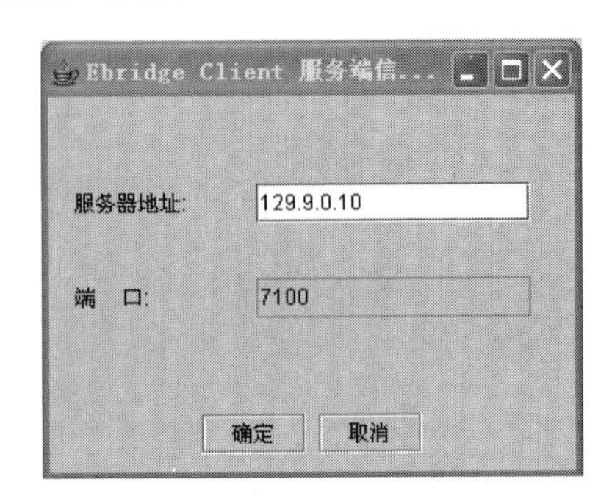

图 5.2 登录 Ebridge 操作平台

双击“综合通信试验平台”中的“程控 C&C08”，打开 C&C08 实训模式，如图 5.3 所示。

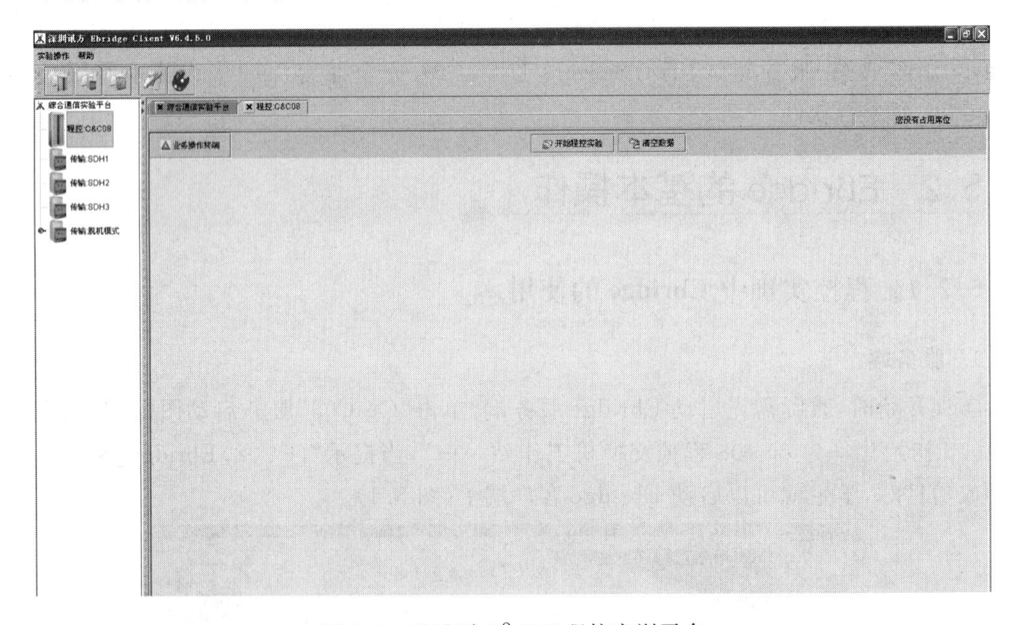

图 5.3 登录到 C&C08 程控实训平台

此时就可以开始程控实训了。

5.2.2 传输实训中 Ebridge 的使用

1. 服务端

实训开始时，教师需先启动 Ebridge 服务端，分别单击 SDH1、SDH2、SDH3 的服务启动图标，选择“验证模式”，当界面提示“连接传输设备……(SDH)Ebridge_Server 启动服务成功!”时，学生就可以启动 Ebridge 客户端了(图 5.4)。

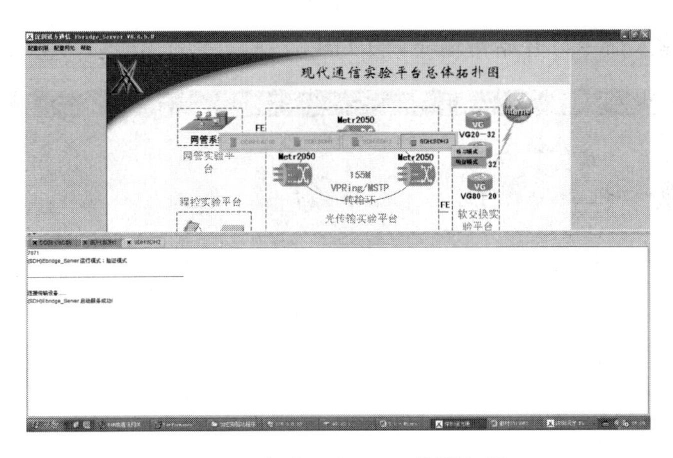

图 5.4　启动 3 台 SDH 的服务端

2. 客户端

教师启动 Ebridge 服务端后，学生双击桌面图标，打开如图 5.5 所示的界面，检查服务器的 IP 地址，单击“确定”按钮。

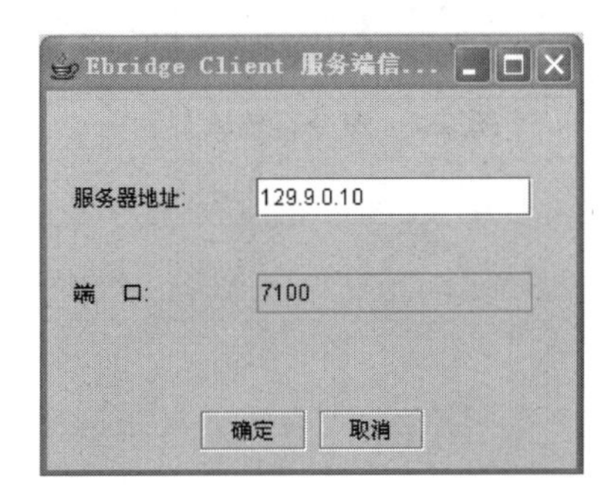

图 5.5　登录 Ebridge 操作平台

选择你所需要登录的 SDH 网元站点：输入用户名和密码(用户名：1 或 szhw；密码：nesoft)，单击“确定”按钮(图 5.6)。

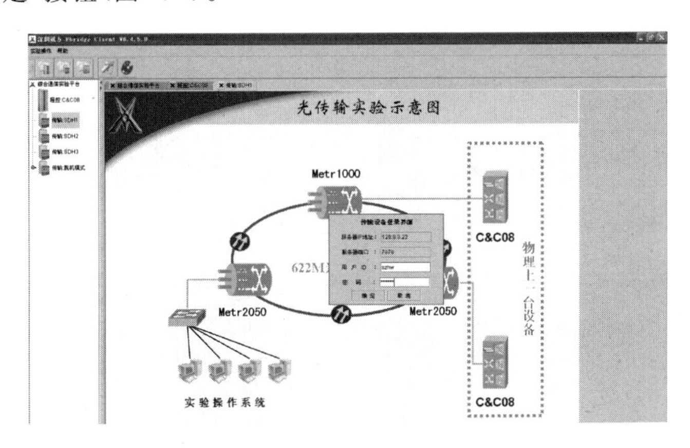

图 5.6　登录 SDH1 网元设备

此时就可以输入命令行开始传输实训了(图 5.7)。

图 5.7　命令行输入界面

第6章 C&C08操作维护终端

6.1 终端系统简述

终端系统是C&C08的操作、管理和维护平台，它在硬件上主要由BAM和工作站组成。

终端系统按照客户机/服务器的模式工作，BAM处于服务器的位置，是完成系统OAM功能的硬件核心；工作站处于客户机的位置，根据需要可配置成维护台、数管台、告警台、测量台、话单台、话务统计台等功能性工作站。

终端系统在软件上主要由BAM应用程序和终端应用程序两部分组成，其中，BAM应用程序是终端OAM软件的核心，它基于Windows NT操作系统，采用MS SQL Server作为数据库平台，通过多个并列运行的进程(服务器程序)来实现终端OAM软件的主要功能。

终端应用程序基于Windows操作系统，作为客户机/服务器模式中的客户端，通过TCP/IP协议与BAM通信，其主要功能是为维护人员提供基于MML的图形操作终端。

6.2 人机操作环境

在日常维护过程中，维护人员既可以通过工作站也可以通过BAM对交换系统进行各种维护操作。BAM将来自工作站的操作维护命令转发到主机，并将主机的响应定向到相应的工作站上，是各工作站与交换机主机进行通信的桥梁。

BAM通过其上运行的终端OAM软件为维护人员提供操作环境：一种是GUI集成操作环境，一种是MML命令行操作环境。

1. GUI集成操作环境

GUI(Graphic User Interface，图形用户界面)集成操作环境是全中文多窗口操作界面，支持键盘和鼠标操作，用户通过给定的操作维护界面进行操作，不需要记忆繁杂的命令，使用起来方便、直观。缺点是前后台协议复杂，不能满足网管系统的要求。

GUI集成操作环境的底层实现机制仍然是基于MML命令行方式的。

2. MML命令行操作环境

MML(Man Machine Language，人机语言)命令行操作环境采用纯字符流方式，通过使用一系列命令实现维护终端的各种操作，通信协议比较简单，有利于实现远程维护。缺点是用户需要记忆繁杂的命令，且输出结果均为纯字符，因此使用起来不如GUI方式直观和方便。

MML命令行操作环境也采用客户机/服务器体系结构的访问/服务机制，MML服务器运行在BAM上，是MML控制的中枢，主要完成用户登录、任务调度、命令解释与编译、权限管理、定时任务管理等功能；MML客户端仅是一个简单的输入输出接口，主要完成ASCII字符的输入与输出功能。

MML服务器在收到一个客户端的登录请求以后，根据其TCP端口分配一个工作台号并保存起来，再根据客户端的IP地址和操作员账号，查询权限数据库，得到此操作员在此工作站的权限。服务器接收一条具体命令后，首先通过命令解释程序对该命令进行语法分析，如果分析通过，再通过权限分析程序判断此操作员能否执行此命令。如果可以执行，则将此命令分发给各业务进程或者其本身。各业务进程执行完命令后，将响应发送给MML服务器，由MML服务器根据工作台号与TCP端口的对应关系将此响应转发给各MML客户端。

命令解释程序对输入的命令序列进行处理，主要是对每条命令的语法进行分析，也包括部分语义分析，实际上每条命令的执行是在各相关服务器上完成的。

6.3 各子系统

1. 维护子系统

C&C08的维护功能主要通过软件的方法实现，由BAM应用程序中的Maintain进程与主机软件中的维护管理模块（维护子模块）等共同完成。

2. 数据管理子系统

数据管理是指对交换系统运行各种数据进行的增加、删除、修改、查询、存储、备份和恢复等操作。交换系统的数据主要包括用户数据、设备数据、中继数据、路由数据、NO.7信令数据、计费数据、号码分析数据、网管数据。

此外，还包括系统软件参数、定时器、命令组、操作员权限、工作站权限、系统时间等。

3. 告警子系统

(1) 告警级别

根据故障的重要性和紧迫性，告警分为4级。

① 第一级：紧急告警，如主控板（如SPC、MPU）、网板（如CNU、SNU、BNET）、时钟板（CKS）、接口板（QSI、OBC、E16、STU）、协议处理板（如CPC、LAP等）等核心单板的故障、过载，系统再启动等情况。

② 第二级：重要告警，如DTM、ASL、NOD等重要单板故障、DT信令自动闭塞、链路故障等。

③ 第三级：次要告警，如单板复位、PCM告警、公用资源申请失败/占用超时、MFC收发码错/超时、DT错误码等。

④ 第四级：警告告警，如倒换失败、通道阻塞、故障排除等。

(2) 告警形式

C&C08的告警形式有3种：机架告警灯、告警箱及告警报告。

① 机架告警灯是最粗略的一种告警形式，每个机架上有3个告警灯，绿灯用来指示提示告警，黄灯用来指示重要告警，红灯用来指示紧急告警。

② 告警箱是C&C08声光告警的主要设备，所有故障状态都会在告警箱上产生一个可视可闻的告警指示。

③ 告警报告可从告警台上获得。

4. 测试子系统

测试子系统是OAM系统的重要组成部分之一，其主要功能是对系统设备(包括线路、话路以及单板)进行测试与测量。此外还提供外部测试接口，使其他厂商的外部测试子系统可以对C&C08内部的用户电路进行测试。

测试系统由硬件测试设备、主机软件和终端软件组成。

5. 计费子系统

计费子系统由前台计费子系统和后台计费子系统组成。

前台计费子系统完成计费信息的采集和生成、接受后台命令将话单发往后台等工作。

后台计费子系统向前台发出"取话单"命令，接收来自前台计费子系统的计费话单生成后台话单文件，并可将话单转储到其他外设(如可读写光盘、磁盘阵列)。

6. 话务统计子系统

话务统计，又称话务测量、负荷测量、业务量测量、业务量统计等，是指在交换局及其周围的电话网络上进行的各种测量和统计活动的总称，它不仅是话务的测量和统计，而且还包括系统资源的测量、信令和接口的测量以及交换机内部运行情况的测量等内容。

7. 操作权限管理

C&C08的终端管理系统是一个多用户的系统，它允许多个操作员在不同的工作站上同时对系统进行操作。为了保证多个用户能够安全、方便地使用终端管理系统，C&C08采用了对操作员和工作站的权限实行分级管理的方式，即一个操作员最终得到的实际权限是被分配的工作站权限和被分配的操作员权限的交集。

这种复合的权限管理方式通过设定工作站的权限，使即使是系统管理员，也不能在所有的工作站上进行所有的操作。由于工作站在地理上经常是分散的，这种机制在分散管理的基础上保证了重要命令的集中控制，在不失灵活性的基础上保证了系统的安全性。

8. 软件补丁管理

在设备的运行过程中，有时需要对主机软件进行一些适应性和排错性的修改，如改正系统中存在的缺陷、增加新功能以适应业务需求等。通过给主机软件打补丁，就可以在不影响系统业务的情况下实现对主机软件的动态在线升级，有利于提高通信服务质量。

6.4 MML命令行简介

MML是人机语言的简称，是基于ITUZ.301～Z.341系列建议而制定的一套人机交互接口。MML为用户提供了一套操作、查询交换机的命令集，通过该命令集，用户可以对交换机进行全方位的监控和管理。

6.4.1 MML的特点

MML具有以下特点。

(1) MML命令集对交换机的业务进行了封装，一条命令对应的是一个功能，而不是一个简单操作。例如，增加一个用户需要有几个步骤：修改用户数据索引表→修改ST用户数据表→修改ST用户设备表→格式转换→设定主机，而封装起来的命令，则使这些步骤透明化。用户要增加一个用户只需执行一条功能命令，而无须知道数据库中应该有哪些改动、如何生效，等等。

(2) MML系统对数据的一致性作严格检查，每个功能在执行时对表间关系进行检测，可以防止无效的垃圾数据的产生。

(3) MML命令集对于交换机平台相当于一套底层API(Application Program Interface，应用程序接口)，其他应用程序均建立在它的基础上，而GUI终端是将用户的界面操作翻译成命令，递交给MML系统，由MML系统负责功能的执行并返回文本结果，而这些结果在图形界面终端上再转换为合适的反应。这样可以保证交换机系统的稳定性，不会因为应用程序的问题而影响整个交换机的运行。

(4) MML系统的输入输出基于纯字符流，支持像TELNET一类的程序与交换设备进行交互，可以轻易地将客户端跨越多种平台(如支持没有处理能力的哑终端等)，非常有利于集中网管，顺应通信产品发展趋势。

6.4.2 MML命令格式

MML命令格式如下：

＜命令名＞：[＜参数1＞＝＜值1＞[,＜参数2＞＝＜值2＞[,……]]]

1. 参数值的类型有7种

(1) 数值型：纯数值。用十进制数字来表示，如：19、65 535、…

(2) 布尔类型：布尔值。TRUE或FALSE。

(3) 字符串类型：任何不包含引号的字符序列。用一对双引号括起来表示，如："SM1－＞汇接局"、"12/13"、…

(4) 枚举类型：表示确定意义的英文简写。如：ASL、OPT、TSSC、…

(5) 位域型：表示一系列布尔值的集合。布尔子参名后用－1或－0表示该子参数为真或为假，如：LOC-1表示LOC为真，如果有一个以上的子参数则用&连接，如：LCO-1&NTT-0&ITT-0、…

(6) 键盘型：电话键盘输入。用K'尾随键盘序列，如：K'010、K'*57#、K'26540808、…

(7) 日期、时间类型：表示日期、时间。各域之间用&连接，如：2002&3&5、23&59、…

2. 参数值的复合方式有以下两种，针对于数值及键盘类型

(1) 区间：用&&连接区间边界。如：1&&16表示从1到16。

(2) 组合：用&连接。如：1&16表示1和16。

6.4.3 MML命令的命名规则

MML命令集按统一规则命名，以便用户记忆。MML命令的命名规则如下。

(1) 命令字最多由两个标识符合成，支持以空格(或连字符)连接，例如：标识符1 标识符2。

(2) 标识符1为动作字，长度严格为三个字母；标识符2是命令动作操作的具体对象，由3～8个字符(允许含有数字)组成(只要表示清楚，字符数越少越好)。

(3) MML系统命令的组成允许少于两个标识符，如LGI(登录)。

(4) 其他命令按照"＜命令动作字＞＜功能块与对象的复合词＞"组织。

(5) LST命令与DSP命令：DSP命令专用于显示主机动态查询结果以及话务统计、测试任务结果，数据库的静态数据查询一律用LST命令。

6.4.4 常用命令动作统计

常用命令动作统计参见表6-1。

表6-1 常用命令动作统计

动作	反动作	说 明
LGI	LGO	登录/退出
ADD	RMV	增加/删除
ADB	RVB	批增/批删
CRE	DEL	创建/删除
MOD		修改
MOB		批改
DSP		查询(动态)
LST		查询(静态)
ACT	DEA	激活/去激活
BLK、SBL	UBL、SUL	闭塞，停止闭塞/解闭塞，停止解闭塞
INH	UIN	禁止/解除禁止
USE	RES	使用/恢复
BKP	RES	备份转储/恢复
STP	STR	停止/恢复
RST	SRS	复位/停止复位
SET		设置
CHK		检查
SWP		倒换
FMT		格式转换

T2000网管软件

7.1 T2000 网管软件简介

7.1.1 概述

T2000 网管软件采用 Server/Client(服务器/客户端)工作方式,软件复杂而庞大,需要用数据库做支持(图 7.1)。

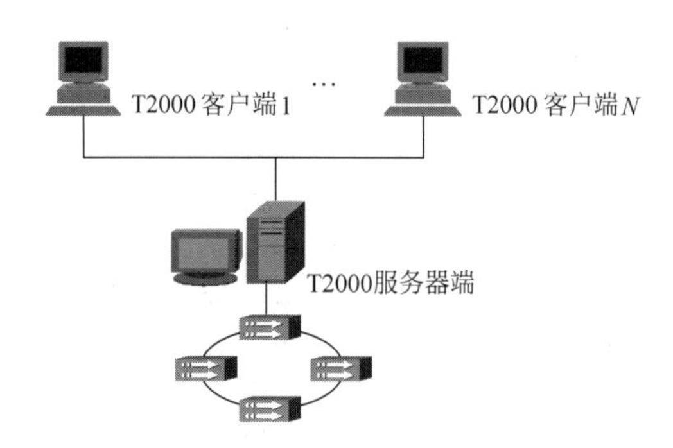

图 7.1 T2000 网管软件的工作方式

采用流行的 GUI 结构,比较直观,类似于 Windows 操作,不需要去记忆复杂的指令集(图 7.2)。

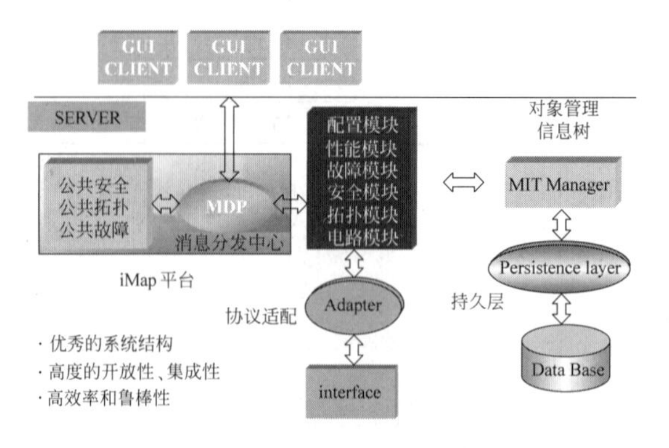

图 7.2 T2000 的体系结构

采用流行的Java界面示图,直观友好(图7.3)。

- 采用电信网管领域内非常流行的iLog for Java作为视图显示
- MDI窗口
- 左树右表，左树右图
- 对象选择向导
- 保证用户的常用操作和视线按照“从左到右”、“从上到下”的顺序进行
- 用户定制

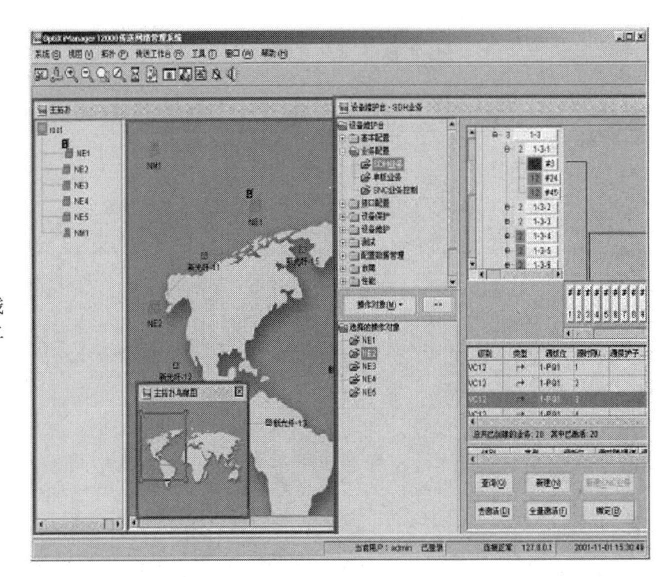

图7.3　T2000的视图界面

主要操作界面采用功能导航树的方式,提供对设备的配置、管理和维护功能,保护功能完善(图7.4)。

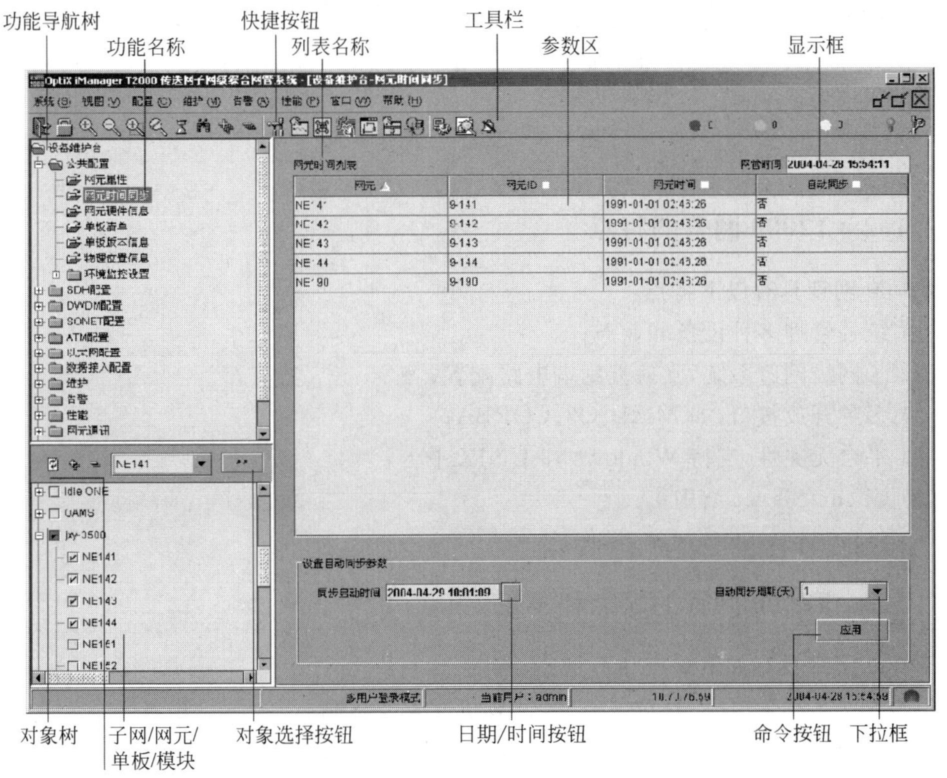

图7.4　T2000的导航树界面

视图直观简洁,适应现代网络维护需要(图 7.5)。

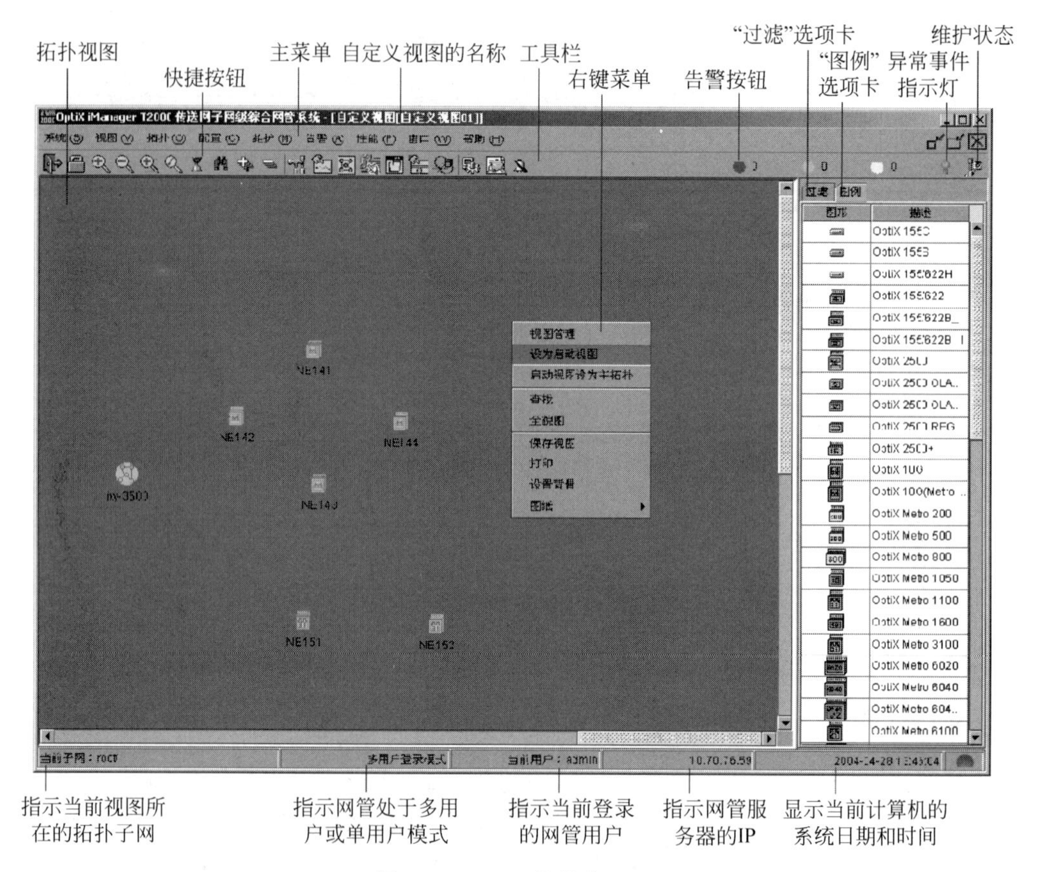

图 7.5　T2000 的操作界面

7.1.2　T2000 网管的特点

T2000 网管具有以下特点：

(1) 统一管理多种设备和业务；

(2) 子网级网管系统,支持端到端电路配置；

(3) 多种开放接口,如 MML、Q3、CORBA；

(4) 平台无关性,支持 Windows 和 UNIX 平台；

(5) Client/Server 结构；

(6) Java 界面,iLOG 风格,操作统一。

7.1.3　T2000 网管的缺点和不足

T2000 网管具有如下缺点和不足：

(1) 数据库复杂而庞大,对服务器、计算机配置要求高。

(2) 维护、配置操作过程过于烦琐,使用起来不够方便,要进行专业培训才能使用。

(3) 对 SDH 设备深层次的 Debug 功能不具备,功能不如命令行软件强大。

(4) 采用流行的 Windows 2000/XP 操作系统,Server/Client 工作方式,容易感染病毒,使整个系统受到破坏。

T2000 的每个客户端对应一个进程(Client 进程),服务器端上有五个进程：MDP、Alm、Ss、Topo、Ems。

- MDP(Mdp Server)：是一个消息分发进程,主要完成各 Server 进程间,以及 Client 进程与各 Server 进程间的消息转发。
- Alm(Alarm Server)：是一个完成各产品的故障处理功能的进程,常用功能包括告警入库、确认、浏览、统计、转储备份等,可以实现不同网管产品之间的集成。
- Ss(Security Server)：是一个完成安全管理功能的进程,常用功能包括用户管理、用户组管理、域管理、日志管理等。
- Topo(Topo Server)：是一个拓扑数据管理进程,管理设备数据的视图,实现不同网管产品的集成。
- Ems(Ems Server)：是管理传输业务的进程。其中所有功能模块共用支撑部分——管理信息树(MIT,即管理对象的实例),以及持久化机制(persistence mechanism)。作为协议适配器的 Adapter,完成多种通信协议的适配。

MIT 提供对于管理对象(MO)的仓库式管理,实现 MO 之间的层次包容关系,并为 Ems 的各模块提供一个完全面向对象的应用编程界面。

从 MIT 中一个个对象到存放到关系型数据库(RDBMS)中的一行行记录,我们使用统一的持久化机制实现。

7.2 登录 T2000 网管服务器

首先在教师机上双击 T2000 Server. exe 图标,启动 T2000 服务器,输入用户名 admin 及密码 T2000,待服务器中所有进程都成功启动,如图 7.6 所示。

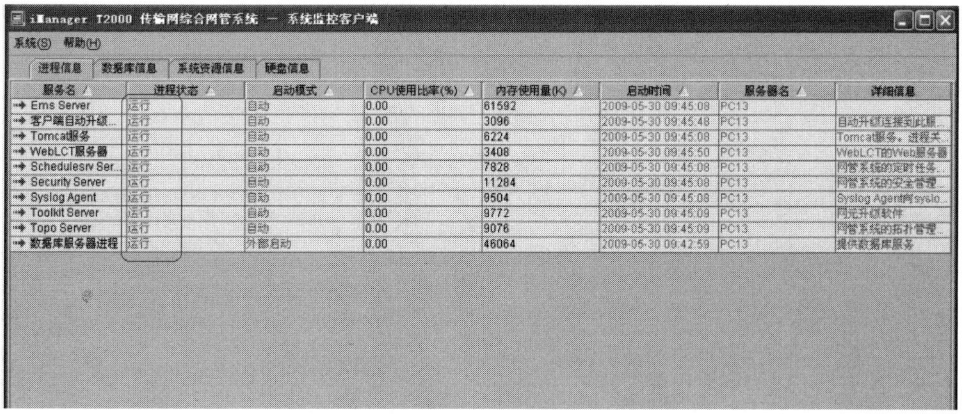

iManager T2000 传输网综合网管系统 — 系统监控客户端

系统(S) 帮助(H)

进程信息 | 数据库信息 | 系统资源信息 | 硬盘信息

服务名	进程状态	启动模式	CPU使用比率(%)	内存使用量(K)	启动时间	服务器名	详细信息
Ems Server	运行	自动	0.00	61592	2009-05-30 09:45:08	PC13	
客户端自动升级...	运行	自动	0.00	3096	2009-05-30 09:45:48	PC13	自动升级连接到此服...
Tomcat服务	运行	自动	0.00	6224	2009-05-30 09:45:08	PC13	Tomcat服务。进程关...
WebLCT服务器	运行	自动	0.00	3408	2009-05-30 09:45:50	PC13	WebLCT的Web服务器
Schedulesrv Ser...	运行	自动	0.00	7828	2009-05-30 09:45:08	PC13	网管系统的定时任务...
Security Server	运行	自动	0.00	11284	2009-05-30 09:45:08	PC13	网管系统的安全管理...
Syslog Agent	运行	自动	0.00	9504	2009-05-30 09:45:08	PC13	Syslog Agent向syslo...
Toolkit Server	运行	自动	0.00	9772	2009-05-30 09:45:09	PC13	网元升级软件
Topo Server	运行	自动	0.00	9076	2009-05-30 09:45:09	PC13	网管系统的拓扑管理...
数据库服务器进程	运行	外部启动	0.00	46064	2009-05-30 09:42:59	PC13	提供数据库服务

图 7.6 T2000 服务器启动

在客户端双击 T2000 Client. exe 图标,登录 T2000 服务器,在弹出的窗口中输入正确的用户名和密码,登录的服务器 IP 地址这一项参数可以通过单击这一栏参数右边的省略号按钮进行设置,本实训平台的服务器 IP 地址是 129. 9. 0. 20,如果是本机做服务器,登录 local 即可。

服务器网管已经增加了两个账号，权限是一致的，admin 的密码是 T2000，其他用户名及密码分别为 admin001/T2000001，admin002/T2000002，可以同时两个人进行数据的操作（预配置），如果想再增加，可以由老师自行增加账号（最多创建 8 个用户），如图 7.7 所示。

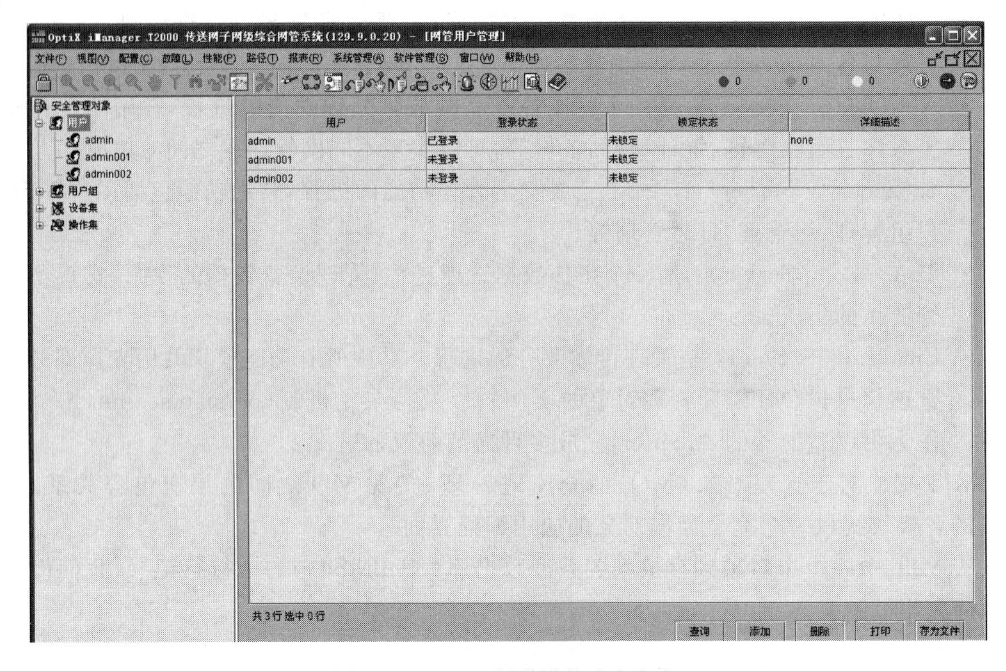

图 7.7　T2000 服务器的两个账户

第8章 Navigator软件

8.1 概述

随着 OptiX 设备的广泛应用，如果只是用网管来调试、维护、处理问题，操作繁复，速度也慢。熟练掌握 OptiX SDH 系列传输产品的常用命令行和命令行的批处理文件，会给开局调试、日常维护带来很大的方便。

具体说来，命令行的基本功能与网管是一样的，两者的区别在于网管用视窗化中文界面、鼠标单击、菜单选择等实现对网元的操作，比较形象，容易掌握，主要是面向用户的；而命令行则通过逐行输入命令及参数实现对网元的操作，这些命令是英文字符和数字的，命令执行完后返回的信息也全是英文字符和数字，人机交互界面远没有网管那样形象友好，学习起来难度稍大。

8.2 命令行软件的优势

命令行的优势也是明显的，下面简述几点。

(1) 命令行软件很小巧，只有几 MB，不用安装，复制即可使用。

(2) 命令行使用起来快捷简便，而且信息准确。相比起来，网管显得有点“臃肿”。特别是命令行有批处理功能，可以将命令编辑成文件，检查正确后成批下发执行。这在给网元下发配置数据和调测时十分好用。事实上我们就是这样给网元作配置数据的。

(3) 命令行比网管具有更多深层次的功能，如读写单板寄存器、查询开销字节等，这些命令在调测及故障处理中起重要的作用。

(4) 命令行软件 OptiX Navigator 的功能。

- 用于 Windows 系统。
- 提供命令行输入、操作结果输出、批处理文件下发的环境。
- 能够完成主机软件、单板软件的加载。
- 自动记录命令行输入、输出结果。

8.3 软件操作界面

双击 Navigator.exe，打开软件操作界面，上方显示本地计算机 IP 地址，单击 Search 按钮后开始搜索网元，在右侧的框内会显示在网网元的 IP。单击 Connect 按钮连接相应的网元，如图 8.1 所示。

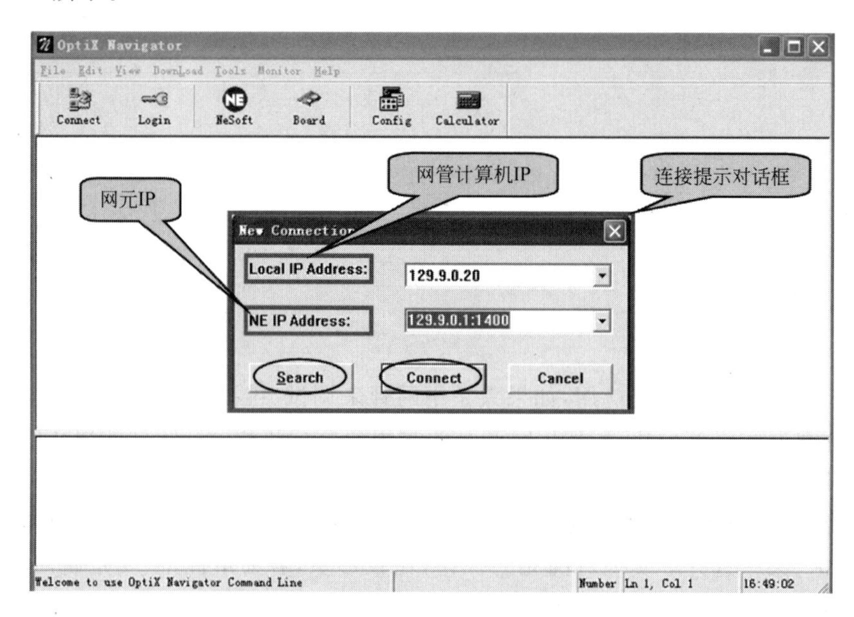

图 8.1 连接提示对话框

打开如图 8.2 所示的界面，在 NE ID 文本框中填写网元 ID 号，输入用户名 szhw，密码 nesoft，单击 OK 按钮，就可以看到登录网元的相关信息了，如图 8.3 所示。

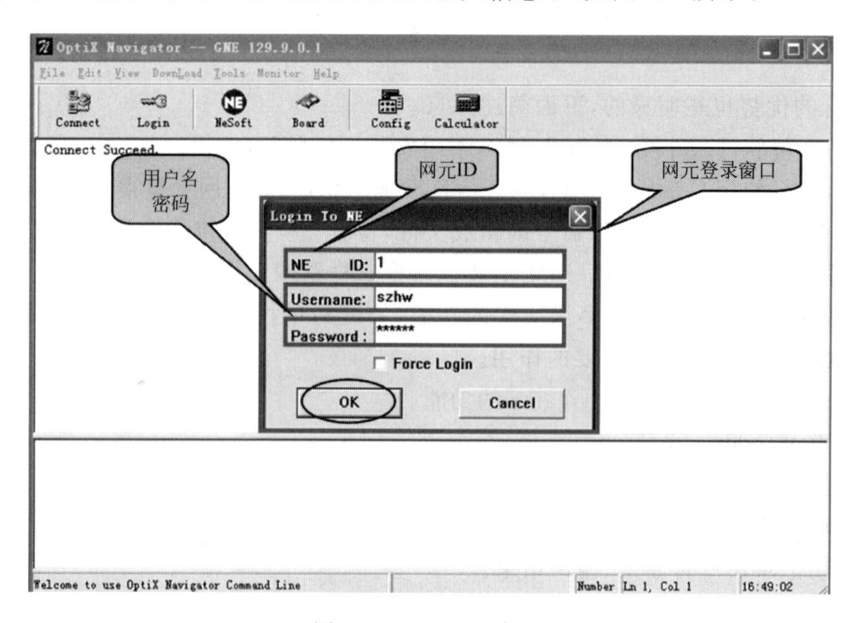

图 8.2 网元登录窗口

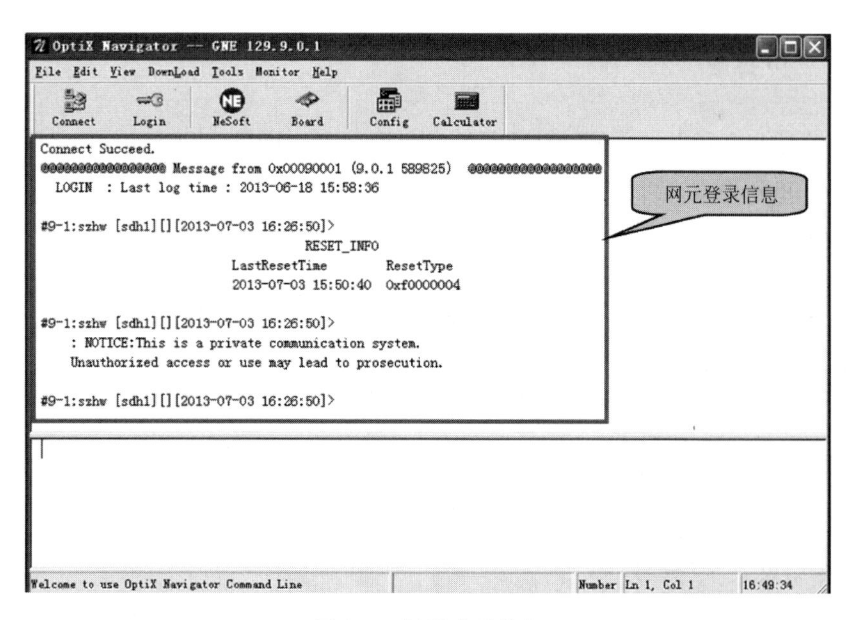

图 8.3　网元登录信息

下面的文本框是命令行输入窗口，上面的框是命令行结果输出窗口，如图 8.4 所示。

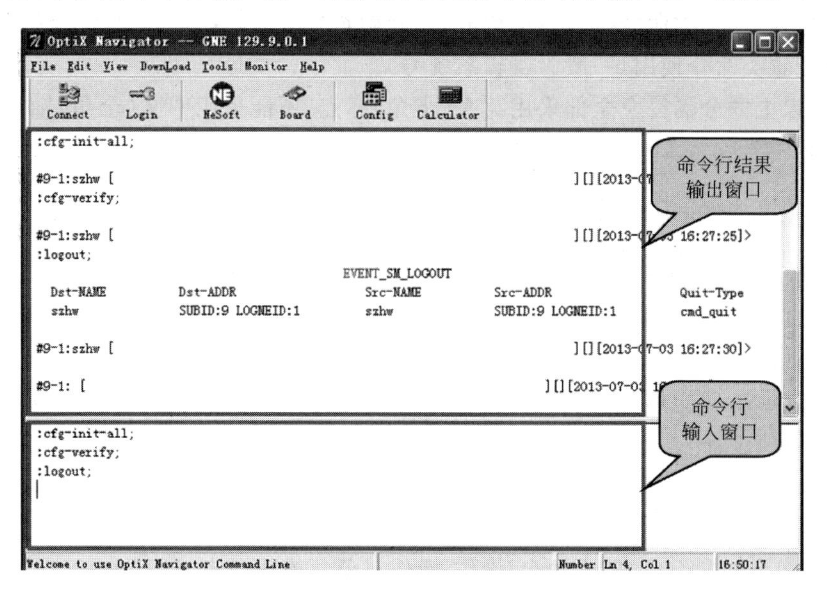

图 8.4　命令行输入输出窗口

8.4　命令的格式

命令一般由 3 个部分组成，即模块名-操作-操作对象。其中模块名有 um(用户管理)、cfg(配置类)、alm(告警类)、per(性能类)、ecc(ECC 类)、dbms(数据库类)、sys(系统类)等几种；操作有 get、create、set、del、cancel 等；操作对象则依据模块的不同而有很多形式。

8.4.1 格式

[#neid]:command[:[<aid>]:[para_block:]...[:para_block]];

说明：[]里的内容可以省略。

- neid：命令执行的网元 ID。
- command：命令。
- aid：命令接入点标识，目前只限于配置命令需要的逻辑系统，不需要逻辑系统号的命令此项默认，但后面的冒号不可默认。
- para_block：参数块，含有一个或多个参数赋值。

8.4.2 分隔符说明

- 命令开始：“:”冒号
- 命令结束：“;”分号
- 参数块分隔符：“:”冒号
- 参数间分隔符：“,”逗号
- 名字定义型参数名和参数值间分隔符：“=”等号
- 命令执行(又称命令接入)点分隔符：开始符“＜”，结束符“＞”(命令执行点目前仅有配置类命令使用，一般为逻辑系统号)

注意：以上的分隔符应全部采用英文(半角)标点，不能采用中文(全角)标点，否则将导致命令下发失败。

8.4.3 数组的重复输入

- 数组的重复输入利用信息组合符“&”和“&&”构成，格式为：
- item1&item2 表示 item1 和 item2；
- item1&&item2 表示 item1 到 item2；
- & 和 && 可以组合，例如 1&3&&5 可以表示 1、3、4、5，1&&3&5&&7 表示 1、2、3、5、6、7。

8.4.4 命令名字

一般由 3 个部分组成，即模块名-操作-操作对象。模块名有 um(用户管理)、cfg(配置)、alm(告警)、per(性能)、ecc(ECC)、dbms(数据库)、sys(系统)等；操作有 del、create、set、get、cancel 等；操作对象因模块而异。

典型举例：登录 ID 为 1 的网元。

```
#1:login:1,"nesoft";
```

查询当前网元上所有单板的当前告警：

```
:alm-get-curdata:0,0;
```

8.4.5 查询各个命令的使用

每一个命令，很可能带有很多的参数，4.0 版主控也提供了各个命令如何使用的在线帮助，只要在命令（不带参数）的后面加上“/?”，就可查询到该命令的具体使用。如：

:cfg-set-ohppara/?

注释和屏蔽：以两个反斜杠“//”开头所有的文字，命令行软件不下发给网元。作为解释说明。

8.5 命令行书写规范

下面就 OptiX OSN2000 传输设备的命令行书写规范做具体的介绍。

批处理文件的第一行不能为空行，否则工作站的 sbsterm 软件不会提示“(Yes，No，orAll)”。

1 登录网元

#1:login:"szhw","nesoft"

//其中#1 为网元 ID，szhw 为用户名，nesoft 为密码。

2 初始化网元设备

:cfg-init-all;

//在做新的配置前，需要对网元进行初始化操作，清除网元所有数据。

3 设置网元整体参数

:cfg-set-devicetype:OptiX OSN2000,Subrack Ⅰ;

//其中 OptiX OSN2000 表示设备类型，Subrack Ⅰ表示设备的子架类型。

4 设置网元名称

:cfg-set-nename:64,"sdh1";

//“64”表示允许的字符串长度，“sdh1”为网元名称。

5 增加网元逻辑板

:cfg-add-board:1,la1:2,etfs8:4,pl1:5,eft0:6,sl1a:7,xcs:12,scc:14,piu:15,piu:18,aux:19,sti:27,osb1a;

//增加网元逻辑板，其中 1 槽位的单板是 la1；2 槽位的单板是 etfs8；4 槽位的单板是 pl1；5 槽位的单板是 eft0；6 槽位的单板是 sl1a；7 槽位的单板是 xcs；12 槽位的单板是 scc；14 槽位的单板是 piu；15 槽位的单板是 piu；18 槽位的单板是 aux；19 槽位的单板是 sti；27 槽位的单板是 osb1a。

6 配置公务电话

//设置电话长度

:cfg-set-tellen:18,3;

//其中18为开销板位号；3为电话号码长度，电话号码长度为3～8。

//设置寻址呼叫号码

:cfg-set-telnum:18,1,101;

//其中18为开销板位号；1为电话序号；101为电话号码。

//设置会议电话号码

:cfg-set-meetnum:18,999;

//其中18为开销板位号；999为会议电话号码。

//设置寻址呼叫可用光口

:cfg-set-lineused:18,6,1,1;

//设置会议电话呼叫可用光口

:cfg-set-meetlineused:18,6,1,1;

7 配置网元时钟等级

:cfg-set-synclass:7,1,0xf101;

//配置网元时钟等级(设置系统时钟源优先级表)，第7板位的1个时钟源编号为0xf101。

8 配置交叉业务

:cfg-add-xc:0,5,1,2,1&&5,27,1,1,1&&5,vc12;

//配置支路到光路业务的映射，表示交叉连接ID为0，源板位号为5，源端口号为1，源AU号2为支路业务，源低阶通道号1～5为支路业务；宿板位号为27，宿光口号为1，宿AU号为1，宿低阶通道号为1～5，业务级别为vc12。

:cfg-add-xc:0,27,1,1,1&&5,5,1,2,1&&5,vc12;

//配置光路到支路业务的映射，表示交叉连接ID为0，源板位号为27，源光口号为1，源AU号为1，源低阶通道号为1～5，宿板位号为5，宿端口号为1，宿AU号2为支路业务，宿低阶通道号1～5为支路业务；业务级别为vc12。

9 设置端口的使能状态和VC通道捆绑定义

:ethn-cfg-set-portenable:5,ip1,enable;

//设置端口的使能状态，表示5板位的ET1端口1使能。

:ethn-cfg-add-vctrunkpath:5,vctrunk1,bi,vc12,5,1&&5;

//设置VC通道捆绑定义，表示5板位的第1个VC通道，双向，级别为vc12，5个vc12通道。

10 配置校验下发

:cfg-verify;

//校验下发工作必须要完成，相当于是把硬件和配置互相比较，校验完成，设备开始工作。

11 查询网元状态

:cfg-get-nestate;

//查询网元运行状态。

:logout;

//安全退出。

第四部分

应用与实践

第9章 程控交换机配置实训

实训单元1　交换机硬件配置实训

一、实训目的

了解程控交换机的硬件结构。掌握程控交换机的硬件配置步骤。理解程控交换机硬件结构中各部分单板的作用。通过命令行掌握交换机的硬件配置流程。深入理解交换机内部的各种通信方式。

二、实训器材

(1) C&C08 程控交换机

(2) BAM 服务器

(3) 维护终端

(4) 电话机

三、实训内容说明

(1) 交换机板位说明如图 9.1 所示。

本实训中所采用的是 C&C08 程控交换机，为一独立模块，有一个机柜，分为一个主控框、一个用户框和一个中继框，使用外置 BAM。框编号从 0 开始，机框编号从下往上 0～5。本次实训介绍独立局大模块硬件配置。其中：

- 0 框和 1 框为主控框，由一块大背母板外加其他功能板件构成。
- 3 框为用户框，为交换机系统提供用户电路接口。
- 4 框为中继框，为交换机提供中继电路功能。

(2) 要求进行数据配置实现实训中心的程控交换机在软件中的显示状态一致。

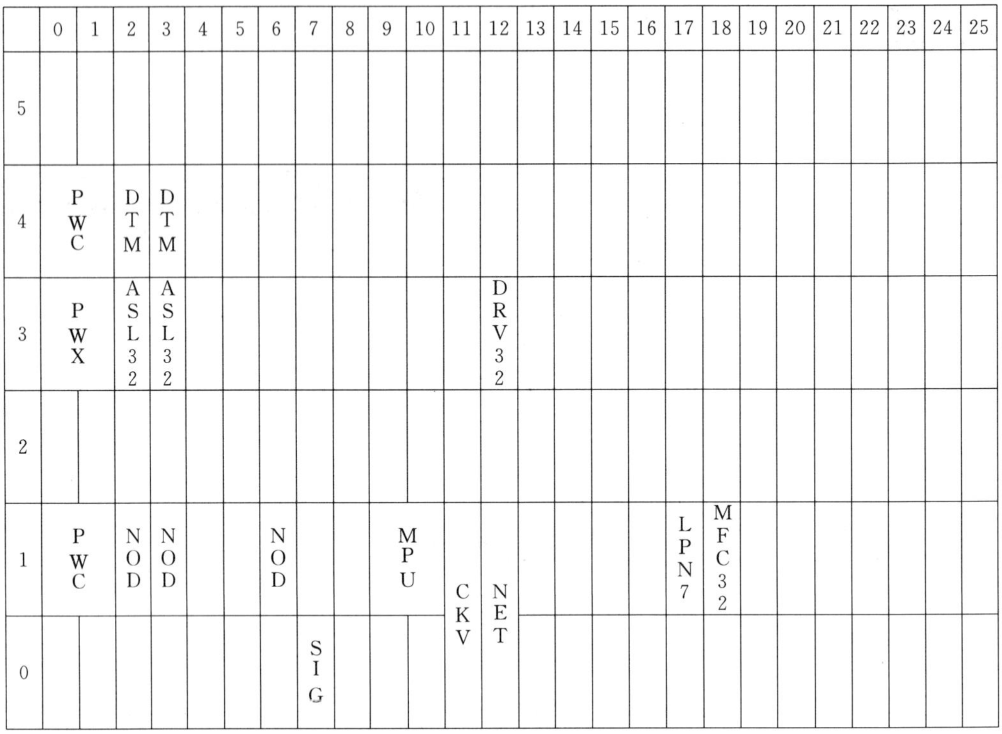

	0	1	2	3	4	5	6	7	8	9	10	11	12	13	14	15	16	17	18	19	20	21	22	23	24	25
5																										
4	PWC		DTM	DTM																						
3	PWX		ASL32	ASL32									DRV32													
2																										
1	PWC		NOD	NOD			NOD			MPU		CKV	NET					LPN7	MFC32							
0								SIG																		

图 9.1 实训中程控交换机板位图

四、知识要点

1. 单板说明

(1) 主控框

- NOD 板：节点板，主要用于 MPU 和用户/中继之间的通信，起到桥梁的作用，可以根据实际用户/中继数量的多少进行配置。
- SIG 板：信号音板，用于提供交换机接续时所需要的各种信号音，是交换机重要部件之一。
- MPU 板：交换机主处理板，是整个交换机的核心部分，对整个交换机进行管理和控制。
- NET 板：中心交换网板，所有信号都在该交换网板进行交换，是交换机重要部件之一。
- CKV 网络驱动板：为 NET 板提供信号的硬件驱动。
- LAPA 板：NO.7 信令处理板，提供 4 条 TUP 信令链路或 4 条 ISUP 信令链路，开七号中继电路必备板件。
- MFC32 板：多频互控板，提供 32 路双音多频互控信号，开一号中继电路必备板件。
- PWC 板：二次电源板，为主控框提供+5V/20A 工作电压。

(2) 用户框

- ASL32 板：32 路用户电路板，提供 32 路用户电路接口，其中第 16、17 路可以提供反极性信号。

- DRV32 板：双音驱动板，提供 32 路 DTMF 双音多频信号的收发和解码，并对 ASL32 板提供驱动电路。
- PWX 板：二次电源板，为用户框提供+/-5V 直流工作电压，75V 正弦铃流信号。

(3) 中继框

- DTM 板：2M 中继电路板，每块 DTM 板提供 2 个 2M 口电路，可以配置成一号中继或者七号中继电路。
- PWC 板：二次电源板，为中继框提供+5V 工作电压。

2. 主节点

(1) 主节点的组成

- 交换模块 SM 的主控框提供 11 个 NOD 槽位，上框 6 个，下框 5 个。每块 NOD 板有 4 个主节点，所以一个模块最多提供 44 个主节点分配给用户和中继使用。
- 每个主节点包括一个邮箱、一个 CPU、1 个串口。
- 主节点与 MPU 之间以邮箱方式通信，与各从节点(用户框设备、中继框设备)之间以广播方式通过串口通信，可访问多个从节点。
- 本实训中使用了 3 块 NOD 板，单板编号为 0、1、4，故可用 NOD 编号为 0～7、16～19。

(2) NOD 的分配原则

- 半个用户框占用 1 个主节点，一个用户框占用 2 个主节点。
- 一块 DTM 板占用 1 个主节点。

3. HW 线

(1) HW 线的组成

- 一个交换模块可以提供 128 条 HW，其中 64 条已固定用于系统资源。另 64 条可以自由分配给用户和中继。
- 出厂时已经配好的 HW 和 NOD 线，不准随意进行互换和更改位置。

(2) NOD 的分配原则

- 每一个普通用户框占用 2 条 HW，32 路用户框可以按话务量大小分配 2～4 条 HW。
- 每一块数字中继板(DTM)占用 2 条 HW。

五、数据准备

假设的数据如下：本局信令点 AAAAAA，具体硬件配置数据规划如表 9-1 所示。

表 9-1　硬件配置数据

增加模块号	1#独立局模块
增加主控框	框号 0
增加中继框	框号 4
增加 32 路用户框	框号 3
调整板位	主控框、中继框、用户框

六、实训步骤

(1) 在桌面上双击 图标，输入实际的服务器地址，如图 9.2 所示，单击“确定”按钮。

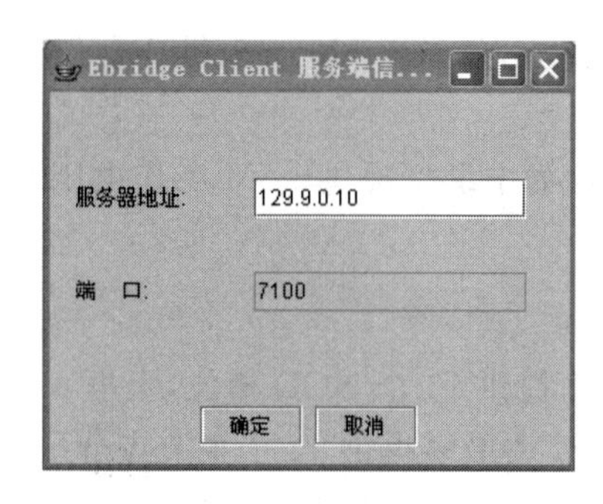

图 9.2　登录 EB 操作平台

(2) 双击“程控:C&C08”，打开实训界面，单击“清空数据”按钮(图 9.3)。

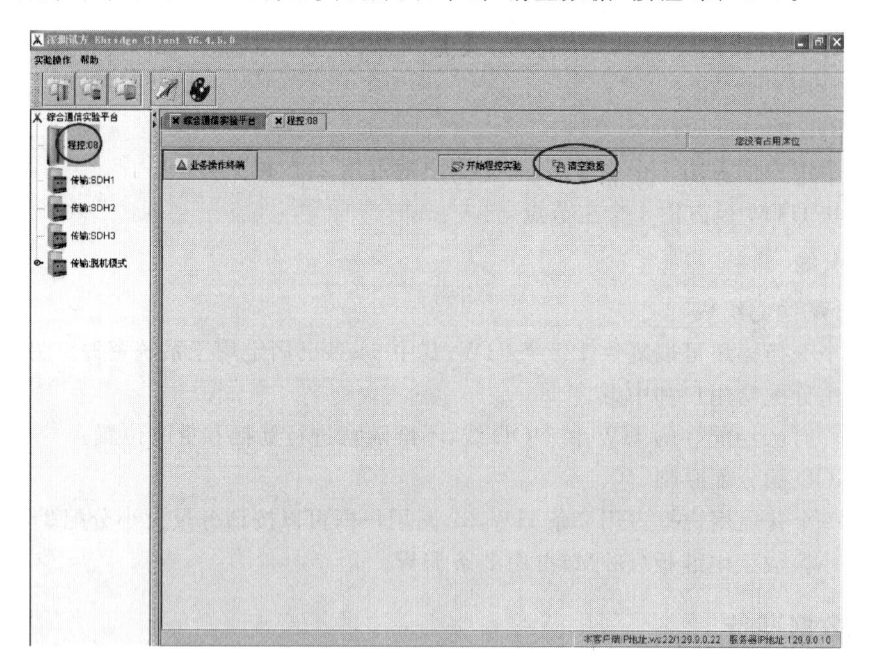

图 9.3　打开实训界面

(3) 单击“业务操作终端”→“CC08 交换机业务维护”，弹出登录对话框。

(4) 局名选 LOCAL(IP 地址：127.0.0.1)，输入用户名 cc08，密码 cc08，单击“联机”按钮(图 9.4)。

(5) 在维护输出窗口会显示登录成功的相关信息，并自动执行几条系统查询命令(图 9.5)。

(6) 在“MML 命令”导航树中找到如图 9.6 所示的命令，并输入相关参数，单击运行图标。如图 9.7 所示设置工作站告警输出开关。

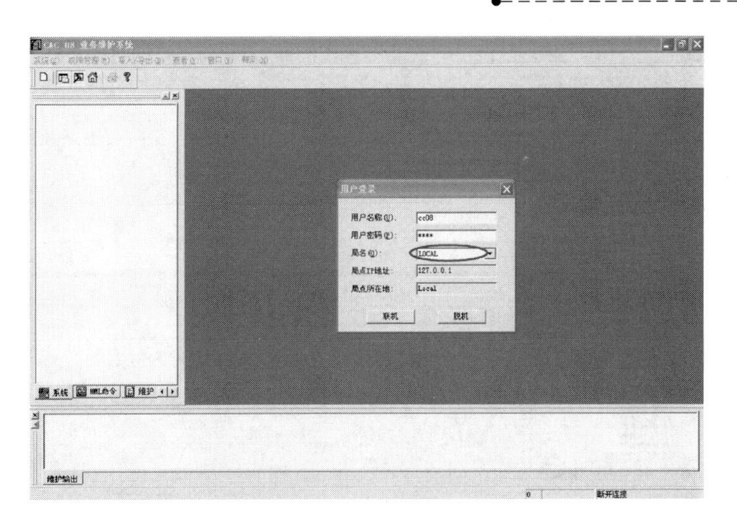

图 9.4　登录对话框

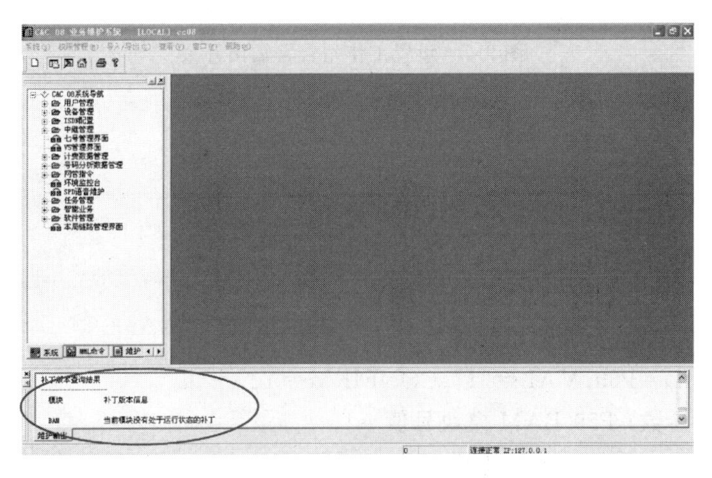

图 9.5　登录成功的相关信息

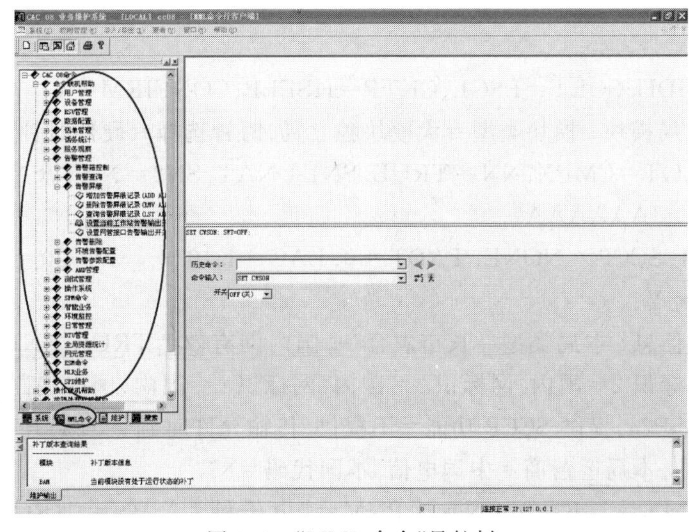

图 9.6　“MML 命令”导航树

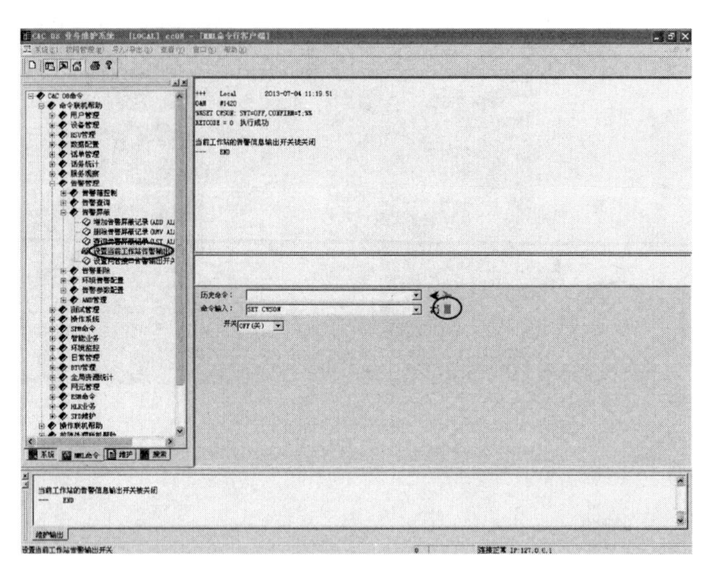

图 9.7　设置工作站告警输出开关

执行的命令:

① 设置软件参数。

SET CWSON:SWT=OFF,CONFIRM=Y;
//设置格式转换的状态=关.
SET FMT:STS=OFF,CONFIRM=Y;
//设置当前工作站告警输出开关=关.
MOD SFP:ID=P59,VAL="1",CONFIRM=Y;
//修改软件参数: P59 BAM 模块号值=1.
MOD SFP:ID=P64,VAL="0",CONFIRM=Y;
//修改软件参数: P64 模块局标志值=0.

② 增加模块。

ADD SGLMDU:SGLT=ESGL,CKTP=HSELB,CONFIRM=Y;
//增加 B 独局模块: 模块类型=大模块独立局,时钟选择=硬件时钟.
SET OFI:LOT=CMPX,NN=TRUE,SN1=NAT,SN2=NAT,SN3=NAT,SN4=NAT,NPC="AAAAAA",
NNS=SP24,SCCP=NONE,TADT=0,LAC=K'028,_CN_20=0,LNC=K'86,CONFIRM=Y;
//设置本局信息: 本局类型=长市农合一,国内网有效=TRUE. SN1=NAT: 网标识1=国内,网标识 2=国内,网标识 3=国内,网标识 4=国内,国内编码=AAAAAA,国内网结构=SP24,提供 SCCP 功能=不提供.传输允许时延=0,STP 功能标志=否,本地区号=028,本局运营商=中国电信,本国代码=86.
ADD CFB:MN=1,F=0,LN=0,PNM="电子科大",PN=0,ROW=0,COL=0,CONFIRM=Y;

//增加主控框：模块号=1，框号=0，机架号=0，场地名=电子科大，场地号=0，行号=0，列号=0.

ADD DTFB:MN=1,F=4,LN=0,PNM="电子科大",PN=0,ROW=0,COL=0,N1=0,N2=1,N3=255,HW1=90,HW2=91,HW3=88,HW4=89,HW5=65535,CONFIRM=Y;

//增加 DTM 中继框：模块号=1，框号=4，机架号 0，场地名=电子科大，场地号=0，行号=0，列号=0，主节点 1=0，主节点 2=1，主节点 3 以上不配，HW1=90，HW2=91，HW3=88，HW4=89，HW5 以上不配.

ADD USF32:MN=1,F=3,LN=0,PNM="电子科大",PN=0,ROW=0,COL=0,N1=16,N2=17,HW1=0,HW2=1,HW3=65535,BRDTP=ASL32,CONFIRM=Y;

//增加用户框：模块号=1，框号=3，场地名=电子科大，场地号=0，行号=0，列号=0，左半框主节点=16，右半框主节点=17，HW1、HW2 分别为 0 和 1，HW3 以上不配，板类型为 32 路用户板.

③ 调整单板配置。

当配置完功能框后，系统会默认该功能框是满配置的，我们需要根据交换机的实际配置进行调整，删除多余或者不存在的单板。调整主控框单板配置，图 9.8 为主控框实际配置。

<table>
<tr><th></th><th>0</th><th>1</th><th>2</th><th>3</th><th>4</th><th>5</th><th>6</th><th>7</th><th>8</th><th>9</th><th>10</th><th>11</th><th>12</th><th>13</th><th>14</th><th>15</th><th>16</th><th>17</th><th>18</th><th>19</th><th>20</th><th>21</th><th>22</th><th>23</th><th>24</th><th>25</th></tr>
<tr><td>1</td><td colspan="2">PWC</td><td>NOD</td><td>NOD</td><td></td><td></td><td>NOD</td><td></td><td></td><td colspan="2">MPU</td><td rowspan="2">CKV</td><td rowspan="2">NET</td><td></td><td></td><td></td><td></td><td>LPN7</td><td>MFC32</td><td></td><td></td><td></td><td></td><td></td><td></td><td></td></tr>
<tr><td>0</td><td></td><td></td><td></td><td></td><td></td><td></td><td></td><td>SIG</td><td></td><td colspan="2"></td><td></td><td></td><td></td><td></td><td></td><td></td><td></td><td></td><td></td><td></td><td></td><td></td></tr>
</table>

图 9.8 主控框单板配置

RMV BRD:MN=1,F=1,S=4,CONFIRM=Y;
RMV BRD:MN=1,F=1,S=5,CONFIRM=Y;
RMV BRD:MN=1,F=1,S=7,CONFIRM=Y;
RMV BRD:MN=1,F=1,S=8,CONFIRM=Y;
RMV BRD:MN=1,F=1,S=13,CONFIRM=Y;
RMV BRD:MN=1,F=1,S=14,CONFIRM=Y;
RMV BRD:MN=1,F=1,S=15,CONFIRM=Y;
RMV BRD:MN=1,F=1,S=16,CONFIRM=Y;
RMV BRD:MN=1,F=1,S=19,CONFIRM=Y;
RMV BRD:MN=1,F=1,S=20,CONFIRM=Y;
RMV BRD:MN=1,F=1,S=21,CONFIRM=Y;
RMV BRD:MN=1,F=1,S=22,CONFIRM=Y;

```
RMV  BRD:MN=1,F=1,S=23,CONFIRM=Y;
RMV  BRD:MN=1,F=1,S=24,CONFIRM=Y;
RMV  BRD:MN=1,F=1,S=25,CONFIRM=Y;
RMV  BRD:MN=1,F=0,S=2,CONFIRM=Y;
RMV  BRD:MN=1,F=0,S=3,CONFIRM=Y;
RMV  BRD:MN=1,F=0,S=4,CONFIRM=Y;
RMV  BRD:MN=1,F=0,S=5,CONFIRM=Y;
RMV  BRD:MN=1,F=0,S=6,CONFIRM=Y;
RMV  BRD:MN=1,F=0,S=8,CONFIRM=Y;
RMV  BRD:MN=1,F=0,S=9,CONFIRM=Y;
RMV  BRD:MN=1,F=0,S=10,CONFIRM=Y;
RMV  BRD:MN=1,F=0,S=13,CONFIRM=Y;
RMV  BRD:MN=1,F=0,S=14,CONFIRM=Y;
RMV  BRD:MN=1,F=0,S=15,CONFIRM=Y;
RMV  BRD:MN=1,F=0,S=16,CONFIRM=Y;
RMV  BRD:MN=1,F=0,S=17,CONFIRM=Y;
RMV  BRD:MN=1,F=0,S=18,CONFIRM=Y;
RMV  BRD:MN=1,F=0,S=19,CONFIRM=Y;
RMV  BRD:MN=1,F=0,S=20,CONFIRM=Y;
RMV  BRD:MN=1,F=0,S=21,CONFIRM=Y;
RMV  BRD:MN=1,F=0,S=22,CONFIRM=Y;
RMV  BRD:MN=1,F=0,S=23,CONFIRM=Y;
RMV  BRD:MN=1,F=0,S=24,CONFIRM=Y;
RMV  BRD:MN=1,F=0,S=25,CONFIRM=Y;
```

调整用户框单板配置，图 9.9 为用户框实际配置。

	0	1	2	3	4	5	6	7	8	9	10	11	12	13	14	15	16	17	18	19	20	21	22	23	24	25
3	PWX		ASL32	ASL32									DRV32													

图 9.9 用户框单板配置

```
RMV  BRD:MN=1,F=3,S=4,CONFIRM=Y;
RMV  BRD:MN=1,F=3,S=5,CONFIRM=Y;
RMV  BRD:MN=1,F=3,S=6,CONFIRM=Y;
RMV  BRD:MN=1,F=3,S=7,CONFIRM=Y;
RMV  BRD:MN=1,F=3,S=8,CONFIRM=Y;
RMV  BRD:MN=1,F=3,S=9,CONFIRM=Y;
```

RMV　BRD:MN=1,F=3,S=10,CONFIRM=Y;
RMV　BRD:MN=1,F=3,S=11,CONFIRM=Y;
RMV　BRD:MN=1,F=3,S=13,CONFIRM=Y;
RMV　BRD:MN=1,F=3,S=14,CONFIRM=Y;
RMV　BRD:MN=1,F=3,S=15,CONFIRM=Y;
RMV　BRD:MN=1,F=3,S=16,CONFIRM=Y;
RMV　BRD:MN=1,F=3,S=17,CONFIRM=Y;
RMV　BRD:MN=1,F=3,S=18,CONFIRM=Y;
RMV　BRD:MN=1,F=3,S=19,CONFIRM=Y;
RMV　BRD:MN=1,F=3,S=20,CONFIRM=Y;
RMV　BRD:MN=1,F=3,S=21,CONFIRM=Y;
RMV　BRD:MN=1,F=3,S=22,CONFIRM=Y;
RMV　BRD:MN=1,F=3,S=23,CONFIRM=Y;
RMV　BRD:MN=1,F=3,S=24,CONFIRM=Y;
RMV　BRD:MN=1,F=3,S=25,CONFIRM=Y;

④ 格式转换数据。

SETFMT:STS=ON,CONFIRM=Y;
//设置格式转换的状态,状态=开.
FMT:;
//格式转换.将数据转换成交换机能接收的格式,等待加载数据到设备.

(7) 系统会执行每条命令,并在维护输出窗口显示执行结果(图9.10)。

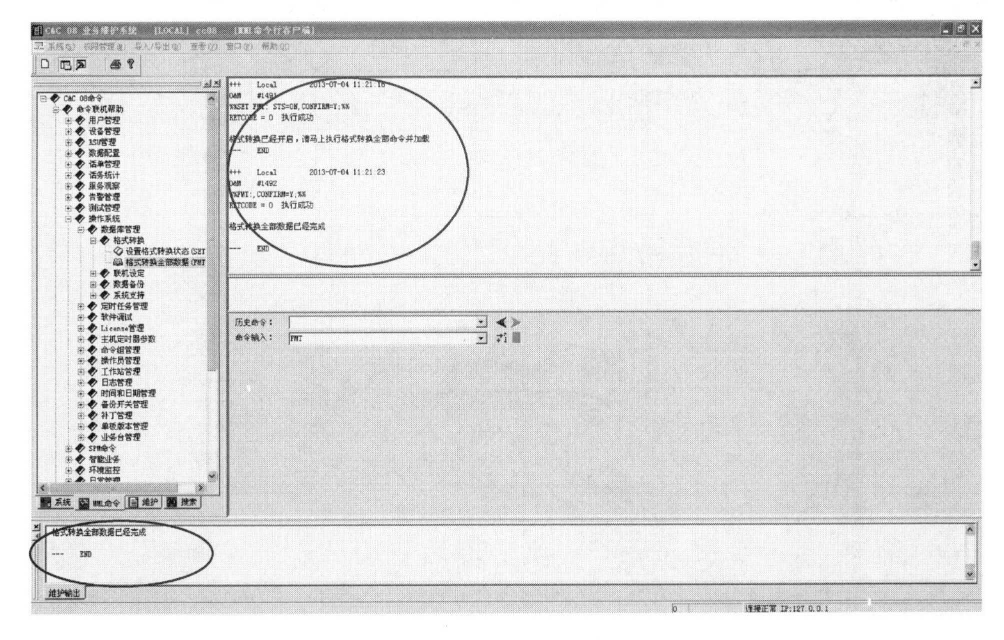

图9.10　命令执行结果

(8) 在 Ebridge 系统中单击“开始程控实验”→“申请加载数据”→“确定”,屏幕上方会显示当前占用服务器席位的客户端、申请席位的客户端排在第几位、剩余多长时间(图 9.11)。

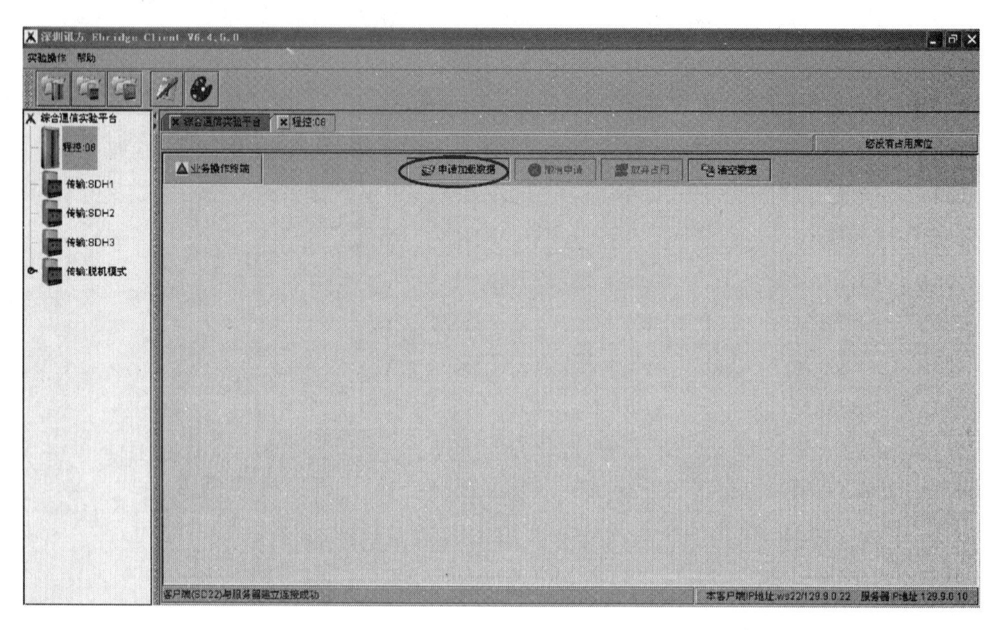

图 9.11 申请加载数据

(9) 当申请到服务器席位时,单击“确定”按钮,系统自动将本客户端的数据库中的数据传到服务器中(图 9.12)。

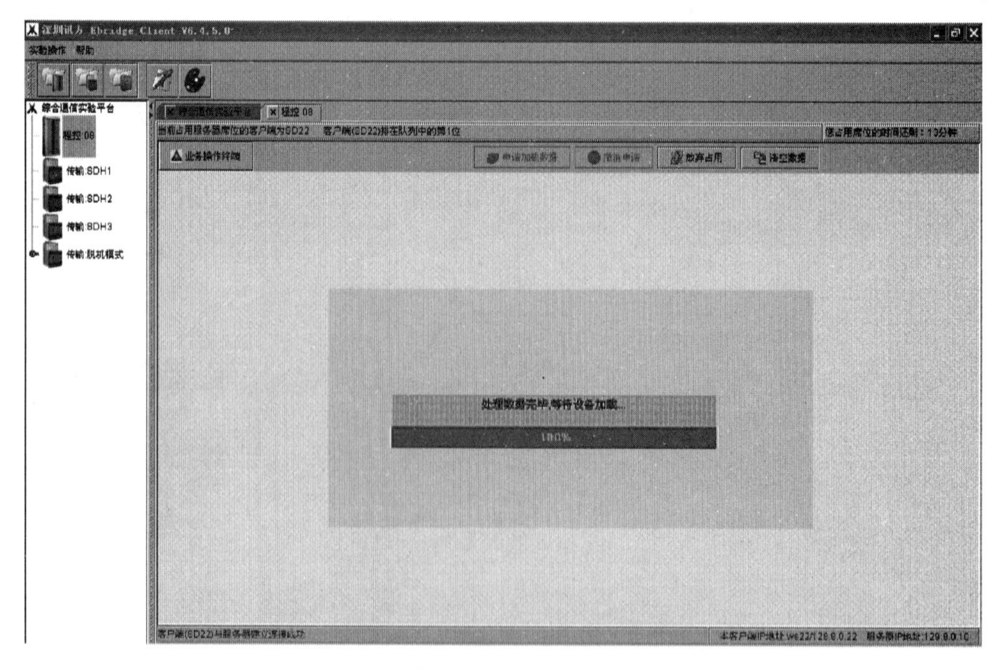

图 9.12 数据处理过程中

(10) 服务器会自动进行数据格式转换,并加载到交换机中(图 9.13)。

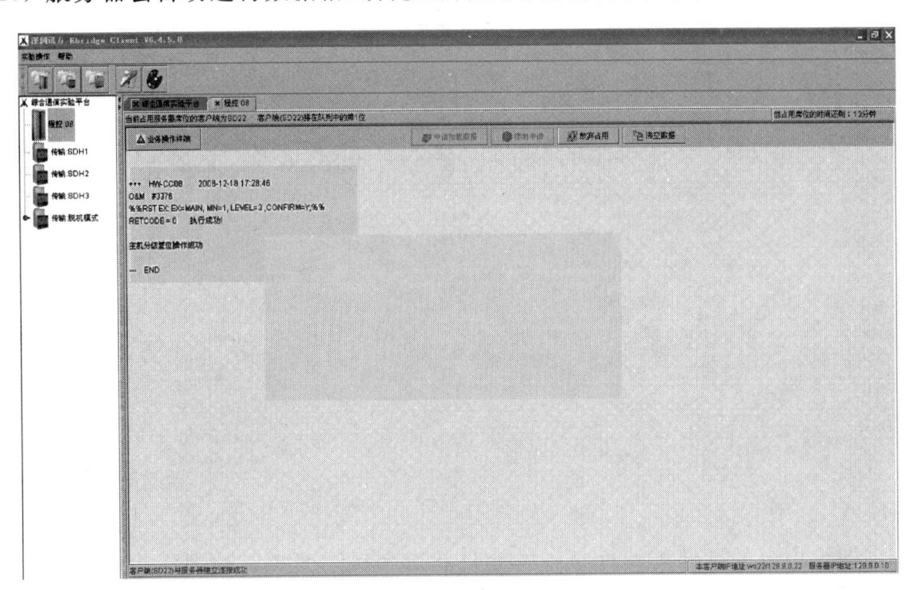

图 9.13　数据加载成功

七、实训验证

(1) 单击“业务操作终端”→“交换机业务维护”,出现登录对话框。

(2) 局名选 SERVER(IP 地址: 129.9.0.10),输入用户名 cc08,密码 cc08,单击“联机”按钮,登录到 BAM 服务器(图 9.14)。

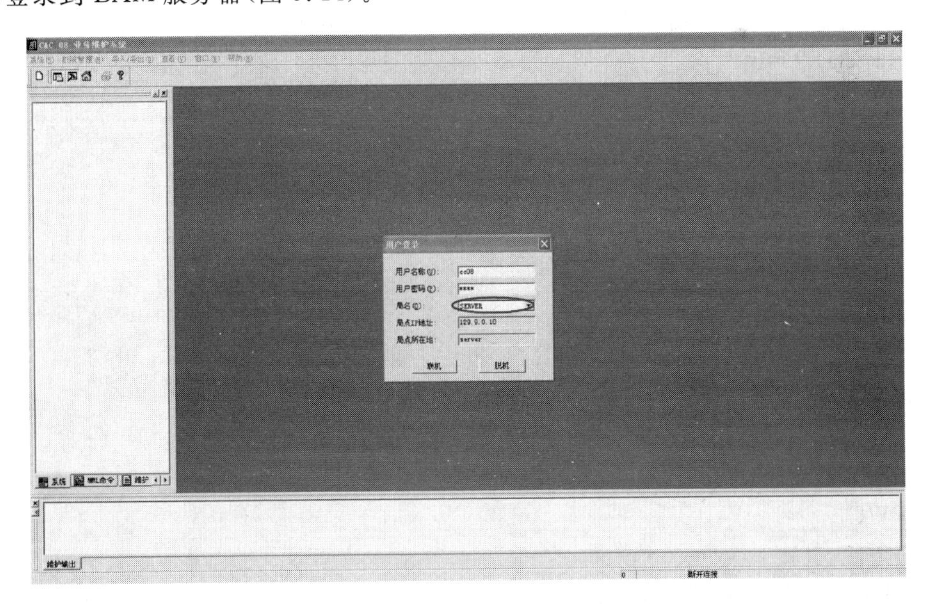

图 9.14　业务操作登录对话框

(3) 单击“维护”→“配置”→“硬件配置状态面板”,可看到交换机模块单板运行状态(图 9.15)。

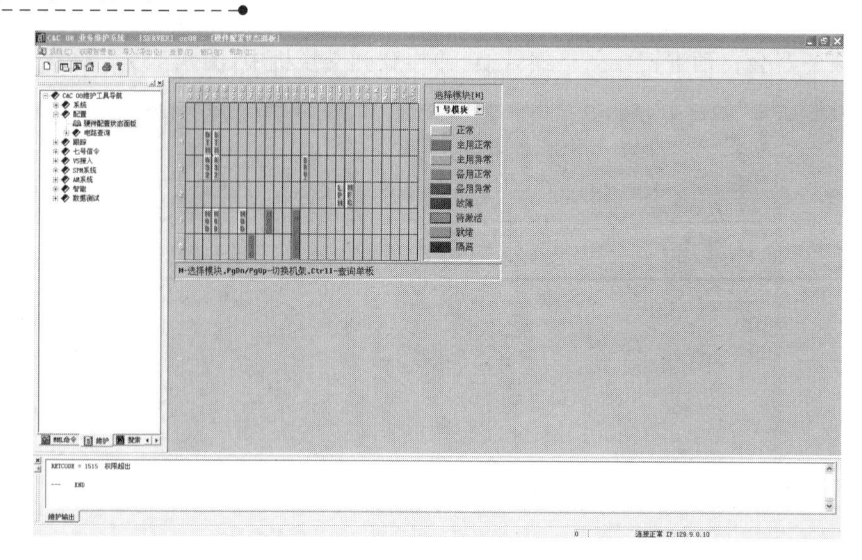

图 9.15 硬件配置状态面板

(4) 实训维护台的硬件配置面板中的硬件状态和实际交换机的硬件状态一致说明实训成功。

(5) 如果硬件状态有不一致的地方，检查数据配置和实际板位冲突的地方，然后可以在线根据实际情况进行删除和增加。

(6) 在线修改时，登录 SERVER 端，使用命令行窗口，然后输入。

- 隔离单板 STR ISOBRD: MN=1, F=1, S=18;
- 联机删除 ORMV BRD: MN=1, F=1, S=18;
- 联机增加 OADD BRD: MN=1, F=1, S=18, BT=MFC32;

八、课后问答

1. 画出 CC08 交换机硬件结构示意图。
2. 解释下列单板的名称和用途：
   - A32
   - DTM
   - MPU
   - NOD
   - SIG
   - BNET
   - LAP7
   - MFC32
   - PWC
   - PWX
3. 用户框和中继框与主控框的通信方式是什么？
4. HW 线和 NOD 线的作用是什么？
5. 硬件配置的顺序是怎么样的？
6. 如何在线调整板位？

实训单元 2　本局业务配置实训

一、实训目的

加深对交换机系统功能结构的理解，熟悉掌握 B 型独立局配置数据、字冠、用户数据的设置。通过配置交换机数据，要求实现本局用户基本呼叫。通过数据配置，掌握现代程控交换机的硬件结构和组成。熟悉本局各单板的工作机制。

二、实训器材

(1) C&C08 程控交换机
(2) BAM 服务器
(3) 维护终端
(4) 电话机

三、实训内容说明

(1) 交换机板位说明如图 9.16 所示。

	0	1	2	3	4	5	6	7	8	9	10	11	12	13	14	15	16	17	18	19	20	21	22	23	24	25
5																										
4	PWC		DTM	DTM																						
3	PWX		ASL32	ASL32									DRV32													
2																										
1	PWC		NOD	NOD			NOD			MPU		CKV	NET					LPN7	MFC32							
0								SIG																		

图 9.16　实训中程控交换机板位图

本实训中所采用的是 C&C08 程控交换机，为一独立模块，有一个机柜，分为一个主控框、一个用户框和一个中继框,使用外置 BAM。框编号从 0 开始,机框编号从下往上 0～5。本次实训介绍独立局大模块硬件配置。

其中:

- 0 框和 1 框为主控框,由一块大背母板外加其他功能板件构成。
- 3 框为用户框,为交换机系统提供用户电路接口。
- 4 框为中继框,为交换机提供中继电路功能。

(2) 要求在硬件配置正确的基础上配置用户数据,能够打通本局电话。

四、知识要点

1. 本局配置的流程

(1) 增加呼叫源

(2) 增加计费情况

(3) 修改计费制式

(4) 增加计费情况索引

(5) 增加字冠

(6) 增加号段

(7) 增加用户

2. 专业术语

- 号首集:号首集是号首(或字冠)的集合,号首是决定与该次呼叫有关的各种业务的关键因素。
- 呼叫源:呼叫源是指发起呼叫的用户或中继群,一般具有相同主叫属性的用户或中继群归属于同一个呼叫源。
- 计费源码:是对主叫电话的计费分组号。
- 计费选择码:对被叫号码进行的有关字冠的计费组号。
- 计费方式:详细话单、计次、详细话单＋计次。
- 非集中计费:对单个用户进行计费。
- 字冠:呼叫号码的前缀,如 8880000,字冠就是 888。
- 号段:电话号码的范围,如 8880000～88801999,号段范围就是 2000 个电话号码。
- ST:模拟用户。
- 预收号位数:表示启动号码分析至少要准备的号码位数。

3. 注意事项

- ASL/A32 用户硬件设备端口号是固定的,与 ASL/A32 板所在用户框的槽位和 ASL/A32 板上的端口有关。设备号＝32×单板编号＋本板端口号(0～31)。
- 电话号码是可变的,可以随意设定,但遵循一定规则:不能超越字冠和号段的范围。
- 本局电话互通主叫摘机上报路径:A32—DRV32—NOD—MPU。
- 通过 MPU—SIG—NET—A32 板向主叫送拨号音,MPU 完成主叫号码分析。MPU 同时也完成被叫号码分析,在数据库里按照号段表—用户数据索引表—ST 用户数据表—ST 用户设备表顺序进行查找和接续。

• 本局电话互通的语音通话流程：A32—DRV32—BNET—DRV32—A32。

五、数据准备

假设的数据如下：新增两个用户，电话号码为 87820001 和 87820002，配置数据规划如表 9-2 所示。

表 9-2　本局配置数据

增加模块号	1＃独立局模块
增加主控框	框号 0
增加中继框	框号 4
增加 32 路用户框	框号 3
调整板位	主控框、中继框、用户框
增加号首集	0
增加计费情况	0
修改计费制式	0
增加计费情况索引	0
增加字冠	8782
增加号段	87820001—87820099
增加普通号码	87820001 87820002

六、实训步骤

(1) 在桌面上双击图标，输入实际的服务器地址，如图 9.17 所示，单击“确定”按钮。

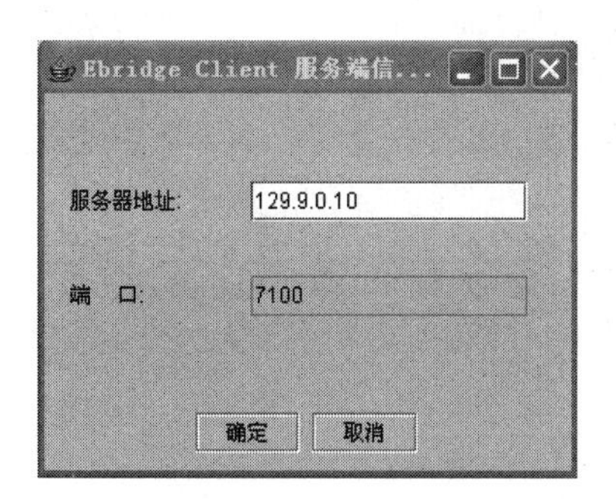

图 9.17　登录 EB 操作平台

(2) 双击“程控：C&C08”，打开实训界面，单击“清空数据”(图 9.18)。

(3) 单击“业务操作终端”→“CC08 交换机业务维护”，弹出登录对话框。

(4) 局名选 LOCAL(IP 地址：127.0.0.1)，输入用户名 cc08，密码 cc08，单击“联机”按钮(图 9.19)。

(5) 在维护输出窗口会显示登录成功的相关信息，并自动执行几条系统查询命令(图 9.20)。

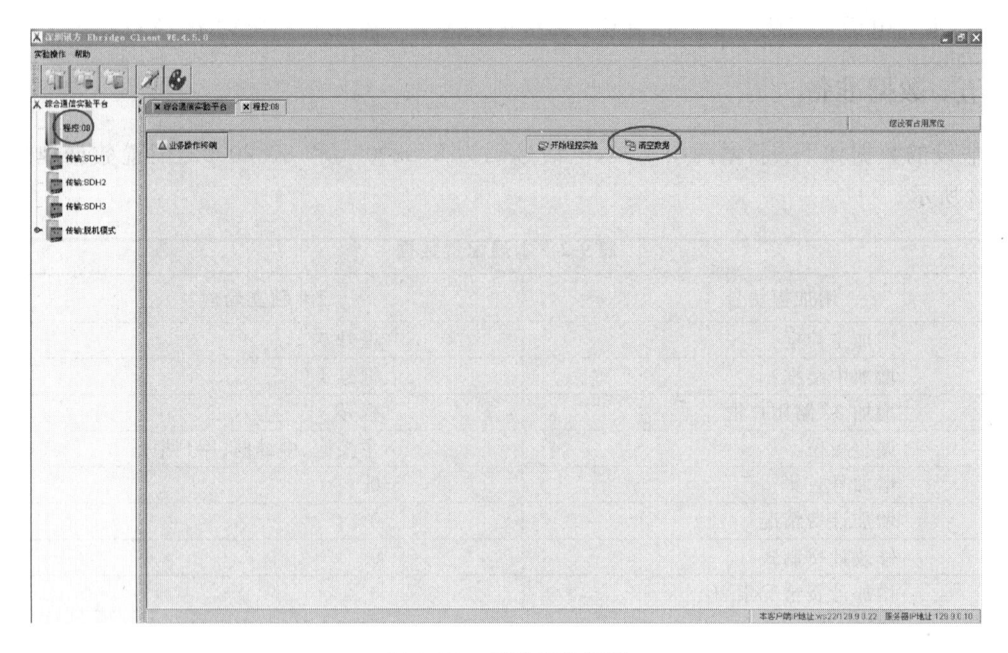

图 9.18　打开实训界面

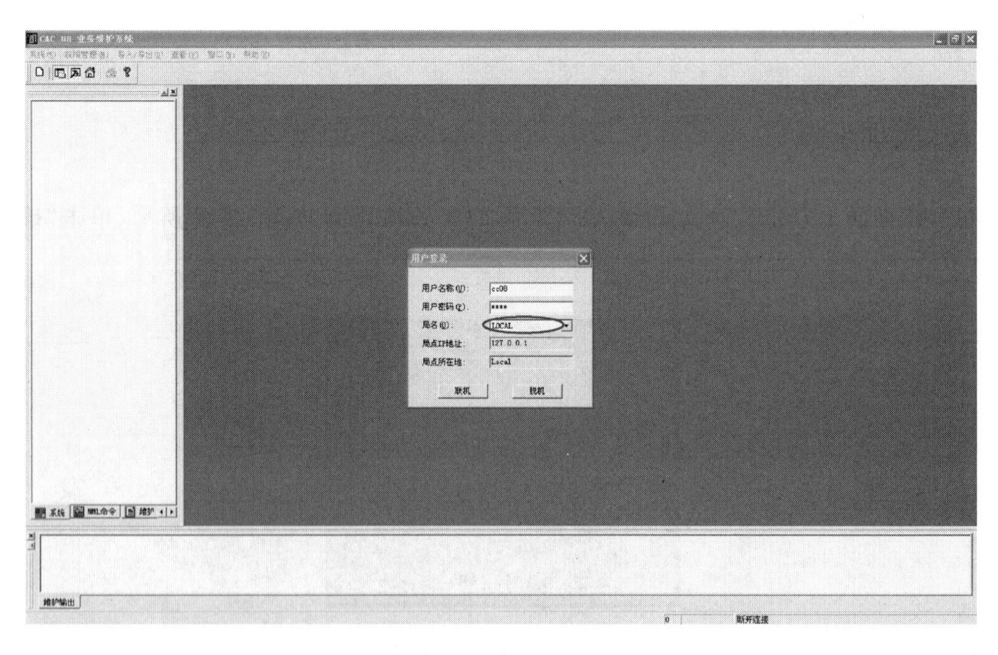

图 9.19　登录对话框

(6) 在"MML 命令"导航树中找到如图 9.21 所示的命令,并输入相关参数,单击运行图标。如图 9.22 所示设置工作站告警输出开关。

执行的命令:

① 设置软件参数。

SET CWSON:SWT=OFF,CONFIRM=Y;

图 9.20　登录成功的相关信息

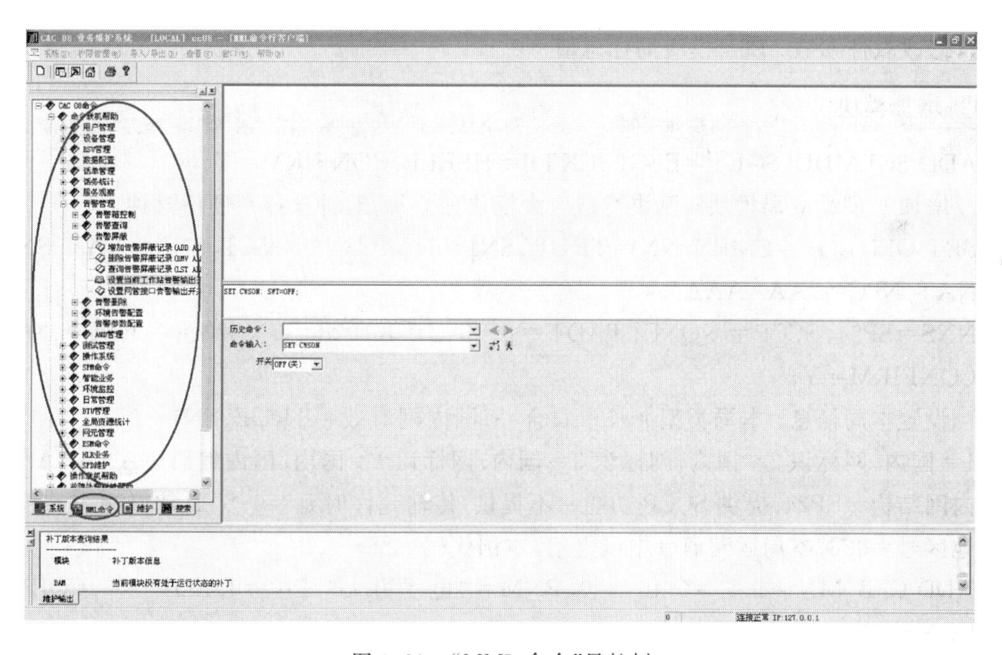

图 9.21　"MML 命令"导航树

//设置格式转换的状态=关.

SET FMT:STS=OFF,CONFIRM=Y;

//设置当前工作站告警输出开关=关.

MOD SFP:ID=P59,VAL="1",CONFIRM=Y;

//修改软件参数: P59 BAM 模块号值=1.

MOD SFP:ID=P64,VAL="0",CONFIRM=Y;

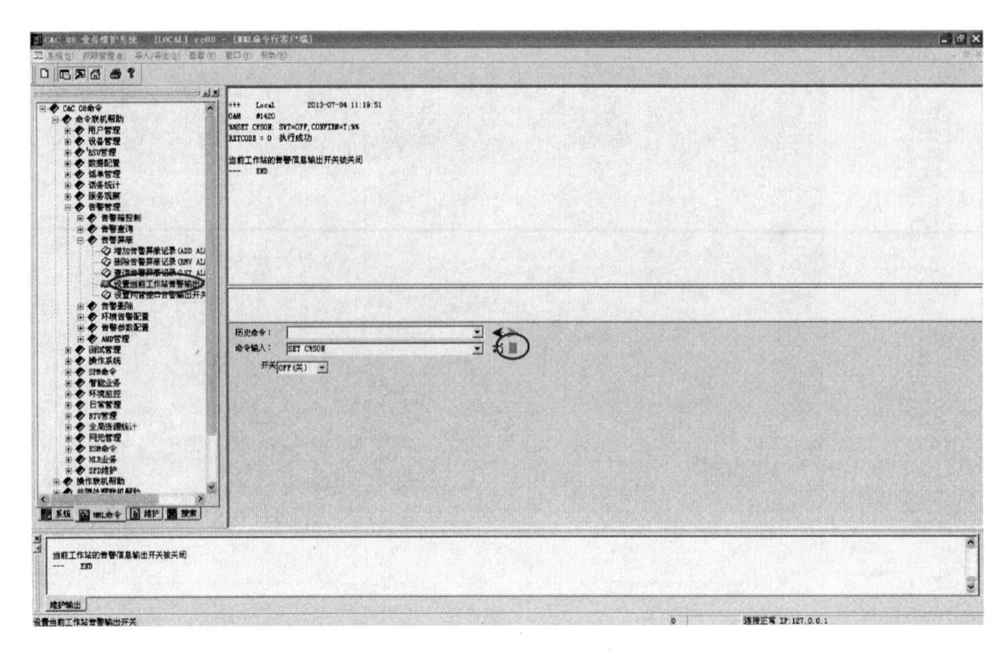

图 9.22 设置工作站告警输出开关

//修改软件参数：P64 模块局标志值=0.

② 增加模块。

ADD SGLMDU:SGLT=ESGL,CKTP=HSELB,CONFIRM=Y;
//增加 B 型独立局模块：模块类型=大模块独立局，时钟选择=硬件时钟.
SET OFI:LOT=CMPX,NN=TRUE,SN1=NAT,SN2=NAT,SN3=NAT,SN4=NAT,NPC="AAAAAA",
NNS=SP24,SCCP=NONE,TADT=0,LAC=K'028,_CN_20=0,LNC=K'86,CONFIRM=Y;
//设置本局信息：本局类型=长市农合一，国内网有效=TRUE. SN1=NAT：网标识1=国内，网标识 2=国内，网标识 3=国内，网标识 4=国内，国内编码=AAAAAA，国内网结构=SP24，提供 SCCP 功能=不提供.传输允许时延=0，STP 功能标志=否，本地区号=028，本局运营商=中国电信，本国代码=86.
ADD CFB:MN=1,F=0,LN=0,PNM="电子科大",PN=0,ROW=0,COL=0,CONFIRM=Y;
//增加主控框：模块号=1，框号=0，机架号=0，场地名=电子科大，场地号=0，行号=0，列号=0.
ADD DTFB:MN=1,F=4,LN=0,PNM="电子科大",PN=0,ROW=0,COL=0,N1=0,N2=1,N3=255,HW1=90,HW2=91,HW3=88,HW4=89,HW5=65535,CONFIRM=Y;
//增加 DTM 中继框：模块号=1，框号=4，机架号 0，场地名=电子科大，场地号=0，行号=0，列号=0，主节点 1=0，主节点 2=1，主节点 3 以上不配，HW1=90，HW2=

91，HW3=88，HW4=89,HW5 以上不配.

ADD USF32:MN=1,F=3,LN=0,PNM="电子科大",PN=0,ROW=0,COL=0,N1=16,N2=17,HW1=0,HW2=1,HW3=65535,BRDTP=ASL32,CONFIRM=Y;

//增加用户框：模块号=1,框号=3,场地名=电子科大,场地号=0,行号=0,列号=0,左半框主节点=16,右半框主节点=17,HW1、HW2 分别为 0 和 1,HW3 以上不配,板类型为 32 路用户板.

③ 调整单板配置。

当配置完功能框后,系统自动默认该功能框是满配置的,要根据实际配置删除多余的或者不存在的单板,此处和实训单元 1 相同,不再做详细叙述。

```
RMV  BRD:MN=1,F=1,S=4,CONFIRM=Y;
RMV  BRD:MN=1,F=1,S=5,CONFIRM=Y;
RMV  BRD:MN=1,F=1,S=7,CONFIRM=Y;
RMV  BRD:MN=1,F=1,S=8,CONFIRM=Y;
RMV  BRD:MN=1,F=1,S=13,CONFIRM=Y;
RMV  BRD:MN=1,F=1,S=14,CONFIRM=Y;
RMV  BRD:MN=1,F=1,S=15,CONFIRM=Y;
RMV  BRD:MN=1,F=1,S=16,CONFIRM=Y;
RMV  BRD:MN=1,F=1,S=19,CONFIRM=Y;
RMV  BRD:MN=1,F=1,S=20,CONFIRM=Y;
RMV  BRD:MN=1,F=1,S=21,CONFIRM=Y;
RMV  BRD:MN=1,F=1,S=22,CONFIRM=Y;
RMV  BRD:MN=1,F=1,S=23,CONFIRM=Y;
RMV  BRD:MN=1,F=1,S=24,CONFIRM=Y;
RMV  BRD:MN=1,F=1,S=25,CONFIRM=Y;
RMV  BRD:MN=1,F=0,S=2,CONFIRM=Y;
RMV  BRD:MN=1,F=0,S=3,CONFIRM=Y;
RMV  BRD:MN=1,F=0,S=4,CONFIRM=Y;
RMV  BRD:MN=1,F=0,S=5,CONFIRM=Y;
RMV  BRD:MN=1,F=0,S=6,CONFIRM=Y;
RMV  BRD:MN=1,F=0,S=8,CONFIRM=Y;
RMV  BRD:MN=1,F=0,S=9,CONFIRM=Y;
RMV  BRD:MN=1,F=0,S=10,CONFIRM=Y;
RMV  BRD:MN=1,F=0,S=13,CONFIRM=Y;
RMV  BRD:MN=1,F=0,S=14,CONFIRM=Y;
RMV  BRD:MN=1,F=0,S=15,CONFIRM=Y;
RMV  BRD:MN=1,F=0,S=16,CONFIRM=Y;
RMV  BRD:MN=1,F=0,S=17,CONFIRM=Y;
```

```
RMV  BRD:MN=1,F=0,S=18,CONFIRM=Y;
RMV  BRD:MN=1,F=0,S=19,CONFIRM=Y;
RMV  BRD:MN=1,F=0,S=20,CONFIRM=Y;
RMV  BRD:MN=1,F=0,S=21,CONFIRM=Y;
RMV  BRD:MN=1,F=0,S=22,CONFIRM=Y;
RMV  BRD:MN=1,F=0,S=23,CONFIRM=Y;
RMV  BRD:MN=1,F=0,S=24,CONFIRM=Y;
RMV  BRD:MN=1,F=0,S=25,CONFIRM=Y;
RMV  BRD:MN=1,F=3,S=4,CONFIRM=Y;
RMV  BRD:MN=1,F=3,S=5,CONFIRM=Y;
RMV  BRD:MN=1,F=3,S=6,CONFIRM=Y;
RMV  BRD:MN=1,F=3,S=7,CONFIRM=Y;
RMV  BRD:MN=1,F=3,S=8,CONFIRM=Y;
RMV  BRD:MN=1,F=3,S=9,CONFIRM=Y;
RMV  BRD:MN=1,F=3,S=10,CONFIRM=Y;
RMV  BRD:MN=1,F=3,S=11,CONFIRM=Y;
RMV  BRD:MN=1,F=3,S=13,CONFIRM=Y;
RMV  BRD:MN=1,F=3,S=14,CONFIRM=Y;
RMV  BRD:MN=1,F=3,S=15,CONFIRM=Y;
RMV  BRD:MN=1,F=3,S=16,CONFIRM=Y;
RMV  BRD:MN=1,F=3,S=17,CONFIRM=Y;
RMV  BRD:MN=1,F=3,S=18,CONFIRM=Y;
RMV  BRD:MN=1,F=3,S=19,CONFIRM=Y;
RMV  BRD:MN=1,F=3,S=20,CONFIRM=Y;
RMV  BRD:MN=1,F=3,S=21,CONFIRM=Y;
RMV  BRD:MN=1,F=3,S=22,CONFIRM=Y;
RMV  BRD:MN=1,F=3,S=23,CONFIRM=Y;
RMV  BRD:MN=1,F=3,S=24,CONFIRM=Y;
RMV  BRD:MN=1,F=3,S=25,CONFIRM=Y;
```

④ 增加呼叫源。

```
ADD CALLSRC:CSC=0,CSCNAME="电子科大",PRDN=0,P=0,RSSC=1,CONFIRM=Y;
//呼叫源=0,呼叫源名为"电子科大",预收号码位数=0,号首集=0,路由选择源码=1.
```

⑤ 增加计费情况。

```
ADD CHGANA:CHA=1,CHO=NOCENACC,PAY=CALLER,CHGT=ALL,MID=METER1,CONFIRM=Y;
//计费情况=1,计费局=非集中计费局,付费方=主叫付费,计费方法=计次表和详
```

细单,计次表名=METER 1.

⑥ 修改计费制式。

MOD CHGMODE:CHA=1,DAT=NORMAL,TS1="00&00",TA1=180,PA1=1,TB1=60,PB1=1,TS2="00&00",CONFIRM=Y;
//计费情况=1,日期类别=正常工作日,第一时区切换点="00&00",起始时间=180,起始脉冲=1,后续时间=60,后续脉冲=1,第二时区切换点="00&00".

⑦ 增加计费情况索引。

ADD CHGIDX:CHSC=1,RCHS=1,LOAD=ALLSVR,CHA=1,CONFIRM=Y;
//计费选择码=1,计费源码=1,承载能力=所有业务,计费情况=1.

⑧ 增加呼叫字冠。

ADD CNACLD:P=0,PFX=K'8782,CSTP=BASE,CSA=LCO,RSC=65535,MINL=8,MAXL=8,CHSC=1,CONFIRM=Y;
//号首集=0,呼叫字冠=8782,业务类型=基本业务,业务属性=本局,路由选择码无,最小号长为8位,最大号长为8位,计费选择码=1.

⑨ 增加号段。

ADD DNSEG:P=0,SDN=K'87820001,EDN=K'87820099,CONFIRM=Y;
//P=0: 号首集=0,起始号码=87820001,终止号码=87820099.

⑩ 增加用户。

ADD ST: D=K'87820001, MN=1, DS=1, RCHS=1, CSC=0;
//电话号码=87820001,模块号=1,设备号=1,计费源码=1,呼叫源码=0.
ADD ST: D=K'87820002, MN=1, DS=2, RCHS=1, CSC=0;
//电话号码=87820002,模块号=1,设备号=2,计费源码=1,呼叫源码=0.

⑪ 格式转换数据。

SETFMT:STS=ON,CONFIRM=Y;
//设置格式转换的状态,状态=开.
FMT:;
//格式转换.将数据转换成交换机能接收的格式,等待加载数据到设备.

(7) 系统会执行每条命令,并在维护输出窗口显示执行结果(图 9.23)。

(8) 在 Ebridge 系统中单击“开始程控实验”→“申请加载数据”→“确定”,屏幕上方会显示当前占用服务器席位的客户端、申请席位的客户端排在第几位、剩余多长时间(图 9.24)。

(9) 当申请到服务器席位时,单击“确定”,系统自动将本客户端的数据库中的数据传到服务器中(图 9.25)。

(10) 服务器会自动进行数据格式转换,并加载到交换机中(图 9.26)。

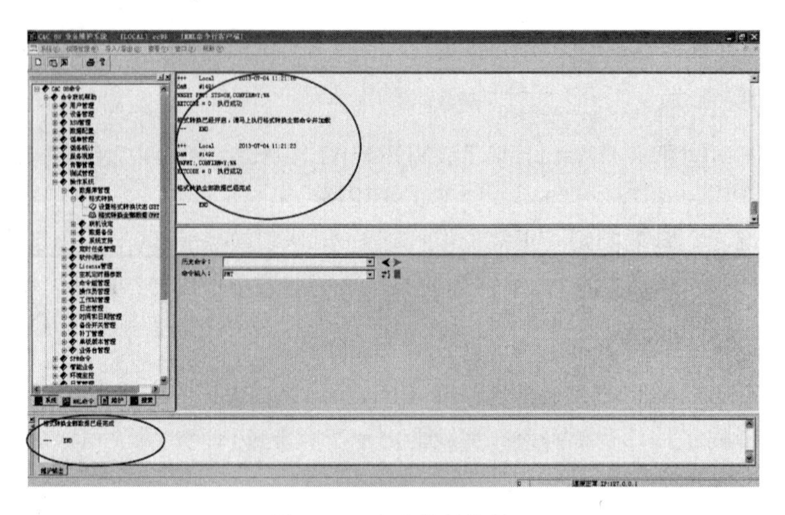

图 9.23　命令执行结果

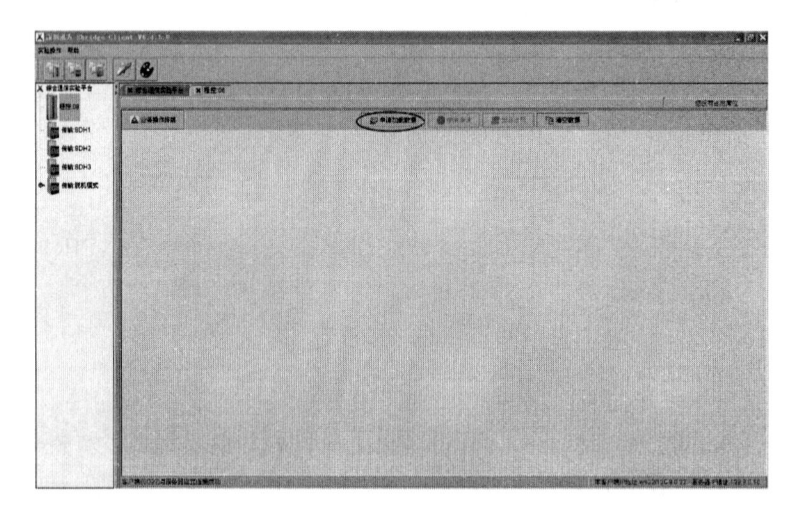

图 9.24　申请加载数据

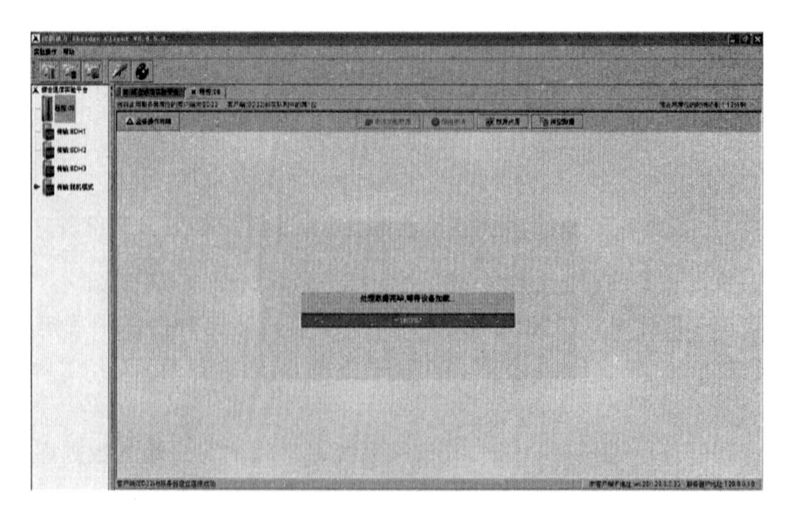

图 9.25　数据处理过程中

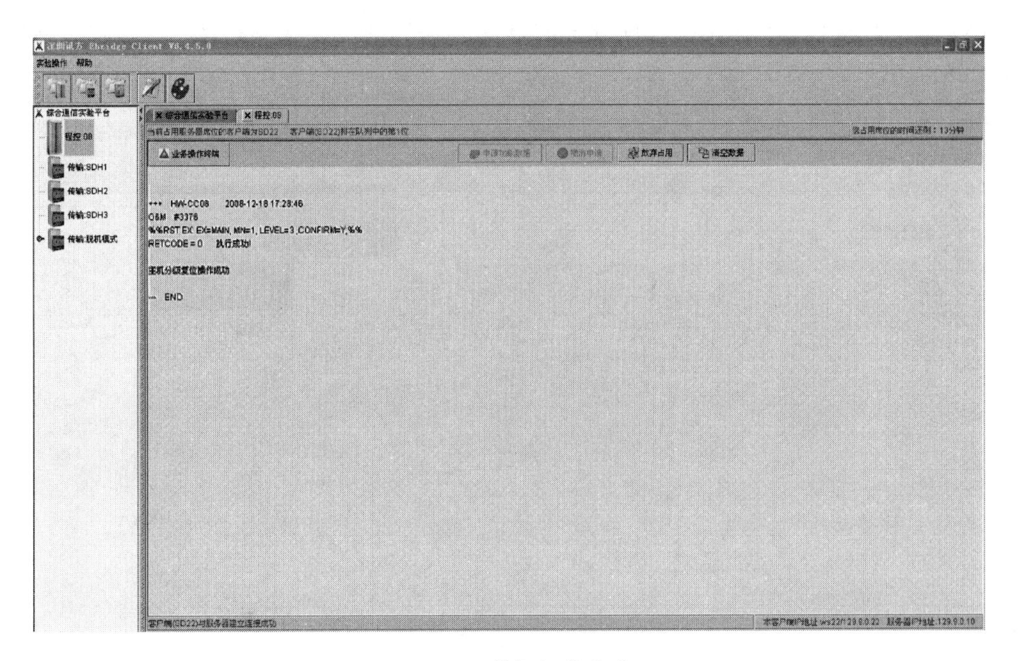

图 9.26　数据加载成功

七、实训验证

(1) 单击“业务操作终端”→“交换机业务维护”,出现登录对话框。

(2) 局名选 SERVER(IP 地址：129.9.0.10),输入用户名 cc08,密码 cc08,单击“联机”按钮,登录到 BAM 服务器(图 9.27)。

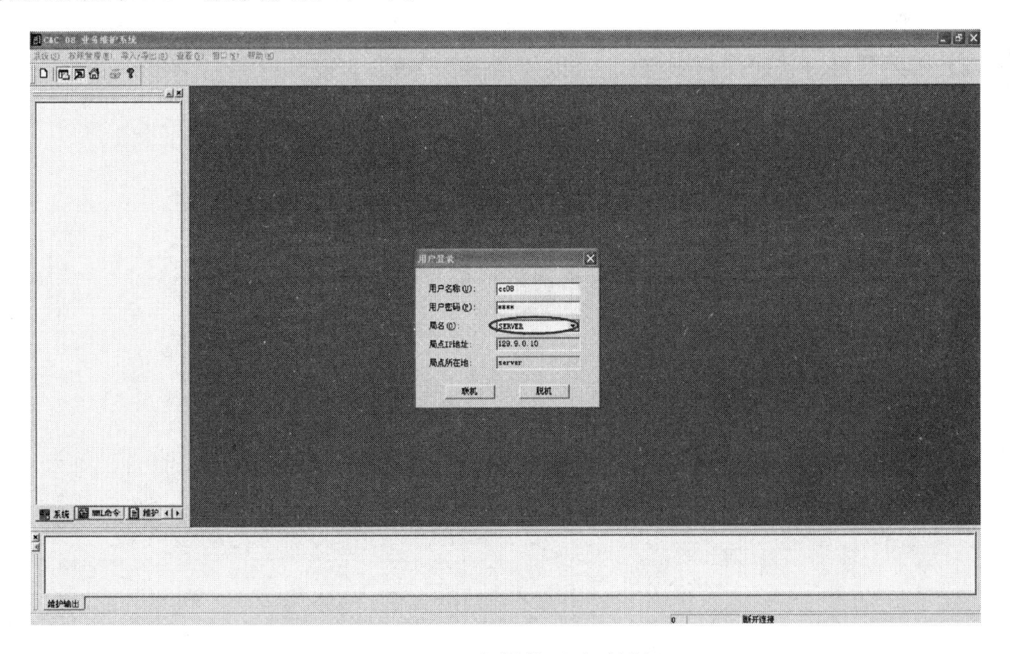

图 9.27　业务操作登录对话框

(3) 单击“维护”→“配置”→“硬件配置状态面板”,可看到交换机模块单板运行状态(图 9.28)。

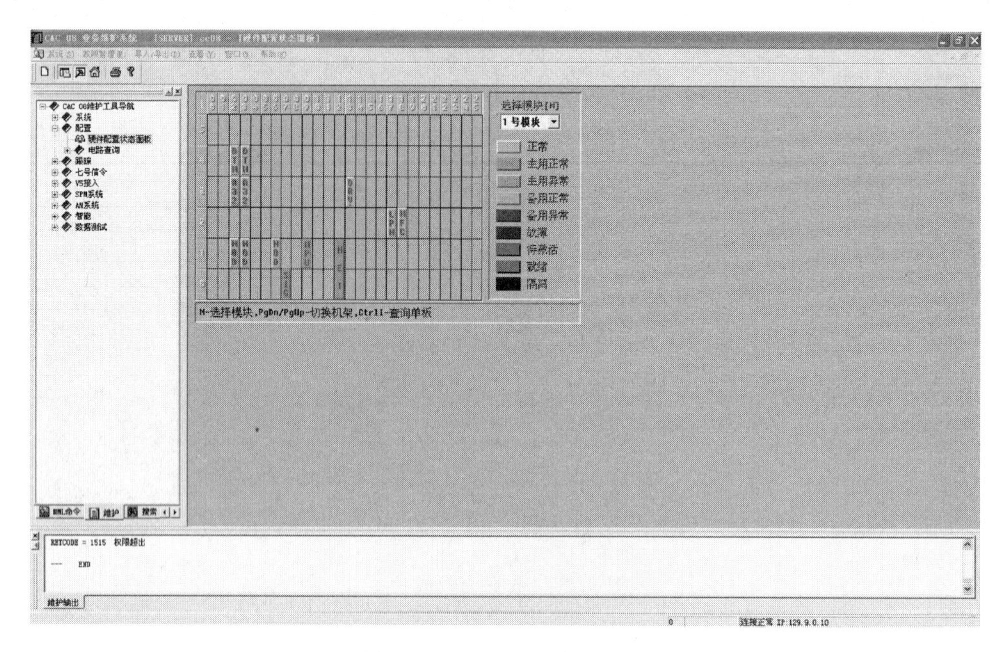

图 9.28 硬件配置状态面板

(4) 单击第一块用户板,可以看到两个用户号码 87820001 和 87820002。

(5) 使用配置的一部话机拨打另一部话机的号码,能够接通,说明实训成功。

(6) 如果还需要增加用户号码,可以使用 ADD ST 增加单个用户或者 ADB ST 批量增加用户。

(7) 如果需要对普通用户做修改,可以使用 MOD ST 实现。

八、课后问答

1. 画出本局内号码互通时,语音信号所经过的单板顺序。
2. 画出本局内号码互通时,信令单板所经过的单板顺序。
3. 思考本局呼叫出中继时,在本局内部语音信号的流向。

实训单元3　新业务实训配置实训

一、实训目的

通过在话机上进行新业务登记，然后拨打演示，让学生对电话网的新业务功能有个大致的了解。

二、实训器材

(1) C&C08程控交换机
(2) BAM服务器
(3) 维护终端
(4) 电话机

三、实训内容说明

(1) 交换机板位说明如图9.29所示。

	0	1	2	3	4	5	6	7	8	9	10	11	12	13	14	15	16	17	18	19	20	21	22	23	24	25
5																										
4	PWC		DTM	DTM																						
3	PWX		ASL32	ASL32									DRV32													
2																										
1	PWC		NOD	NOD			NOD			MPU		CKV	NET					LPN7	MFC32							
0								SIG																		

图9.29　实训中程控交换机板位图

本实训中所采用的是C&C08程控交换机，为一独立模块，有一个机柜，分为一个主控框、一个用户框和一个中继框，使用外置BAM。框编号从0开始，机柜编号从下往上0～5。

本次实训介绍独立局大模块硬件配置。

其中：

- 0 框和 1 框为主控框，由一块大背母板外加其他功能板件构成。
- 3 框为用户框，为交换机系统提供用户电路接口。
- 4 框为中继框，为交换机提供中继电路功能。

(2) 要求在硬件配置正确的基础上配置用户数据，能够打通本局电话。

四、知识要点

(1) 程控新业务：是指不同于普通基础语音呼叫的相关衍生业务。比如缩位拨号、热线服务、呼叫转移等。

(2) 在 CC08 交换机上实现程控新业务的方法是需要当前话机具有相关的新业务权限，并且不包含与当前新业务相冲突的其他新业务。

(3) 话机新业务注册方式。使用修改命令：

MOD ST：D＝K'87820000，NS＝ADI－1；

(4) 新业务的配置建立在本局配置正确的基础上。

五、数据准备

假设的数据如下：新增 4 个用户，电话号码为 87820001、87820002、87820003 和 87820004，配置数据规划如表 9-3 所示。

表 9-3 本局配置数据

增加模块号	1＃独立局模块
增加主控框	框号 0
增加中继框	框号 4
增加 32 路用户框	框号 3
调整板位	主控框、中继框、用户框
增加号首集	0
增加计费情况	0
修改计费制式	0
增加计费情况索引	0
增加字冠	8782
增加号段	87820001～87820099
增加普通号码	87820001 87820002 87820003 87820004
修改普通用户	增加新业务权限

六、实训步骤

(1) 在桌面上双击 图标，输入实际的服务器地址，如图 9.30 所示，单击“确定”按钮。

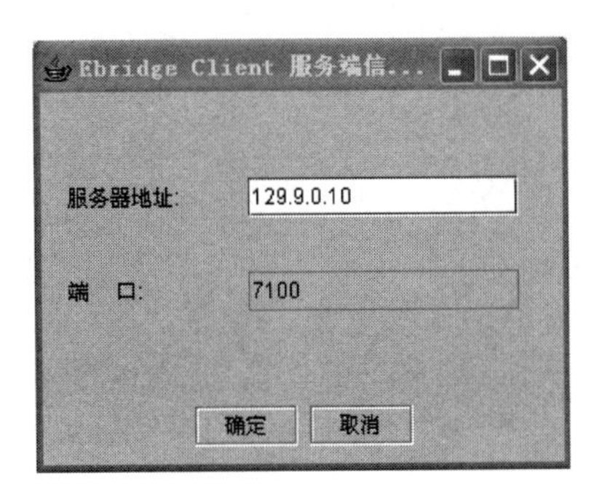

图 9.30　登录 EB 操作平台

(2) 双击“程控:C&C08”，打开实训界面，单击“清空数据”(图 9.31)。

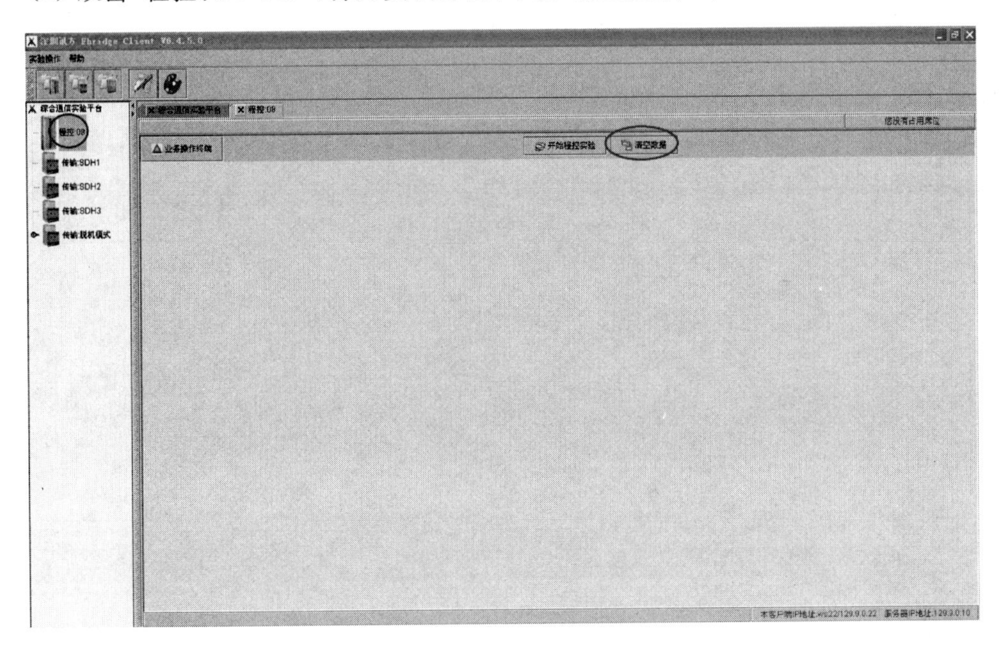

图 9.31　打开实训界面

(3) 单击“业务操作终端”→“CC08 交换机业务维护”，弹出登录对话框。

(4) 局名选 LOCAL(IP 地址：127.0.0.1)，输入用户名 cc08，密码 cc08，单击“联机”按钮(图 9.32)。

(5) 在维护输出窗口会显示登录成功的相关信息，并自动执行几条系统查询命令(图 9.33)。

(6) 在“MML 命令”导航树中找到如图 9.34 所示的命令，并输入相关参数，单击运行图标。如图 9.35 所示设置工作站告警输出开关。

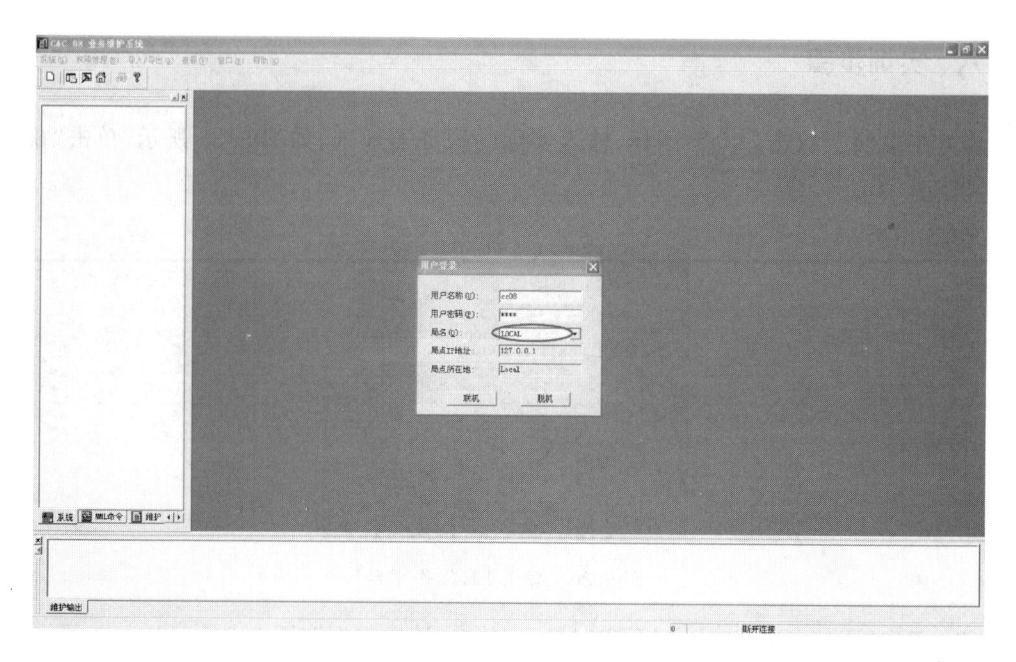

图 9.32　登录对话框

图 9.33　登录成功的相关信息

执行的命令：

① 设置软件参数。

SET CWSON:SWT=OFF,CONFIRM=Y;

//设置格式转换的状态=关.

SET FMT:STS=OFF,CONFIRM=Y;

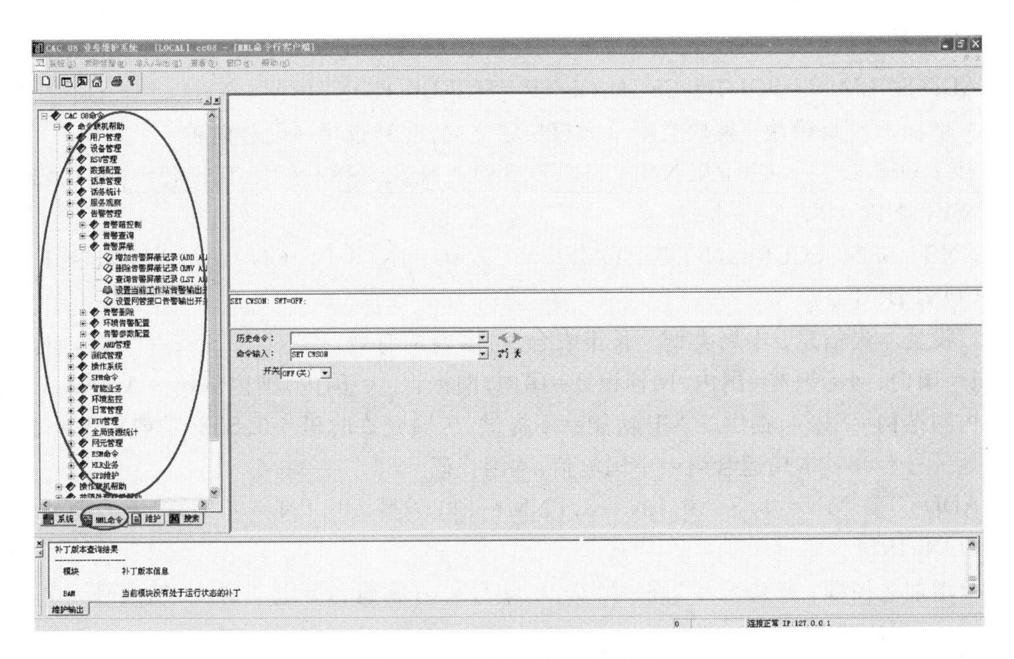

图 9.34　“MML 命令”导航树

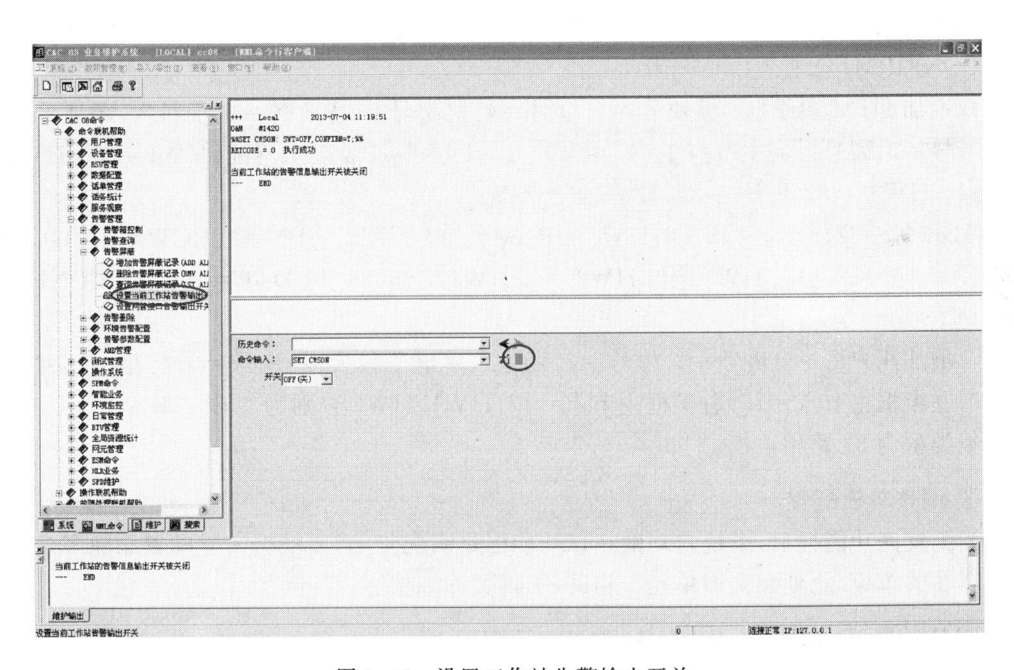

图 9.35　设置工作站告警输出开关

//设置当前工作站告警输出开关=关.

MOD SFP:ID=P59,VAL="1",CONFIRM=Y;

//修改软件参数: P59 BAM 模块号值=1.

MOD SFP:ID=P64,VAL="0",CONFIRM=Y;

//修改软件参数: P64 模块局标志值=0.

② 增加模块。

ADD SGLMDU:SGLT=ESGL,CKTP=HSELB,CONFIRM=Y;
//增加B独局模块：模块类型=大模块独立局，时钟选择=硬件时钟.
SET OFI:LOT=CMPX,NN=TRUE,SN1=NAT,SN2=NAT,SN3=NAT,SN4=NAT,NPC="AAAAAA",
NNS=SP24,SCCP=NONE,TADT=0,LAC=K'028,_CN_20=0,LNC=K'86,CONFIRM=Y;
//设置本局信息：本局类型=长市农合一，国内网有效=TRUE.SN1=NAT：网标识1=国内，网标识2=国内，网标识3=国内，网标识4=国内，国内编码=AAAAAA，国内网结构=SP24，提供SCCP功能=不提供.传输允许时延=0，STP功能标志=否，本地区号=028，本局运营商=中国电信，本国代码=86.
ADD CFB:MN=1,F=0,LN=0,PNM="电子科大",PN=0,ROW=0,COL=0,CONFIRM=Y;
//增加主控框：模块号=1，框号=0，机架号=0，场地名=电子科大，场地号=0，行号=0，列号=0.
ADD DTFB:MN=1,F=4,LN=0,PNM="电子科大",PN=0,ROW=0,COL=0,N1=0,N2=1,N3=255,HW1=90,HW2-91,HW3-88,HW4=89,HW5=65535,CONFIRM=Y;
//增加DTM中继框：模块号=1，框号=4，机架号0，场地名=电子科大，场地号=0，行号=0，列号=0，主节点1=0，主节点2=1，主节点3以上不配，HW1=90，HW2=91，HW3=88，HW4=89，HW5以上不配.
ADD USF32:MN=1,F=3,LN=0,PNM="电子科大",PN=0,ROW=0,COL=0,N1=16,N2=17,HW1=0,HW2=1,HW3=65535,BRDTP=ASL32,CONFIRM=Y;
//增加用户框：模块号=1，框号=3，场地名=电子科大，场地号=0，行号=0，列号=0，左半框主节点=16，右半框主节点=17，HW1、HW2分别为0和1，HW3以上不配，板类型为32路用户板.

③ 调整单板配置。

当配置完功能框后，系统自动默认该功能框是满配置的，要根据实际配置删除多余的或者不存在的单板，此处和实训单元1相同，不再做详细叙述。

RMV BRD:MN=1,F=1,S=4,CONFIRM=Y;
RMV BRD:MN=1,F=1,S=5,CONFIRM=Y;
RMV BRD:MN=1,F=1,S=7,CONFIRM=Y;
RMV BRD:MN=1,F=1,S=8,CONFIRM=Y;
RMV BRD:MN=1,F=1,S=13,CONFIRM=Y;
RMV BRD:MN=1,F=1,S=14,CONFIRM=Y;
RMV BRD:MN=1,F=1,S=15,CONFIRM=Y;
RMV BRD:MN=1,F=1,S=16,CONFIRM=Y;

```
RMV  BRD:MN=1,F=1,S=19,CONFIRM=Y;
RMV  BRD:MN=1,F=1,S=20,CONFIRM=Y;
RMV  BRD:MN=1,F=1,S=21,CONFIRM=Y;
RMV  BRD:MN=1,F=1,S=22,CONFIRM=Y;
RMV  BRD:MN=1,F=1,S=23,CONFIRM=Y;
RMV  BRD:MN=1,F=1,S=24,CONFIRM=Y;
RMV  BRD:MN=1,F=1,S=25,CONFIRM=Y;
RMV  BRD:MN=1,F=0,S=2,CONFIRM=Y;
RMV  BRD:MN=1,F=0,S=3,CONFIRM=Y;
RMV  BRD:MN=1,F=0,S=4,CONFIRM=Y;
RMV  BRD:MN=1,F=0,S=5,CONFIRM=Y;
RMV  BRD:MN=1,F=0,S=6,CONFIRM=Y;
RMV  BRD:MN=1,F=0,S=8,CONFIRM=Y;
RMV  BRD:MN=1,F=0,S=9,CONFIRM=Y;
RMV  BRD:MN=1,F=0,S=10,CONFIRM=Y;
RMV  BRD:MN=1,F=0,S=13,CONFIRM=Y;
RMV  BRD:MN=1,F=0,S=14,CONFIRM=Y;
RMV  BRD:MN=1,F=0,S=15,CONFIRM=Y;
RMV  BRD:MN=1,F=0,S=16,CONFIRM=Y;
RMV  BRD:MN=1,F=0,S=17,CONFIRM=Y;
RMV  BRD:MN=1,F=0,S=18,CONFIRM=Y;
RMV  BRD:MN=1,F=0,S=19,CONFIRM=Y;
RMV  BRD:MN=1,F=0,S=20,CONFIRM=Y;
RMV  BRD:MN=1,F=0,S=21,CONFIRM=Y;
RMV  BRD:MN=1,F=0,S=22,CONFIRM=Y;
RMV  BRD:MN=1,F=0,S=23,CONFIRM=Y;
RMV  BRD:MN=1,F=0,S=24,CONFIRM=Y;
RMV  BRD:MN=1,F=0,S=25,CONFIRM=Y;
RMV  BRD:MN=1,F=3,S=4,CONFIRM=Y;
RMV  BRD:MN=1,F=3,S=5,CONFIRM=Y;
RMV  BRD:MN=1,F=3,S=6,CONFIRM=Y;
RMV  BRD:MN=1,F=3,S=7,CONFIRM=Y;
RMV  BRD:MN=1,F=3,S=8,CONFIRM=Y;
RMV  BRD:MN=1,F=3,S=9,CONFIRM=Y;
RMV  BRD:MN=1,F=3,S=10,CONFIRM=Y;
RMV  BRD:MN=1,F=3,S=11,CONFIRM=Y;
RMV  BRD:MN=1,F=3,S=13,CONFIRM=Y;
RMV  BRD:MN=1,F=3,S=14,CONFIRM=Y;
```

RMV BRD:MN=1,F=3,S=15,CONFIRM=Y;
RMV BRD:MN=1,F=3,S=16,CONFIRM=Y;
RMV BRD:MN=1,F=3,S=17,CONFIRM=Y;
RMV BRD:MN=1,F=3,S=18,CONFIRM=Y;
RMV BRD:MN=1,F=3,S=19,CONFIRM=Y;
RMV BRD:MN=1,F=3,S=20,CONFIRM=Y;
RMV BRD:MN=1,F=3,S=21,CONFIRM=Y;
RMV BRD:MN=1,F=3,S=22,CONFIRM=Y;
RMV BRD:MN=1,F=3,S=23,CONFIRM=Y;
RMV BRD:MN=1,F=3,S=24,CONFIRM=Y;
RMV BRD:MN=1,F=3,S=25,CONFIRM=Y;

④ 增加呼叫源。

ADD CALLSRC:CSC=0,CSCNAME="电子科大",PRDN=0,P=0,RSSC=1,CONFIRM=Y;
//呼叫源=0,呼叫源名为"电子科大",预收号码位数=0,号首集=0,路由选择源码=1.

⑤ 增加计费情况。

ADD CHGANA:CHA=1,CHO=NOCENACC,PAY=CALLER,CHGT=ALL,MID=METER1,CONFIRM=Y;
//计费情况=1,计费局=非集中计费局,付费方=主叫付费,计费方法=计次表和详细单,计次表名=METER 1.

⑥ 修改计费制式。

MOD CHGMODE:CHA=1,DAT=NORMAL,TS1="00&00",TA1=180,PA1=1,TB1=60,PB1=1,TS2="00&00",CONFIRM=Y;
//计费情况=1,日期类别=正常工作日,第一时区切换点="00&00",起始时间=180,起始脉冲=1,后续时间=60,后续脉冲=1,第二时区切换点="00&00".

⑦ 增加计费情况索引。

ADD CHGIDX:CHSC=1,RCHS=1,LOAD=ALLSVR,CHA=1,CONFIRM=Y;
//计费选择码=1,计费源码=1,承载能力=所有业务,计费情况=1.

⑧ 增加呼叫字冠。

ADD CNACLD:P=0,PFX=K'8782,CSTP=BASE,CSA=LCO,RSC=65535,MINL=8,MAXL=8,CHSC=1,CONFIRM=Y;
//号首集=0,呼叫字冠=8782,业务类型=基本业务,业务属性=本局,路由选择码无,最小号长为8位,最大号长为8位,计费选择码=1.

⑨ 增加号段。

ADD DNSEG:P=0,SDN=K'87820001,EDN=K'87820099,CONFIRM=Y;
//P=0: 号首集=0,起始号码=87820001,终止号码=87820099.

⑩ 增加用户。

ADD ST: D=K'87820001, MN=1, DS=1, RCHS=1, CSC=0;
//电话号码=87820001,模块号=1,设备号=1,计费源码=1,呼叫源码=0.
ADD ST: D=K'87820002, MN=1, DS=2, RCHS=1, CSC=0;
//电话号码=87820002,模块号=1,设备号=2,计费源码=1,呼叫源码=0.
ADD ST: D=K'87820003, MN=1, DS=3, RCHS=1, CSC=0;
//电话号码=87820003,模块号=1,设备号=3,计费源码=1,呼叫源码=0.
ADD ST: D=K'87820004, MN=1, DS=4, RCHS=1, CSC=0;
//电话号码=87820004,模块号=1,设备号=4,计费源码=1,呼叫源码=0.

⑪ 格式转换数据。

SETFMT:STS=ON,CONFIRM=Y;
//设置格式转换的状态,状态=开.
FMT:;
//格式转换.将数据转换成交换机能接收的格式,等待加载数据到设备.

(7) 系统会执行每条命令,并在维护输出窗口显示执行结果(图 9.36)。

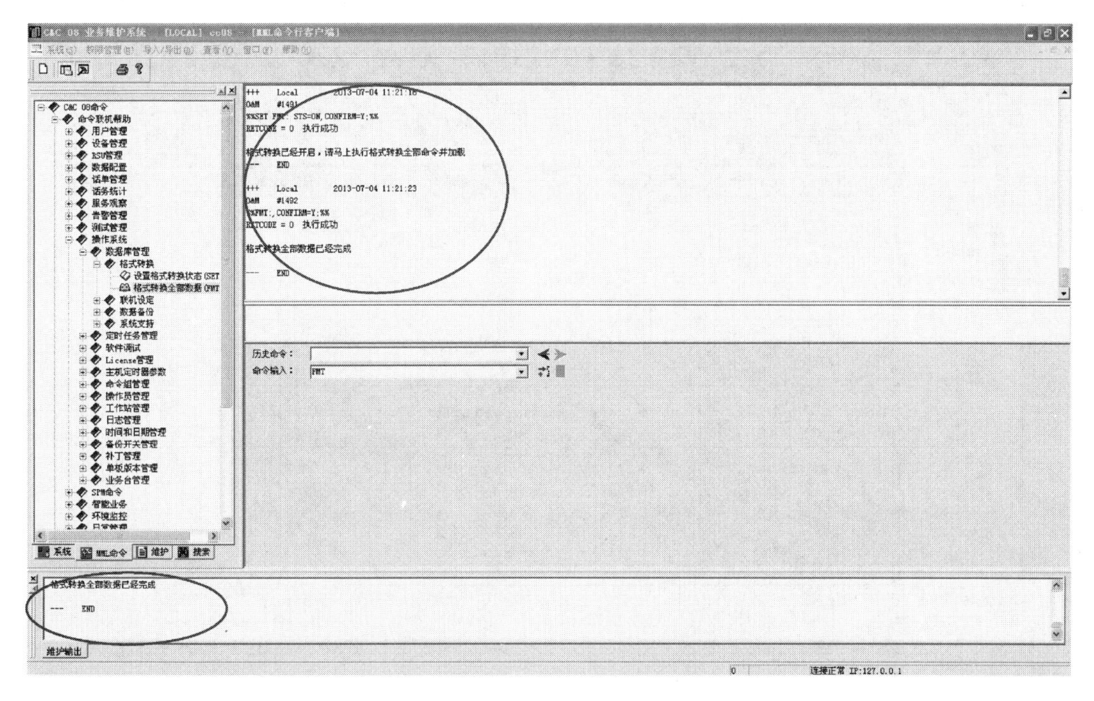

图 9.36 命令执行结果

(8) 在 Ebridge 系统中单击“开始程控实验”→“申请加载数据”→“确定”,屏幕上方会显示当前占用服务器席位的客户端、申请席位的客户端排在第几位、剩余多长时间(图 9.37)。

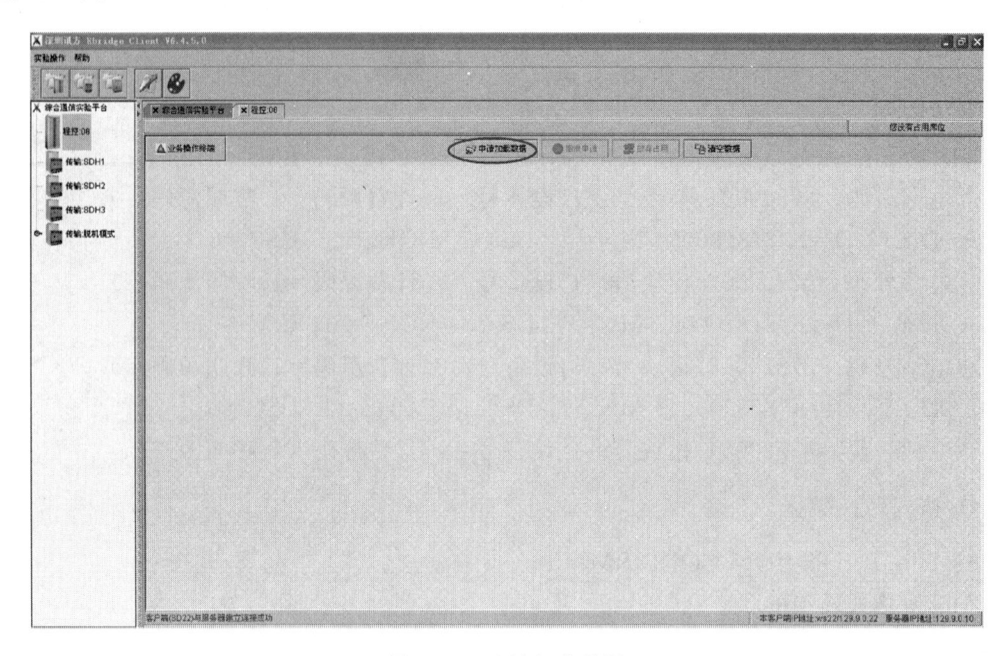

图 9.37 申请加载数据

(9) 当申请到服务器席位时,单击“确定”,系统自动将本客户端的数据库中的数据传到服务器中(图 9.38)。

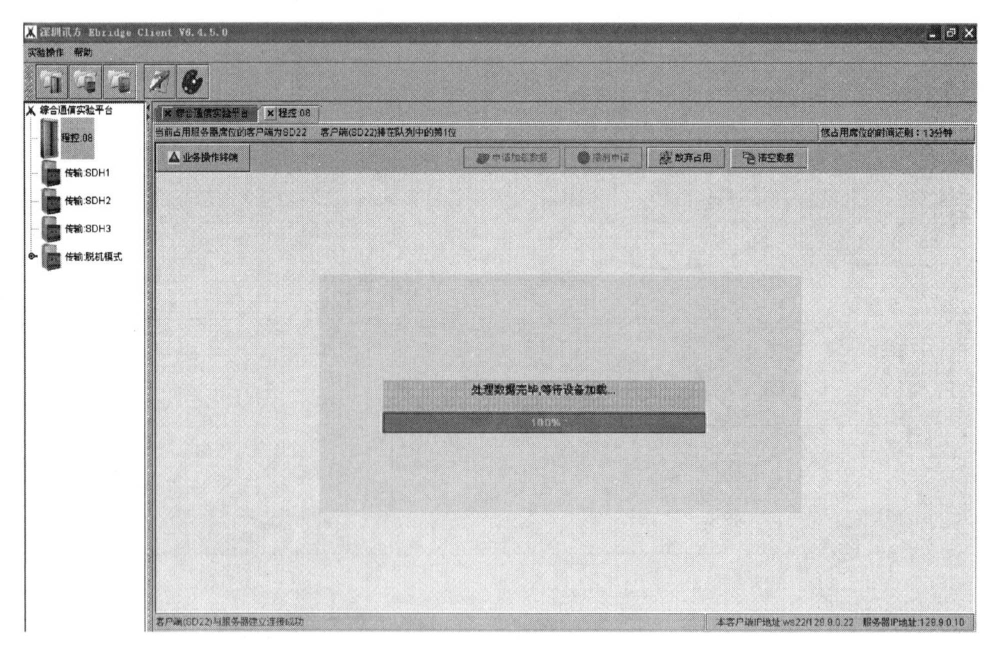

图 9.38 数据处理过程中

(10) 服务器会自动进行数据格式转换,并加载到交换机中(图 9.39)。

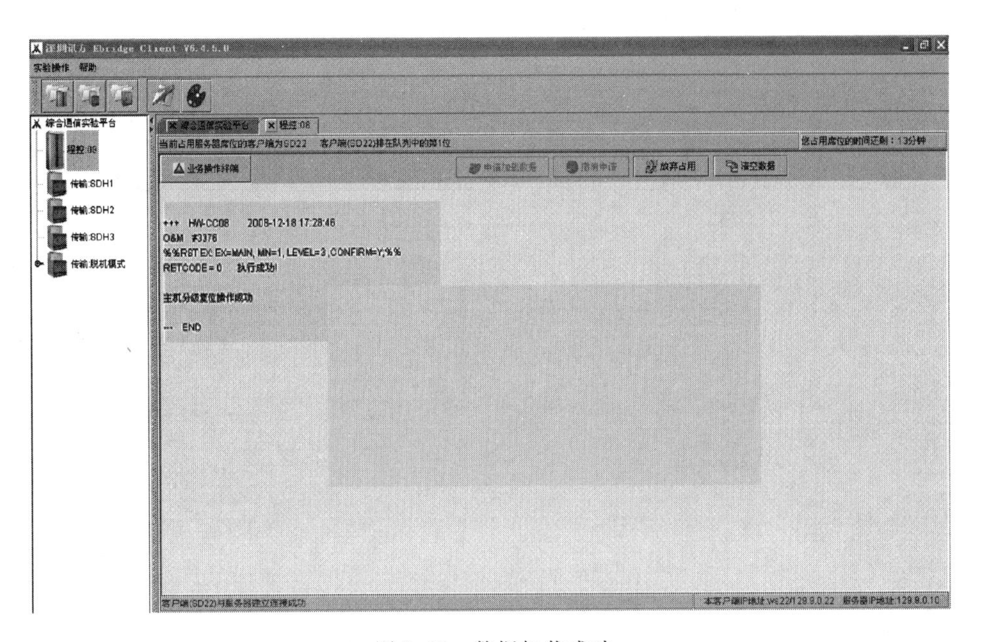

图 9.39 数据加载成功

(11) 单击“业务操作终端”→“交换机业务维护”，出现登录对话框。

(12) 局名选 SERVER(IP 地址：129.9.0.10)，输入用户名 cc08，密码 cc08，单击“联机”按钮，登录到 BAM 服务器(图 9.40)。

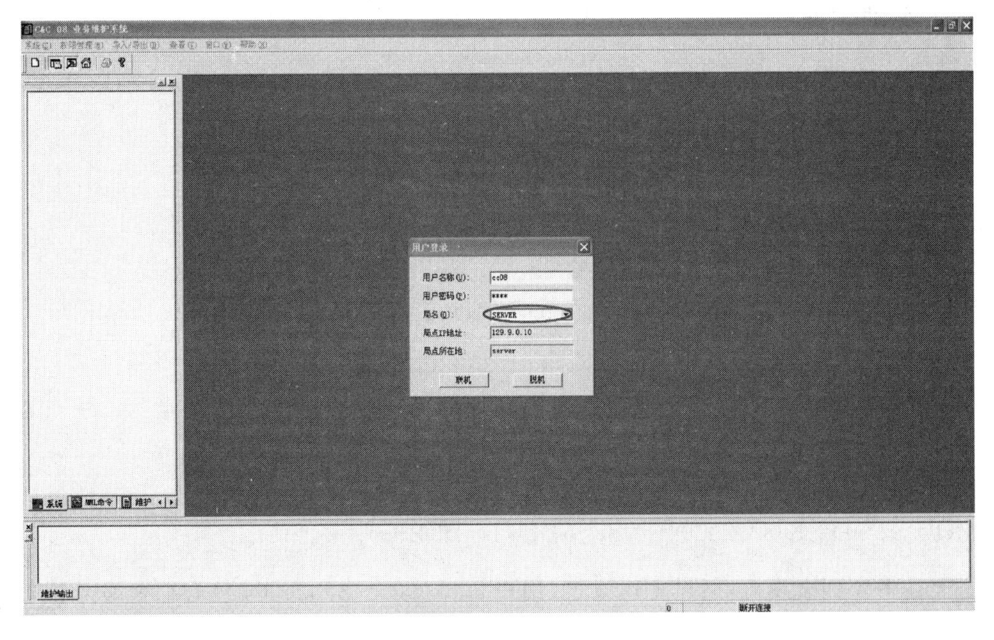

图 9.40 业务操作登录对话框

(13) 单击“维护”→“配置”→“硬件配置状态面板”，可看到交换机模块单板运行状态(图 9.41)。

(14) 单击第一块用户板，可以看到 4 个用户号码 87820001、87820002、87820003

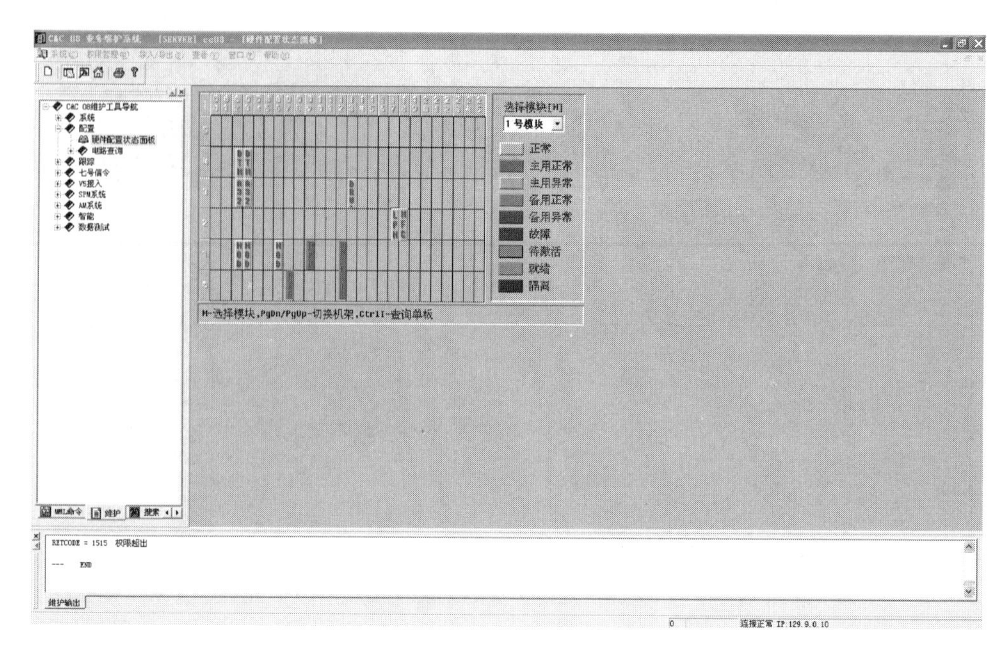

图 9.41 硬件配置状态面板

和 87820004。

(15) 使用配置的一部话机拨打另一部话机的号码,能够接通说明本局配置成功。

七、实训验证

参加实训的学生分成不同的组别,电话号码为 87820001～87820004,分别给这 4 部电话机设定以下功能。

(一) 新业务:缩位拨号

1. 预置条件

用维护终端登录系统软件 server 后,在命令行输入窗口修改 87820001～87820004 新业务功能。

MOD ST: D=K'87820001, NS=ADI−1&DDB−0;
MOD ST: D=K'87820002, NS=ADI−1&DDB−0;
MOD ST: D=K'87820003, NS=ADI−1&DDB−0;
MOD ST: D=K'87820004, NS=ADI−1&DDB−0;

并发送上述命令到交换机,通过上述设定,用户 87820001～87820004 已有缩位拨号权限。

2. 测试过程

(1) 登记

A 用户摘机拨"*51*MN*TN#",其中"MN"为缩位号码(下同),"TN"为需缩位的号码(下同),该号码可以是"本地号码"、"长途字冠+国内长途号码"、"国际字冠+国际号码"。

(2) 使用

A 用户摘机拨"* *MN"。

(3) 撤销

A 用户摘机拨"#51*MN#",单条撤销缩位业务;拨"#51#"撤销所有缩位业务。

3. 预期结果

(1) 登记

若 A 有权,且登记成功,则听新业务登记成功提示音。

若 A 无权,则听呼叫受限音。

若 M>9 或 N>9,则听号码有误音。

(2) 使用

若 MN 已登记,则发出登记的号码。

若 MN 未登记,或登记的 TN 有误,则听号码有误音。

(3) 撤销

若 MN 已登记,则听新业务撤销成功提示音。

若 MN 未登记,则听忙音。

4. 测试说明

缩位拨号与其他新业务无任何冲突。

本业务只限双音多频按键话机用户使用。

(二) 新业务:热线呼叫

用维护终端登录系统软件后,在命令行输入窗口修改 87820001～87820004 新业务功能。

MOD ST: D=K'87820001, NS=ADI-0&HLI-1&DDB-0;
MOD ST: D=K'87820002, NS=ADI-0&HLI-1&DDB-0;
MOD ST: D=K'87820003, NS=ADI-0&HLI-1&DDB-0;
MOD ST: D=K'87820004, NS=ADI-0&HLI-1&DDB-0;

并发送上述命令到交换机,通过上述设定,用户 87820001～87820004 已有热线呼叫权限。

1. 预置条件

通过上述设定,用户 87820001～87820004 已经有热线呼叫权限。

2. 测试过程

(1) 登记

用户 A 摘机拨"*52*TN#","TN"为热线号码(双音多频按键话机);用户 A 摘机拨"152TN"(号盘话机和按键脉冲话机)。

(2) 使用

用户 A 摘机 5s 后不拨号,使用热线服务;用户 A 摘机 5s 内拨号,进行一般呼叫。

(3) 撤销

用户 A 摘机拨"#52#"(双音多频按键话机);用户 A 摘机拨"151152"(号盘话机和按

键脉冲话机)。

3. 预期结果

(1) 登记

若 A 有权,则听新业务登记成功提示音;若 A 无权,则听呼叫受限音。

(2) 使用

用户 A 摘机后 5s 内未拨号,则发出所登记的号码,否则按一般呼叫处理。

(3) 撤销

若已登记热线服务,则听新业务撤销音;若未登记热线服务,则听忙音。

4. 测试说明

(1) 当申请热线服务时,不应同时申请对所有呼出呼叫限制的服务(K=1)。

(2) 当热线与呼出限制冲突时,呼出限制优先。

(3) 若用号盘话机或按键脉冲话机登记热线服务,对用户的收号设备类型不能使用自动,必须设为脉冲收号,否则必须拨至最大号长才能登记成功;登记其他最大、最小号长不等的新业务也必须按此规则设置。

(三) 新业务:呼出限制

用维护终端登录系统软件后,在命令行输入窗口修改 87820001～87820004 新业务功能。

MOD ST: D=K'87820001, NS=CBA－1;
MOD ST: D=K'87820002, NS=CBA－1;
MOD ST: D=K'87820003, NS=CBA－1;
MOD ST: D=K'87820004, NS=CBA－1;

并发送上述命令到交换机,通过上述设定,用户 87820001～87820004 已有呼出限制权限。

1. 预置条件

通过上述设定,用户 87820001～87820004 已有呼出限制权限。

2. 测试过程

(1) 登记

用户 A 摘机拨"*54*KSSSS#"(双音多频按键话机);

用户 A 摘机拨"154KSSSS"(号盘话机,按键脉冲话机)。

其中,K 是限制类别,含义如下:

- K=1 表示限制全部呼出。
- K=2 表示限制国内和国际长途自动电话的呼出。
- K=3 表示限制国际长途自动电话的呼出。
- SSSS 是 4 位密码数字,用户向市话局申请呼出限制业务时选定密码。

(2) 使用用户

A 发起受限呼号码的呼叫。

(3) 验证

用户 A 摘机拨"* #54#"。

(4) 撤销

用户 A 摘机拨"#54*KSSSS#"(双音多频按键话机);用户 A 摘机拨"151154KSSSS"(号盘话机,按键脉冲话机)。

3. 预期结果

(1) 登记

若 A 有权且输入的密码正确,则听新业务登记成功提示音;密码错,则听号码有误音。若 A 无权,则听呼叫受限音。

(2) 使用

用户发起受限的呼叫,将听到呼叫受限音;发起未受限的呼叫,应能正常接续。

(3) 验证

若用户 A 已登记,则听音乐;若用户 A 未登记,则听忙音。

(4) 撤销

若用户 A 已登记,则听新业务已撤销音;若用户 A 未登记,则听忙音。

4. 测试说明

(1) 当申请三方业务时,不应同时申请对所有呼出呼叫限制的服务;

(2) 与热线服务的冲突见热线呼叫测试项。

(四) 新业务:免打扰服务

1. 预置条件

用维护终端登录系统软件后,在命令行输入窗口修改 87820001~87820004 新业务功能。

MOD ST: D=K'87820001, NS=CBA-1&DDB-1;

MOD ST: D=K'87820002, NS=CBA-1&DDB-1;

MOD ST: D=K'87820003, NS=CBA-1&DDB-1;

MOD ST: D=K'87820004, NS=CBA-1&DDB-1;

并发送上述命令到交换机,通过上述设定,用户 87820001~87820004 已有免打扰服务权限。

2. 测试过程

(1) 登记

用户 A 摘机拨"*56#"(双音多频按键话机);用户 A 摘机拨"156"(号盘话机,按键脉冲话机)。

(2) 使用

其他用户拨打用户 A;用户 A 摘机发起呼叫。

(3) 撤销

用户 A 摘机拨"#56#"(双音多频按键话机);用户 A 摘机拨"151156"(号盘话机,按键脉冲话机)。

3. 预期结果

(1) 登记

若 A 有权,则听新业务登记成功提示音;若 A 无权,则听呼叫受限音。

(2) 使用

其他用户拨打用户 A 时,听该用户已登记免打扰音;用户 A 摘机时,听特种拨号音,呼出不受限制。

4. 测试说明

(1) 当用户同时申请了呼叫前转服务与免打扰服务时,免打扰服务优先。

(2) 缺席用户服务与免打扰服务不能同时申请。

(3) 遇忙回叫服务与免打扰服务不能同时申请。

(4) 闹钟服务与免打扰服务不能同时申请。

(五) 新业务:追查恶意呼叫

1. 预置条件

用维护终端登录系统软件后,在命令行输入窗口修改 87820001～87820004 新业务功能。

MOD ST: D=K'87820001, NS=MCT-1;

MOD ST: D=K'87820002, NS=MCT-1;

MOD ST: D=K'87820003, NS=MCT-1;

MOD ST: D=K'87820004, NS=MCT-1;

并发送上述命令到交换机,通过上述设定,用户 87820001～87820004 已有追查恶意呼叫权限。

2. 测试过程

(1) 登记

通过上述设定,A 用户已具备追查恶意呼叫功能。

(2) 使用

用户 B 拨打用户 A,通话过程中或 B 挂机后 30s 内,A 做如下操作:

拍叉或按<R>键,按"*33#"键(双音多频按键话机);按"3"以上号码(号盘话机,按键脉冲话机)。

(3) 撤销

取消权限后,该功能取消。

3. 预期结果

(1) 追查恶意呼叫成功后,被叫用户听音乐或直接听主叫号码,呼叫内部参数 3 的比特 15 等于 0 时听音乐,等于 1 时听语音报主叫号码。

(2) 追查恶意呼叫有权的用户具有被叫控权限,在主叫挂机后的被叫再应答时间内,仍能追查恶意呼叫。

4. 测试说明

（1）当用户 A 呼叫用户 B，发生前转到用户 C，若用户 C 申请追查恶意呼叫，此时得到的应是用户 A 的号码。

（2）即使主叫用户限制提供号码给被叫用户，被叫仍能通过追查恶意呼叫得到主叫号码。

（3）追查恶意呼叫与免打扰服务不能同时申请。

（六）新业务：闹钟服务

1. 预置条件

用维护终端登录系统软件后，在命令行输入窗口修改 87820001～87820004 新业务功能。

MOD ST：D=K'87820001，NS=ALS-1；
MOD ST：D=K'87820002，NS=ALS-1；
MOD ST：D=K'87820003，NS=ALS-1；
MOD ST：D=K'87820004，NS=ALS-1；

并发送上述命令到交换机。通过上述设定，用户 8782000～87820005 已经有闹钟服务功能。

2. 测试过程

（1）登记

用户 A 摘机拨"＊55＊H1H2M1M2＃"（双音多频按键话机）；用户 A 摘机拨"155H1H2M1M2"（号盘话机，按键脉冲话机）。其中 H1H2 为小时：00～24；M1M2 为分钟：00～60。

（2）使用

用户 A 登记闹钟服务后，等待振铃提醒。

（3）撤销

闹钟服务生效后，本次登记自动撤销；用户 A 摘机拨"＃55＃"（双音多频按键话机）；用户 A 摘机拨"151155"（号盘话机，按键脉冲话机）。

3. 预期结果

（1）登记

若 A 有权，则听新业务登记成功提示音；若 A 无权，则听呼叫受限音。

（2）使用

到预定时间，用户的电话机将自动振铃，摘机即可听提醒语音；如振铃 1min 无人接，铃声自动终止，过 5min 再次振铃 1min，若仍无人接电话，则本次服务取消；若预定时间到时用户话机正在使用，本次服务取消。

（3）撤销

若用户 A 已登记，则听新业务已撤销音；若用户 A 未登记，则听忙音。

4. 测试说明

(1) 闹钟服务与免打扰服务不能同时申请。

(2) 软件参数中的呼叫内部参数 3 的比特 8 等于 0 时(默认为 1),闹钟服务与缺席用户服务、无条件前转服务无法同时申请。

八、课后问答

画出本局内号码互通时,语音信号所经过的单板顺序。

实训单元4 NO.1中继业务配置实训

一、实训目的

通过数据配置，了解一号中继电路的工作原理，实现一号中继通话的信令收发过程。掌握一号数据的制作。初步了解号码变换。

二、实训器材

(1) C&C08 程控交换机
(2) BAM 服务器
(3) 维护终端
(4) 电话机

三、实训内容说明

(1) 交换机板位说明如图 9.42 所示。

	0	1	2	3	4	5	6	7	8	9	10	11	12	13	14	15	16	17	18	19	20	21	22	23	24	25
5																										
4	PWC		DTM	DTM																						
3	PWX		ASL32	ASL32									DRV32													
2																										
1	PWC		NOD	NOD			NOD			MPU		CKV	NET					LPN7	MFC32							
0								SIG																		

图 9.42 实训中程控交换机板位图

本实训中所采用的为 C&C08 程控交换机，为一独立模块，一共一个机柜，分为一个主控框、一个用户框和一个中继框，使用外置 BAM。框编号从 0 开始，机框编号从下往上 0～5。本次实训介绍独立局大模块硬件配置。

其中：

- 0 框和 1 框为主控框，有一块大背母板外加其他功能板件构成。
- 3 框为用户框，为交换机系统提供用户电路接口。
- 4 框为中继框，为交换机提供中继电路功能。

(2) 程控交换机在 DDF 架上 2M 口的位置：按照如图 9.43 所示的红色线用中继自环线将两个中系统环接起来。

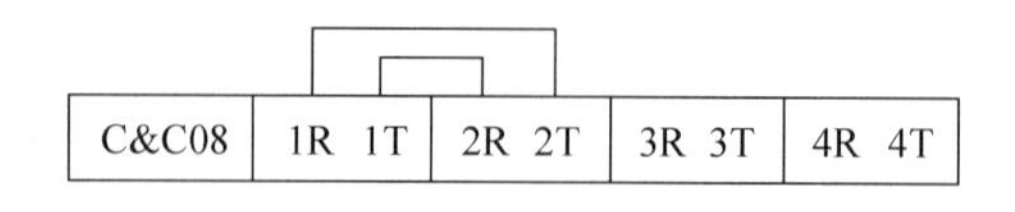

图 9.43 程控交换机 2M 口的连接

(3) 要求在能够打通本局电话的基础上配置用户数据，完成 NO.1 自环中继业务。

四、知识要点

1. NO.1 中继业务配置的流程

(1) 增加局向
(2) 增加子路由
(3) 增加路由
(4) 增加路由分析
(5) 增加一号中继群
(6) 增加一号中继电路
(7) 增加中继字冠
(8) 增加号码变换
(9) 增加中继承载

2. 专业术语

- 局向：当一个交换局和本局有直连电路，那么这个交换局就为一个局向。
- 子路由：两个交换局之间的直连语音通道就是两个交换机间的子路由。
- 路由：两个交换局之间的所有子路由的集合。
- 路由选择码：以被叫字冠来选择出局路由。路由选择码是指不同的出局字冠，在出局路由选择策略上的分类号。因而路由选择码与呼叫字冠相对应，指呼叫某个呼叫字冠时，选择路由的策略。
- 路由选择源码：以主叫属性来选择出局路由。当本局不同用户在出局路由选择策略上有所不同时，可以根据不同的呼叫源，给予路由选择源码。路由选择源码与呼叫源相对应。通常本局只有一个呼叫源，或虽然有几个呼叫源，但在出局的路由选择上都相同，那么只定义一个路由选择源码即可。
- 出局字冠或目的码对应路由选择码，呼叫源码对应路由选择源码，再加上主叫用户类别、地址信息指示语、时间等因素，最终决定一条路由。对于不同的字冠，可能有相同或不同的路由选择，因此在路由选择码上也可能相同或不同。

3. 注意事项

（1）NO.1中继是单向的，因此做自环实训时一个PCM系统内要分成出群或者入群进行对接。如下所示。

方法一

第一个PCM系统：前16路为出，后16路为入。

第二个PCM系统：前16路为入，后16路为出。

方法二

第一个PCM系统：全部为出(入)。

第二个PCM系统：全部为入(出)。

（2）中继出局字冠要进行号码变换，删除出局字冠。具体方式如下。假设出局字冠是023，本局电话为87820001～87820004，对出局023做号码变换：删除3位，那么如果拨打02387820001，该号码上中继后环回，吃掉023，剩下87820001，这时本交换机内电话87820001振铃，摘机可通话，中继调试成功。

（3）自环数据的特点：设置一个虚拟的对端局，并相应设置局向号。需要偶数个PCM系统进行自环。业务字冠属性应设置为本地或本地以上，并且设置路由选择码。对进行自环的中继群设置中继群承载数据，对被叫号码进行号码变换。

（4）NO.1自环中继模拟两个交换局呼叫，通过一块中继板的2个PCM电路模拟本局的出局和对局的入局。注意出局中继的2条PCM电路的数据设定方式，3＃PCM电路分为出中继(前15条电路)、入中继(后15条中继)；4＃PCM电路分为入中继(前15条中继)、出中继(后15条电路)。

（5）NO.1信令目前一般使用在专网内。或者运营商的大客户电路即对方单位有小交换机接入时使用NO.1信令。一般在本地网和长途网中不使用NO.1信令。

五、数据准备

假设的数据如下：新增两个用户，电话号码为87820001和87820002，配置数据规划如表9-4所示。

表9-4　NO.1中继业务配置数据

增加模块号	1＃独立局模块
增加主控框	框号0
增加中继框	框号4
增加32路用户框	框号3
调整板位	主控框、中继框、用户框
增加号首集	0
增加计费情况	0
修改计费制式	0
增加计费情况索引	0
增加字冠	8782
增加号段	87820001—87820099
增加普通号码	87820001 87820002

续表

增加模块号	1#独立局模块
增加局向	1 北京
增加子路由	1 到北京
增加路由	1 到北京
增加路由分析	1
增加一号中继群	1 出中继,2 入中继
增加一号中继电路	0—15 16—31 32—47 48—63
增加中继字冠	010
增加号码变换	1：删除 3 位
增加中继承载	字冠 010 删除

六、实训步骤

(1) 在桌面上双击 图标,输入实际的服务器地址,单击“确定”按钮(图 9.44)。

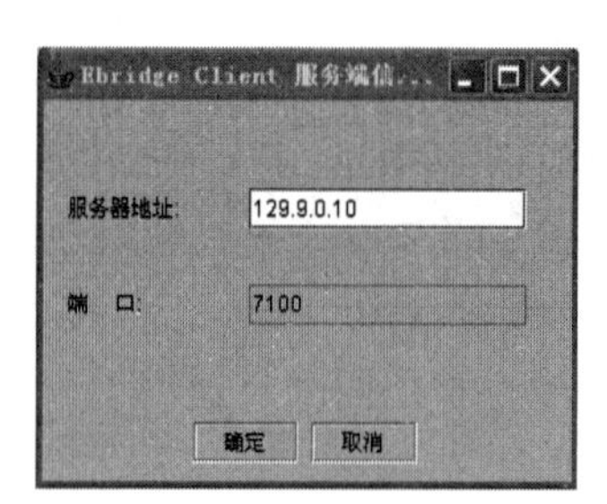

图 9.44 登录 EB 操作平台

(2) 双击“程控:C&C08”,打开实训界面,单击“清空数据”(图 9.45)。

图 9.45 打开实训界面

(3) 单击“业务操作终端”→“CC08 交换机业务维护”，弹出登录对话框。

(4) 局名选 LOCAL(IP 地址：127.0.0.1)，输入用户名 cc08，密码 cc08，单击“联机”按钮(图 9.46)。

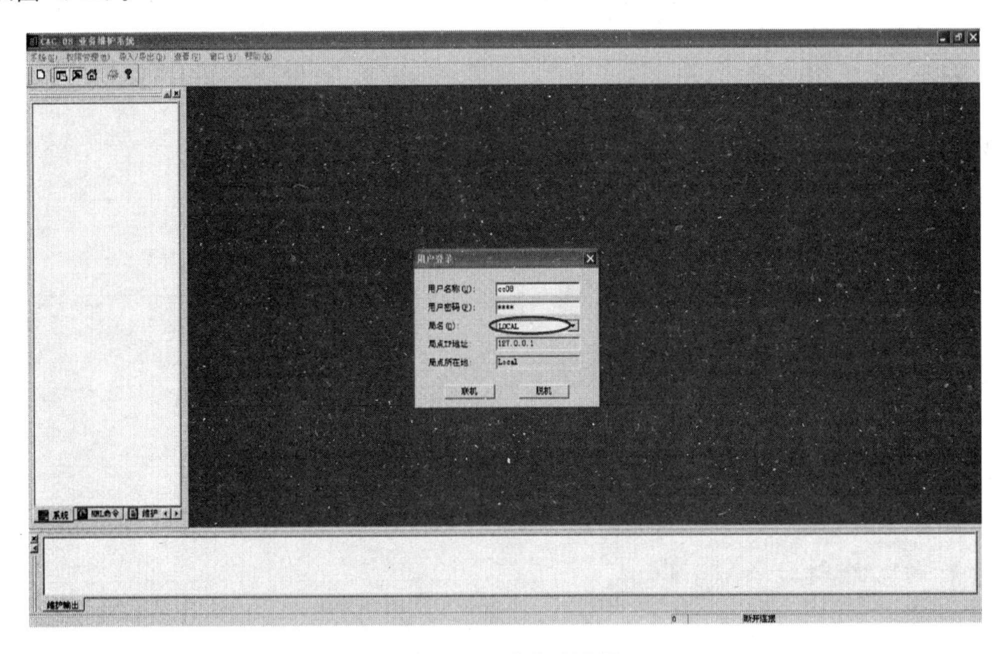

图 9.46　登录对话框

(5) 在维护输出窗口会显示登录成功的相关信息，并自动执行几条系统查询命令(图 9.47)。

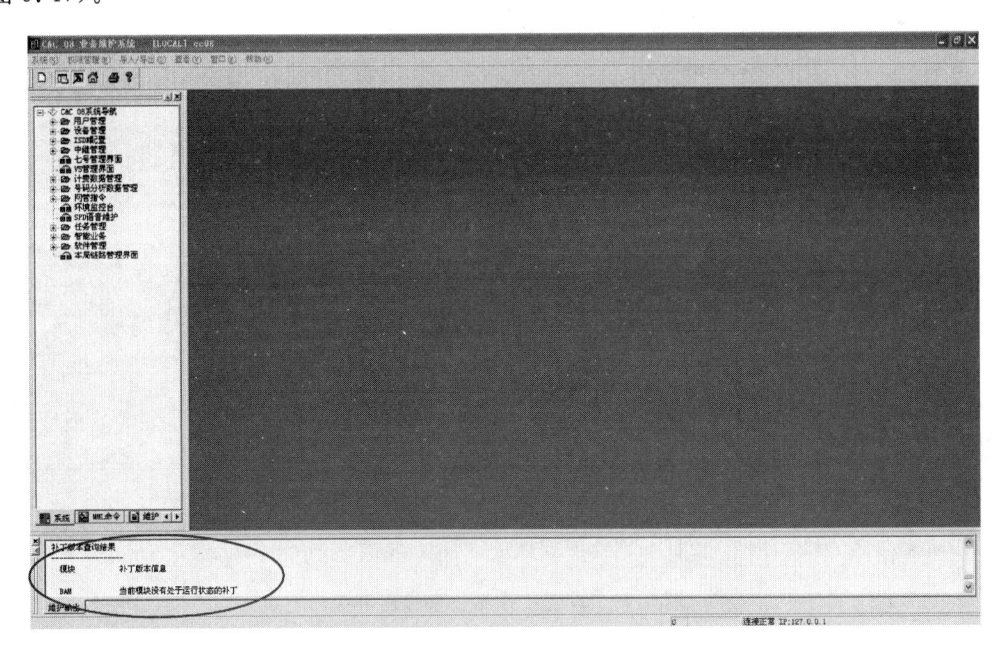

图 9.47　登录成功的相关信息

(6) 在“MML 命令”导航树中找到如图 9.48 所示的命令，并输入相关参数，单击运行图标。如图 9.49 所示设置工作站告警输出开关。

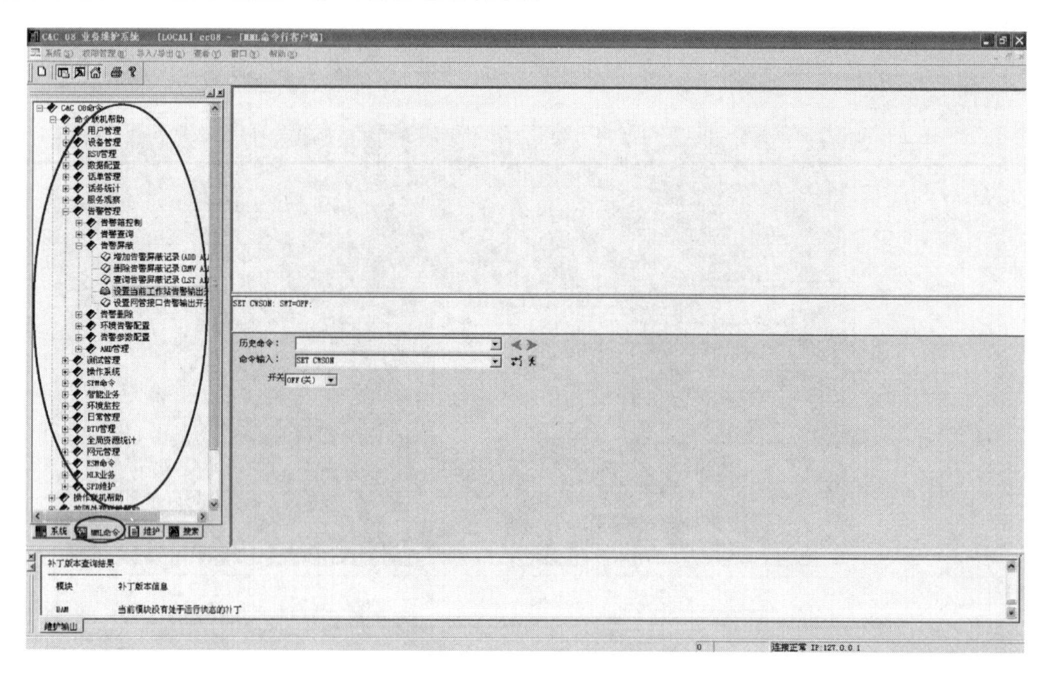

图 9.48 “MML 命令”导航树

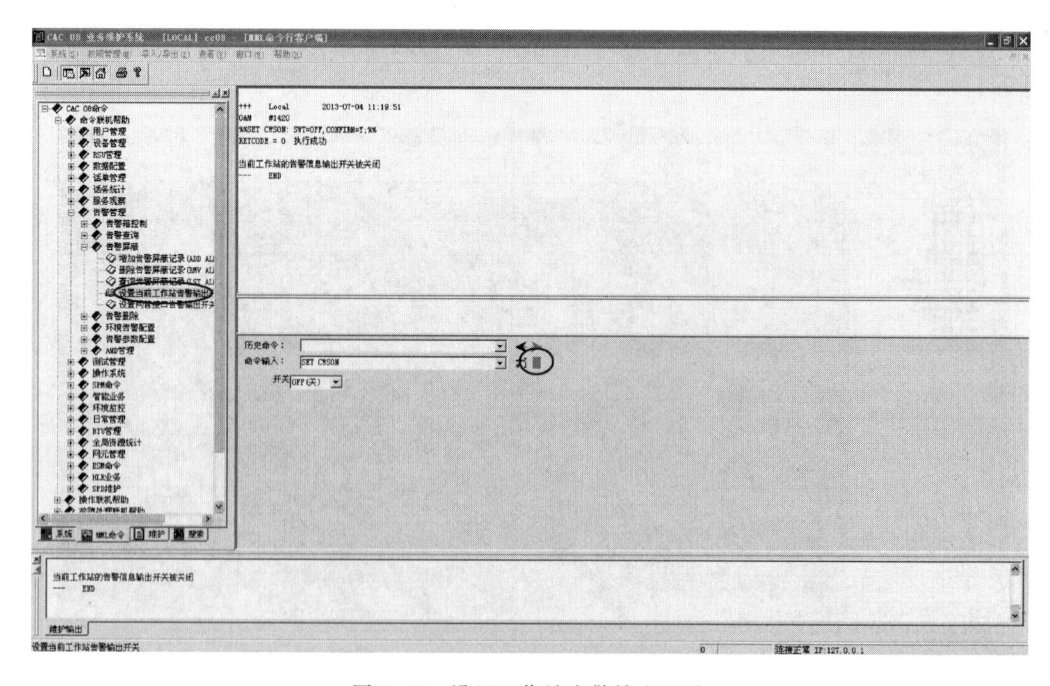

图 9.49 设置工作站告警输出开关

所执行的命令：

① 设置软件参数。

SET CWSON:SWT=OFF,CONFIRM=Y;
//设置格式转换的状态=关.
SET FMT:STS=OFF,CONFIRM=Y;
//设置当前工作站告警输出开关=关.
MOD SFP:ID=P59,VAL="1",CONFIRM=Y;
//修改软件参数: P59 BAM 模块号值=1.
MOD SFP:ID=P64,VAL="0",CONFIRM=Y;
//修改软件参数: P64 模块局标志值=0.

② 增加模块。

ADD SGLMDU:SGLT=ESGL,CKTP=HSELB,CONFIRM=Y;
//增加 B 独局模块: 模块类型=大模块独立局,时钟选择=硬件时钟.
SET OFI:LOT=CMPX,NN=TRUE,SN1=NAT,SN2=NAT,SN3=NAT,SN4=NAT,NPC="AAAAAA",
NNS=SP24,SCCP=NONE,TADT=0,LAC=K'028,_CN_20=0,LNC=K'86,CONFIRM=Y;
//设置本局信息: 本局类型=长市农合一,国内网有效=TRUE. SN1=NAT: 网标识1=国内,网标识 2=国内,网标识 3=国内,网标识 4=国内,国内编码=AAAAAA,国内网结构=SP24,提供 SCCP 功能=不提供.传输允许时延=0,STP 功能标志=否,本地区号=028,本局运营商=中国电信,本国代码=86.
ADD CFB:MN=1,F=0,LN=0,PNM="电子科大",PN=0,ROW=0,COL=0,CONFIRM=Y;
//增加主控框: 模块号=1,框号=0,机架号=0,场地名=电子科大,场地号=0,行号=0,列号=0.
ADD DTFB:MN=1,F=4,LN=0,PNM="电子科大",PN=0,ROW=0,COL=0,N1=0,N2=1,N3=255,HW1=90,HW2=91,HW3=88,HW4=89,HW5=65535,CONFIRM=Y;
//增加 DTM 中继框: 模块号=1,框号=4,机架号 0,场地名=电子科大,场地号=0,行号=0,列号=0,主节点 1=0,主节点 2=1,主节点 3 以上不配,HW1=90, HW2=91, HW3=88, HW4=89,HW5 以上不配.
ADD USF32:MN=1,F=3,LN=0,PNM="电子科大",PN=0,ROW=0,COL=0,N1=16,N2=17,HW1=0,HW2=1,HW3=65535,BRDTP=ASL32,CONFIRM=Y;
//增加用户框: 模块号=1,框号=3,场地名=电子科大,场地号=0,行号=0,列号=0,左半框主节点=16,右半框主节点=17,HW1、HW2 分别为 0 和 1,HW3 以上不配,板类型为 32 路用户板.

③ 调整单板配置。

当配置完功能框后,系统自动默认该功能框是满配置的,要根据实际配置删除多余的或者不存在的单板,此处和实训单元 1 相同,不再做详细叙述。

RMV BRD:MN=1,F=1,S=4,CONFIRM=Y;

```
RMV  BRD:MN=1,F=1,S=5,CONFIRM=Y;
RMV  BRD:MN=1,F=1,S=7,CONFIRM=Y;
RMV  BRD:MN=1,F=1,S=8,CONFIRM=Y;
RMV  BRD:MN=1,F=1,S=13,CONFIRM=Y;
RMV  BRD:MN=1,F=1,S=14,CONFIRM=Y;
RMV  BRD:MN=1,F=1,S=15,CONFIRM=Y;
RMV  BRD:MN=1,F=1,S=16,CONFIRM=Y;
RMV  BRD:MN=1,F=1,S=19,CONFIRM=Y;
RMV  BRD:MN=1,F=1,S=20,CONFIRM=Y;
RMV  BRD:MN=1,F=1,S=21,CONFIRM=Y;
RMV  BRD:MN=1,F=1,S=22,CONFIRM=Y;
RMV  BRD:MN=1,F=1,S=23,CONFIRM=Y;
RMV  BRD:MN=1,F=1,S=24,CONFIRM=Y;
RMV  BRD:MN=1,F=1,S=25,CONFIRM=Y;
RMV  BRD:MN=1,F=0,S=2,CONFIRM=Y;
RMV  BRD:MN=1,F=0,S=3,CONFIRM=Y;
RMV  BRD:MN=1,F=0,S=4,CONFIRM=Y;
RMV  BRD:MN=1,F=0,S=5,CONFIRM=Y;
RMV  BRD:MN=1,F=0,S=6,CONFIRM=Y;
RMV  BRD:MN=1,F=0,S=8,CONFIRM=Y;
RMV  BRD:MN=1,F=0,S=9,CONFIRM=Y;
RMV  BRD:MN=1,F=0,S=10,CONFIRM=Y;
RMV  BRD:MN=1,F=0,S=13,CONFIRM=Y;
RMV  BRD:MN=1,F=0,S=14,CONFIRM=Y;
RMV  BRD:MN=1,F=0,S=15,CONFIRM=Y;
RMV  BRD:MN=1,F=0,S=16,CONFIRM=Y;
RMV  BRD:MN=1,F=0,S=17,CONFIRM=Y;
RMV  BRD:MN=1,F=0,S=18,CONFIRM=Y;
RMV  BRD:MN=1,F=0,S=19,CONFIRM=Y;
RMV  BRD:MN=1,F=0,S=20,CONFIRM=Y;
RMV  BRD:MN=1,F=0,S=21,CONFIRM=Y;
RMV  BRD:MN=1,F=0,S=22,CONFIRM=Y;
RMV  BRD:MN=1,F=0,S=23,CONFIRM=Y;
RMV  BRD:MN=1,F=0,S=24,CONFIRM=Y;
RMV  BRD:MN=1,F=0,S=25,CONFIRM=Y;
RMV  BRD:MN=1,F=3,S=4,CONFIRM=Y;
RMV  BRD:MN=1,F=3,S=5,CONFIRM=Y;
```

```
RMV  BRD:MN=1,F=3,S=6,CONFIRM=Y;
RMV  BRD:MN=1,F=3,S=7,CONFIRM=Y;
RMV  BRD:MN=1,F=3,S=8,CONFIRM=Y;
RMV  BRD:MN=1,F=3,S=9,CONFIRM=Y;
RMV  BRD:MN=1,F=3,S=10,CONFIRM=Y;
RMV  BRD:MN=1,F=3,S=11,CONFIRM=Y;
RMV  BRD:MN=1,F=3,S=13,CONFIRM=Y;
RMV  BRD:MN=1,F=3,S=14,CONFIRM=Y;
RMV  BRD:MN=1,F=3,S=15,CONFIRM=Y;
RMV  BRD:MN=1,F=3,S=16,CONFIRM=Y;
RMV  BRD:MN=1,F=3,S=17,CONFIRM=Y;
RMV  BRD:MN=1,F=3,S=18,CONFIRM=Y;
RMV  BRD:MN=1,F=3,S=19,CONFIRM=Y;
RMV  BRD:MN=1,F=3,S=20,CONFIRM=Y;
RMV  BRD:MN=1,F=3,S=21,CONFIRM=Y;
RMV  BRD:MN=1,F=3,S=22,CONFIRM=Y;
RMV  BRD:MN=1,F=3,S=23,CONFIRM=Y;
RMV  BRD:MN=1,F=3,S=24,CONFIRM=Y;
RMV  BRD:MN=1,F=3,S=25,CONFIRM=Y;
```

以下是与本局不同的硬件配置部分：需要删除1框17、18号单板和4框的2、3号单板，重新添加为LPN7、MFC32、DTM、DTM。

```
RMVBRD:MN=1,F=1,S=17,CONFIRM=Y;
RMVBRD:MN=1,F=1,S=18,CONFIRM=Y;
ADDBRD:MN=1,F=1,S=17,BT=LPN7,CONFIRM=Y;
ADDBRD:MN=1,F=1,S=18,BT=MFC32,CONFIRM=Y;
RMVBRD:MN=1,F=4,S=2,CONFIRM=Y;
RMVBRD:MN=1,F=4,S=3,CONFIRM=Y;
ADDBRD:MN=1,F=4,S=2,BT=DTM,CONFIRM=Y;
ADDBRD:MN=1,F=4,S=3,BT=DTM,CONFIRM=Y;
```

④ 增加呼叫源。

```
ADD CALLSRC:CSC=0,CSCNAME="电子科大",PRDN=0,P=0,RSSC=1,
CONFIRM=Y;
//呼叫源=0,呼叫源名为"电子科大",预收号码位数=0,号首集=0,路由选择源码
=1.
```

⑤ 增加计费情况。

```
ADD CHGANA:CHA=1,CHO=NOCENACC,PAY=CALLER,CHGT=ALL,
```

MID=METER1,CONFIRM=Y;
//计费情况=1,计费局=非集中计费局,付费方=主叫付费,计费方法=计次表和详细单,计次表名=METER 1.

⑥ 修改计费制式。

MOD CHGMODE:CHA=1,DAT=NORMAL,TS1="00&00",TA1=180,PA1=1,TB1=60,PB1=1,TS2="00&00",CONFIRM=Y;
//计费情况=1,日期类别=正常工作日,第一时区切换点="00&00",起始时间=180,起始脉冲=1,后续时间=60,后续脉冲=1,第二时区切换点="00&00".

⑦ 增加计费情况索引。

ADD CHGIDX:CHSC=1,RCHS=1,LOAD=ALLSVR,CHA=1,CONFIRM=Y;
//计费选择码=1,计费源码=1,承载能力=所有业务,计费情况=1.

⑧ 增加呼叫字冠。

ADD CNACLD:P=0,PFX=K'8782,CSTP=BASE,CSA=LCO,RSC=65535,MINL=8,MAXL=8,CHSC=1,CONFIRM=Y;
//号首集=0,呼叫字冠=8782,业务类型=基本业务,业务属性=本局,路由选择码无,最小号长为8位,最大号长为8位,计费选择码=1.

⑨ 增加号段。

ADD DNSEG:P=0,SDN=K'87820001,EDN=K'87820099,CONFIRM=Y;
//P=0:号首集=0,起始号码=87820001,终止号码=87820099.

⑩ 增加用户。

ADD ST: D=K'87820001, MN=1, DS=1, RCHS=1, CSC=0;
//电话号码=87820001,模块号=1,设备号=1,计费源码=1,呼叫源码=0.
ADD ST: D=K'87820002, MN=1, DS=2, RCHS=1, CSC=0;
//电话号码=87820002,模块号=1,设备号=2,计费源码=1,呼叫源码=0.

⑪ 增加局向。

ADD OFC: O=1, ON="北京", DOT=CMPX, DOL=SAME, DOA=SPC, CONFIRM=Y;
//局向号=1,局向名=北京,对端局类型=长市农合一,对端局级别=同级,对端局属性=程控局.注意:局向号、子路由号、路由号都是全局统一编号.

⑫ 增加子路由。

ADD SRT: SRC=1, O=1, SRN="到北京", TSM=CYC,CONFIRM=Y;
//子路由号=1,局向号=1,子路由名=到北京,中继群选择方式=循环.

⑬ 增加路由。

ADD RT: R=1, RN="到北京", RT=NRM, SRST=SEQ, SR1=1, SR2=65535,

CONFIRM＝Y;
//路由号＝1,路由名＝到北京,路由类型＝普通路由,子路由选择方式＝顺序选择,第一子路由＝1,第二及以上子路由不做配置.

⑭ 增加路由分析。

ADD RTANA: RSC＝1, RSSC＝1, RUT＝ALL, ADI＝ALL, CLR＝ALL, TP＝ALL, TMX＝0, R＝1, ISUP＝BEST,CONFIRM＝Y;
//路由选择码＝1,路由选择源码＝1,主叫用户类型＝全部类别,地址信息提示语＝全部类别,主叫接入＝全部类别,传输能力＝所有类别,时间索引＝0,路由号＝1,ISUP优选＝优选.

⑮ 增加一号中继群。

ADD N1TG: TG＝1, G＝OUT, SRC＝1, TGN＝"1号子路由出中继群", CSC＝0, CSM＝CYC,CONFIRM＝Y;
//中继群号＝1,群向＝出中继,子路由号＝1,中继群名＝1号子路由出中继群,呼叫源码＝0,电路选择方式＝循环.
ADD N1TG: TG＝2, G＝IN, SRC＝1, TGN＝"1号子路由入中继群", CSC＝0, CSM＝CYC,CONFIRM＝Y;
//中继群号＝2,群向＝入中继,子路由号＝1,中继群名＝1号子路由入中继群,呼叫源码＝0,电路选择方式＝循环.

⑯ 增加一号中继电路。

ADD N1TKC: MN＝1, TG＝1, SC＝0, EC＝15, CS＝USE,CONFIRM＝Y;
//模块号＝1,中继群号＝1,起始电路号＝0,结束电路号＝15,中继电路状态＝可用.
ADD N1TKC: MN＝1, TG＝2, SC＝16, EC＝31, CS＝USE,CONFIRM＝Y;
//模块号＝1,中继群号＝2,起始电路号＝16,结束电路号＝31,中继电路状态＝可用.
ADD N1TKC: MN＝1, TG＝2, SC＝32, EC＝47, CS＝USE,CONFIRM＝Y;
//模块号＝1,中继群号＝2,起始电路号＝32,结束电路号＝47,中继电路状态＝可用.
ADD N1TKC: MN＝1, TG＝1, SC＝48, EC＝63, CS＝USE,CONFIRM＝Y;
//模块号＝1,中继群号＝1,起始电路号＝48,结束电路号＝63,中继电路状态＝可用.

⑰ 增加中继字冠。

ADD CNACLD: P＝0, PFX＝K'010, CSTP＝BASE, CSA＝LCO, RSC＝1, MINL＝11, MAXL＝11, CHSC＝1,CONFIRM＝Y;
//号首集＝0,呼叫字冠＝010,业务类别＝基本业务,业务属性＝本局,路由选择码＝1,最小号长＝8,最大号长＝11,计费选择码＝1.

⑱ 增加号码变换。

ADD DNC: DCX=1, DCT=DEL, DCP=0, DCL=3,CONFIRM=Y;
//号码变换索引=1,号码变换类型=删号,变换起始位置=0,号码变换长度=3.

⑲ 增加中继承载。

ADD TGLD: CLI=1, TOP=3, RI=0, EI=1,CONFIRM=Y;
//承载索引号=1,中继占用点=3,主叫号码发送变换索引=0,被叫号码变换索引=1.

⑳ 增加中继承载索引。

ADD TGLDIDX: TG=1, CSC=0, P=0, PFX=K'010, CLI=1,CONFIRM=Y;
中继群号=1,呼叫源码=0,号首集=0,呼叫字冠=010,承载索引号=1.

㉑ 格式转换数据。

SETFMT:STS=ON,CONFIRM=Y;
//设置格式转换的状态,状态=开.
FMT:;
//格式转换.将数据转换成交换机能接收的格式,等待加载数据到设备.

(7) 系统会执行每条命令,并在维护输出窗口显示执行结果(图 9.50)。

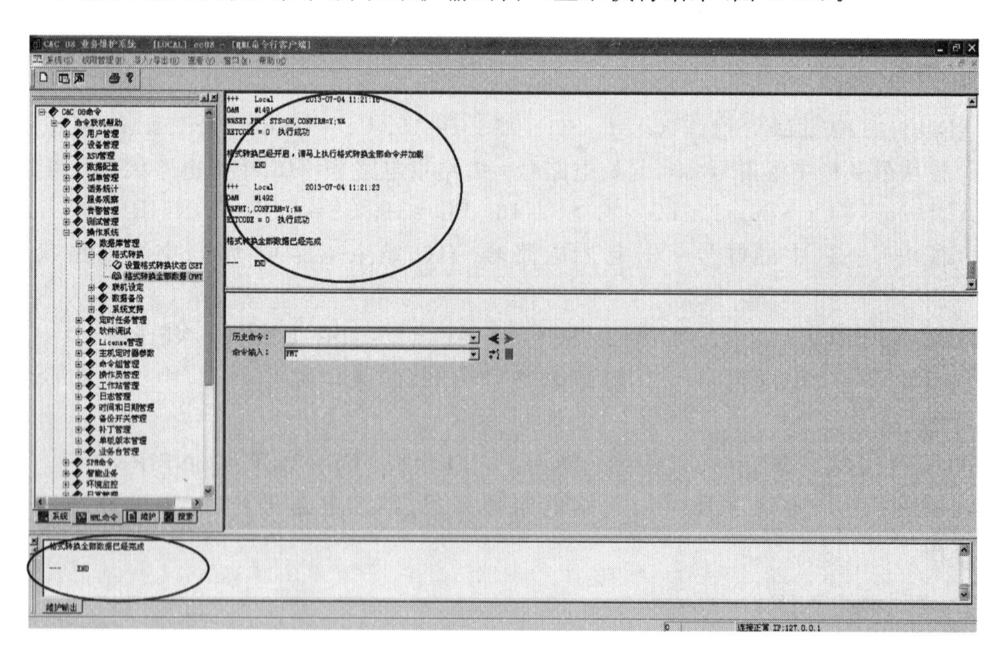

图 9.50 命令执行结果

(8) 在 Ebridge 系统中单击"开始程控实验"→"申请加载数据"→"确定",屏幕上方会显示当前占用服务器席位的客户端、申请席位的客户端排在第几位、剩余多长时间(图 9.51)。

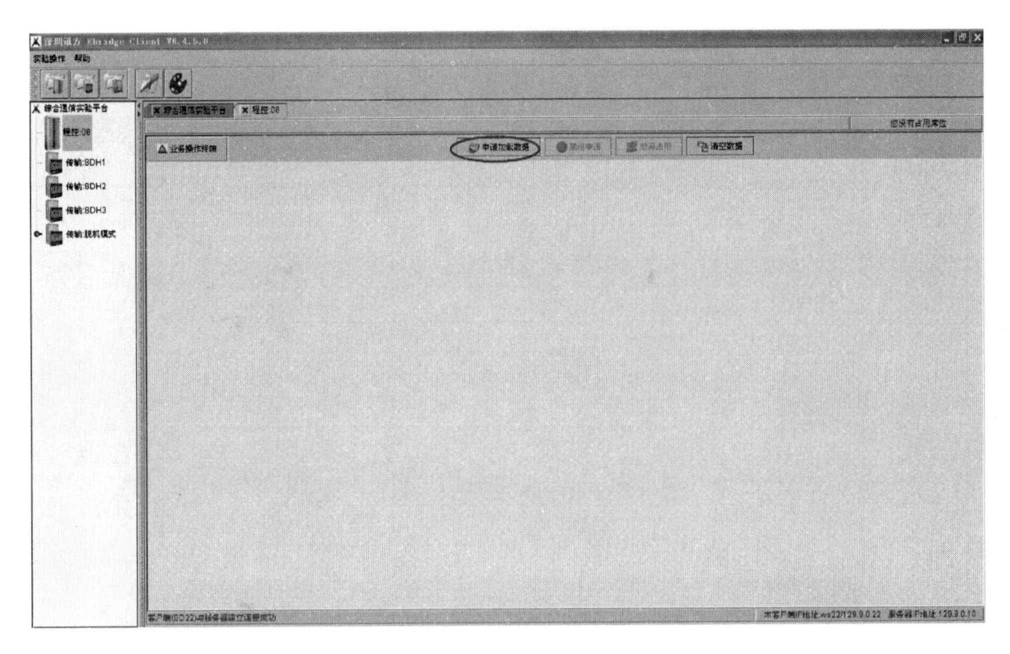

图 9.51　申请加载数据

(9) 当申请到服务器席位时，单击“确定”，系统自动将本客户端的数据库中的数据传到服务器中(图 9.52)。

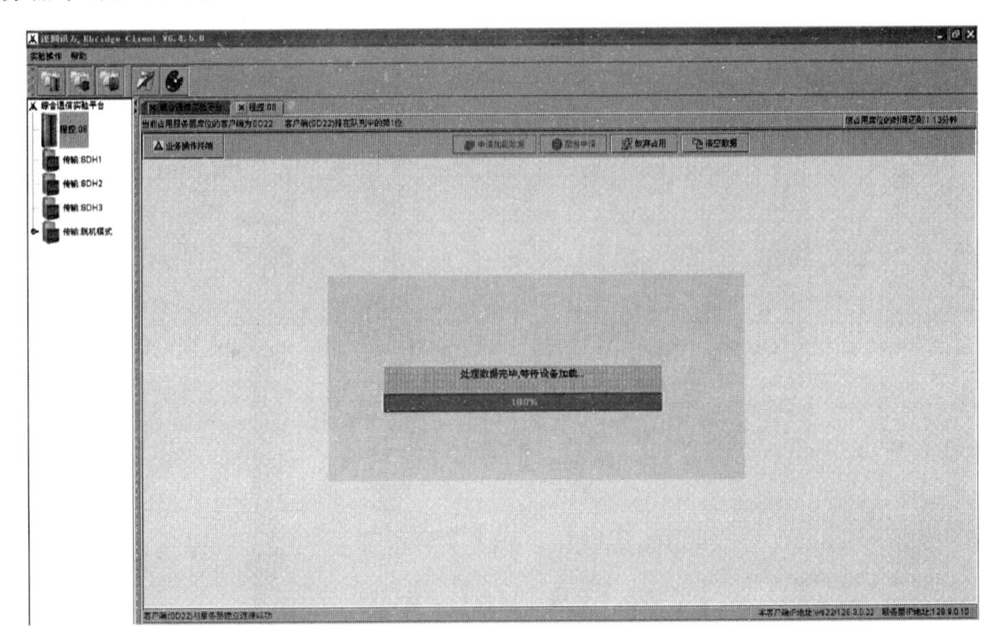

图 9.52　数据处理过程中

(10) 服务器会自动进行数据格式转换，并加载到交换机中(图 9.53)。

七、实训验证

(1) 单击“业务操作终端”→“交换机业务维护”，出现登录对话框。

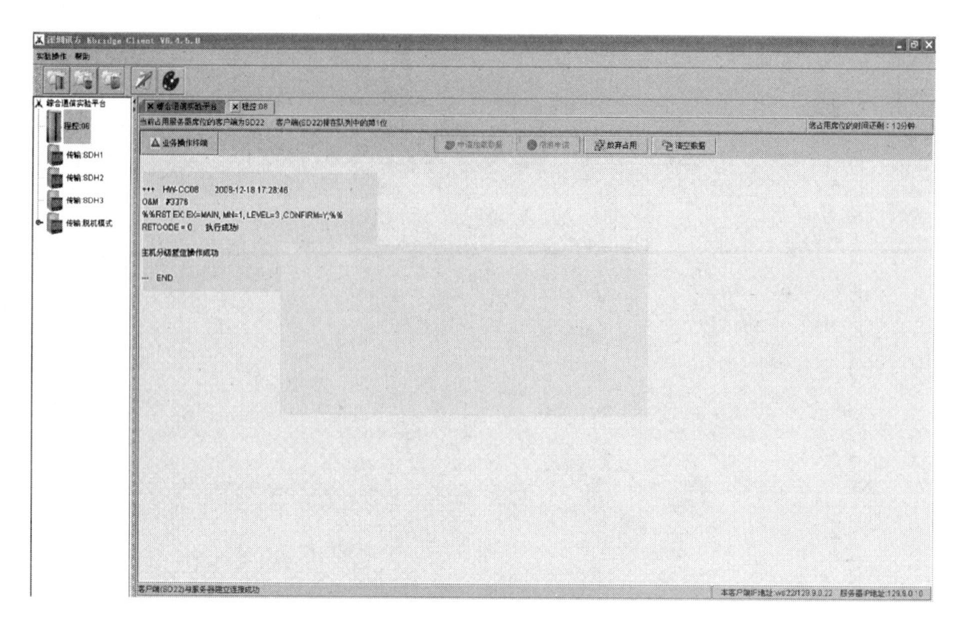

图 9.53 数据加载成功

(2) 局名选 SERVER(IP 地址：129.9.0.10)，输入用户名 cc08，密码 cc08，单击“联机”按钮，登录到 BAM 服务器(图 9.54)。

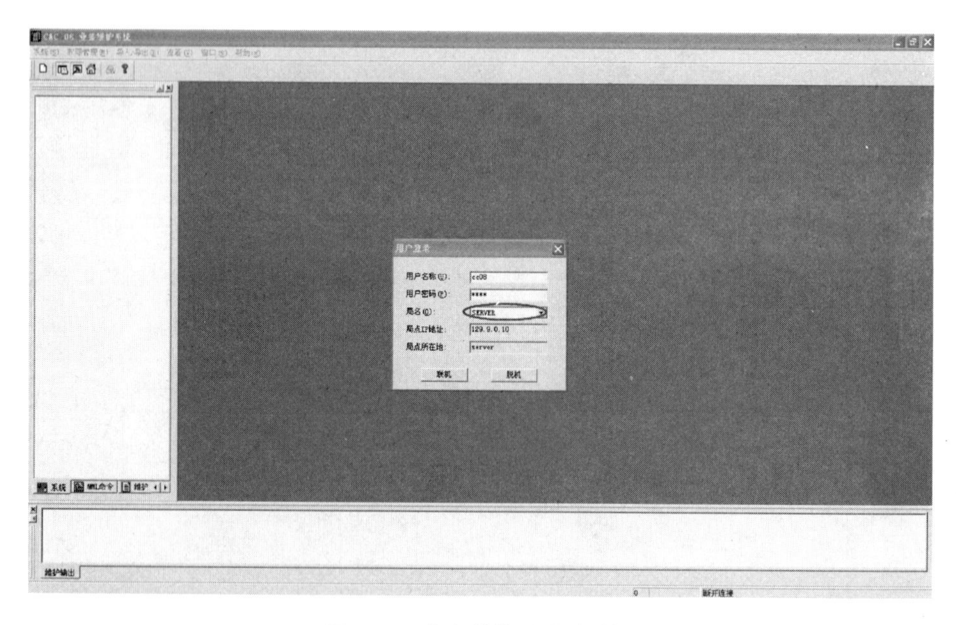

图 9.54 业务操作登录对话框

(3) 单击“维护”→“配置”→“硬件配置状态面板”，可看到交换机模块单板运行状态(图 9.55)。

(4) 单击第一块用户板，可以看到两个用户号码 87820001 和 87820002。

(5) 使用话机 87820001 拨打 01087820002，能够接通说明实训成功。

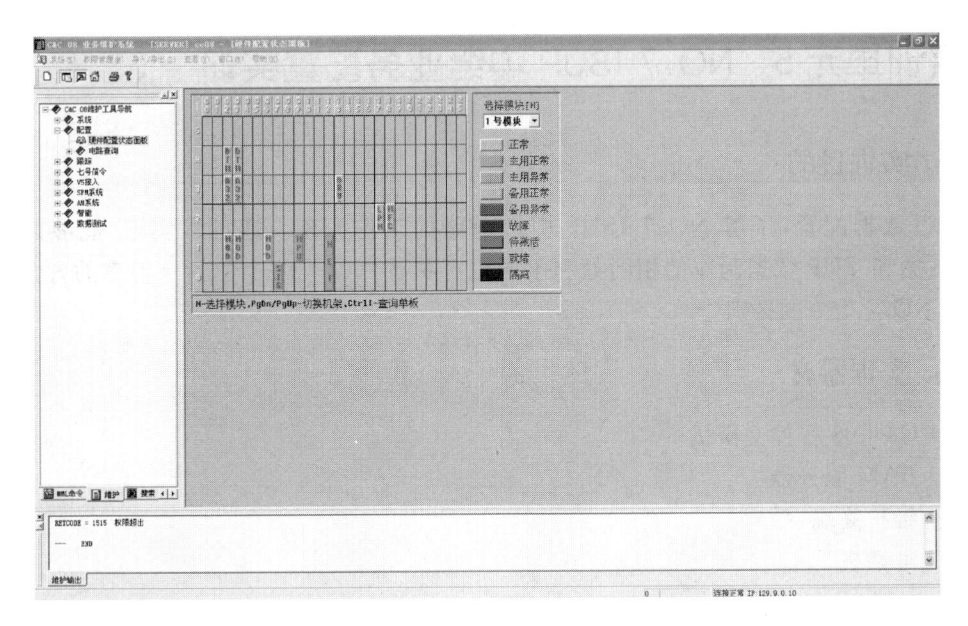

图 9.55　硬件配置状态面板

八、课后问答

1. 简述 NO.1 信令的各个消息的含义。
2. 如何用不同字冠实现不同的中继群选路?
3. 中继承载的作用是什么?

实训单元 5　NO.7 ISUP 中继业务配置实训

一、实训目的

通过数据配置，了解 NO.7 ISUP 中继电路的工作原理。通过本实训，能够区别出 ISUP 数据和 TUP 数据制作的相同处和不同点。熟悉 NO.7 信令中各个消息的含义。对比两种 NO.7 信令的区别。

二、实训器材

(1) C&C08 程控交换机

(2) BAM 服务器

(3) 维护终端

(4) 电话机

三、实训内容说明

(1) 交换机板位说明如图 9.56 所示。

	0	1	2	3	4	5	6	7	8	9	10	11	12	13	14	15	16	17	18	19	20	21	22	23	24	25
5																										
4	PWC		DTM	DTM																						
3	PWX		ASL32	ASL32									DRV32													
2																										
1	PWC		NOD	NOD			NOD			MPU		CKV	NET					LPN7	MFC32							
0								SIG																		

图 9.56　实训中程控交换机板位图

本实训中所采用的为 C&C08 程控交换机，为一独立模块，一共一个机柜，分为一个主控框、一个用户框和一个中继框，使用外置 BAM。框编号从 0 开始，机框编号从下往上 0～5。本次实训介绍独立局大模块硬件配置。

其中：

- 0 框和 1 框为主控框，有一块大背母板外加其他功能板件构成。
- 3 框为用户框，为交换机系统提供用户电路接口。
- 4 框为中继框，为交换机提供中继电路功能。

(2) 程控交换机在 DDF 架上 2M 口的位置：按照如图 9.57 所示的红色线用中继自环线将两个中系统环接起来。

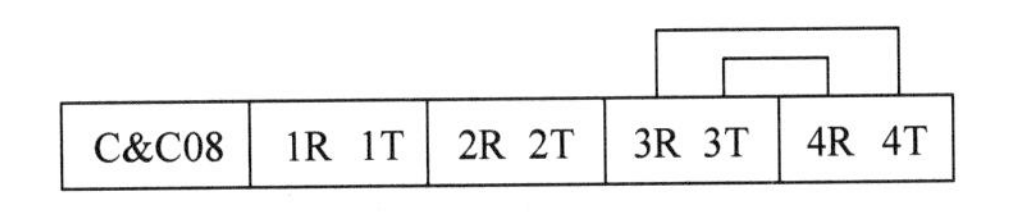

图 9.57　程控交换机 2M 口的连接

(3) 要求在能够打通本局电话的基础上配置用户数据，完成 NO.7 自环中继业务。

四、知识要点

1. NO.7 ISUP 中继业务配置的流程

(1) 增加 MTP 目的信令点

(2) 增加局向

(3) 增加子路由

(4) 增加中继群

(5) 增加路由

(6) 增加路由分析

(7) 增加 MTP 链路集

(8) 增加 MTP 路由

(9) 增加 MTP 链路

(10) 增加七号中继电路

(11) 增加呼叫字冠

(12) 增加号码变换

(13) 增加号首特殊处理

2. 专业术语

- 局向：当一个交换局和本局有直连电路，那么这个交换局就为一个局向。
- 子路由：两个交换局之间的直连语音通道就是两个交换机间的子路由。
- 路由：两个交换局之间的所有子路由的集合。
- 路由选择码：以被叫字冠来选择出局路由。路由选择码是指不同的出局字冠，在出局路由选择策略上的分类号。因而路由选择码与呼叫字冠相对应，指呼叫某个呼叫字冠时，选择路由的策略。
- 路由选择源码：以主叫属性来选择出局路由。当本局不同用户在出局路由选择策略上有所不同时，可以根据不同的呼叫源，给予路由选择源码。路由选择源码与呼叫源相对应。通常本局只有一个呼叫源，或虽然有几个呼叫源，但在出局的路由选择上都相同，那么只定义一个路由选择源码即可。

- 出局字冠或目的码对应路由选择码，呼叫源码对应路由选择源码，再加上主叫用户类别、地址信息指示语、时间等因素，最终决定一条路由。对于不同的字冠，可能有相同或不同的路由选择，因此在路由选择码上也可能相同或不同。

3. 注意事项

- NO.7 信令的特点：共路信令，独立信令数据链路，在通话过程中可以发送传送。
- NO.7 信令网的三要素：SP 即信令点，包含 DPC、OPC；STP 即信令转接点，是信令网中用于汇聚和转发 NO.7 信令的节点；SL 即信令链路，用于连接信令节点之间的数据链路。
- 增加虚拟局向及相关中继数据，需要偶数个 PCM 系统。
- 增加七号中继群时，需要进行 CIC 增加和减少变化，第一条增加 32，第二条减少 32。
- 增加 N7LNK 时，注意 SLC 和 SSLC 选择数据，第一条 LINK 的 SLC＝0，SSLC＝1；那么第二条 LINK 的 SLC＝1，SSLC＝0。
- 需要进行号码处理，对出局字冠进行号码变换（号首处理或者中继承载），使拨的出局字冠变成本局号码接通。
- 注意和 TUP 数据制作的区别，主要区别在于增加 NO.7 LNK 的中继设备标识，和增加七号中继群时的电路类型选择。
- CIC(Circuit Identification Code，电路识别码)用于两个信令点之间对电路的标识。只有 TUP、ISUP 等电路交换业务的消息中，才有 CIC 字段，其长度定义为 12bit，所以两个信令点之间最多只能有 4096 条电路。在网络管理等消息中没有 CIC 字段。
- SLS(Signalling Link Selection)：一个 4bit 的值(00—0F)，用来进行七号信令消息的选路，对于 TUP、ISUP 消息，其值是相应话路电路 CIC 值的低 4 位，对于 MTP 消息，其值是相应链路的信令链路编码。
- SLC(Signalling Link Code)，即信令链路编码(0—15)，是用来标识某一条信令链路的，在对接时，双方同一条链路的 SLC 值应该一致，同一链路集中的 SLC 是唯一确定的，其作用类似于话路的 CIC 值。
- 中继出局字冠要进行号码变换，删除出局字冠。具体方式如下。假设出局字冠是 023，本局电话为 87820001～87820004，对出局 023 做号码变换：删除 3 位，那么如果拨打 02387820001，该号码上中继后环回，吃掉 023，剩下 87820001，这时本交换机内电话 87820001 振铃，摘机可通话，中继调试成功。
- 自环数据的特点：设置一个虚拟的对端局，并相应设置局向号。需要偶数个 PCM 系统进行自环。业务字冠属性应设置为本地或本地以上，并且设置路由选择码。对进行自环的中继群设置中继群承载数据，对被叫号码进行号码变换。
- NO.1 自环中继模拟两个交换局呼叫，通过一块中继板的 2 个 PCM 电路模拟本局的出局和对局的入局。注意出局中继的 2 条 PCM 电路的数据设定方式，3＃PCM 电路分为出中继（前 15 条电路）、入中继（后 15 条中继）；4＃PCM 电路分为入中继（前 15 条中继）、出中继（后 15 条电路）。

• NO.1 信令目前一般使用在专网内。或者运营商的大客户电路即对方单位有小交换机接入时使用 NO.1 信令。一般在本地网和长途网中不使用 NO.1 信令。

五、数据准备

假设的数据如下：新增两个用户，电话号码为 87820001 和 87820002，配置数据规划如表 9-5 所示。

表 9-5　NO.7 ISUP 中继业务配置数据

增加模块号	1#独立局模块
增加主控框	框号 0
增加中继框	框号 4
增加 32 路用户框	框号 3
调整板位	主控框、中继框、用户框
增加号首集	0
增加计费情况	0
修改计费制式	0
增加计费情况索引	0
增加字冠	8782
增加号段	87820001—87820099
增加普通号码	87820001 87820002
增加 MTP 目的信令点	重庆
增加局向	到重庆
增加子路由	2 到北京
增加七号中继群	3 出中继，4 入中继
增加路由	2
增加路由分析	2
增加 MTP 链路集	2
增加 MTP 路由	2
增加 MTP 链路	4 号链路，电路号＝80 5 号链路，电路号＝112
增加七号中继电路	3 号中继群 64—95 3 号中继群 96—127
增加中继字冠	023
增加号码变换	1：删除 3 位
增加号首特殊处理	字冠 023 删除

六、实训步骤

(1) 在桌面上双击图标，输入实际的服务器地址，如图 9.58 所示，单击“确定”按钮。

(2) 双击“程控：C&C08”，打开实训界面，单击“清空数据”(图 9.59)。

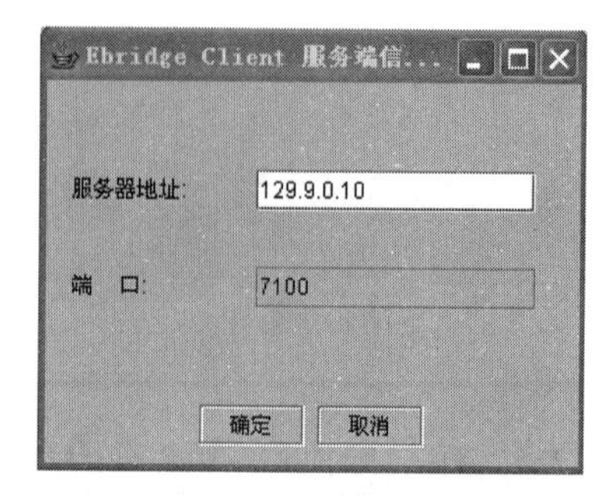

图 9.58 登录 EB 操作平台

图 9.59 打开实训界面

(3) 单击“业务操作终端”→“CC08 交换机业务维护”，弹出登录对话框。

(4) 局名选 LOCAL(IP 地址：127.0.0.1)，输入用户名 cc08，密码 cc08，单击“联机”按钮(图 9.60)。

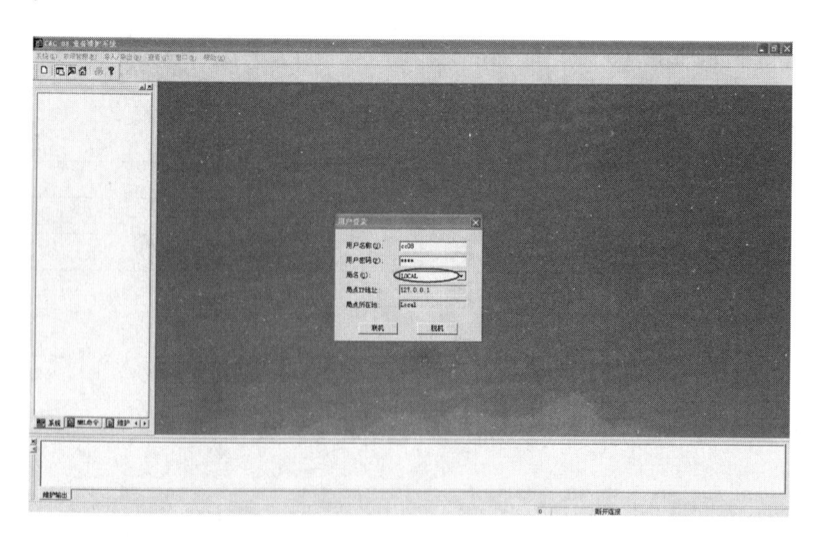

图 9.60 登录对话框

(5) 在维护输出窗口会显示登录成功的相关信息，并自动执行几条系统查询命令(图 9.61)。

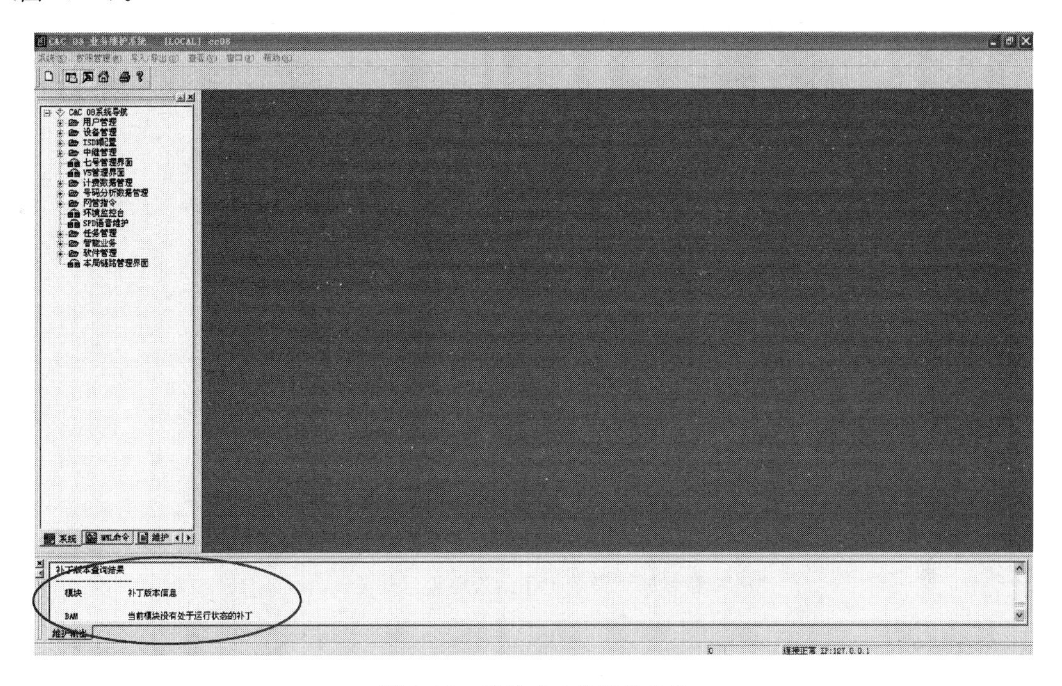

图 9.61 登录成功的相关信息

(6) 在“MML 命令”导航树中找到如图 9.62 所示的命令，并输入相关参数，单击运行图标。如图 9.63 所示设置工作站告警输出开关。

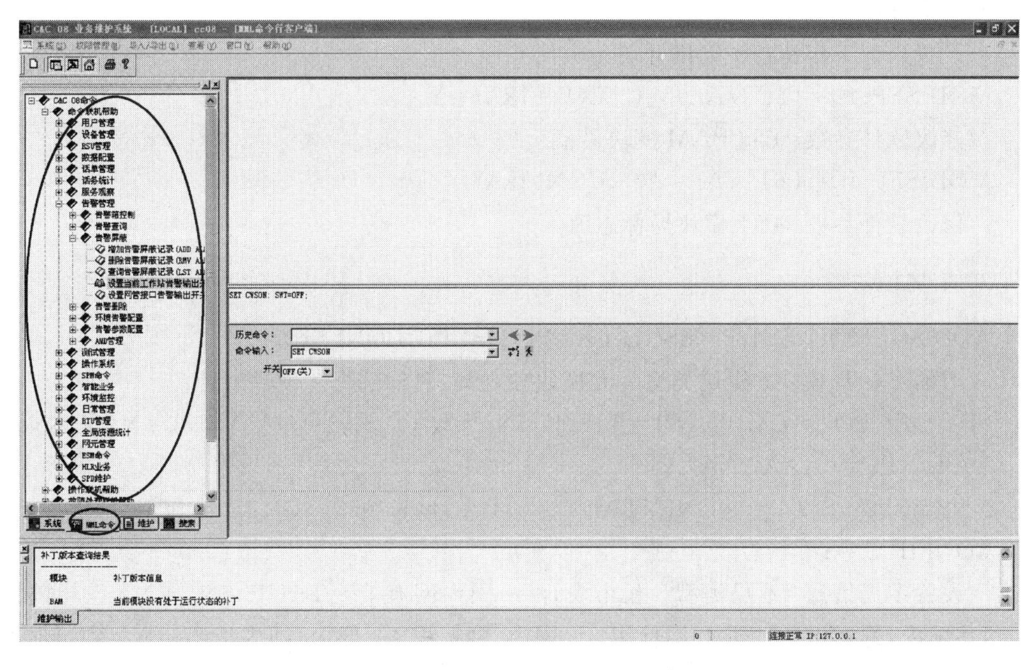

图 9.62 “MML 命令”导航树

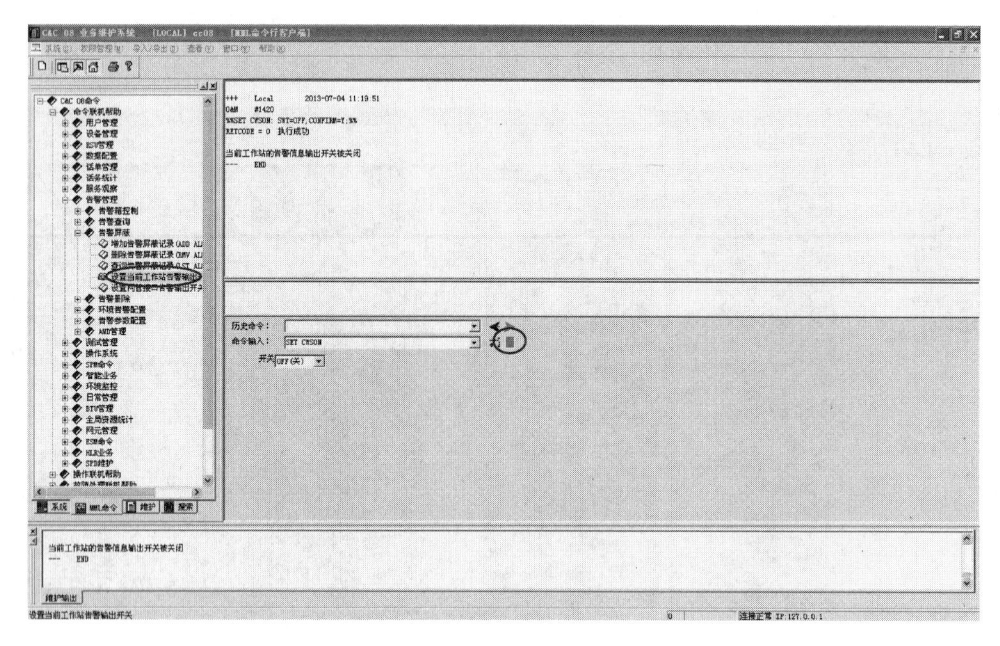

图 9.63 设置工作站告警输出开关

所执行的命令：

① 设置软件参数。

SET CWSON:SWT=OFF,CONFIRM=Y;

//设置格式转换的状态=关.

SET FMT:STS=OFF,CONFIRM=Y;

//设置当前工作站告警输出开关=关.

MOD SFP:ID=P59,VAL="1",CONFIRM=Y;

//修改软件参数：P59 BAM 模块号值=1.

MOD SFP:ID=P64,VAL="0",CONFIRM=Y;

//修改软件参数：P64 模块局标志值=0.

② 增加模块。

ADD SGLMDU:SGLT=ESGL,CKTP=HSELB,CONFIRM=Y;

//增加 B 独局模块：模块类型=大模块独立局,时钟选择=硬件时钟.

SET OFI:LOT=CMPX,NN=TRUE,SN1=NAT,SN2=NAT,SN3=NAT,SN4=NAT,NPC="AAAAAA",

NNS=SP24,SCCP=NONE,TADT=0,LAC=K'028,_CN_20=0,LNC=K'86,CONFIRM=Y;

//设置本局信息：本局类型=长市农合一,国内网有效=TRUE.SN1=NAT：网标识1=国内,网标识 2=国内,网标识 3=国内,网标识 4=国内,国内编码=AAAAAA,国内网结构=SP24,提供 SCCP 功能=不提供.传输允许时延=0,STP 功能标志=否,本地区号=028,本局运营商=中国电信,本国代码=86.

ADD CFB:MN＝1,F＝0,LN＝0,PNM＝"电子科大",PN＝0,ROW＝0,COL＝0,CONFIRM＝Y;

//增加主控框：模块号＝1,框号＝0,机架号＝0,场地名＝电子科大,场地号＝0,行号＝0,列号＝0.

ADD DTFB:MN＝1,F＝4,LN＝0,PNM＝"电子科大",PN＝0,ROW＝0,COL＝0,N1＝0,N2＝1,N3＝255,HW1＝90,HW2＝91,HW3＝88,HW4＝89,HW5＝65535,CONFIRM＝Y;

//增加 DTM 中继框：模块号＝1,框号＝4,机架号 0,场地名＝电子科大,场地号＝0,行号＝0,列号＝0,主节点 1＝0,主节点 2＝1,主节点 3 以上不配,HW1＝90, HW2＝91, HW3＝88, HW4＝89,HW5 以上不配.

ADD USF32:MN＝1,F＝3,LN＝0,PNM＝"电子科大",PN＝0,ROW＝0,COL＝0,N1＝16,N2＝17,HW1＝0,HW2＝1,HW3＝65535,BRDTP＝ASL32,CONFIRM＝Y;

//增加用户框：模块号＝1,框号＝3,场地名＝电子科大,场地号＝0,行号＝0,列号＝0,左半框主节点＝16,右半框主节点＝17,HW1、HW2 分别为 0 和 1,HW3 以上不配,板类型为 32 路用户板.

③ 调整单板配置。

当配置完功能框后,系统自动默认该功能框是满配置的,要根据实际配置删除多余的或者不存在的单板,此处和实训单元 1 相同,不再做详细叙述。

```
RMV  BRD:MN=1,F=1,S=4,CONFIRM=Y;
RMV  BRD:MN=1,F=1,S=5,CONFIRM=Y;
RMV  BRD:MN=1,F=1,S=7,CONFIRM=Y;
RMV  BRD:MN=1,F=1,S=8,CONFIRM=Y;
RMV  BRD:MN=1,F=1,S=13,CONFIRM=Y;
RMV  BRD:MN=1,F=1,S=14,CONFIRM=Y;
RMV  BRD:MN=1,F=1,S=15,CONFIRM=Y;
RMV  BRD:MN=1,F=1,S=16,CONFIRM=Y;
RMV  BRD:MN=1,F=1,S=19,CONFIRM=Y;
RMV  BRD:MN=1,F=1,S=20,CONFIRM=Y;
RMV  BRD:MN=1,F=1,S=21,CONFIRM=Y;
RMV  BRD:MN=1,F=1,S=22,CONFIRM=Y;
RMV  BRD:MN=1,F=1,S=23,CONFIRM=Y;
RMV  BRD:MN=1,F=1,S=24,CONFIRM=Y;
RMV  BRD:MN=1,F=1,S=25,CONFIRM=Y;
RMV  BRD:MN=1,F=0,S=2,CONFIRM=Y;
RMV  BRD:MN=1,F=0,S=3,CONFIRM=Y;
RMV  BRD:MN=1,F=0,S=4,CONFIRM=Y;
RMV  BRD:MN=1,F=0,S=5,CONFIRM=Y;
```

```
RMV BRD:MN=1,F=0,S=6,CONFIRM=Y;
RMV BRD:MN=1,F=0,S=8,CONFIRM=Y;
RMV BRD:MN=1,F=0,S=9,CONFIRM=Y;
RMV BRD:MN=1,F=0,S=10,CONFIRM=Y;
RMV BRD:MN=1,F=0,S=13,CONFIRM=Y;
RMV BRD:MN=1,F=0,S=14,CONFIRM=Y;
RMV BRD:MN=1,F=0,S=15,CONFIRM=Y;
RMV BRD:MN=1,F=0,S=16,CONFIRM=Y;
RMV BRD:MN=1,F=0,S=17,CONFIRM=Y;
RMV BRD:MN=1,F=0,S=18,CONFIRM=Y;
RMV BRD:MN=1,F=0,S=19,CONFIRM=Y;
RMV BRD:MN=1,F=0,S=20,CONFIRM=Y;
RMV BRD:MN=1,F=0,S=21,CONFIRM=Y;
RMV BRD:MN=1,F=0,S=22,CONFIRM=Y;
RMV BRD:MN=1,F=0,S=23,CONFIRM=Y;
RMV BRD:MN=1,F=0,S=24,CONFIRM=Y;
RMV BRD:MN=1,F=0,S=25,CONFIRM=Y;
RMV BRD:MN=1,F=3,S=4,CONFIRM=Y;
RMV BRD:MN=1,F=3,S=5,CONFIRM=Y;
RMV BRD:MN=1,F=3,S=6,CONFIRM=Y;
RMV BRD:MN=1,F=3,S=7,CONFIRM=Y;
RMV BRD:MN=1,F=3,S=8,CONFIRM=Y;
RMV BRD:MN=1,F=3,S=9,CONFIRM=Y;
RMV BRD:MN=1,F=3,S=10,CONFIRM=Y;
RMV BRD:MN=1,F=3,S=11,CONFIRM=Y;
RMV BRD:MN=1,F=3,S=13,CONFIRM=Y;
RMV BRD:MN=1,F=3,S=14,CONFIRM=Y;
RMV BRD:MN=1,F=3,S=15,CONFIRM=Y;
RMV BRD:MN=1,F=3,S=16,CONFIRM=Y;
RMV BRD:MN=1,F=3,S=17,CONFIRM=Y;
RMV BRD:MN=1,F=3,S=18,CONFIRM=Y;
RMV BRD:MN=1,F=3,S=19,CONFIRM=Y;
RMV BRD:MN=1,F=3,S=20,CONFIRM=Y;
RMV BRD:MN=1,F=3,S=21,CONFIRM=Y;
RMV BRD:MN=1,F=3,S=22,CONFIRM=Y;
RMV BRD:MN=1,F=3,S=23,CONFIRM=Y;
RMV BRD:MN=1,F=3,S=24,CONFIRM=Y;
RMV BRD:MN=1,F=3,S=25,CONFIRM=Y;
```

以下是与本局不同的硬件配置部分：需要删除1框17、18号单板和4框的2、3号单板，重新添加为 LPN7、MFC32、ISUP、ISUP。

```
RMVBRD:MN=1,F=1,S=17,CONFIRM=Y;
RMVBRD:MN=1,F=1,S=18,CONFIRM=Y;
ADDBRD:MN=1,F=1,S=17,BT=LPN7,CONFIRM=Y;
ADDBRD:MN=1,F=1,S=18,BT=MFC32,CONFIRM=Y;
RMVBRD:MN=1,F=4,S=2,CONFIRM=Y;
RMVBRD:MN=1,F=4,S=3,CONFIRM=Y;
ADDBRD:MN=1,F=4,S=2,BT=ISUP,CONFIRM=Y;
ADDBRD:MN=1,F=4,S=3,BT=ISUP,CONFIRM=Y;
```

④ 增加呼叫源。

ADD CALLSRC: CSC＝0, CSCNAME＝"电子科大", PRDN＝0, P＝0, RSSC＝1, CONFIRM＝Y;
//呼叫源＝0，呼叫源名为"电子科大"，预收号码位数＝0，号首集＝0，路由选择源码＝1.

⑤ 增加计费情况。

ADD CHGANA: CHA＝1, CHO＝NOCENACC, PAY＝CALLER, CHGT＝ALL, MID＝METER1, CONFIRM＝Y;
//计费情况＝1，计费局＝非集中计费局，付费方＝主叫付费，计费方法＝计次表和详细单，计次表名＝METER 1.

⑥ 修改计费制式。

MOD CHGMODE: CHA＝1, DAT＝NORMAL, TS1＝"00&00", TA1＝180, PA1＝1, TB1＝60, PB1＝1, TS2＝"00&00", CONFIRM＝Y;
//计费情况＝1，日期类别＝正常工作日，第一时区切换点＝"00&00"，起始时间＝180，起始脉冲＝1，后续时间＝60，后续脉冲＝1，第二时区切换点＝"00&00".

⑦ 增加计费情况索引。

ADD CHGIDX: CHSC＝1, RCHS＝1, LOAD＝ALLSVR, CHA＝1, CONFIRM＝Y;
//计费选择码＝1，计费源码＝1，承载能力＝所有业务，计费情况＝1.

⑧ 增加呼叫字冠。

ADD CNACLD: P＝0, PFX＝K'8782, CSTP＝BASE, CSA＝LCO, RSC＝65535, MINL＝8, MAXL＝8, CHSC＝1, CONFIRM＝Y;
//号首集＝0，呼叫字冠＝8782，业务类型＝基本业务，业务属性＝本局，路由选择码无，最小号长为 8 位，最大号长为 8 位，计费选择码＝1.

⑨ 增加号段。

ADD DNSEG: P＝0, SDN＝K'87820001, EDN＝K'87820099, CONFIRM＝Y;
//P＝0：号首集＝0，起始号码＝87820001，终止号码＝87820099.

⑩ 增加用户。

ADD ST: D=K'87820001, MN=1, DS=1, RCHS=1, CSC=0;
//电话号码=87820001,模块号=1,设备号=1,计费源码=1,呼叫源码=0.
ADD ST: D=K'87820002, MN=1, DS=2, RCHS=1, CSC=0;
//电话号码=87820002,模块号=1,设备号=2,计费源码=1,呼叫源码=0.

⑪ 增加 MTP 目的信令点。

ADD N7DSP: DPX=2, DPN="重庆", NPC="222222",CONFIRM=Y;
//目的信令点索引=2,目的信令点名=重庆,国内网编码=222222.

⑫ 增加局向。

ADD OFC: O=2, ON="重庆", DOT=CMPX, DOL=SAME, DOA=SPC, DPC1="222222",CONFIRM=Y;
//局向号=2,局向名=到重庆,对端局类型=长市农合一,对端局级别=同级,对端局属性=程控局,目的信令点编码 1=222222.

⑬ 增加子路由。

ADD SRT: SRC=2, O=2, SRN="到重庆",CONFIRM=Y;
//子路由号=2,局向号=2,子路由名=到重庆.

⑭ 增加中继群。

ADD N7TG: TG=3, G=OUT, SRC=2, TGN="2 号子路由出中继", CT=ISUP, CCT=INC, CCV=32,CONFIRM=Y;
//中继群号=3,群向=出中继,子路由号=2,中继群名=2 号子路由出中继,电路类型=ISUP,CIC 变换类型=增加,CIC 变换值=32.
ADD N7TG: TG=4, G=IN, SRC=2, TGN="2 号子路由入中继", CT=ISUP, CCT=DEC, CCV=32,CONFIRM=Y;
//中继群号=4,群向=入中继,子路由号=2,中继群名=2 号子路由出中继,电路类型=ISUP,CIC 变换类型=减少,CIC 变换值=32.

⑮ 增加路由。

ADD RT: R=2, RN="到重庆", RT=NRM, SR1=2,CONFIRM=Y;
//路由号=2,路由名=到重庆,路由类型=普通路由,第一子路由=2.

⑯ 增加路由分析。

ADD RTANA: RSC=1, RSSC=1, RUT=ALL, ADI=ALL, CLR=ALL, TP=ALL, TMX=0, R=2, ISUP=NOCHANGE,CONFIRM=Y;
//路由选择码=1,路由选择源码=1,主叫用户类别=所有类别,地址信息提示语=所有类别,主叫接入=所有类别,传输能力=全部类别,时间索引=2,路由号=2,ISUP 优选=不改变.

⑰ 增加 MTP 链路集。

ADD N7LKS: LS=2, LSN="到重庆", APX=2,CONFIRM=Y;
//链路集=2,链路名=到重庆,相邻信令点索引=2.

⑱ 增加 MTP 路由。

ADD N7RT: RN="到重庆", LS=2, DPX=2,CONFIRM=Y;
//路由名=到重庆,链路集=2,目的信令点索引=2.

⑲ 增加 MTP 链路。

ADD N7LNK: MN=1, LNK=4, LKN="到重庆 1", C=80, LS=2, SLC=0, SSLC=1,CONFIRM=Y;
//模块号=1,链路号=4,链路名=到重庆,电路号=80,链路集=2,信令链路编码=0,信令链路编码发送-1.
ADD N7LNK: MN=1, LNK=5, LKN="到重庆 2", C=112, LS=2, SLC=1, SSLC=0,CONFIRM=Y;
//模块号=1,链路号=5,链路名=到重庆,电路号=112,链路集=2,信令链路编码=1,信令链路编码发送=0.

⑳ 增加 NO.7 中继电路。

ADD N7TKC: MN=1, TG=3, SC=64, EC=95, SCIC=0, SCF=AUTO, CS=USE,CONFIRM=Y;
//模块号=1,中继群号=3,起始电路号=64,结束电路号=95,起始 CIC=0,起始电路的主控标志=自动分配,中继电路状态=可用.
ADD N7TKC: MN=1, TG=4, SC=96, EC=127, SCIC=32, SCF=AUTO, CS=USE,CONFIRM=Y;
//模块号=1,中继群号=4,起始电路号=96,结束电路号=127,起始 CIC=32,起始电路的主控标志=自动分配,中继电路状态=可用.

㉑ 增加呼叫字冠。

ADD CNACLD: PFX=K'023, CSTP=BASE, CSA=NTT, _SR_39=7, RSC=2, MINL=8, MAXL=11, GAIN=AGN, CHSC=1,CONFIRM=Y;
//呼叫字冠=023,业务类别=基本业务,业务属性=国内长途,业务权限=国内长途,路由选择码=2,最小号长=8,最大号长=11,计费选择码=1.

㉒ 增加号码变换。

ADD DNC: DCX=1, DCT=DEL, DCP=0, DCL=3,CONFIRM=Y;
//号码变换索引=1,号码变换类型=删号,变换起始位置=0,号码变换长度=3.

㉓ 增加号首特殊处理。

ADD PFXPRO: PFX=K'023, CSC=0, DDC=TRUE, DDCX=1,CONFIRM=Y;

//呼叫字冠=023,呼叫源码=0,被叫号码变换标志=是,被叫号码变换索引=1.

㉔ 格式转换数据。

SETFMT:STS=ON,CONFIRM=Y;
//设置格式转换的状态,状态=开.
FMT:;
//格式转换.将数据转换成交换机能接收的格式,等待加载数据到设备.

(7) 系统会执行每条命令,并在维护输出窗口显示执行结果(图 9.64)。

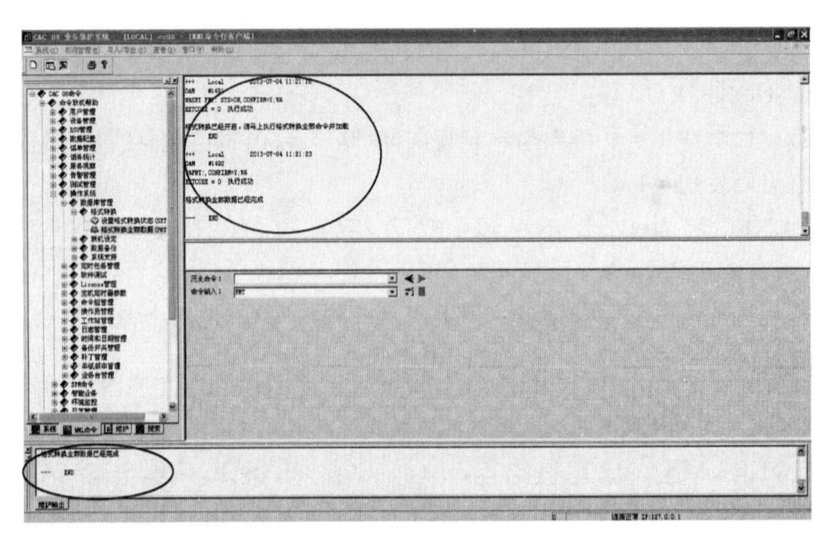

图 9.64 命令执行结果

(8) 在 Ebridge 系统中单击“开始程控实验”→“申请加载数据”→“确定”,屏幕上方会显示当前占用服务器席位的客户端、你申请席位的客户端排在第几位、剩余多长时间(图 9.65)。

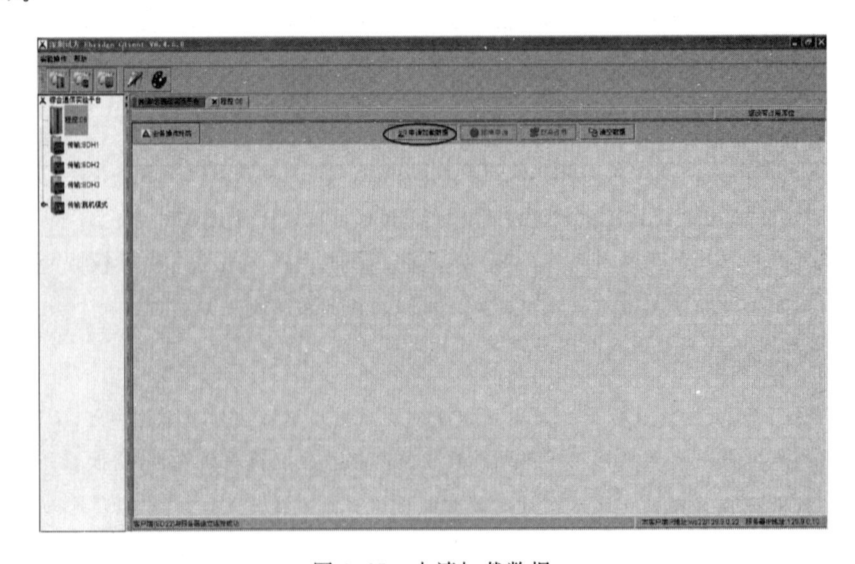

图 9.65 申请加载数据

(9) 当申请到服务器席位时,单击“确定”,系统自动将本客户端的数据库中的数据传到服务器中(图 9.66)。

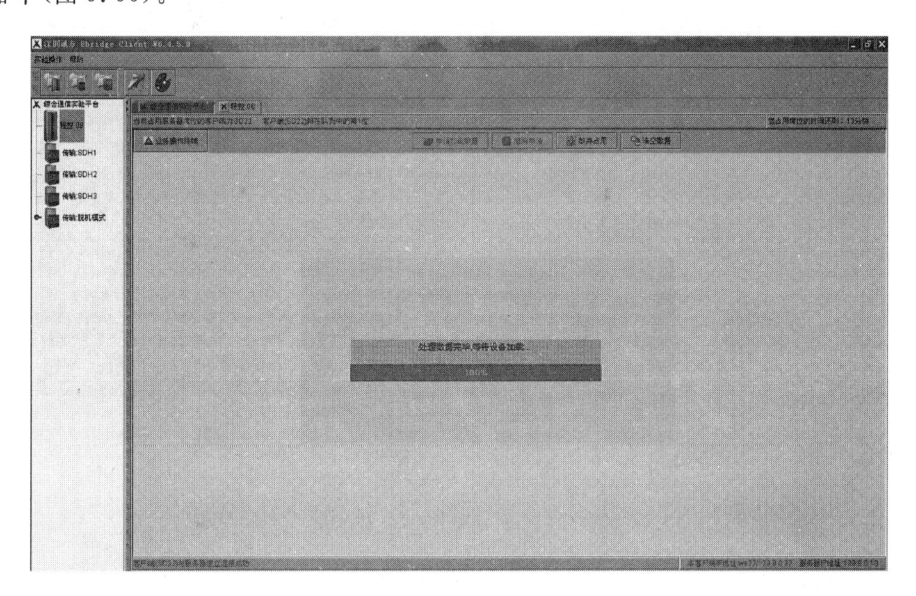

图 9.66 数据处理过程中

(10) 服务器会自动进行数据格式转换,并加载到交换机中(图 9.67)。

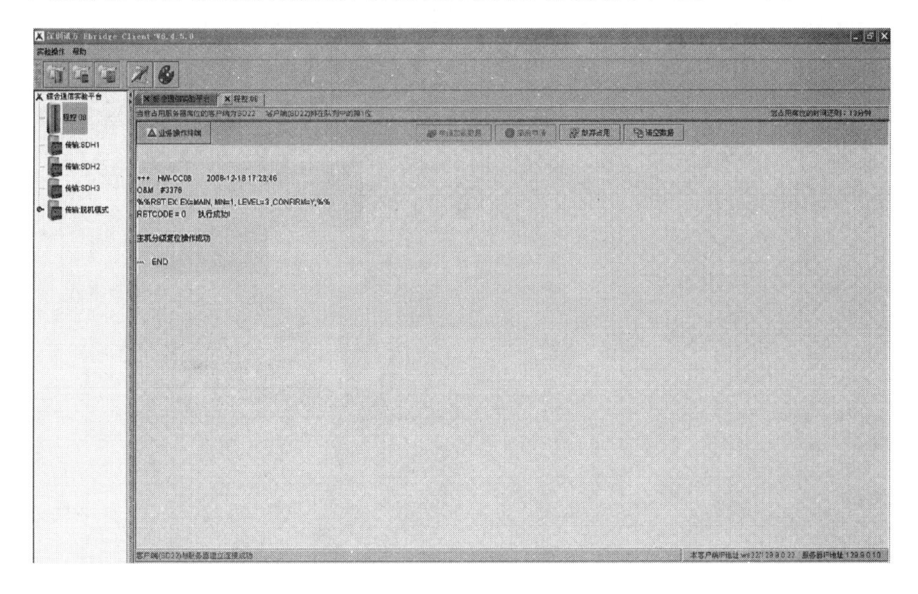

图 9.67 数据加载成功

七、实训验证

(1) 单击“业务操作终端”→“交换机业务维护”,出现登录对话框。

(2) 局名选 SERVER(IP 地址:129.9.0.10),输入用户名 cc08,密码 cc08,单击“联机”按钮,登录到 BAM 服务器(图 9.68)。

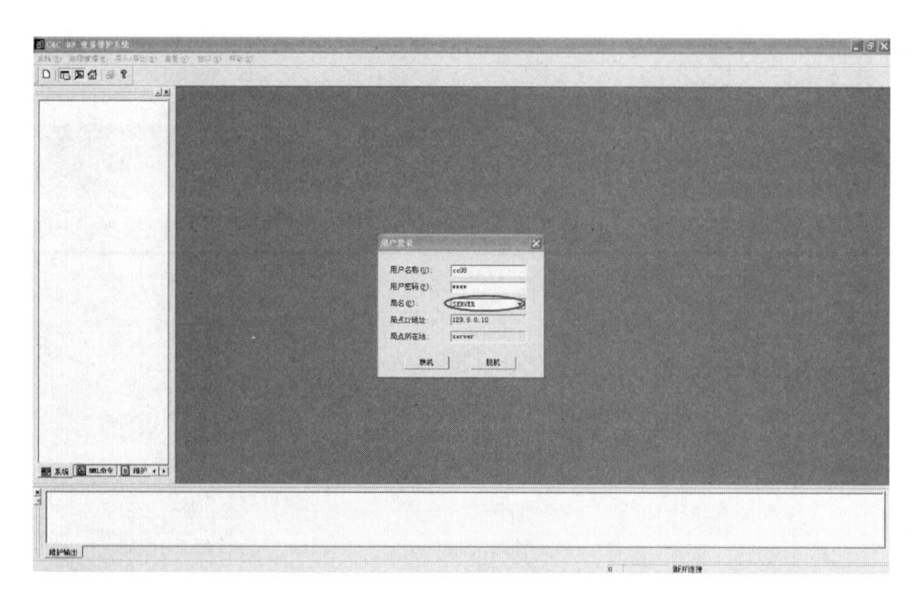

图 9.68 业务操作登录对话框

(3) 单击“维护”→“配置”→“硬件配置状态面板”,可看到交换机模块单板运行状态(图 9.69)。

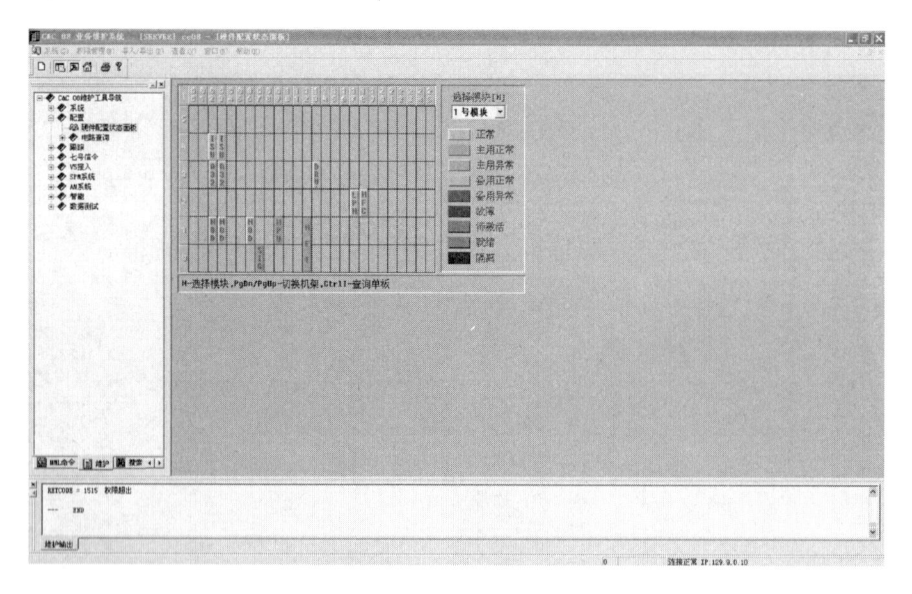

图 9.69 硬件配置状态面板

(4) 单击第一块用户板,可以看到两个用户号码 87820001 和 87820002。

(5) 使用话机 87820001 拨打 02387820002,能够接通说明实训成功。

八、课后问答

1. ISUP 中继数据使用了哪些命令?
2. 简述 NO.7 信令的关于 ISUP 各个消息的含义。
3. 两种 NO.7 信令的区别是什么?

实训单元 6　NO.7 TUP 中继业务配置实训

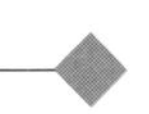

一、实训目的

通过数据配置，了解 NO.7 TUP 中继电路的工作原理。通过本实训，能够区别出 ISUP 数据和 TUP 数据制作的相同处和不同点。熟悉 NO.7 信令中各个消息的含义。对比两种 NO.7 信令的区别。

二、实训器材

(1) C&C08 程控交换机
(2) BAM 服务器
(3) 维护终端
(4) 电话机

三、实训内容说明

(1) 交换机板位说明如图 9.70 所示。

	0	1	2	3	4	5	6	7	8	9	10	11	12	13	14	15	16	17	18	19	20	21	22	23	24	25
5																										
4	PWC		DTM	DTM																						
3	PWX		ASL32	ASL32									DRV32													
2																										
1	PWC		NOD	NOD			NOD			MPU		CKV	NET					LPN7	MFC32							
0								SIG																		

图 9.70　实训中程控交换机板位图

本实训中所采用的为C&C08程控交换机，为一独立模块，一共一个机柜，分为一个主控框、一个用户框和一个中继框，使用外置BAM。框编号从0开始，机框编号从下往上0～5。本次实训介绍独立局大模块硬件配置。

其中：

- 0框和1框为主控框，有一块大背母板外加其他功能板件构成。
- 3框为用户框，为交换机系统提供用户电路接口。
- 4框为中继框，为交换机提供中继电路功能。

(2) 程控交换机在DDF架上2M口的位置：按照如图9.71所示的红色线用中继自环线将两个中系统环接起来。

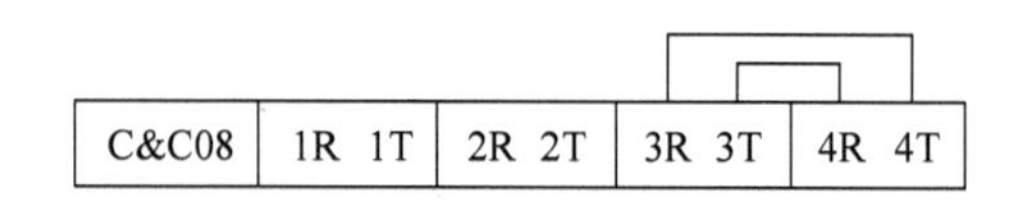

图9.71 程控交换机2M口的连接

(3) 要求在能够打通本局电话的基础上配置用户数据，完成NO.1自环中继业务。

四、知识要点

1. 本局配置的流程

(1) 增加MTP目的信令点

(2) 增加局向

(3) 增加子路由

(4) 增加中继群

(5) 增加路由

(6) 增加路由分析

(7) 增加MTP链路集

(8) 增加MTP路由

(9) 增加MTP链路

(10) 增加七号中继电路

(11) 增加呼叫字冠

(12) 增加号码变换

(13) 增加号首特殊处理

2. 专业术语

- 局向：当一个交换局和本局有直连电路，那么这个交换局就为一个局向。
- 子路由：两个交换局之间的直连语音通道就是两个交换机间的子路由。
- 路由：两个交换局之间的所有子路由的集合。
- 路由选择码：以被叫字冠来选择出局路由。路由选择码是指不同的出局字冠，在出局路由选择策略上的分类号。因而路由选择码与呼叫字冠相对应，指呼叫某个呼叫字冠时，选择路由的策略。
- 路由选择源码：以主叫属性来选择出局路由。当本局不同用户在出局路由选择策

略上有所不同时，可以根据不同的呼叫源，给予路由选择源码。路由选择源码与呼叫源相对应。通常本局只有一个呼叫源，或虽然有几个呼叫源，但在出局的路由选择上都相同，那么只定义一个路由选择源码即可。

- 出局字冠或目的码对应路由选择码，呼叫源码对应路由选择源码，再加上主叫用户类别、地址信息指示语、时间等因素，最终决定一条路由。对于不同的字冠，可能有相同或不同的路由选择，因此在路由选择码上也可能相同或不同。

3. 注意事项

- NO. 7 信令的特点：共路信令，独立信令数据链路，在通话过程中可以发送传送。
- NO. 7 信令网的三要素：SP 即信令点，包含 DPC、OPC；STP 即信令转接点，是信令网中用于汇聚和转发 NO. 7 信令的节点；SL 即信令链路，用于连接信令节点之间的数据链路。
- 增加虚拟局向及相关中继数据，需要偶数个 PCM 系统。
- 增加七号中继群时，需要进行 CIC 增加和减少变化，第一条增加 32，第二条减少 32。
- 增加 N7LNK 时，注意 SLC 和 CIC 选择数据，第一条 LINK 的 SLC＝0，SSLC＝1；那么第二条 LINK 的 SLC＝1，SSLC＝0。
- 需要进行号码处理，对出局字冠进行号码变换（号首处理或者中继承载），使拨的出局字冠变成本局号码接通。
- 注意和 TUP 数据制作的区别，主要区别在于增加 NO. 7# LNK 的中继设备标识，和增加七号中继群时的电路类型选择。
- CIC(Circuit Identification Code 电路识别码)，用于两个信令电之间对电路的标识。只有 TUP、ISUP 等电路交换业务的消息中，才有 CIC 字段，其长度定义为 12bit，所以两个信令点之间最多只能有 4096 条电路。在网络管理等消息中没有 CIC 字段。
- SLS(Signalling Link Selection)：一个 4bit 的值(00—0F)，用来进行七号信令消息的选路，对于 TUP、ISUP 消息，其值是相应话路电路 CIC 值的低 4 位，对于 MTP 消息，其值是相应链路的信令链路编码。
- SLC(Signalling Link Code)，即信令链路编码(0—15)，是用来标识某一条信令链路的，在对接时，双方同一条链路的 SLC 值应该一致，同一链路集中的 SLC 是唯一确定的，其作用类似于话路的 CIC 值。
- 中继出局字冠要进行号码变换，删除出局字冠。具体方式如下。假设出局字冠是023，本局电话为 87820001～87820004，对出局 023 做号码变换：删除 3 位，那么如果拨打 02387820001，该号码上中继后环回，吃掉 023，剩下 87820001，这时本交换机内电话 87820001 振铃，摘机可通话，中继调试成功。
- 自环数据的特点：设置一个虚拟的对端局，并相应设置局向号。需要偶数个 PCM 系统进行自环。业务字冠属性应设置为本地或本地以上，并且设置路由选择码。对进行自环的中继群设置中继群承载数据，对被叫号码进行号码变换。
- NO. 1 自环中继模拟两个交换局呼叫，通过一块中继板的 2 个 PCM 电路模拟本局的出局和对局的入局。注意出局中继的 2 条 PCM 电路的数据设定方式，3＃PCM 电路分为出中继（前 15 条电路）、入中继（后 15 条中继）；4＃PCM 电路分为入中继（前 15 条中继）、出中继（后 15 条电路）。

• NO.1 信令目前一般使用在专网内。或者运营商的大客户电路即对方单位有小交换机接入时使用 NO.1 信令。一般在本地网和长途网中不使用 NO.1 信令。

五、数据准备

假设的数据如下：新增两个用户，电话号码为 87820001 和 87820002，配置数据规划如表 9-6 所示。

表 9-6　NO.7 TUP 中继业务配置数据

增加模块号	1#独立局模块
增加主控框	框号 0
增加中继框	框号 4
增加 32 路用户框	框号 3
调整板位	主控框、中继框、用户框
增加号首集	0
增加计费情况	0
修改计费制式	0
增加计费情况索引	0
增加字冠	8782
增加号段	87820001—87820099
增加普通号码	87820001 87820002
增加 MTP 目的信令点	重庆
增加局向	到重庆
增加子路由	2 到北京
增加七号中继群	3 出中继，4 入中继
增加路由	2
增加路由分析	2
增加 MTP 链路集	2
增加 MTP 路由	2
增加 MTP 链路	4 号链路，电路号＝80 5 号链路，电路号＝112
增加七号中继电路	3 号中继群 64—95 3 号中继群 96—127
增加中继字冠	023
增加号码变换	1：删除 3 位
增加号首特殊处理	字冠 023 删除

六、实训步骤

(1) 在桌面上双击 图标，输入实际的服务器地址，如图 9.72 所示，单击“确定”按钮。

(2) 双击“程控：C&C08”，打开实训界面，单击“清空数据”(图 9.73)。

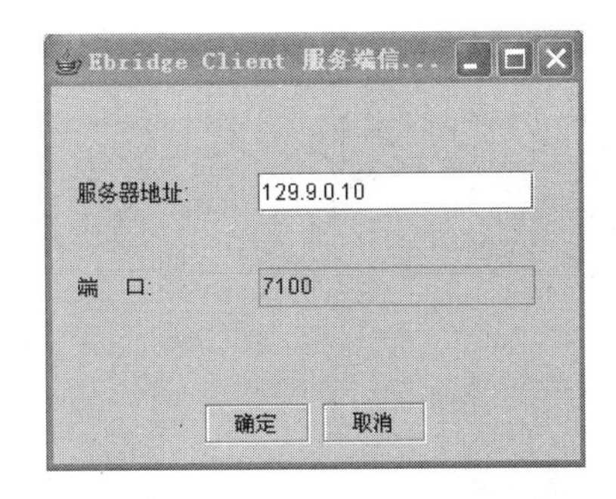

图 9.72　登录 EB 操作平台

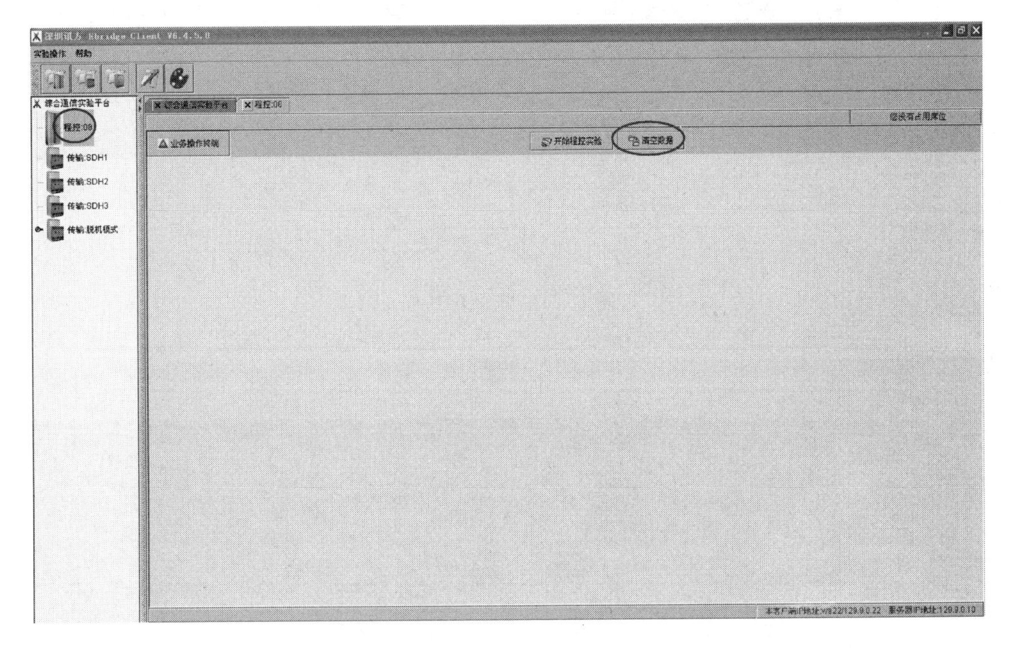

图 9.73　打开实训界面

(3) 单击"业务操作终端"→"CC08 交换机业务维护",弹出登录对话框。

(4) 局名选 LOCAL(IP 地址：127.0.0.1),输入用户名 cc08,密码 cc08,单击"联机"按钮(图 9.74)。

(5) 在维护输出窗口会显示登录成功的相关信息,并自动执行几条系统查询命令(图 9.75)。

(6) 在"MML 命令"导航树中找到如图 9.76 所示的命令,并输入相关参数,单击运行图标。如图 9.77 所示设置工作站告警输出开关。

所执行的命令：

① 设置软件参数。

SET CWSON:SWT=OFF,CONFIRM=Y;

//设置格式转换的状态=关.

SET FMT:STS=OFF,CONFIRM=Y;

//设置当前工作站告警输出开关=关.

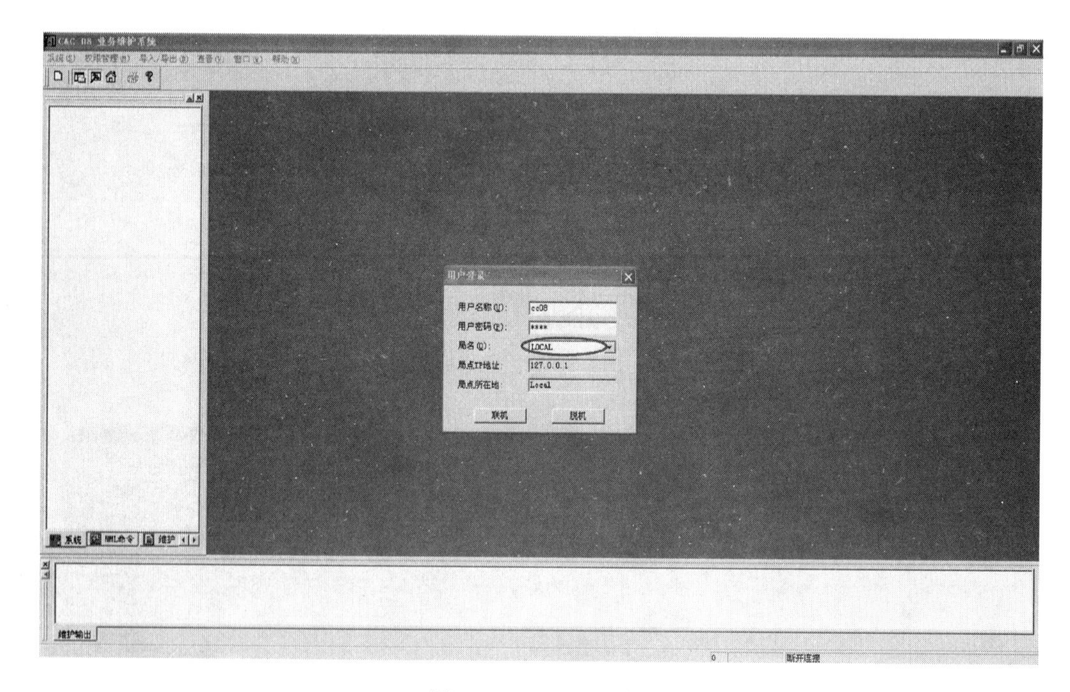

图 9.74　登录对话框

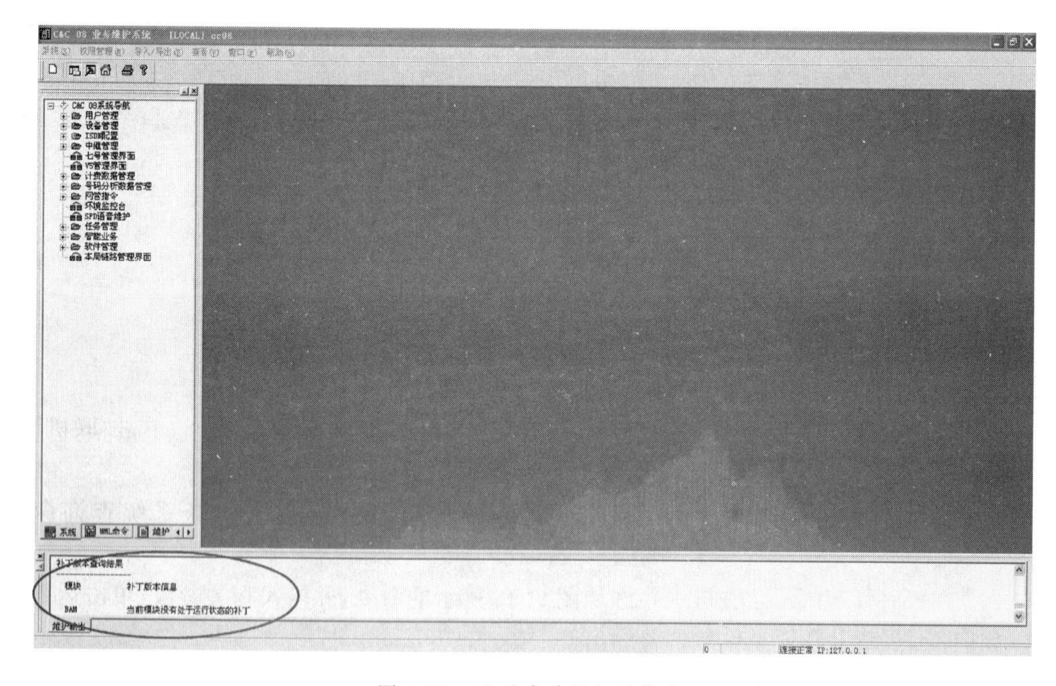

图 9.75　登录成功的相关信息

MOD SFP:ID=P59,VAL="1",CONFIRM=Y;

//修改软件参数：P59 BAM 模块号值=1.

MOD SFP:ID=P64,VAL="0",CONFIRM=Y;

//修改软件参数：P64 模块局标志值=0.

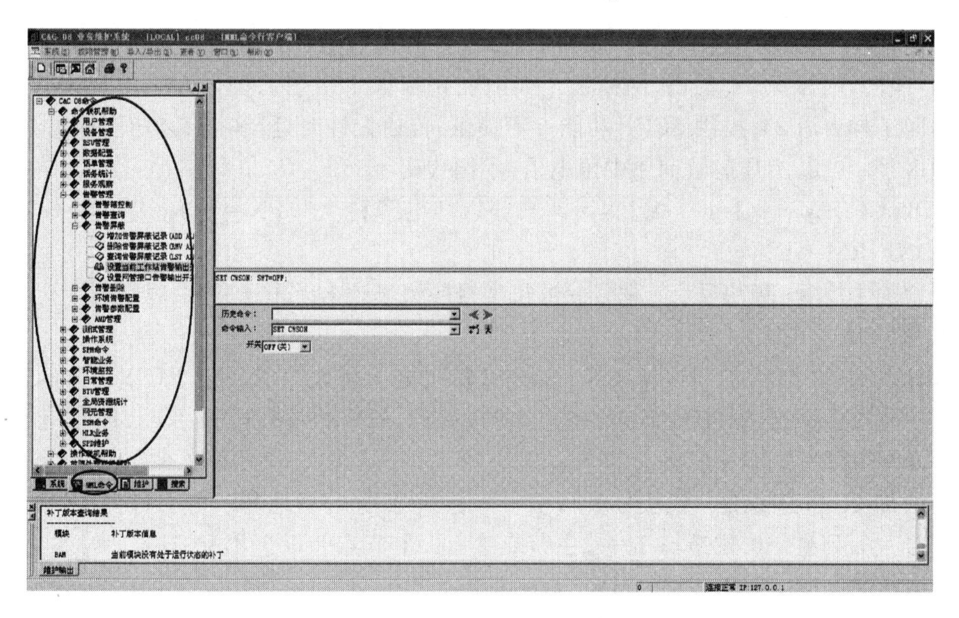

图 9.76　"MML 命令"导航树

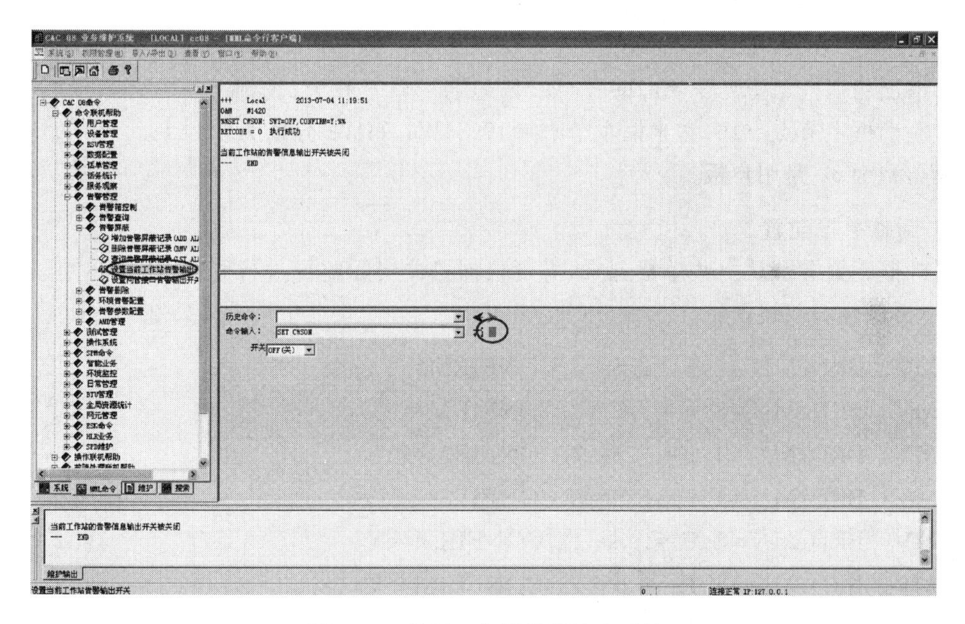

图 9.77　设置工作站告警输出开关

② 增加模块。

ADD SGLMDU:SGLT=ESGL,CKTP=HSELB,CONFIRM=Y;

//增加 B 独局模块：模块类型=大模块独立局，时钟选择=硬件时钟.

SET OFI:LOT=CMPX,NN=TRUE,SN1=NAT,SN2=NAT,SN3=NAT,SN4=NAT,NPC="AAAAAA",

NNS=SP24,SCCP=NONE,TADT=0,LAC=K'028,_CN_20=0,LNC=K'86,CONFIRM=Y;

//设置本局信息：本局类型＝长市农合一，国内网有效＝TRUE.SN1＝NAT：网标识1＝国内，网标识2＝国内，网标识3＝国内，网标识4＝国内，国内编码＝AAAAAA，国内网结构＝SP24，提供SCCP功能＝不提供.传输允许时延＝0，STP功能标志＝否，本地区号＝028，本局运营商＝中国电信，本国代码＝86.

ADD CFB:MN＝1，F＝0，LN＝0，PNM＝"电子科大"，PN＝0，ROW＝0，COL＝0，CONFIRM＝Y；

//增加主控框：模块号＝1，框号＝0，机架号＝0，场地名＝电子科大，场地号＝0，行号＝0，列号＝0.

ADD DTFB:MN＝1，F＝4，LN＝0，PNM＝"电子科大"，PN＝0，ROW＝0，COL＝0，N1＝0，N2＝1，N3＝255，HW1＝90，HW2＝91，HW3＝88，HW4＝89，HW5＝65535，CONFIRM＝Y；

//增加DTM中继框：模块号＝1，框号＝4，机架号0，场地名＝电子科大，场地号＝0，行号＝0，列号＝0，主节点1＝0，主节点2＝1，主节点3以上不配，HW1＝90，HW2＝91，HW3＝88，HW4＝89，HW5以上不配.

ADD USF32:MN＝1，F＝3，LN＝0，PNM＝"电子科大"，PN＝0，ROW＝0，COL＝0，N1＝16，N2＝17，HW1＝0，HW2＝1，HW3＝65535，BRDTP＝ASL32，CONFIRM＝Y；

//增加用户框：模块号＝1，框号＝3，场地名＝电子科大，场地号＝0，行号＝0，列号＝0，左半框主节点＝16，右半框主节点＝17，HW1、HW2分别为0和1，HW3以上不配，板类型为32路用户板.

③ 调整单板配置。

因机框配置会默认一些单板起来，需要根据机器实际配置进行调整，此处和实训单元1相同，不再做详细叙述。

```
RMV  BRD:MN=1,F=1,S=4,CONFIRM=Y;
RMV  BRD:MN=1,F=1,S=5,CONFIRM=Y;
RMV  BRD:MN=1,F=1,S=7,CONFIRM=Y;
RMV  BRD:MN=1,F=1,S=8,CONFIRM=Y;
RMV  BRD:MN=1,F=1,S=13,CONFIRM=Y;
RMV  BRD:MN=1,F=1,S=14,CONFIRM=Y;
RMV  BRD:MN=1,F=1,S=15,CONFIRM=Y;
RMV  BRD:MN=1,F=1,S=16,CONFIRM=Y;
RMV  BRD:MN=1,F=1,S=19,CONFIRM=Y;
RMV  BRD:MN=1,F=1,S=20,CONFIRM=Y;
RMV  BRD:MN=1,F=1,S=21,CONFIRM=Y;
RMV  BRD:MN=1,F=1,S=22,CONFIRM=Y;
RMV  BRD:MN=1,F=1,S=23,CONFIRM=Y;
RMV  BRD:MN=1,F=1,S=24,CONFIRM=Y;
RMV  BRD:MN=1,F=1,S=25,CONFIRM=Y;
```

```
RMV  BRD:MN=1,F=0,S=2,CONFIRM=Y;
RMV  BRD:MN=1,F=0,S=3,CONFIRM=Y;
RMV  BRD:MN=1,F=0,S=4,CONFIRM=Y;
RMV  BRD:MN=1,F=0,S=5,CONFIRM=Y;
RMV  BRD:MN=1,F=0,S=6,CONFIRM=Y;
RMV  BRD:MN=1,F=0,S=8,CONFIRM=Y;
RMV  BRD:MN=1,F=0,S=9,CONFIRM=Y;
RMV  BRD:MN=1,F=0,S=10,CONFIRM=Y;
RMV  BRD:MN=1,F=0,S=13,CONFIRM=Y;
RMV  BRD:MN=1,F=0,S=14,CONFIRM=Y;
RMV  BRD:MN=1,F=0,S=15,CONFIRM=Y;
RMV  BRD:MN=1,F=0,S=16,CONFIRM=Y;
RMV  BRD:MN=1,F=0,S=17,CONFIRM=Y;
RMV  BRD:MN=1,F=0,S=18,CONFIRM=Y;
RMV  BRD:MN=1,F=0,S=19,CONFIRM=Y;
RMV  BRD:MN=1,F=0,S=20,CONFIRM=Y;
RMV  BRD:MN=1,F=0,S=21,CONFIRM=Y;
RMV  BRD:MN=1,F=0,S=22,CONFIRM=Y;
RMV  BRD:MN=1,F=0,S=23,CONFIRM=Y;
RMV  BRD:MN=1,F=0,S=24,CONFIRM=Y;
RMV  BRD:MN=1,F=0,S=25,CONFIRM=Y;
RMV  BRD:MN=1,F=3,S=4,CONFIRM=Y;
RMV  BRD:MN=1,F=3,S=5,CONFIRM=Y;
RMV  BRD:MN=1,F=3,S=6,CONFIRM=Y;
RMV  BRD:MN=1,F=3,S=7,CONFIRM=Y;
RMV  BRD:MN=1,F=3,S=8,CONFIRM=Y;
RMV  BRD:MN=1,F=3,S=9,CONFIRM=Y;
RMV  BRD:MN=1,F=3,S=10,CONFIRM=Y;
RMV  BRD:MN=1,F=3,S=11,CONFIRM=Y;
RMV  BRD:MN=1,F=3,S=13,CONFIRM=Y;
RMV  BRD:MN=1,F=3,S=14,CONFIRM=Y;
RMV  BRD:MN=1,F=3,S=15,CONFIRM=Y;
RMV  BRD:MN=1,F=3,S=16,CONFIRM=Y;
RMV  BRD:MN=1,F=3,S=17,CONFIRM=Y;
RMV  BRD:MN=1,F=3,S=18,CONFIRM=Y;
RMV  BRD:MN=1,F=3,S=19,CONFIRM=Y;
RMV  BRD:MN=1,F=3,S=20,CONFIRM=Y;
```

RMV BRD:MN=1,F=3,S=21,CONFIRM=Y;
RMV BRD:MN=1,F=3,S=22,CONFIRM=Y;
RMV BRD:MN=1,F=3,S=23,CONFIRM=Y;
RMV BRD:MN=1,F=3,S=24,CONFIRM=Y;
RMV BRD:MN=1,F=3,S=25,CONFIRM=Y;

以下是与本局不同的硬件配置部分：需要删除1框17、18号单板和4框的2、3号单板，重新添加为LPN7、MFC32、TUP、TUP。

RMVBRD:MN=1,F=1,S=17,CONFIRM=Y;
RMVBRD:MN=1,F=1,S=18,CONFIRM=Y;
ADDBRD:MN=1,F=1,S=17,BT=LPN7,CONFIRM=Y;
ADDBRD:MN=1,F=1,S=18,BT=MFC32,CONFIRM=Y;
RMVBRD:MN=1,F=4,S=2,CONFIRM=Y;
RMVBRD:MN=1,F=4,S=3,CONFIRM=Y;
ADDBRD:MN=1,F=4,S=2,BT=TUP,CONFIRM=Y;
ADDBRD:MN=1,F=4,S=3,BT=TUP,CONFIRM=Y;

④ 增加呼叫源。

ADD CALLSRC:CSC=0,CSCNAME="电子科大",PRDN=0,P=0,RSSC=1,CONFIRM=Y;
//呼叫源=0,呼叫源名为"电子科大",预收号码位数=0,号首集=0,路由选择源码=1.

⑤ 增加计费情况。

ADD CHGANA:CHA=1,CHO=NOCENACC,PAY=CALLER,CHGT=ALL,MID=METER1,CONFIRM=Y;
//计费情况=1,计费局=非集中计费局,付费方=主叫付费,计费方法=计次表和详细单,计次表名=METER 1.

⑥ 修改计费制式。

MOD CHGMODE:CHA=1,DAT=NORMAL,TS1="00&00",TA1=180,PA1=1,TB1=60,PB1=1,TS2="00&00",CONFIRM=Y;
//计费情况=1,日期类别=正常工作日,第一时区切换点="00&00",起始时间=180,起始脉冲=1,后续时间=60,后续脉冲=1,第二时区切换点="00&00".

⑦ 增加计费情况索引。

ADD CHGIDX:CHSC=1,RCHS=1,LOAD=ALLSVR,CHA=1,CONFIRM=Y;
//计费选择码=1,计费源码=1,承载能力=所有业务,计费情况=1.

⑧ 增加呼叫字冠。

ADD CNACLD:P=0,PFX=K'8782,CSTP=BASE,CSA=LCO,RSC=65535,MINL

=8,MAXL=8,CHSC=1,CONFIRM=Y;
//号首集=0,呼叫字冠=8782,业务类型=基本业务,业务属性=本局,路由选择码无,最小号长为8位,最大号长为8位,计费选择码=1.

⑨ 增加号段。

ADD DNSEG:P=0,SDN=K'87820001,EDN=K'87820099,CONFIRM=Y;
//P=0: 号首集=0,起始号码=87820001,终止号码=87820099.

⑩ 增加用户。

ADD ST: D=K'87820001, MN=1, DS=1, RCHS=1, CSC=0;
//电话号码=87820001,模块号=1,设备号=1,计费源码=1,呼叫源码=0.
ADD ST: D=K'87820002, MN=1, DS=2, RCHS=1, CSC=0;
//电话号码=87820002,模块号=1,设备号=2,计费源码=1,呼叫源码=0.

⑪ 增加MTP目的信令点。

ADD N7DSP: DPX=2, DPN="重庆", NPC="222222",CONFIRM=Y;
//目的信令点索引=2,目的信令点名=重庆,国内网编码=222222.

⑫ 增加局向。

ADD OFC: O=2, ON="重庆", DOT=CMPX, DOL=SAME, DOA=SPC, DPC1="222222",CONFIRM=Y;
//局向号=2,局向名=到重庆,对端局类型=长市农合一,对端局级别=同级,对端局属性=程控局,目的信令点编码1=222222.

⑬ 增加子路由。

ADD SRT: SRC=2, O=2, SRN="到重庆",CONFIRM=Y;
//子路由号=2,局向号=2,子路由名=到重庆.

⑭ 增加中继群。

ADD N7TG: TG=3, G=OUT, SRC=2, TGN="2号子路由出中继", CT=TUP, CCT=INC, CCV=32,CONFIRM=Y;
//中继群号=3,群向=出中继,子路由号=2,中继群名=2号子路由出中继,电路类型=TUP,CIC变换类型=增加,CIC变换值=32.
ADD N7TG: TG=4, G=IN, SRC=2, TGN="2号子路由入中继", CT=TUP, CCT=DEC, CCV=32,CONFIRM=Y;
//中继群号=4,群向=入中继,子路由号=2,中继群名=2号子路由出中继,电路类型=TUP,CIC变换类型=减少,CIC变换值=32.

⑮ 增加路由。

ADD RT: R=2, RN="到重庆", RT=NRM, SR1=2,CONFIRM=Y;
//路由号=2,路由名=到重庆,路由类型=普通路由,第一子路由=2.

⑯ 增加路由分析。

ADD RTANA: RSC=1, RSSC=1, RUT=ALL, ADI=ALL, CLR=ALL, TP=ALL, TMX=0, R=2, ISUP=NOCHANGE,CONFIRM=Y;
//路由选择码=1,路由选择源码=1,主叫用户类别=所有类别,地址信息提示语=所有类别,主叫接入=所有类别,传输能力=全部类别,时间索引=2,路由号=2,ISUP优选=不改变.

⑰ 增加 MTP 链路集。

ADD N7LKS: LS=2, LSN="到重庆", APX=2,CONFIRM=Y;
//链路集=2,链路名=到重庆,相邻信令点索引=2.

⑱ 增加 MTP 路由。

ADD N7RT: RN="到重庆", LS=2, DPX=2,CONFIRM=Y;
//路由名=到重庆,链路集=2,目的信令点索引=2.

⑲ 增加 MTP 链路。

ADD N7LNK: MN=1, LNK=4, LKN="到重庆 1", C=80, LS=2, SLC=0, SSLC=1,CONFIRM=Y;
//模块号=1,链路号=4,链路名=到重庆,电路号=80,链路集=2,信令链路编码=0,信令链路编码发送=1.
ADD N7LNK: MN=1, LNK=5, LKN="到重庆 2", C=112, LS=2, SLC=1, SSLC=0,CONFIRM=Y;
//模块号=1,链路号=5,链路名=到重庆,电路号=112,链路集=2,信令链路编码=1,信令链路编码发送=0.

⑳ 增加 NO.7 中继电路。

ADD N7TKC: MN=1, TG=3, SC=64, EC=95, SCIC=0, SCF=AUTO, CS=USE,CONFIRM=Y;
//模块号=1,中继群号=3,起始电路号=64,结束电路号=95,起始 CIC=0,起始电路的主控标志=自动分配,中继电路状态=可用.
ADD N7TKC: MN=1, TG=4, SC=96, EC=127, SCIC=32, SCF=AUTO, CS=USE,CONFIRM=Y;
//模块号=1,中继群号=3,起始电路号=96,结束电路号=127,起始 CIC=32,起始电路的主控标志=自动分配,中继电路状态=可用.

㉑ 增加呼叫字冠。

ADD CNACLD: PFX=K'023, CSTP=BASE, CSA=NTT, _SR_39=7, RSC=2, MINL=8, MAXL=11, GAIN=AGN, CHSC=1,CONFIRM=Y;
//呼叫字冠=023,业务类别=基本业务,业务属性=国内长途,业务权限=国内长途,路由选择码=2,最小号长=8,最大号长=11,计费选择码=1.

㉒ 增加号码变换。

ADD DNC: DCX=1, DCT=DEL, DCP=0, DCL=3,CONFIRM=Y;
//号码变换索引=1,号码变换类型=删号,变换起始位置=0,号码变换长度=3.

㉓ 增加号首特殊处理。

ADD PFXPRO: PFX=K'023, CSC=0, DDC=TRUE, DDCX=1,CONFIRM=Y;
//呼叫字冠=023,呼叫源码=0,被叫号码变换标志=是,被叫号码变换索引=1.

㉔ 格式转换数据。

SETFMT:STS=ON,CONFIRM=Y;
//设置格式转换的状态,状态=开.
FMT:;
//格式转换.将数据转换成交换机能接收的格式,等待加载数据到设备.

(7) 系统会执行每条命令,并在维护输出窗口显示执行结果(图 9.78)。

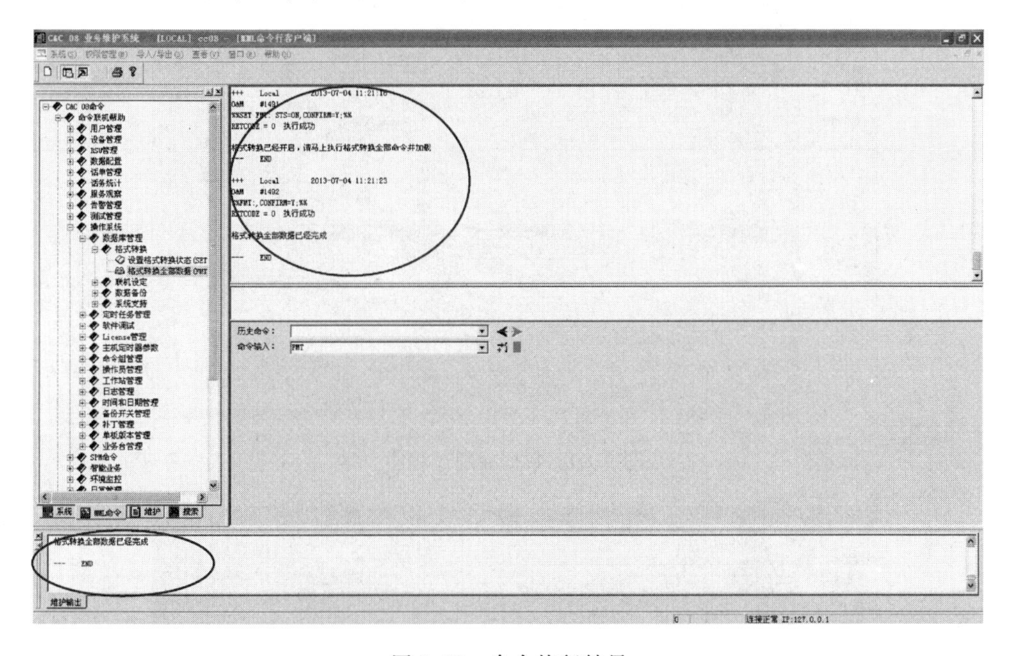

图 9.78 命令执行结果

(8) 在 Ebridge 系统中单击"开始程控实验"→"申请加载数据"→"确定",屏幕上方会显示当前占用服务器席位的客户端、申请席位的客户端排在第几位、剩余多长时间(图 9.79)。

(9) 当申请到服务器席位时,单击"确定",系统自动将本客户端的数据库中的数据传到服务器中(图 9.80)。

(10) 服务器会自动进行数据格式转换,并加载到交换机中(图 9.81)。

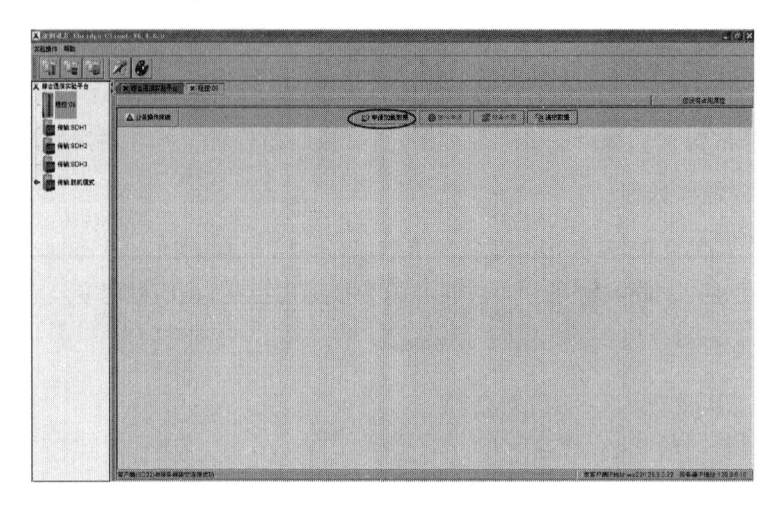

图 9.79　申请加载数据

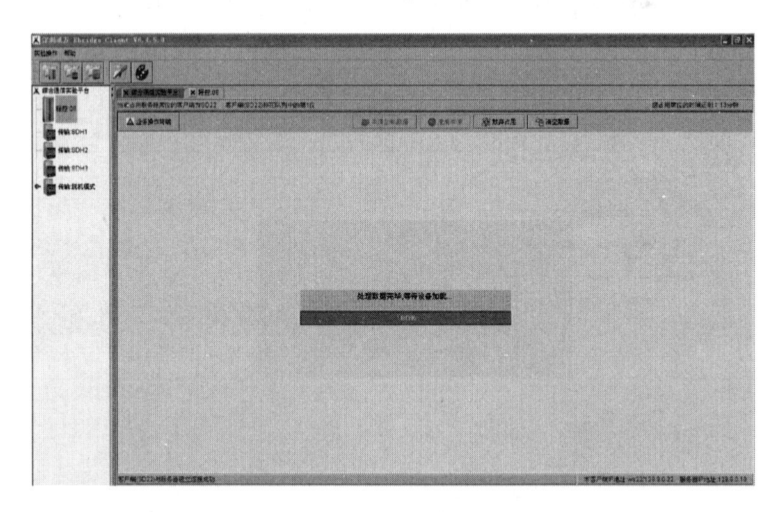

图 9.80　数据处理过程中

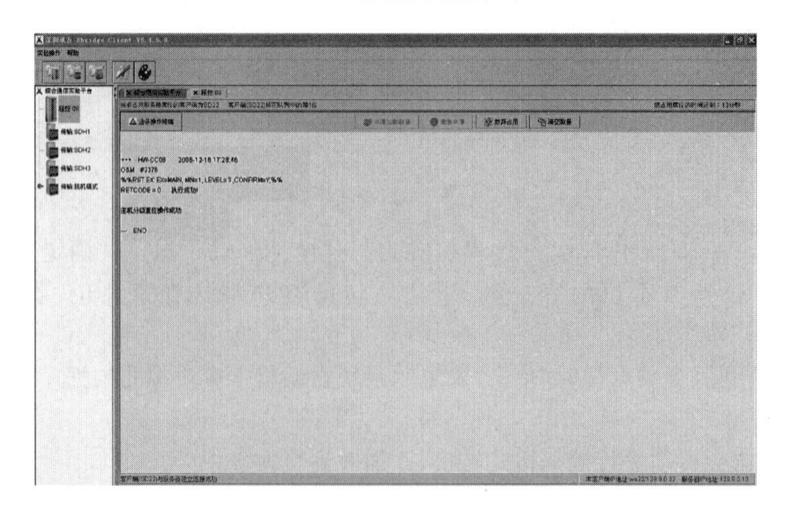

图 9.81　数据加载成功

七、实训验证

(1) 单击“业务操作终端”→“交换机业务维护”，出现登录对话框。

(2) 局名选 SERVER(IP 地址：129.9.0.10)，输入用户名 cc08，密码 cc08，单击“联机”按钮，登录到 BAM 服务器(图 9.82)。

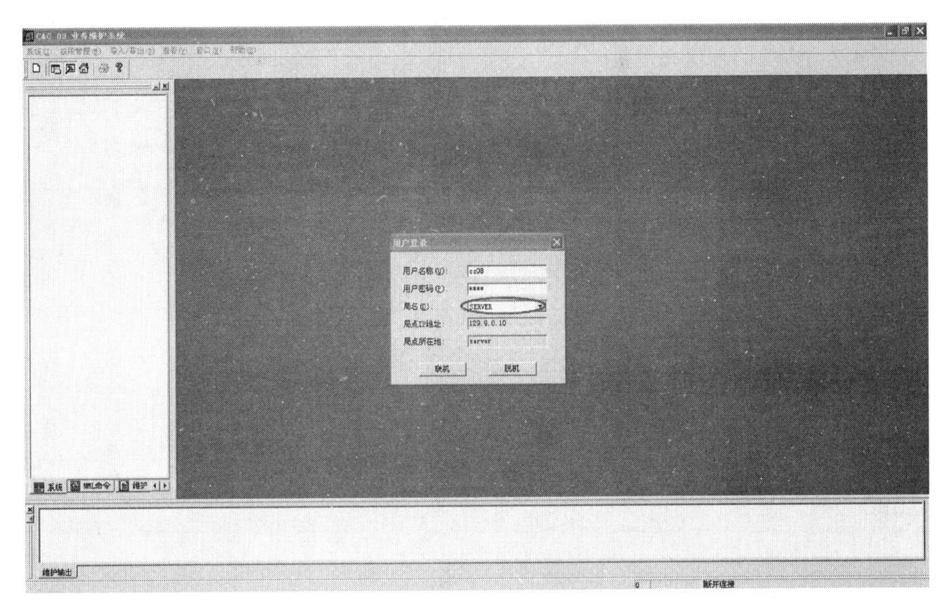

图 9.82　业务操作登录对话框

(3) 单击“维护”→“配置”→“硬件配置状态面板”，可看到交换机模块单板运行状态(图 9.83)。

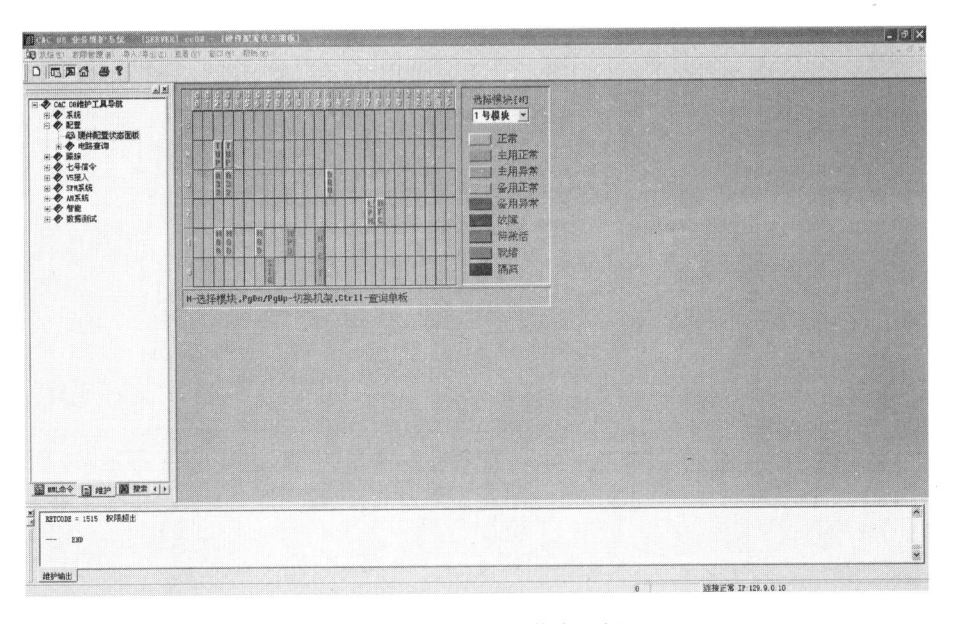

图 9.83　硬件配置状态面板

(4) 单击第一块用户板,可以看到两个用户号码 87820001 和 87820002。

(5) 使用话机 87820001 拨打 02387820002,能够接通说明实训成功。

八、课后问答

1. TUP 中继数据使用了哪些命令?
2. 简述 NO.7 信令的关于 TUP 各个消息的含义。

第10章

光传输设备配置实训

实训单元7　SDH设备硬件配置实训

一、实训目的

(1) 通过对SDH光传输设备实物的讲解，让学生对Optix OSN2000设备的具体硬件结构有个整体的了解和学习。

(2) 通过对SDH命令行的讲解，结合SDH设备进行命令行演示，让学生了解Ebridge通信软件的使用方法。

(3) 通过对T2000网管软件的讲解，结合SDH设备进行T2000软件操作演示，让学生了解T2000网管软件的使用方法。

二、实训器材

(1) OSN 2000传输设备3台

(2) EB服务器

(3) 操作终端

三、实训内容说明

(1) 本实训平台网管的实际物理连接具体如图10.1所示。

(2) 三套SDH设备通过Ethernet配置口和以太网交换机相连，该三套SDH分别使用不同的IP地址以进行区分。三套SDH设备IP地址分别设置为129.9.0.1、129.9.0.2、129.9.0.3。

(3) 实训用维护终端也直接通过本机的网口和以太网交换机相连，也设置为不同的IP地址。这样维护终端就可以直接登录三套不同的SDH设备。

(4) 实训终端通过局域网(LAN)采用Sever/Clinet方式和光传输网元通信，并完成对网元业务的设置、数据修改、监视等来达到用户管理的目的。

(5) 本实训平台提供传输设备传输速率为STM-1(即155M)。

(6) 三台SDH设备的硬件结构如图10.2所示。

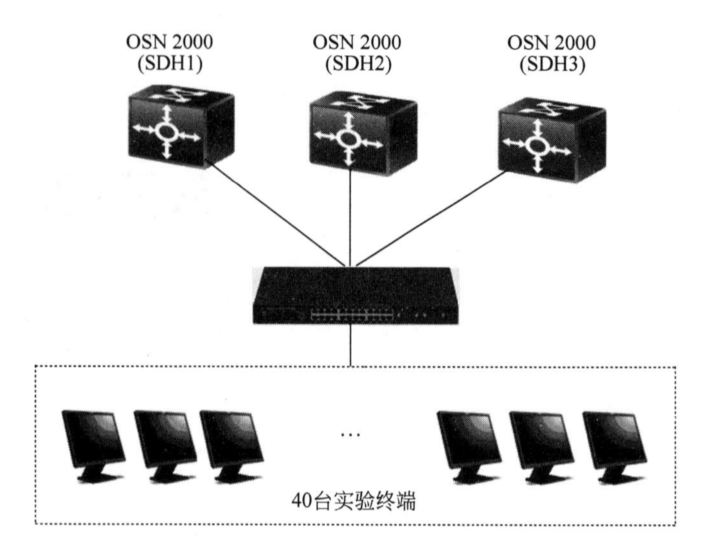

图 10.1 实训平台网管的物理连接

设备	1	2	3	4	5	6	7	8	9	10	11	12	14	16	17	18
SDH1	LA1	ETFS8		PL1	EFT0	SL1A	XCS					SCC	PIU			AUX
							27	28				13	15			19
							OSB1A						PIU			STI
SDH2	1	2	3	4	5	6	7	8	9	10	11	12	14	16	17	18
		ETFS8			EFT0	SL1A	XCS					SCC	PIU			AUX
							27	28				13	15			19
							OSB1A						PIU			STI
SDH3	1	2	3	4	5	6	7	8	9	10	11	12	14	16	17	18
	LA1			PL1		SL1A	XCS					SCC	PIU			AUX
							27	28				13	15			19
							OSB1A						PIU			STI

图 10.2 SDH 设备硬件配置

四、知识要点

对 SDH 设备进行管理、配置、调试、维护一般可采用以下两种软件：

- 华为 T2000 网管软件。
- 命令行软件，如华为公司的 Navigator 软件、深圳讯方公司的 Ebridge 通信软件。

五、数据准备

三台 SDH 设备的各种属性信息如下。

1. 网元 1

- ID：1
- 扩展 ID：9
- 名称：SDH1
- 网关类型：网关
- 协议：IP
- IP 地址：129.9.0.1
- 连接模式：普通
- 端口：1400
- 网元用户：root
- 密码：password
- 不选择“预配置”

2. 网元 2

- ID：2
- 扩展 ID：9
- 名称：SDH2
- 网关类型：非网关
- 所属网关：SDH1
- 所属网关协议：IP
- 网元用户：root
- 密码：password
- 不选择“预配置”

3. 网元 3

- ID：3
- 扩展 ID：9
- 名称：SDH3
- 网关类型：非网关
- 所属网关：SDH1
- 所属网关协议：IP
- 网元用户：root

- 密码：password
- 不选择“预配置”

六、实训步骤

（一）创建真实网元

1. 前期准备

（1）在教师机上双击 T2000 Server. exe 图标，启动 T2000 服务器，输入用户名 admin 及密码 T2000，待服务器中所有进程都成功启动（如图 10.3 所示）。

iManager T2000 传输网综合网管系统 — 系统监控客户端

系统(S) 帮助(H)

进程信息 | 数据库信息 | 系统资源信息 | 硬盘信息

服务名	进程状态	启动模式	CPU使用比率(%)	内存使用量(K)	启动时间	服务器名	详细信息
Ems Server	运行	自动	0.00	61592	2009-05-30 09:45:08	PC13	
客户端自动升级...	运行	自动	0.00	3096	2009-05-30 09:45:48	PC13	自动升级连接到此服...
Tomcat服务	运行	自动	0.00	6224	2009-05-30 09:45:08	PC13	Tomcat服务。进程关
WebLCT服务器	运行	自动	0.00	3408	2009-05-30 08:45:50	PC13	WebLCT的Web服务器
Schedulesrv Ser...	运行	自动	0.00	7828	2009-05-30 09:45:08	PC13	网管系统的定时任务...
Security Server	运行	自动	0.00	11284	2009-05-30 09:45:08	PC13	网管系统的安全管理...
Syslog Agent	运行	自动	0.00	9504	2009-05-30 09:45:08	PC13	Syslog Agent向syslo...
Toolkit Server	运行	自动	0.00	9772	2009-05-30 09:45:09	PC13	网元升级软件
Topo Server	运行	自动	0.00	9076	2009-05-30 09:45:09	PC13	网管系统的拓扑管理...
数据库服务器进程	运行	外部启动	0.00	46064	2009-05-30 09:42:59	PC13	提供数据库服务

图 10.3 T2000 服务器成功启动

（2）在客户端双击 T2000Client 图标登录 T2000 服务器，在弹出的对话框中输入正确的用户名和密码，服务器网管已经增加了 2 个账号，权限是一致的，admin 的密码是 T2000，其他用户名及密码分别为 admin001、T2000001，admin002、T2000002；登录的服务器选择 server，本实训平台的服务器 IP 地址是 129. 9. 0. 20，如果是本机做服务器，登录 local 即可（图 10.4、图 10.5）。

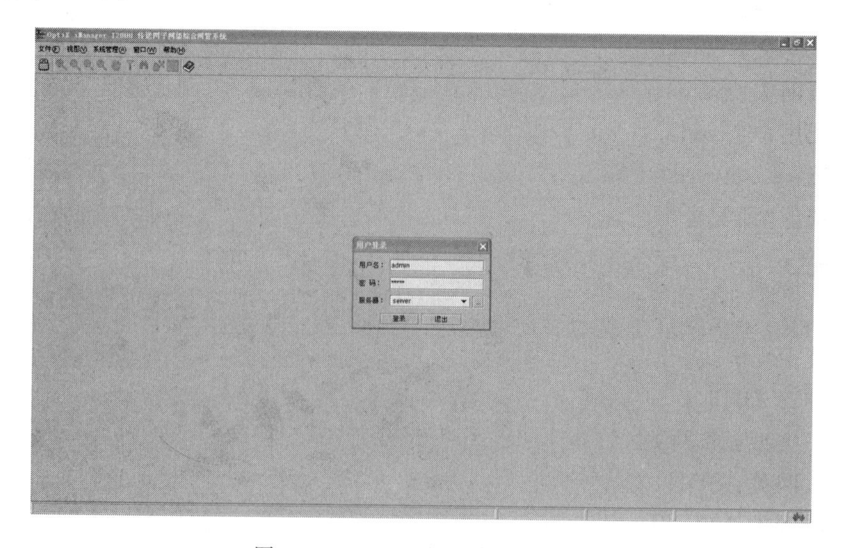

图 10.4 T2000 客户端登录界面

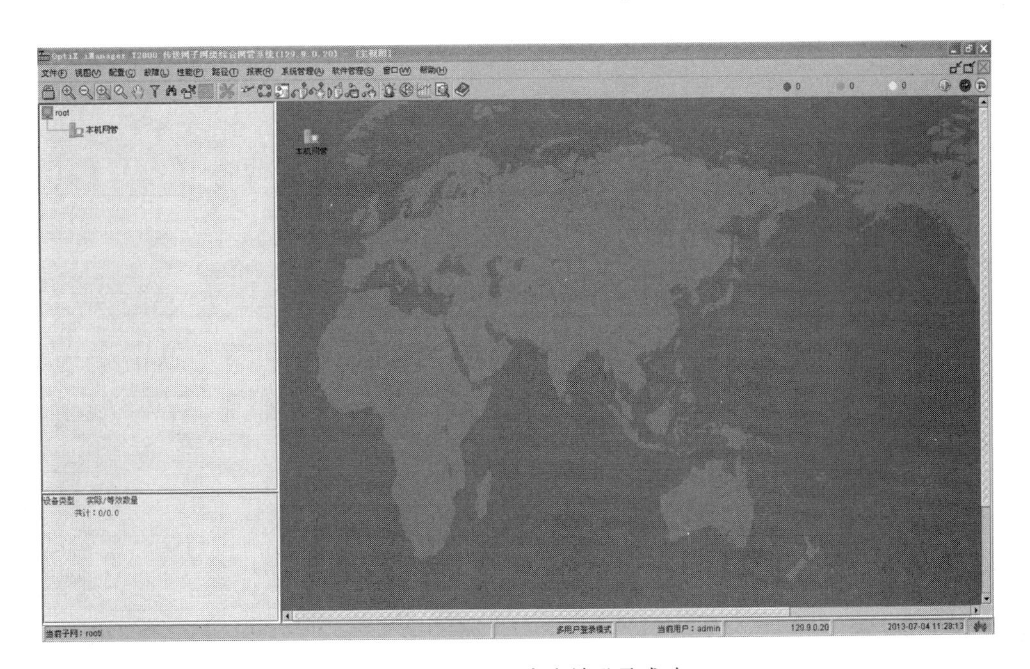

图 10.5　T2000 客户端登录成功

2. 创建网元

网元的创建有两种方式：一种是创建真实存在的网元，一种是创建虚拟的网元。

本实训共有 3 个网元，即 3 台 OSN2000 设备，其 IP 地址分别是 129.9.0.1、129.9.0.2、129.9.0.3。不管是真实存在的网元还是虚拟网元，手工创建的方式都有两种：

- 选择“文件”→“新建”→“拓扑对象”命令，如图 10.6 所示；
- 在页面空白处右击，选择“新建”→“拓扑对象”命令，如图 10.7 所示。

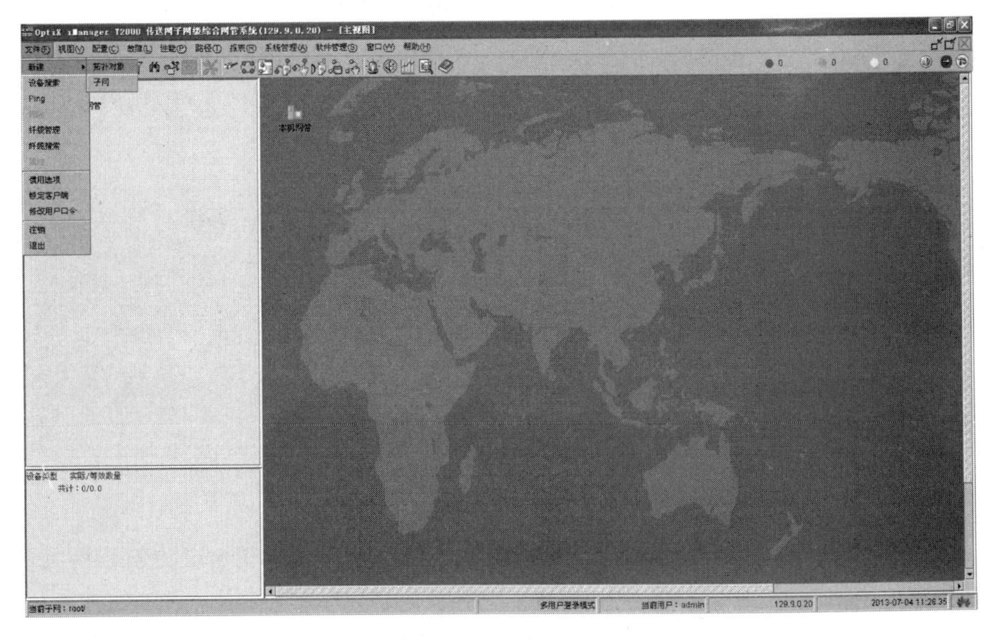

图 10.6　新建方式一

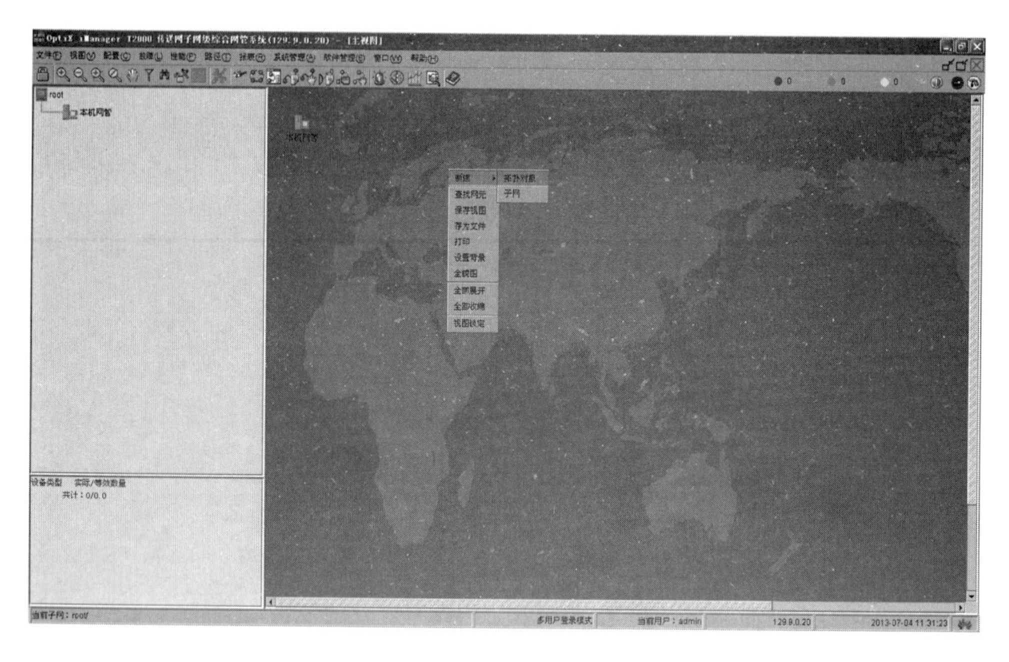

图 10.7 新建方式二

在设备型号一栏中选择“OSN 系列”→OptiX OSN2000，在右侧填入网元 1 的信息，如图 10.8 所示。

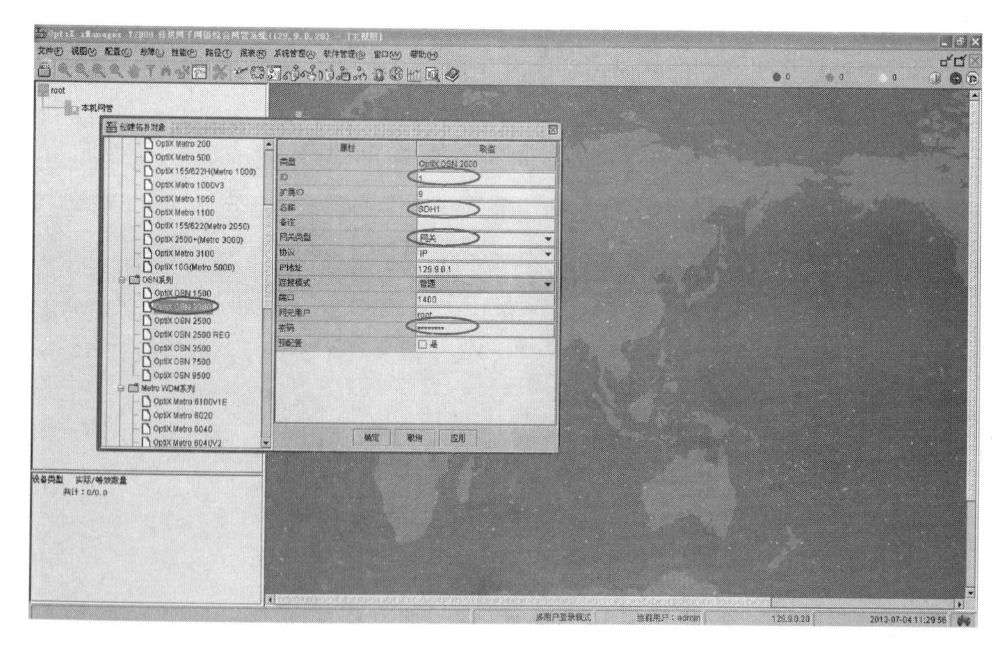

图 10.8 配置 SDH1 基本信息

填写完基本信息后单击“确定”按钮，在页面空白处单击，即可成功创建网元 1，如图 10.9 所示。

用同样的方式创建网元 2 和网元 3。注意：网元 2 和网元 3 均为非网关，其基本信息如

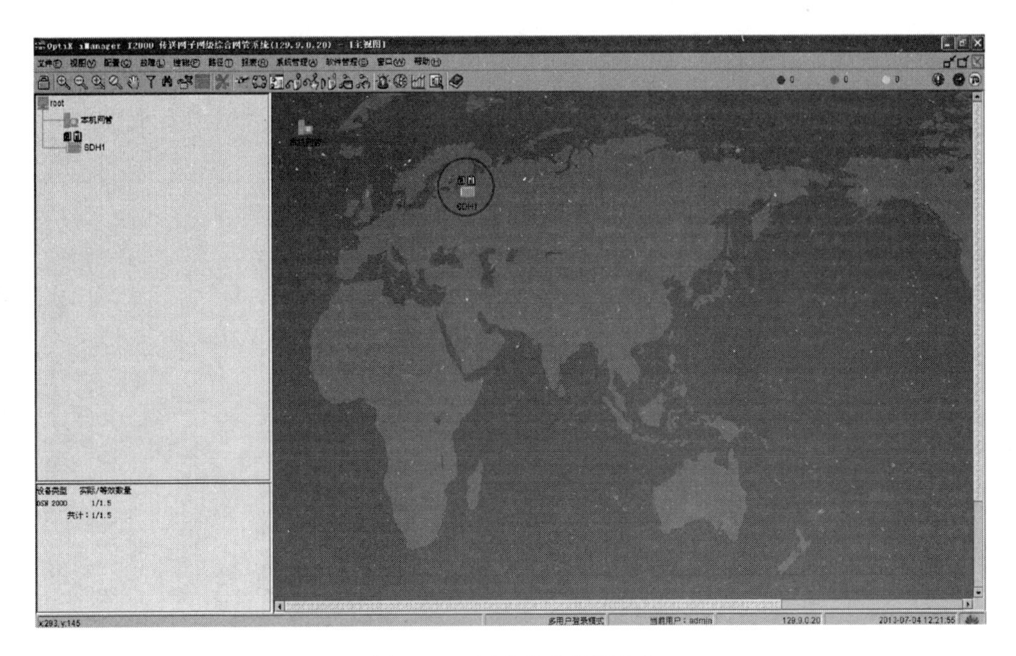

图 10.9　创建成功的网元 1

图 10.10 和图 10.11 所示。

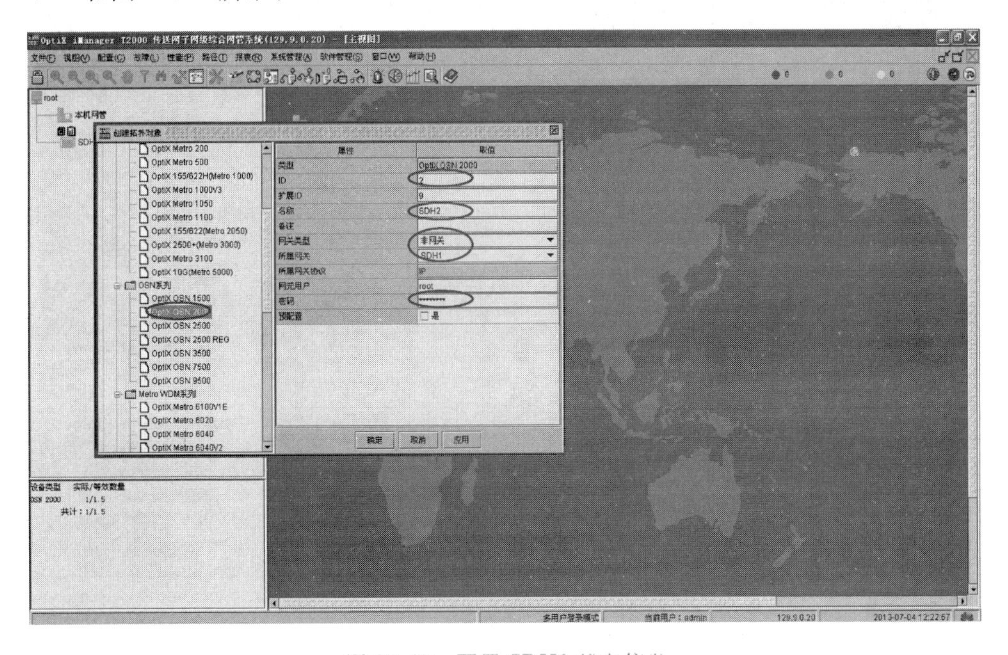

图 10.10　配置 SDH2 基本信息

3. 配置单板

(1) 配置 SDH1 的单板

图 10.12 所示为已创建的 3 个网元，但网元的状态是未配置状态，需要进行硬件数据配置，用鼠标选中并右击 SDH1，在弹出的快捷菜单中选择“配置向导”命令，如图 10.13 所示。

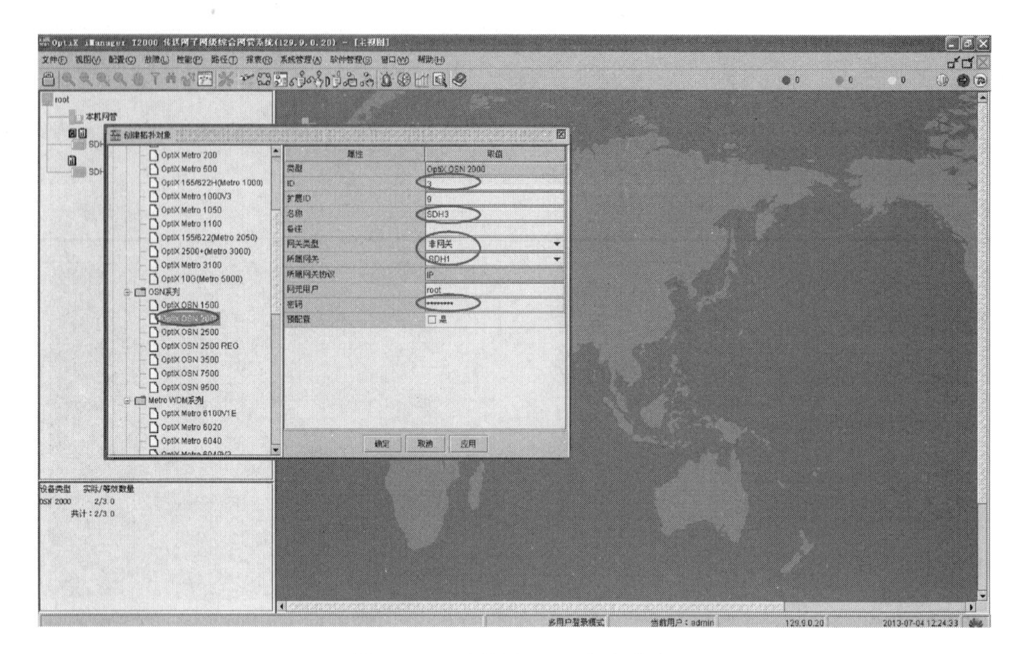

图 10.11　配置 SDH3 基本信息

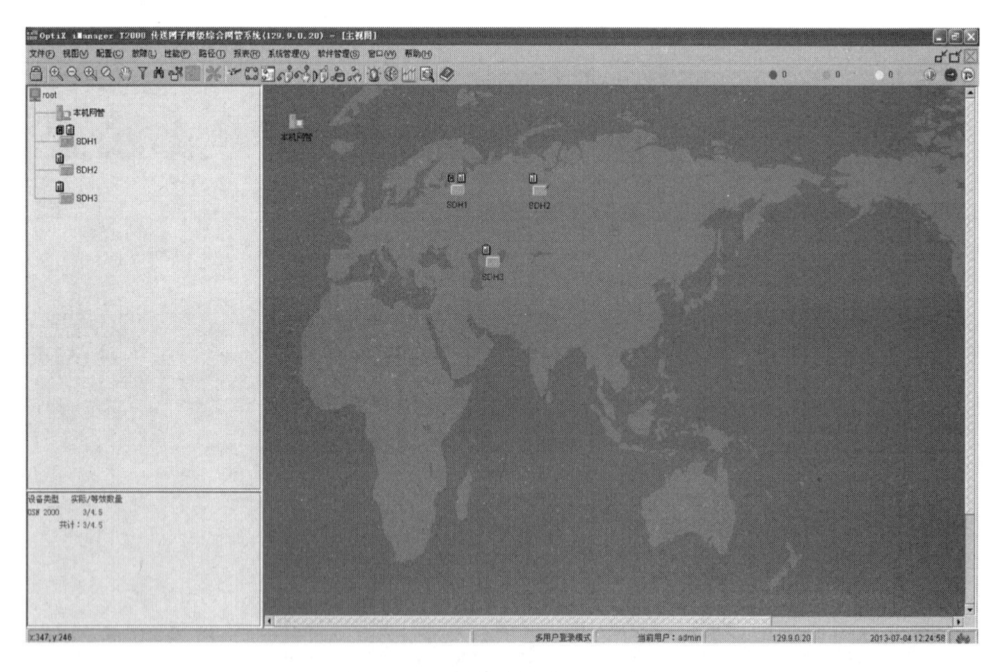

图 10.12　创建成功的 3 个网元

选择“手工配置”，单击“下一步”→“确定”→“确定”→“下一步”，打开单板设置界面。右击 1 槽位空白处，在弹出的快捷菜单中选择“LA1”命令(根据实际硬件配置)，如图 10.14 所示。图 10.15 所示为 SDH1 完成单板 LA1 的配置。

用同样的方式完成 SDH1 的其他单板配置，如图 10.16 所示。

SDH1 单板配置完成后单击“下一步”→“完成”。

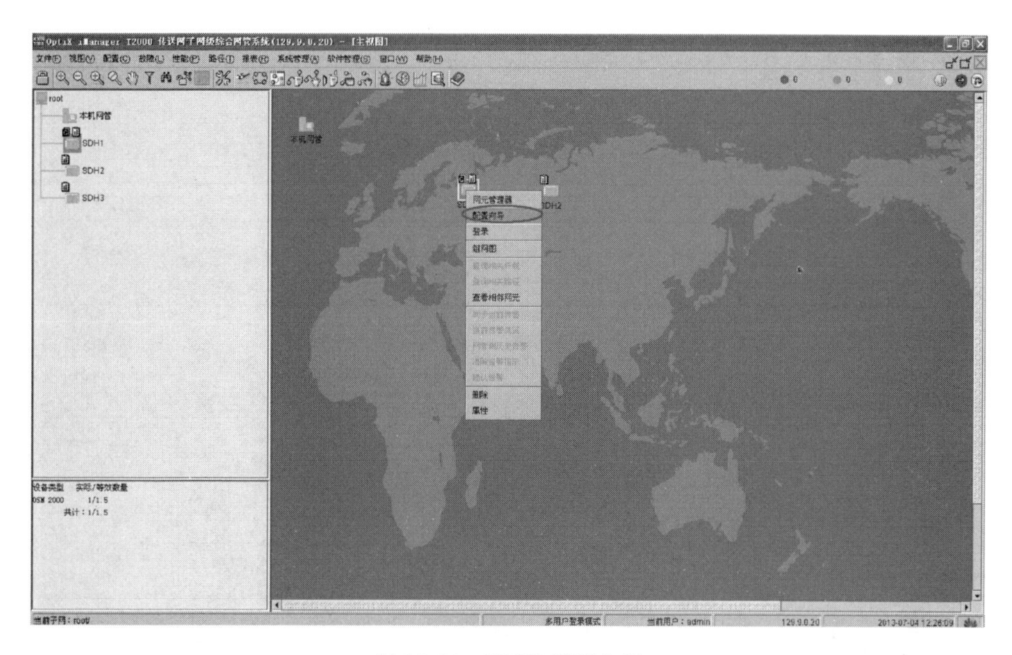

图 10.13　SDH1 配置向导

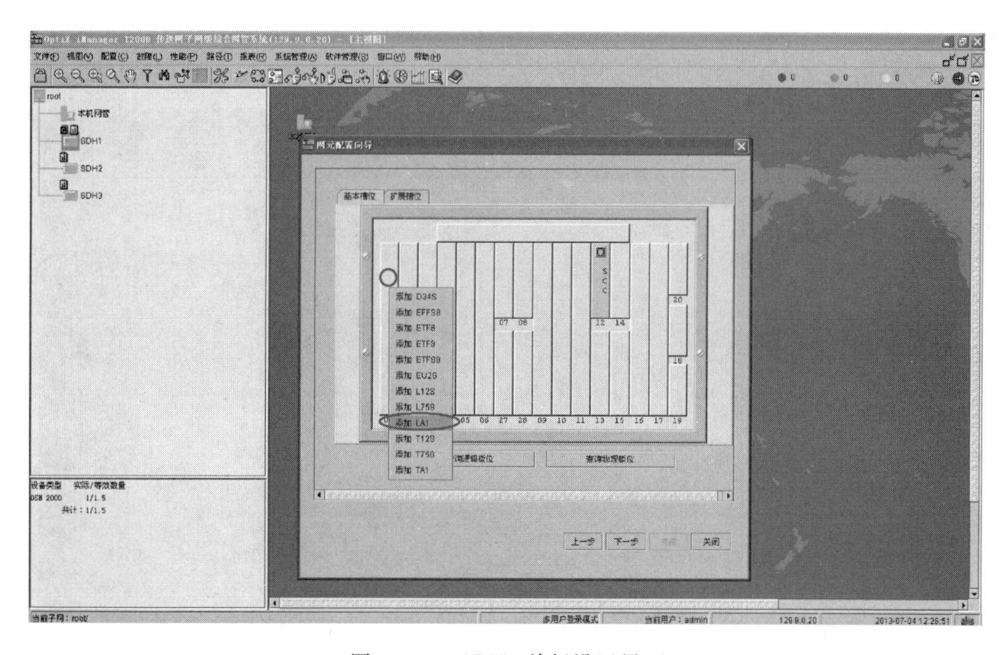

图 10.14　SDH1 单板设置界面

(2) 配置 SDH2 和 SDH3 的单板

重复 SDH1 的单板配置过程配置 SDH2 和 SDH3，板位如图 10.17 和图 10.18 所示。

可以手工对每个槽位进行单板配置，也可以单击“查询物理板位”，从而直接获取单板信息。

至此，3 个网元的创建和单板配置已完成，网元上方的未配置图标均已消失，结果如图 10.19 所示。

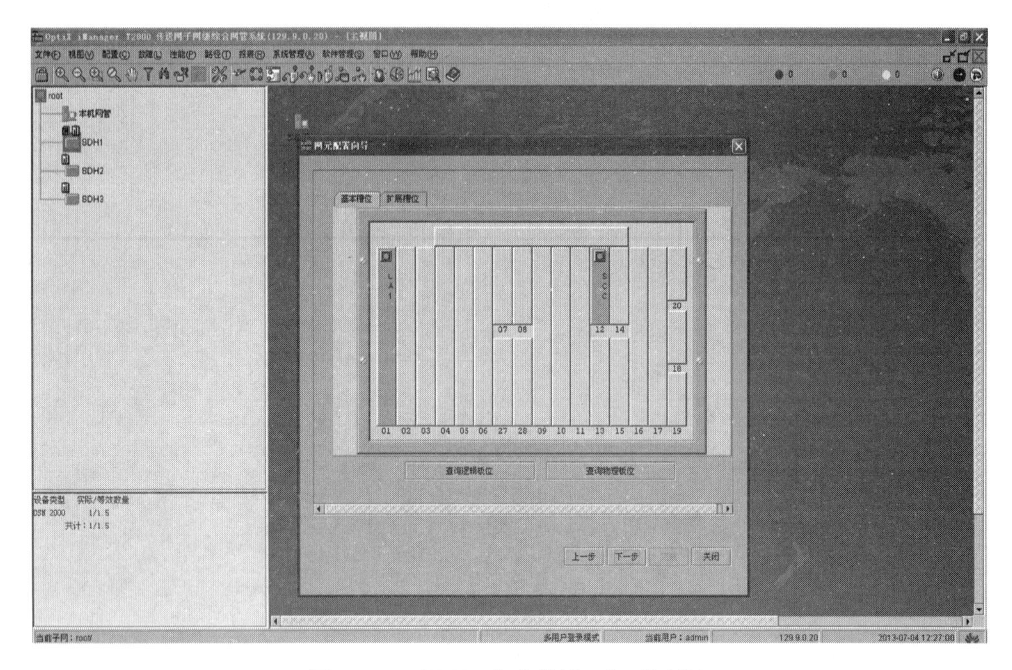

图 10.15 SDH1 完成单板 LA1 的配置

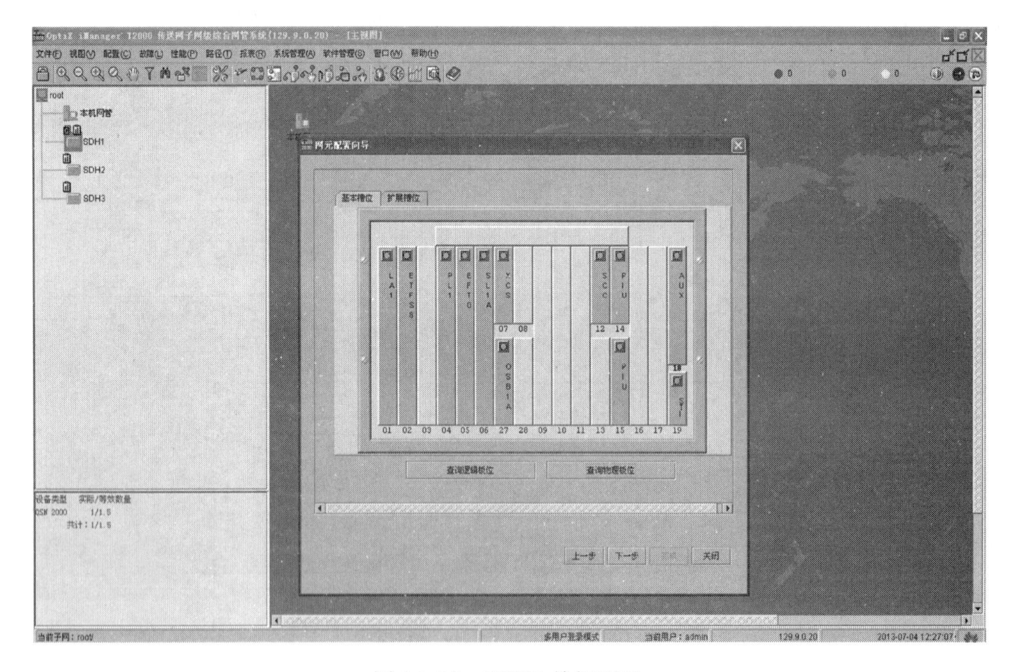

图 10.16 SDH1 单板配置

（二）创建虚拟网元

上述操作方式在所有网元都在线可以通信的情况下才能进行操作，而且只能有一个人进行操作，还有一种方式可以操作虚拟的数据，区别是：

- 在建立网元的时候选中预配置选项，这种方式可以使每个学生都进行数据操作的

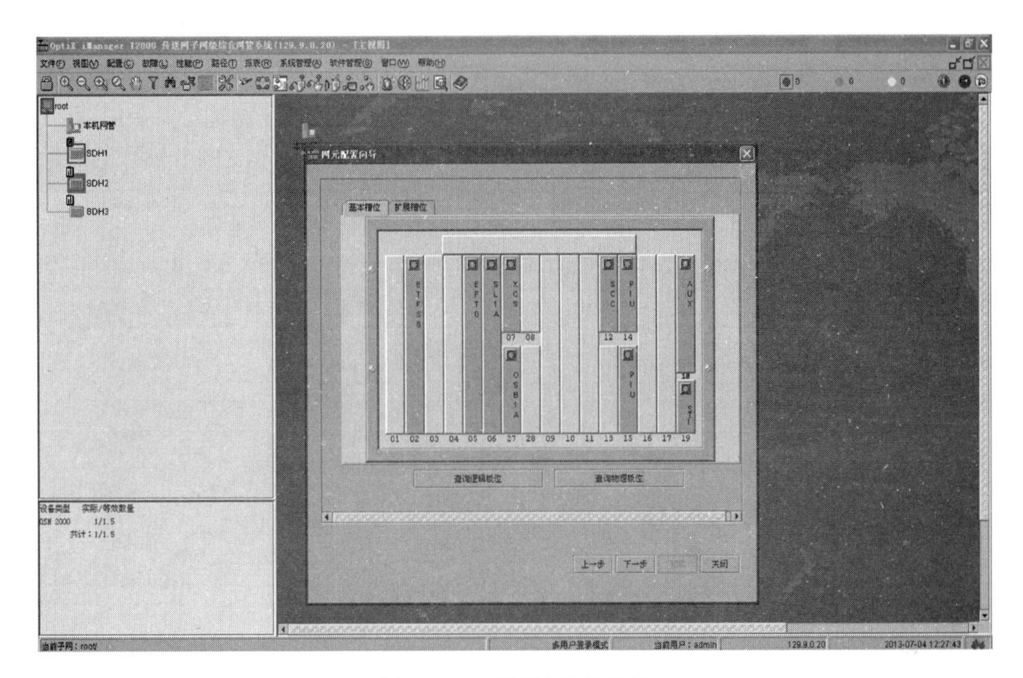

图 10.17 SDH2 单板配置

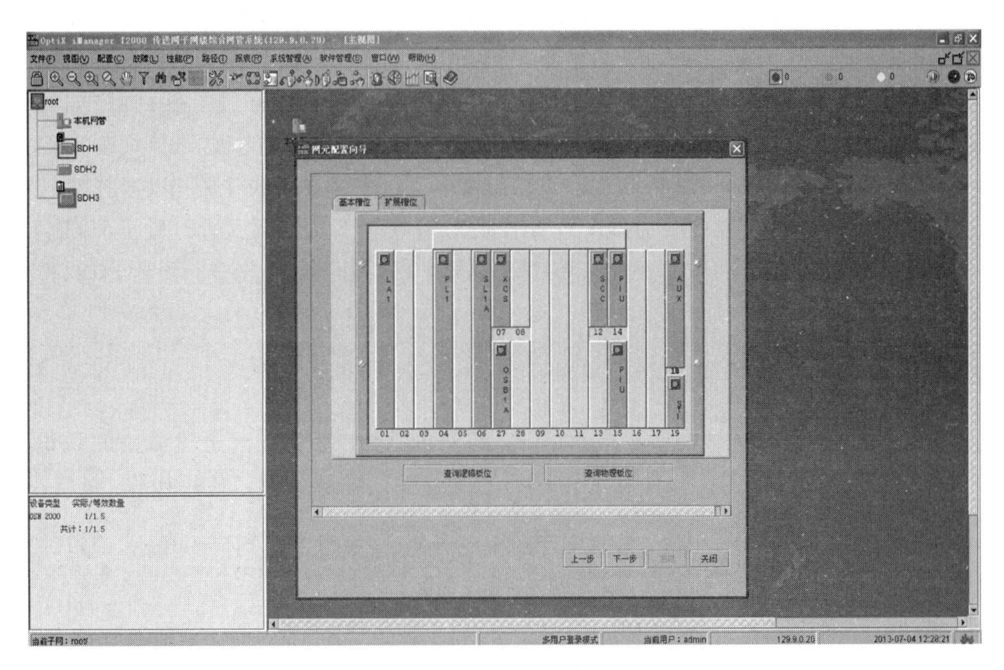

图 10.18 SDH3 单板配置

练习：

• 但是由于是虚拟方式，所以所有的数据都只保存在网管软件数据库中，不会下发到真正的网元里。

配置单板的时候，由于是虚拟方式，所以无法使用"查询物理板位"功能。

操作的时候可以分为多个子网操作，而且在 IP 地址上也不能冲突，比如：第一个学生

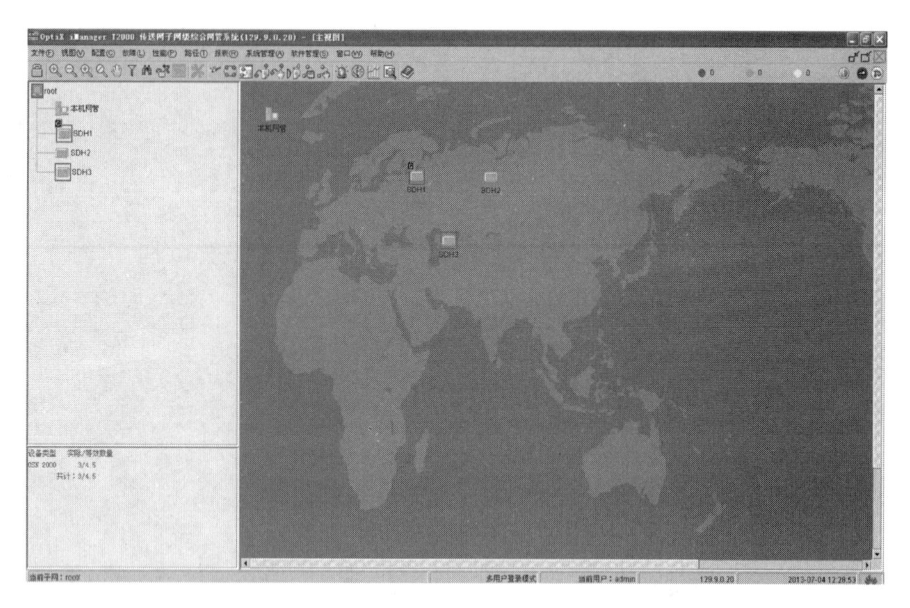

图 10.19 完成单板配置的 3 个网元

用地址"129.9.0.1—5",第二个学生用地址"129.9.0.6—10",依次类推。

方法是：右击→"新建"→"子网"进入子网后,会发现子网里没有网元,下面和正常建立网元的操作是一样的,只是在网元属性里需要选择"预配置",这样在出来的网元图标上会有个齿轮,这样就说明这个网元是预配置状态,可以和正常的网元一样进行硬件数据、业务数据、光纤及保护子网建立的配置,只是这些都是虚拟的,维护类的操作比如单板复位等操作是无法使用的。这种状态下,只能自己手工增加单板,方法是在槽位上右击,选择对应的单板型号进行增加即可。完成相关的预配置操作后可将数据下发到网元进行验证测试。

本实训教程中将重点讲述在真实环境中配置的方法,至于虚拟数据的配置,有兴趣的同学可以参照上面的说明练习一下。

(三) 使用 EB 通信软件实现硬件配置

做本实训之前,参与实训的学生应对 SDH 的原理技术、命令行有比较深刻的认识。参与本实训的学生已对 EB 通信软件有了较深入的了解并已熟练掌握其使用操作。

(1) 在桌面上双击图标,输入实际的服务器地址,如图 10.20 所示,单击"确定"按钮。

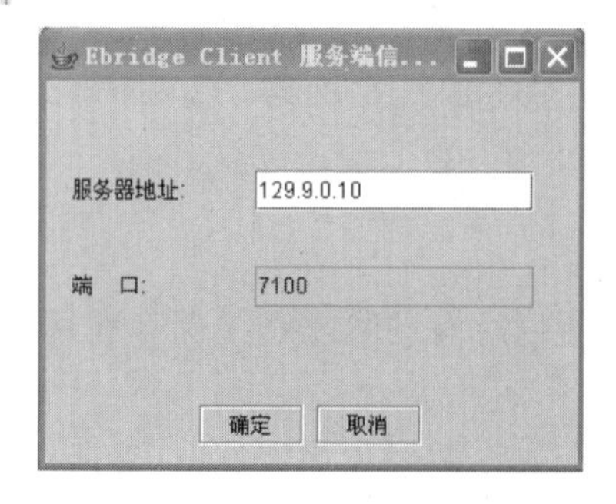

图 10.20 登录 EB 操作平台

(2) 双击相应的传输设备，如"传输：SDH1"，打开设备登录界面，输入用户名 szhw，密码 nesoft，单击"确定"按钮(图 10.21)。

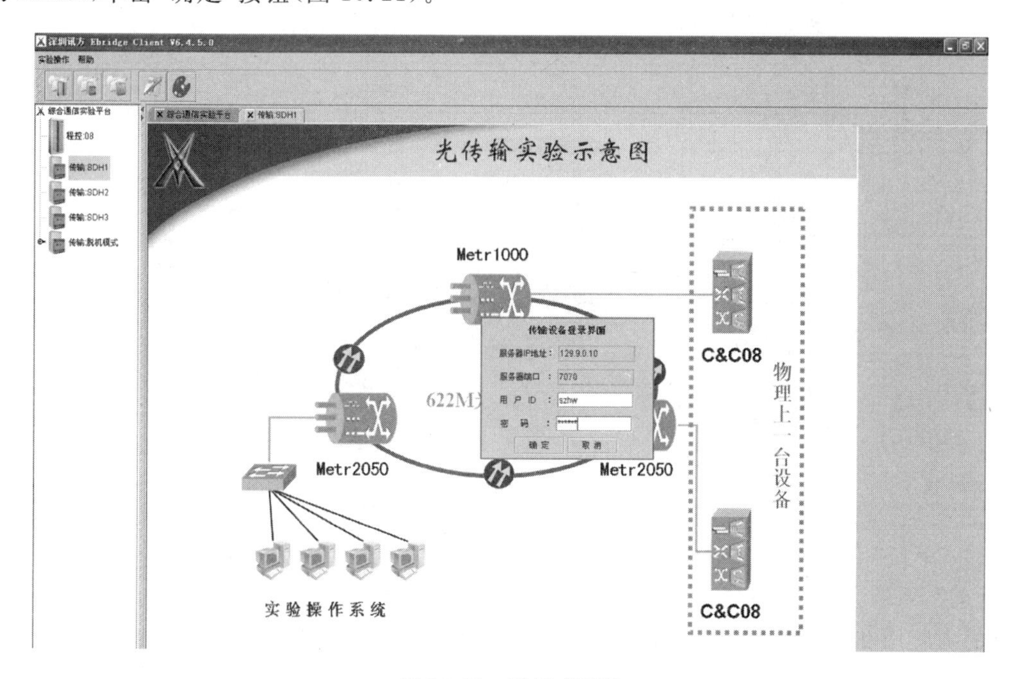

图 10.21　登录 SDH1

(3) 输入的方式有两种：第一种是在命令输入框中输入网元硬件配置命令(图 10.22)；第二种是预先使用文本文档编辑好命令脚本并保存，单击右下角的"导入文本文件"(图 10.23)。两者结果是一样的。

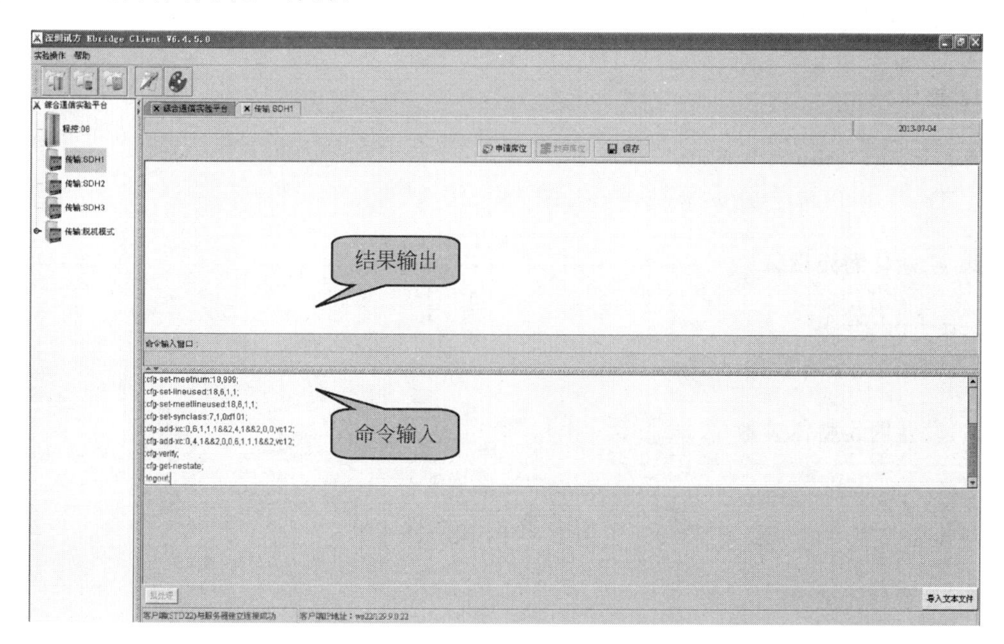

图 10.22　手工输入命令

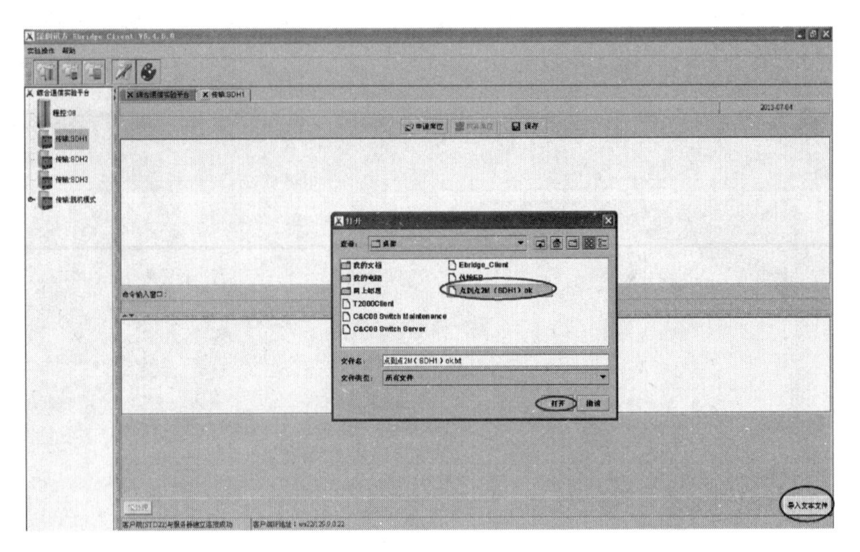

图 10.23　导入文本文件

(4) 单击“申请席位”→“是”→“确定”→“确定”，系统会分配占用服务器权限，再单击“批处理”，系统会自动逐步执行每条命令，并将执行结果显示在结果输出框中。系统默认所执行的内容用红色标注，执行结果用蓝色标注，实训中可以根据自己的需求更改。

(5) 重复步骤(2)、(3)、(4)，配置 SDH2 和 SDH3。

七、实训数据

使用 EB 进行硬件配置的命令行脚本如下。

(一) SDH1 配置脚本

1. 登录网元

```
#1:login:"szhw","nesoft";
//ID=1,用户名=szhw,密码=nesoft.
```

2. 初始化网元设备

```
:cfg-init-all;
//清除网元所有数据.
```

3. 设置网元整体参数

```
:cfg-set-devicetype:OptiXOSN2000,SubrackⅠ;
//设备类型=OptiXOSN2000,子架类型=SubrackⅠ.
```

4. 设置网元名称

```
:cfg-set-nename:64,"SDH1";
//字符串长度=64,网元名称=SDH1.
```

5. 增加网元逻辑板

:cfg—add—board:1,la1:2,etfs8:4,pl1:5,eft0:6,sl1a:7,xcs:12,scc:14,piu:15,piu:18,aux:19,sti:27,osb1a;
//1 槽位=la1; 2 槽位=etfs8; 4 槽位=pl1; 5 槽位=eft0; 6 槽位=sl1a; 7 槽位=xcs; 12 槽位=scc; 14 槽位=piu; 15 槽位=piu; 18 槽位=aux; 19 槽位=sti; 27 槽位=osb1a.

6. 配置校验下发

:cfg—verify;
//校验完成,设备开始工作.

7. 查询网元状态

:cfg—get—nestate;
//查询网元运行状态.

8. 安全退出

:logout;

(二) SDH2 配置脚本

1. 登录网元

#2:login:"szhw","nesoft";
//ID=2,用户名=szhw,密码=nesoft.

2. 初始化网元设备

:cfg—init—all;
//清除网元所有数据.

3. 设置网元整体参数

:cfg—set—devicetype:OptiXOSN2000,SubrackⅠ;
//设备类型=OptiXOSN2000,子架类型=SubrackⅠ.

4. 设置网元名称

:cfg—set—nename:64,"SDH2";
//字符串长度=64,网元名称=SDH2.

5. 增加网元逻辑板

:cfg—add—board:2,etfs8:5,eft0:6,sl1a:7,xcs:12,scc:14,piu:15,piu:18,aux:19,

sti:27,osb1a;
//2 槽位＝etfs8；5 槽位＝eft0；6 槽位＝sl1a；7 槽位＝xcs；12 槽位＝scc；14 槽位＝piu；15 槽位＝piu；18 槽位＝aux；19 槽位＝sti；27 槽位＝osb1a.

6. 配置校验下发

:cfg－verify;
//校验完成,设备开始工作.

7. 查询网元状态

:cfg－get－nestate;
//查询网元运行状态.

8. 安全退出

:logout;

（三）SDH3 配置脚本

1. 登录网元

＃3:login:"szhw","nesoft";
//ID＝3,用户名＝szhw,密码＝nesoft.

2. 初始化网元设备

:cfg－init－all;
//清除网元所有数据.

3. 设置网元整体参数

:cfg－set－devicetype:OptiXOSN2000,SubrackⅠ;
//设备类型＝OptiXOSN2000,子架类型＝SubrackⅠ.

4. 设置网元名称

:cfg－set－nename:64,"SDH3";
//字符串长度＝64,网元名称＝SDH3.

5. 增加网元逻辑板

:cfg－add－board:1,la1:4,pl1:6,sl1a:7,xcs:12,scc:14,piu:15,piu:18,aux:19,sti:27,osb1a;
//1 槽位＝la1；4 槽位＝pl1；6 槽位＝sl1a；7 槽位＝xcs；12 槽位＝scc；14 槽位＝piu；15 槽位＝piu；18 槽位＝aux；19 槽位＝sti；27 槽位＝osb1a.

6. 配置校验下发

:cfg－verify;
//校验完成,设备开始工作.

7. 查询网元状态

:cfg－get－nestate;
//查询网元运行状态.

8. 安全退出

:logout;

实训单元 8　点对点 2M 业务配置实训

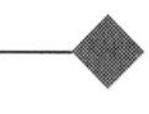

一、实训目的

(1) 通过对 SDH 命令行的讲解，结合 SDH 设备进行命令行演示，让学生了解 Ebridge 通信软件的使用方法。

(2) 通过对 T2000 网管软件的讲解，结合 SDH 设备进行 T2000 软件操作演示，让学生了解 T2000 网管软件的使用方法。

(3) 通过本实训了解 2M 业务及 2M 业务在点对点组网方式中的配置方法和应用。

二、实训器材

(1) OSN 2000 传输设备 3 台

(2) EB 服务器

(3) 操作终端

(4) 光网络分析仪

(5) 电话机

(6) 尾纤若干

(7) 2M 连接线若干

三、实训内容说明

(1) 本实训平台网管的实际物理连接，具体如图 10.24 所示。

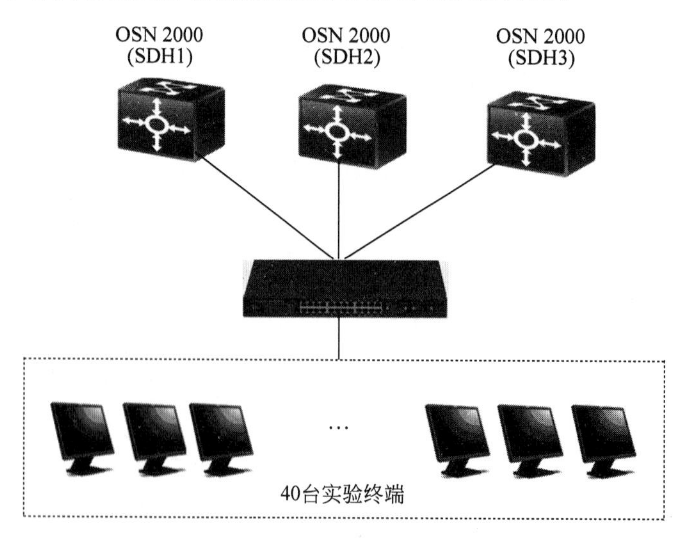

图 10.24　实训平台网管的物理连接

(2) 三套 SDH 设备通过 Ethernet 配置口和以太网交换机相连，该三套 SDH 分别使用不同的 IP 地址以进行区分。三套 SDH 设备 IP 地址分别设置为 129.9.0.1、129.9.0.2、129.9.0.3。

(3) 实训用维护终端也直接通过本机的网口和以太网交换机相连，也设置为不同的 IP

地址。这样维护终端就可以直接登录三套不同的 SDH 设备。

(4) 实训终端通过局域网(LAN)采用 Sever/Client 方式和光传输网元通信,并完成对网元业务的设置、数据修改、监视等来达到用户管理的目的。

(5) 本实训平台提供传输设备传输速率为 STM-1(即 155M)。

(6) 三台 SDH 设备的硬件结构如图 10.25 所示。

	1	2	3	4	5	6	7	27	8	28	9	10	11	12	13	14	15	16	17	18	19
SDH1	LA1	ETFS8		PL1	EFT0	SL1A	XCS	OSB1A						SCC		PIU	PIU			AUX	STI
SDH2		ETFS8			EFT0	SL1A	XCS	OSB1A						SCC		PIU	PIU			AUX	STI
SDH3	LA1			PL1		SL1A	XCS	OSB1A						SCC		PIU	PIU			AUX	STI

图 10.25　SDH 设备硬件配置

(7) 根据三台 SDH 设备的硬件配置可知,要做点对点 2M 业务,只有使用尾纤将 SDH1 和 SDH3 直接连接在一起,如图 10.26 所示。

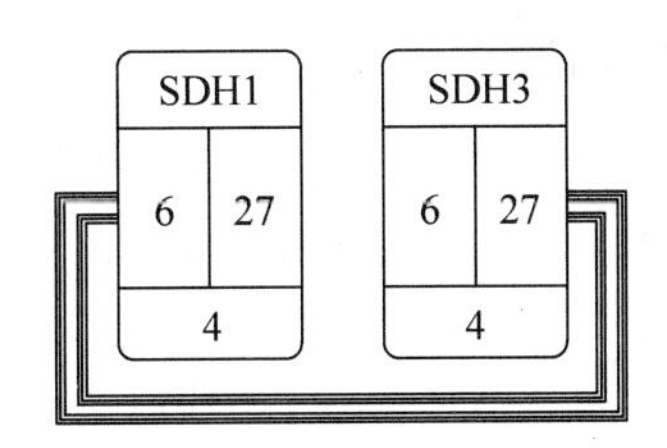

图 10.26　点对点 2M 业务的纤缆连接

四、知识要点

(1) 时钟工作模式

- 跟踪模式
- 保持模式
- 自由振荡模式

(2) 中国 SDH 复用结构也简称为 3-7-3 结构。

(3) 容器/虚容器和线路支路对应关系：

- 2M-C12(容器 12)-VC12(虚容器 12)：1 个 VC12 对应着 1 个 2M。
- 34M-C3-VC3。
- 140M-C4-VC4。

(4) VC4/VC12/2M/155M 的对应关系

- 1 个 2M(硬件物理接口)对应着·1 个 VC12(逻辑通道号)。
- 1 个 155M(STM-1)光口里面对应着 1VC4,VC4 编号为 1。
- 1 个 622M(STM-4)光口里面对应着 1～4VC4,VC4 编号为 1～4。
- 1 个 VC4 里面收容有 63 个 VC12,编号为 1～63。
- 1 个 VC4 里面收容有 3 个 VC3,VC3 编号 1～3。

(5) 业务配置采用源→宿“点对点配置模式”

- 源为光→宿为电,对应 2M 的收,又叫下业务。
- 源为电→宿为光,对应 2M 的发,又叫上业务。
- 源为光→宿为光,对应 2M 业务穿通,又叫穿通业务。

(6) 时隙的概念

- 传输里面讲的“时隙”概念和程控交换里面讲的“时隙”概念是不一样的。
- 程控交换里面讲的“时隙”指的是 1 个 2M 里面的 1 个通道(64K)。即一个 PCM32/30 系统中的一个 TS 通路。
- 传输里面讲的“时隙”指的是 1 个 2M(VC12),即一个标准的 PCM32/30 基群系统。

(7) 线路与支路

- SDH 传输设备中“线路”对应着光接口。
- SDH 传输设备中“支路”对应着 2M/34M/以太网/140M/低速 STM-N 等电接口。

五、数据准备

两台 SDH 设备的属性信息如下。

1. 网元 1

- ID：1
- 扩展 ID：9
- 名称：SDH1
- 网关类型：网关
- 协议：IP
- IP 地址：129.9.0.1

- 连接模式：普通
- 端口：1400
- 网元用户：root
- 密码：password
- 不选择“预配置”

2. 网元 3

- ID：3
- 扩展 ID：9
- 名称：SDH3
- 网关类型：非网关
- 所属网关：SDH1
- 所属网关协议：IP
- 网元用户：root
- 密码：password
- 不选择“预配置”

业务信息，见表 10-1。

表 10-1 业务信息(1)

SDH1	线路板	6
	支路板	4
	通信时隙	1—4 VC12
	支路接口	1—4 2M
	公务电话号码	101
	公务电话线路	6
	会议电话号码	999
SDH3	线路板	27
	支路板	4
	通信时隙	1—4 VC12
	支路接口	1—4 2M
	公务电话号码	103
	公务电话线路	27
	会议电话号码	999

六、实训步骤

（一）创建真实网元

1. 前期准备

在教师机上双击 T2000 Server. exe 图标，启动 T2000 服务器，输入用户名 admin 及密码 T2000，待服务器中所有进程都成功启动(如图 10.27 所示)。

iManager T2000 传输网综合网管系统 — 系统监控客户端

系统(S) 帮助(H)

进程信息 | 数据库信息 | 系统资源信息 | 硬盘信息

服务名	进程状态	启动模式	CPU使用比率(%)	内存使用量(K)	启动时间	服务器名	详细信息
Ems Server	运行	自动	0.00	61592	2009-05-30 09:45:08	PC13	
客户端自动升级...	运行	自动	0.00	3096	2009-05-30 09:45:48	PC13	自动升级连接到此服...
Tomcat服务	运行	自动	0.00	6224	2009-05-30 09:45:08	PC13	Tomcat服务，进程关...
WebLCT服务器	运行	自动	0.00	3408	2009-05-30 09:45:50	PC13	WebLCT的Web服务器
Schedulesrv Ser...	运行	自动	0.00	7828	2009-05-30 09:45:08	PC13	网管系统的定时任务...
Security Server	运行	自动	0.00	11284	2009-05-30 09:45:08	PC13	网管系统的安全管理...
Syslog Agent	运行	自动	0.00	9504	2009-05-30 09:45:08	PC13	Syslog Agent向syslo...
Toolkit Server	运行	自动	0.00	9772	2009-05-30 09:45:09	PC13	网元升级软件
Topo Server	运行	自动	0.00	9076	2009-05-30 09:45:09	PC13	网管系统的拓扑管理...
数据库服务器进程	运行	外部启动	0.00	46064	2009-05-30 09:42:59	PC13	提供数据库服务

图 10.27 T2000 服务器成功启动

在客户端双击 T2000Client 图标，登录 T2000 服务器，在弹出的对话框中输入正确的用户名和密码，服务器网管已经增加了两个账号，权限是一致的，admin 的密码是 T2000，其他用户名及密码分别为 admin001、T2000001，admin002、T2000002；登录的服务器选择 server，本实训平台的服务器 IP 地址是 129.9.0.20，如果是本机做服务器，登录 local 即可(图 10.28、图 10.29)。

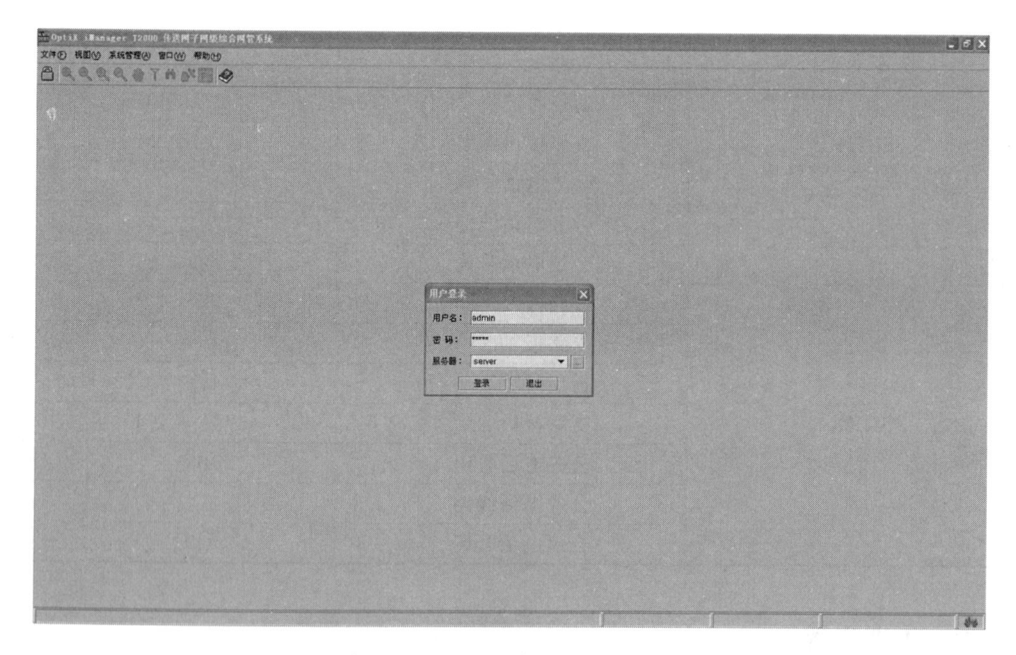

图 10.28 T2000 客户端登录界面

2. 创建网元

网元的创建有两种方式：一种是创建真实存在的网元，一种是创建虚拟的网元。

本实训共有 3 个网元，即 3 台 OSN2000 设备，其 IP 地址分别是 129.9.0.1、129.9.0.2、129.9.0.3。不管是真实存在的网元还是虚拟网元，手工创建的方式都有两种：

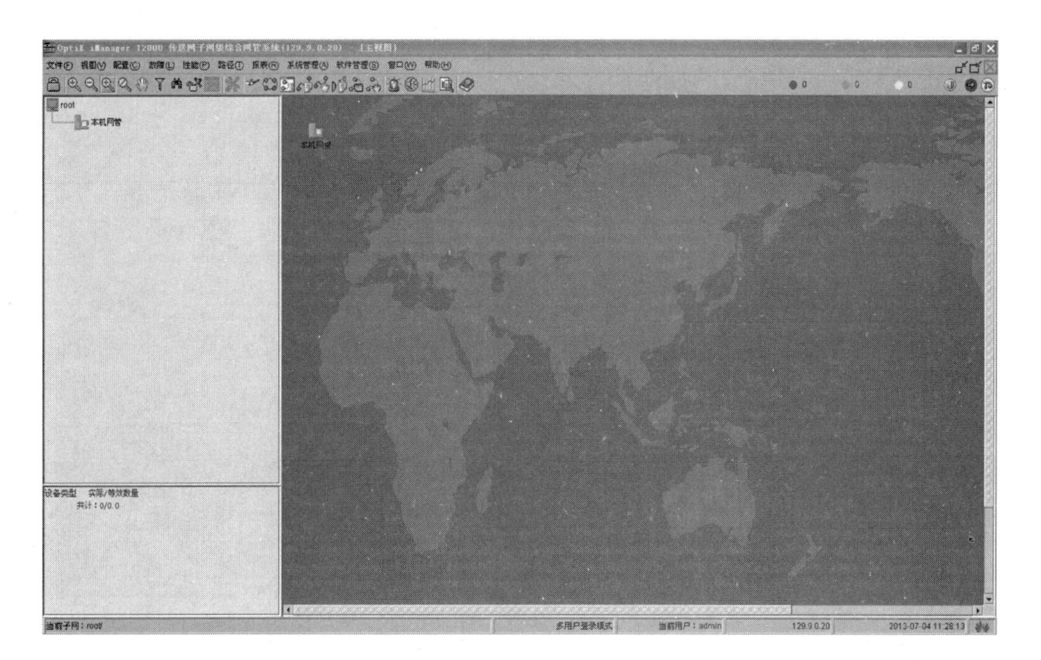

图 10.29 T2000 客户端登录成功

- 选择“文件”→“新建”→“拓扑对象”命令，如图 10.30 所示；

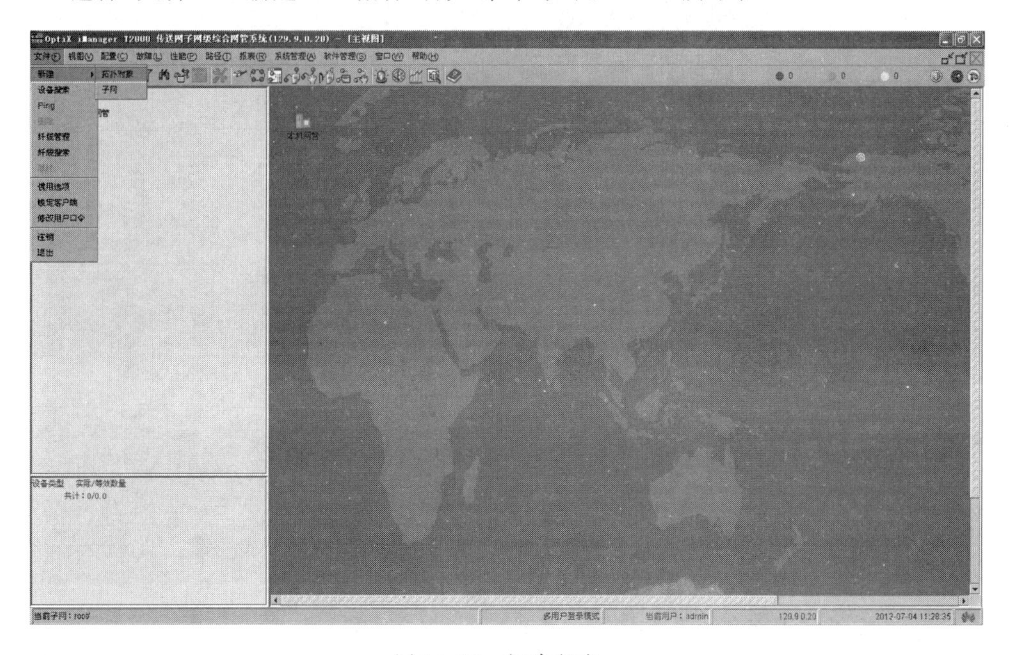

图 10.30 新建方式一

- 在页面空白处右击，选择“新建”→“拓扑对象”命令，如图 10.31 所示。

在设备型号一栏中选择“OSN 系列”→OptiX OSN2000，在右侧填入网元 1 的信息，如图 10.32 所示。

填写完基本信息后单击“确定”，在页面空白处单击，即可成功创建网元 1，如图 10.33 所示。

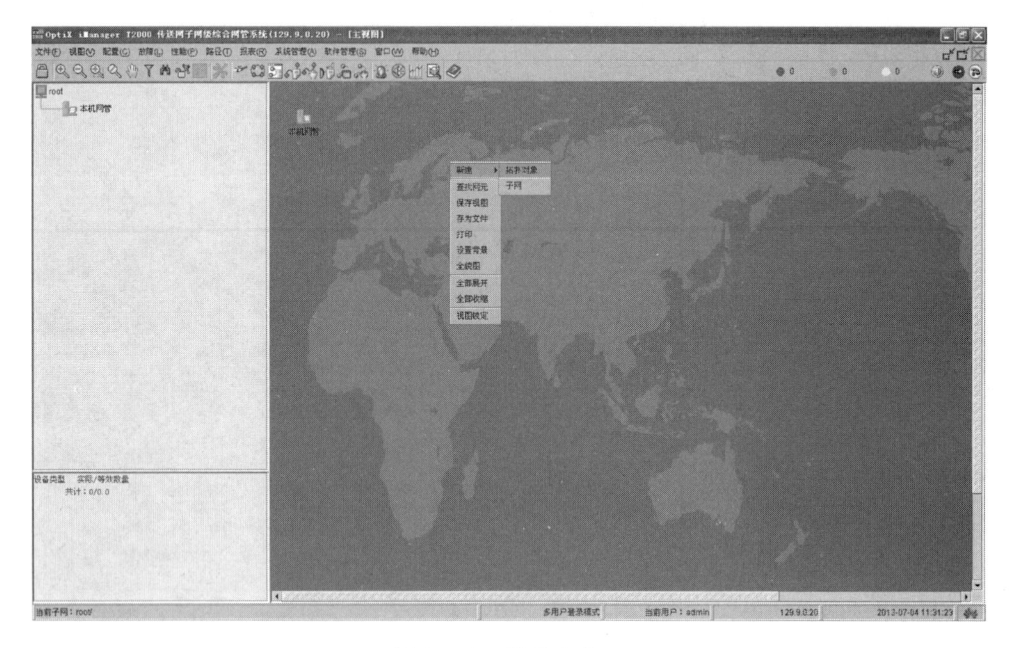

图 10.31　新建方式二

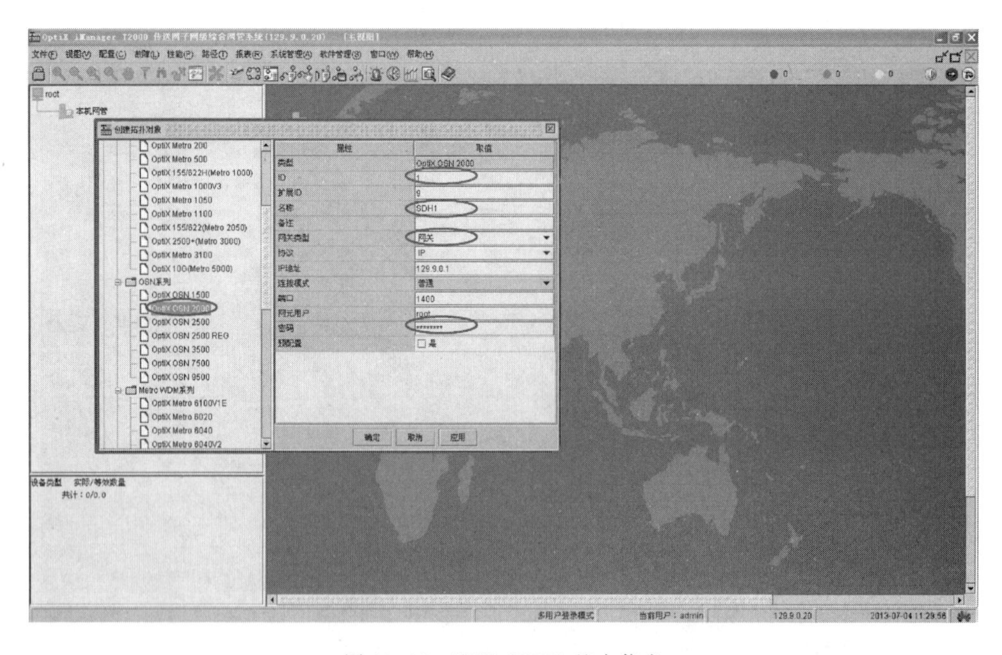

图 10.32　配置 SDH1 基本信息

用同样的方式创建网元 3。注意：网元 3 为非网关，如图 10.34 所示。

3. 配置单板

(1) 配置 SDH1 的单板

已创建的两个网元的状态是未配置状态，需要进行硬件数据配置，用鼠标选中并右击 SDH1，在弹出的菜单中选择“配置向导”，如图 10.35 所示。

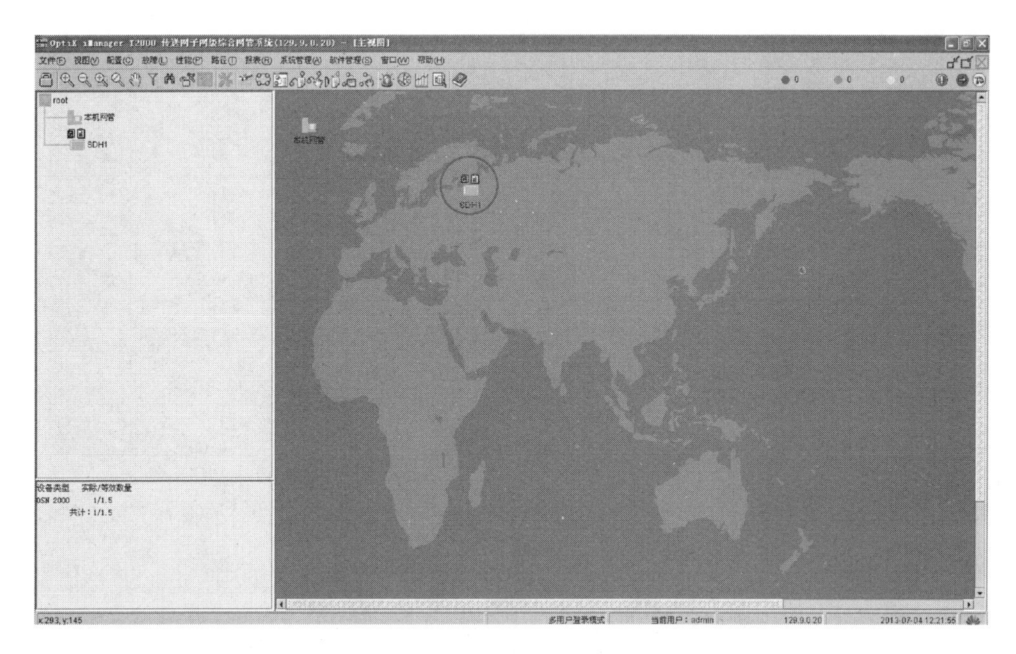

图 10.33　SDH1 创建成功的网元 1

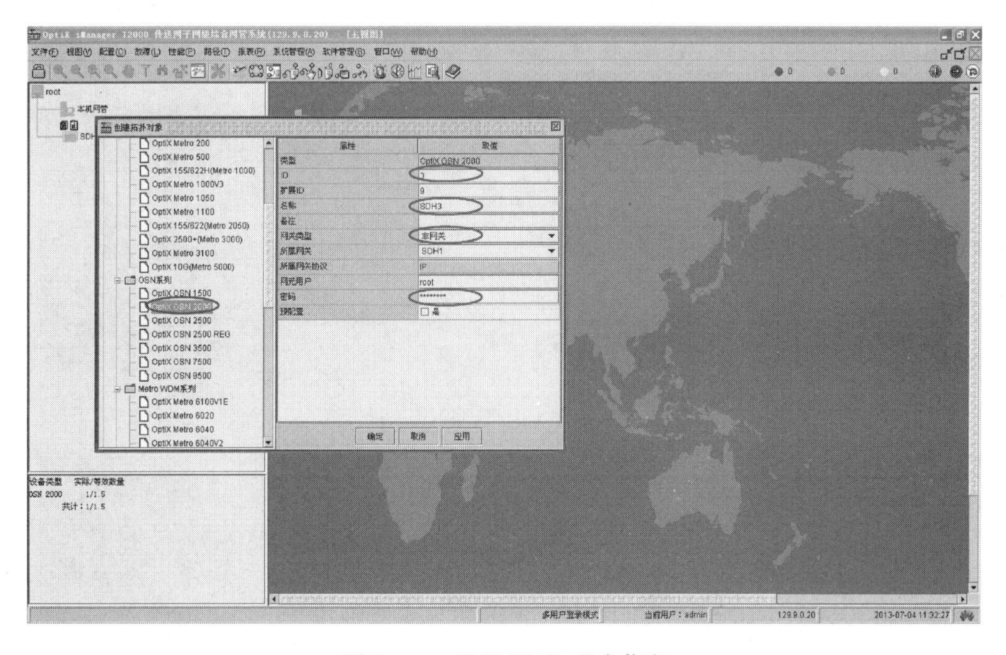

图 10.34　配置 SDH3 基本信息

选择“手工配置”，单击“下一步”→“确定”→“确定”→“下一步”，打开单板设置界面。右击 1 槽位空白处，在弹出的快捷菜单中选择 LA1（根据实际硬件配置），如图 10.36 所示。

用同样的方式完成 SDH1 的其他单板配置，如图 10.37 所示。

SDH1 单板配置完成后单击“下一步”→“完成”。

（2）配置 SDH3 的单板

重复 SDH1 的单板配置过程配置 SDH3，板位如图 10.38 所示。

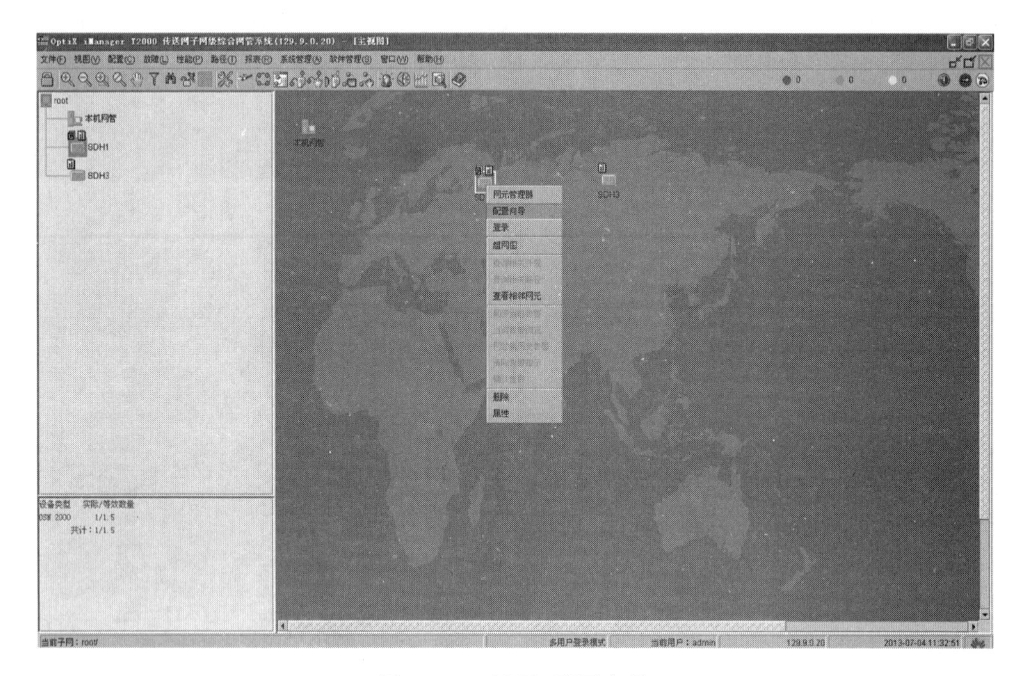

图 10.35　SDH1 配置向导

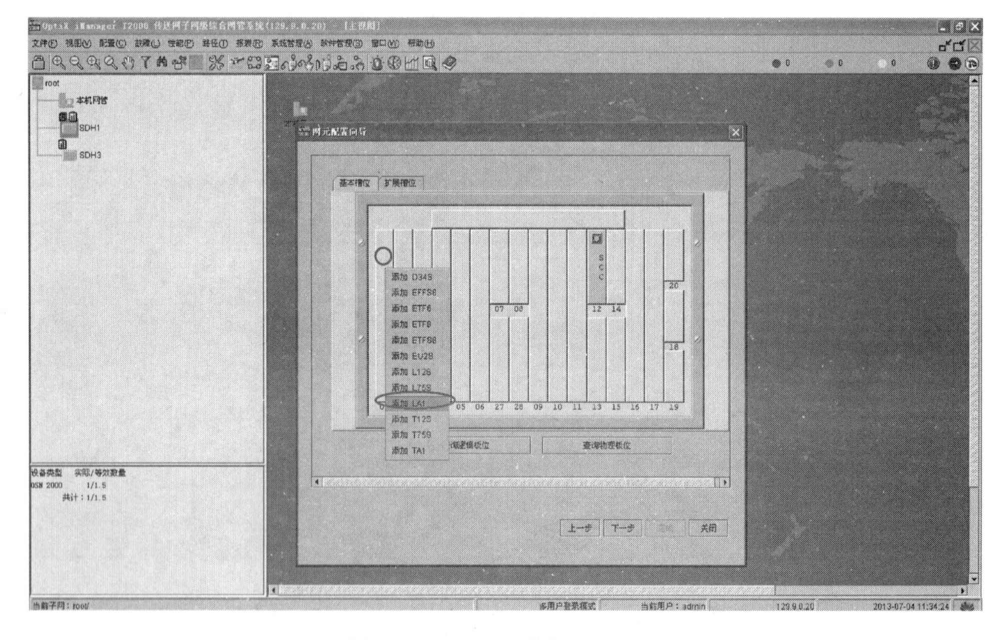

图 10.36　SDH1 单板设置界面

可以手工对每个槽位进行单板配置，也可以单击“查询物理板位”，从而直接获取单板信息。

至此，两个网元的创建和单板配置已完成，网元上方的未配置图标均已消失，结果如图 10.39 所示。

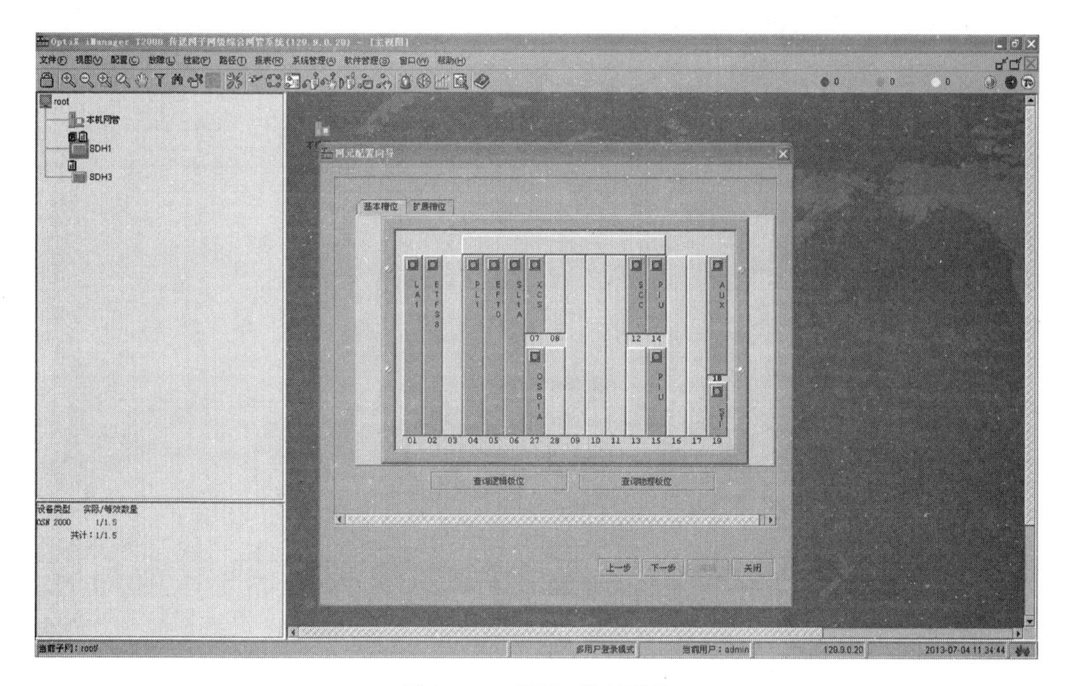

图 10.37 SDH1 单板配置

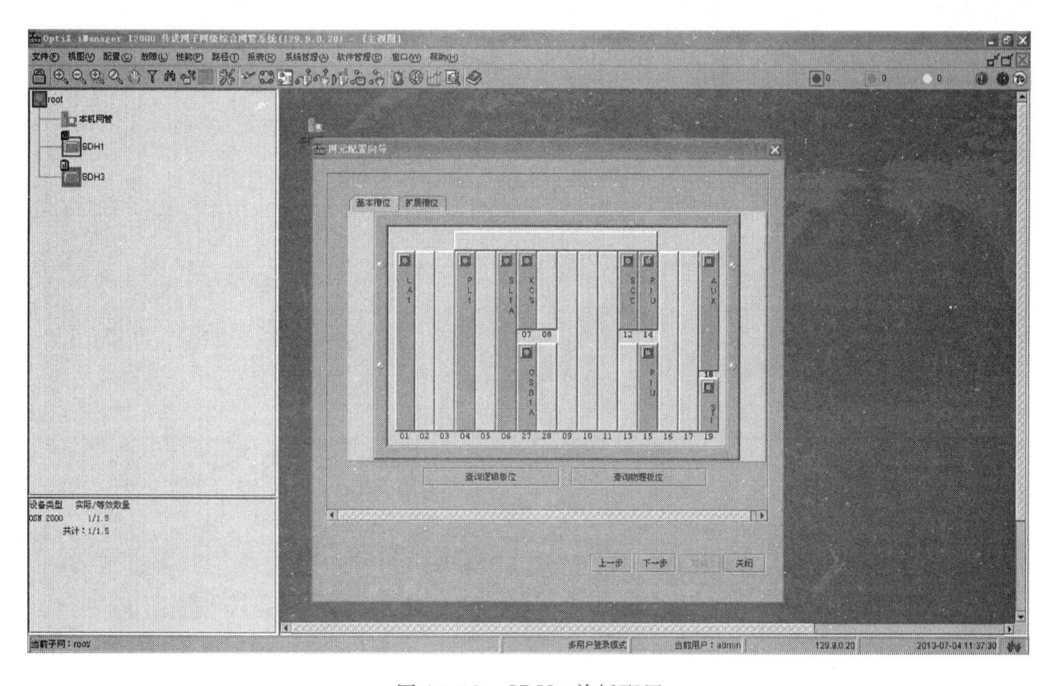

图 10.38 SDH3 单板配置

4. 创建纤缆

在工具栏中单击“创建链路”图标，如图 10.40 所示。

单击 SDH1，出现如图 10.41 所示的界面，选择 6 号板，单击“确定”。

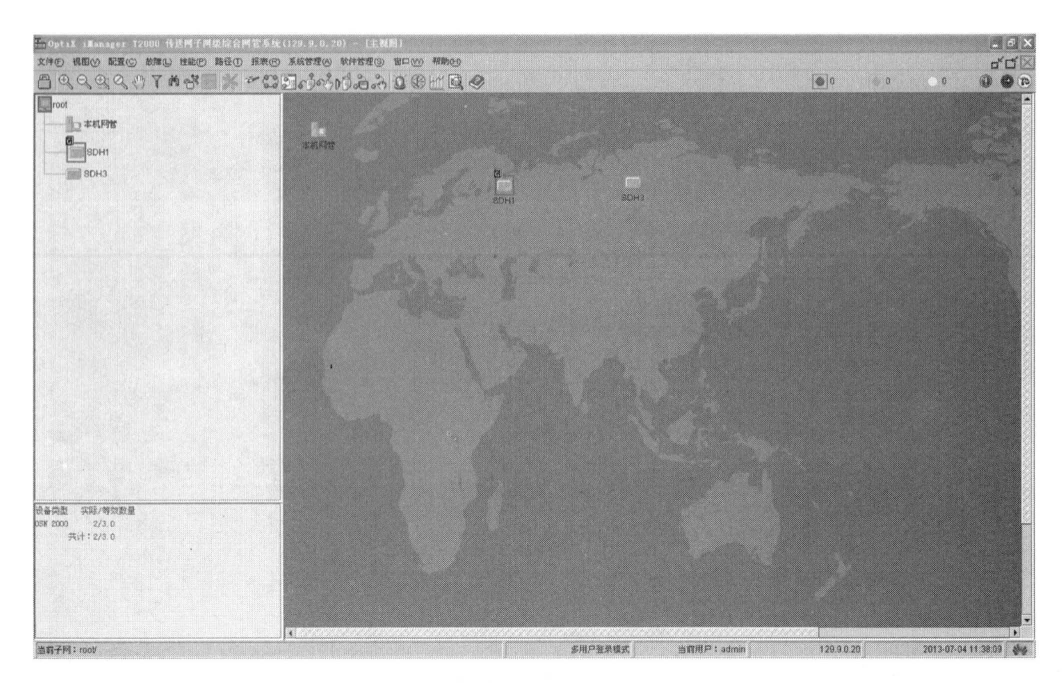

图 10.39　完成单板配置的两个网元

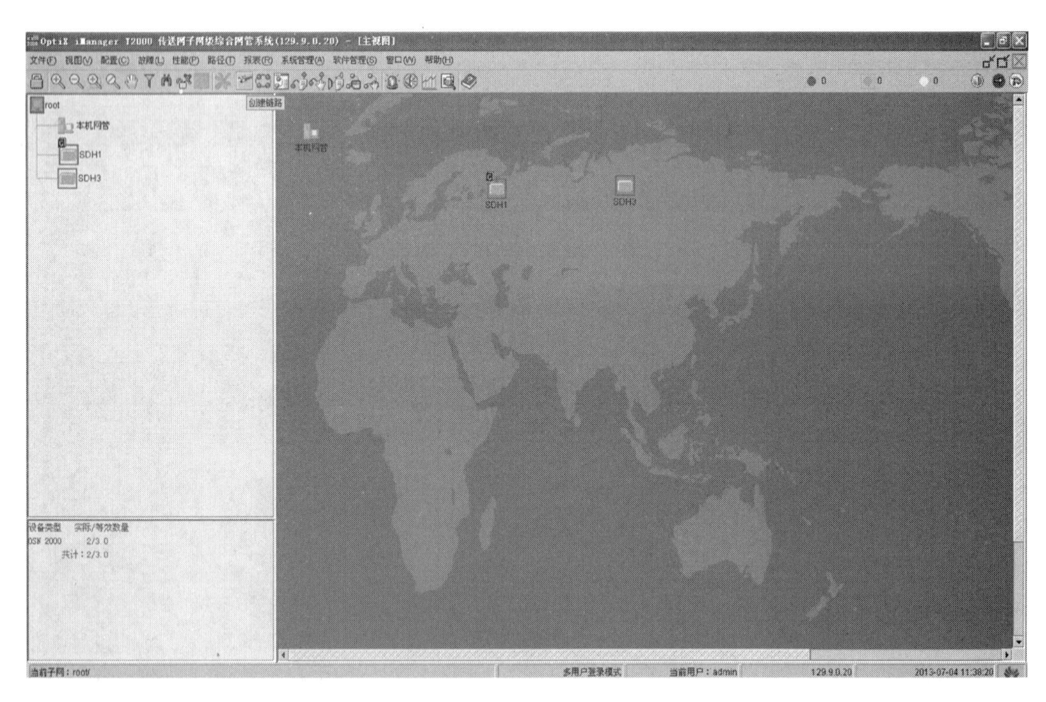

图 10.40　创建链路

再单击 SDH3，出现如图 10.42 所示的界面，选择 27 号板，单击“确定”→“确定”。

5. 创建保护视图

选择“配置”→ “保护视图”命令，打开保护视图界面(图 10.43)。

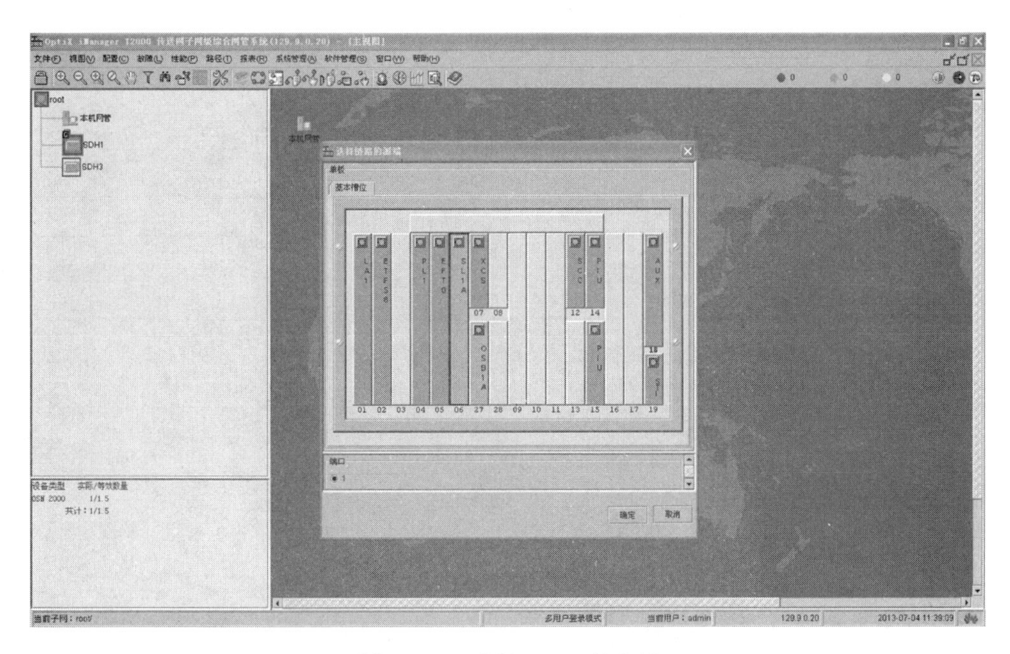

图 10.41　选择 SDH1 的光板

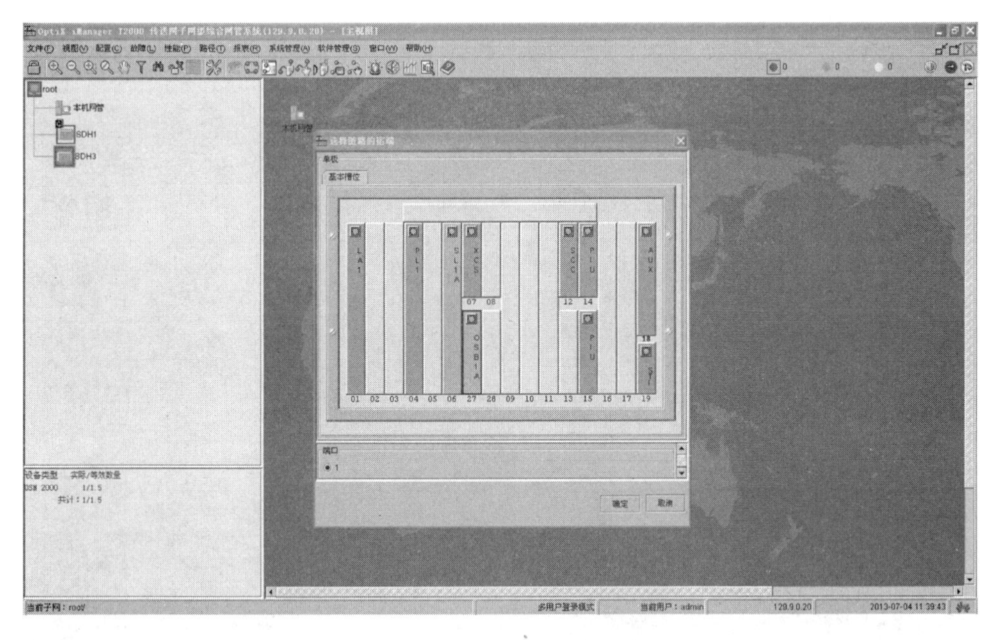

图 10.42　选择 SDH3 的光板

在保护视图空白处右击，选择“SDH 保护子网创建”→“无保护链”命令(图 10.44)。

依次双击 SDH1 和 SDH3，使其进入左侧节点栏中，如图 10.45 所示，单击“下一步”→“完成”→“关闭”，关闭保护视图窗口。

6. 配置时钟

选择“配置”→“时钟视图”命令，打开时钟视图界面(图 10.46)。

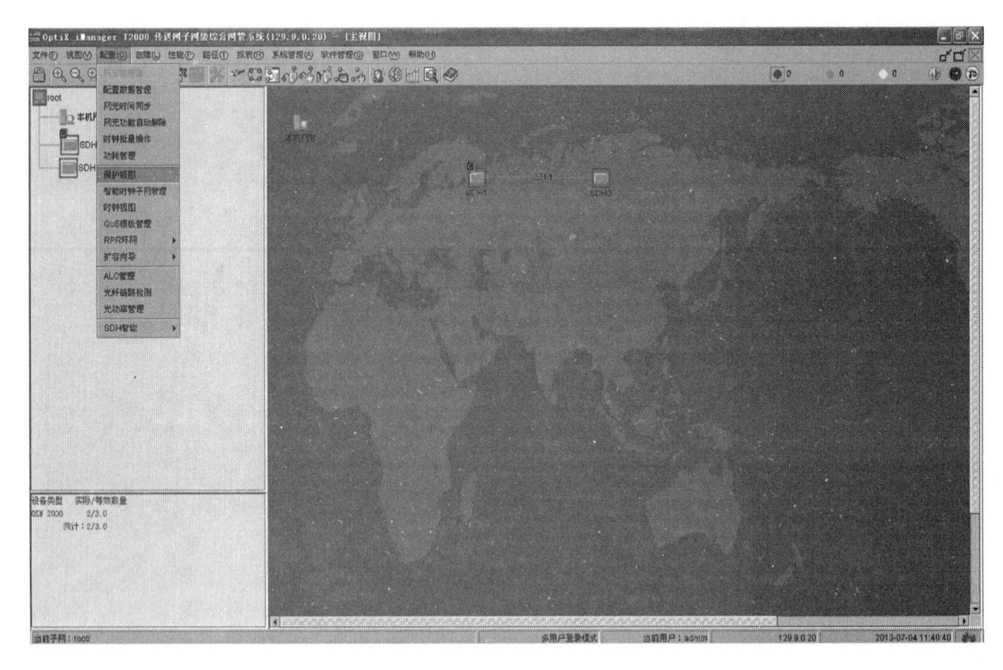

图 10.43　保护视图选项

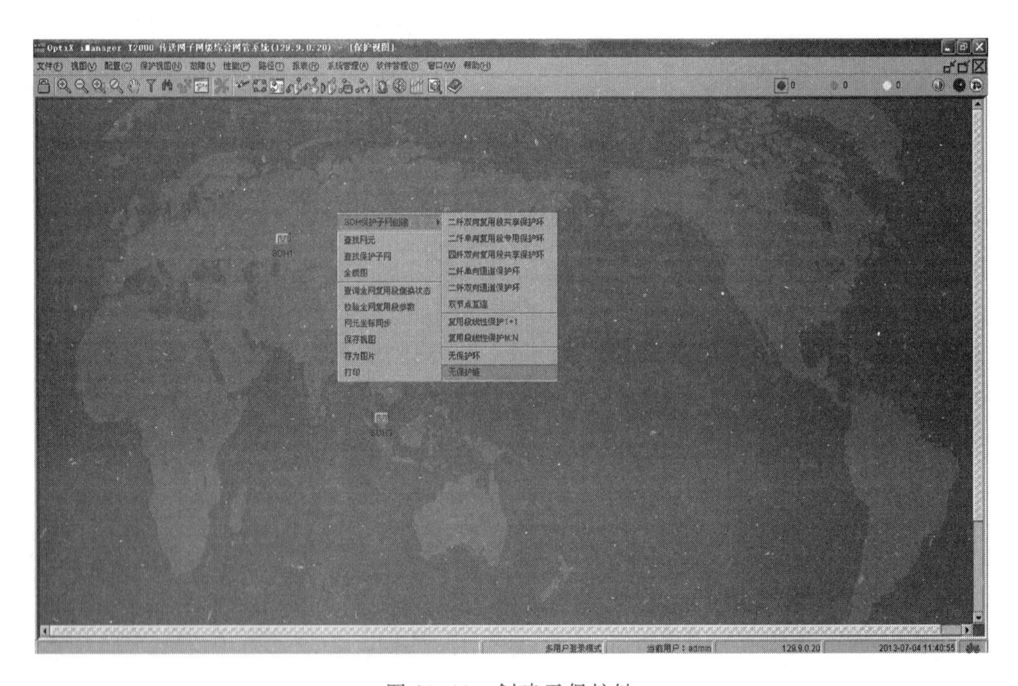

图 10.44　创建无保护链

SDH1 为网关，时钟为自由振荡，SDH3 的时钟由 27 号板通过光纤跟踪 SDH1。首先在保护视图中右击 SDH1，选择“时钟源优先级表”，如图 10.47 所示。

此时，SDH1 的时钟为内部时钟源即自由振荡模式，关闭 SDH1 的时钟源优先级表，打开 SDH3 的时钟源优先级表，单击“新建”，在时钟源中选择 27 号光板，如图 10.48 所示。单击“应用”→“确定”→“关闭”，关闭时钟优先级配置窗口，关闭时钟视图。

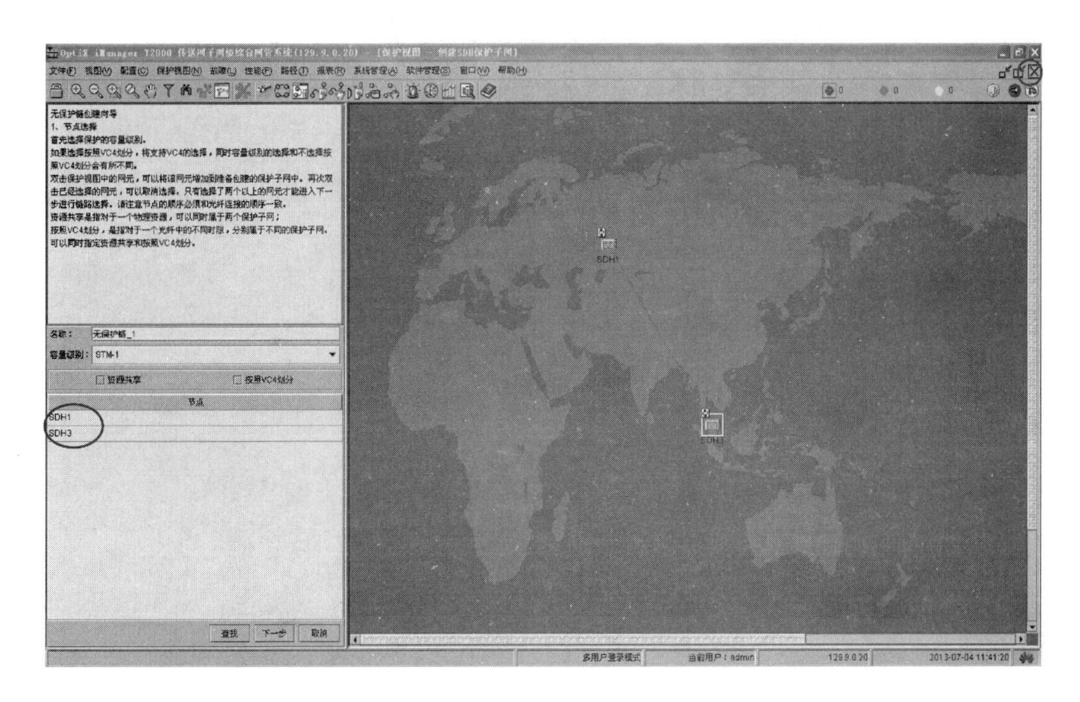

图 10.45　选择无保护链节点

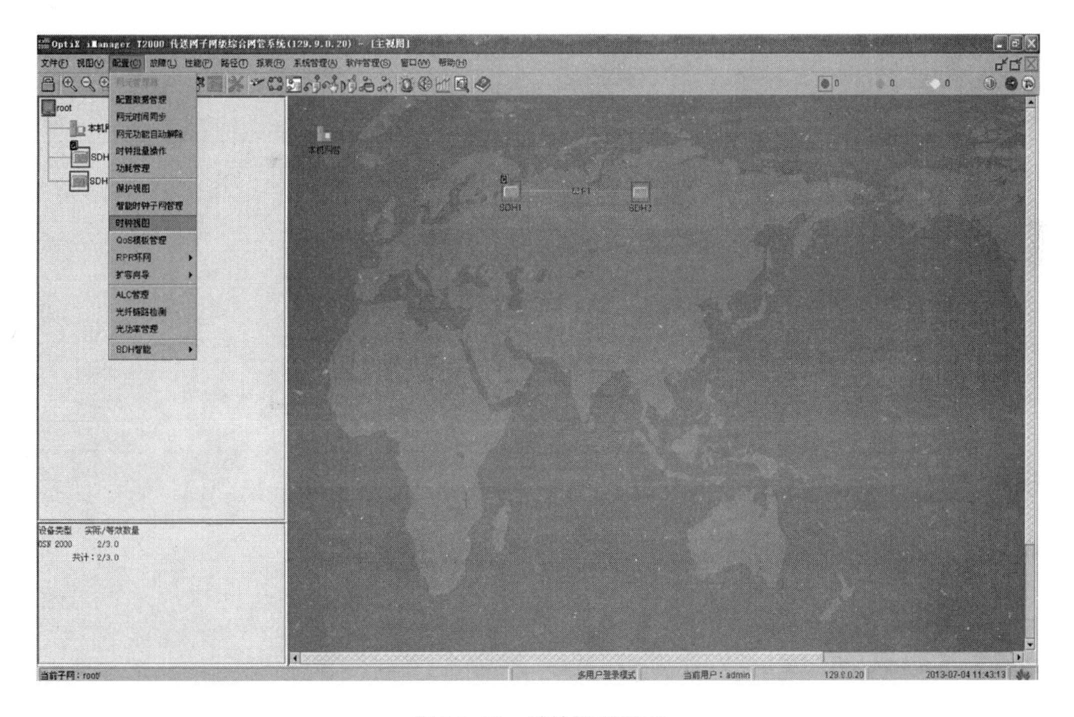

图 10.46　时钟视图选项

7. 配置公务

在主视图中双击 SDH1，右击 AUX 公务开销板，选择“公务开销配置”命令(图 10.49)。关闭板位图，在“常规”中填入公务电话：101；会议电话：999。将左侧的 6 号光板选

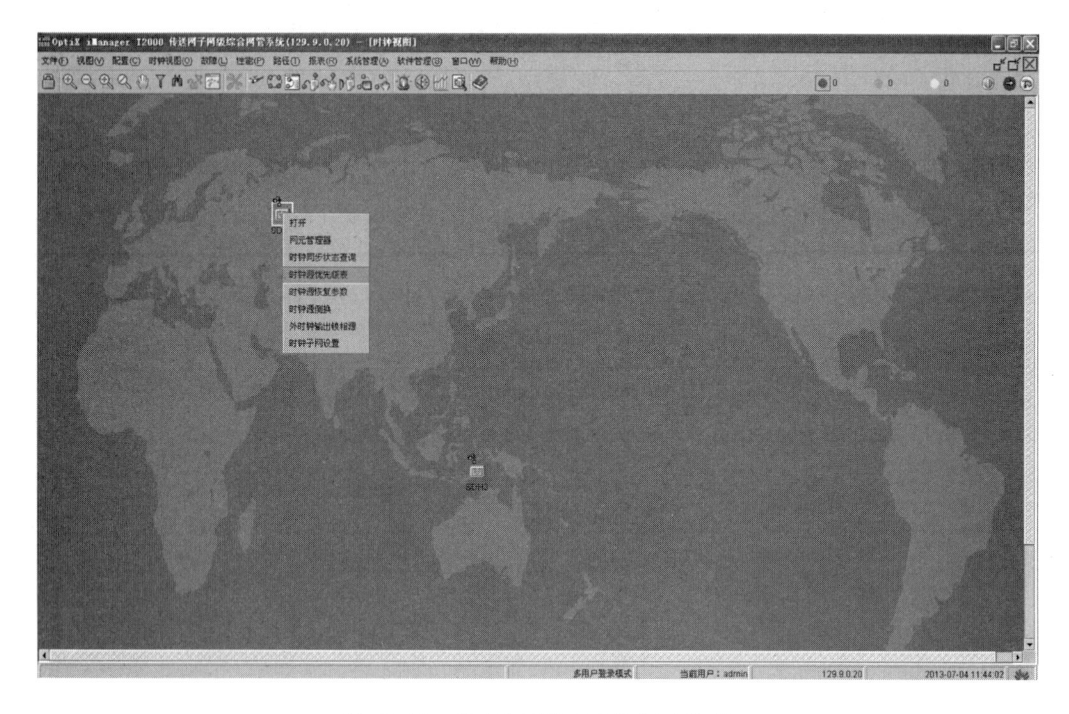

图 10.47　SDH1 时钟源优先级表选项

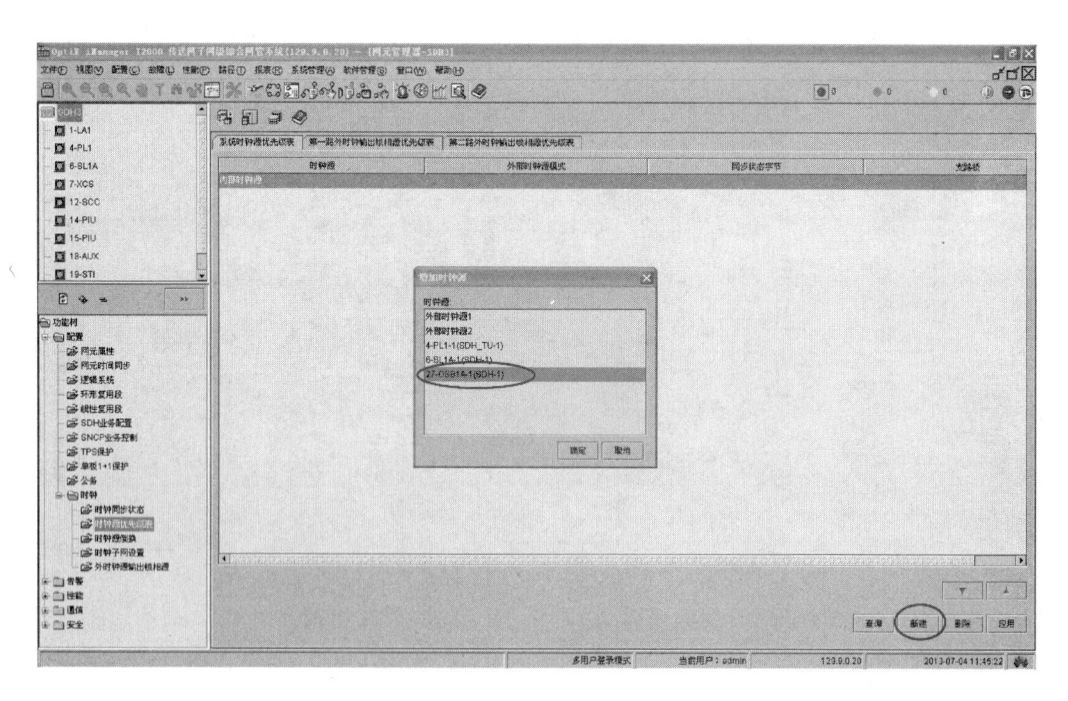

图 10.48　SDH3 添加时钟源

中，单击箭头符号，将其移到右边，单击“应用”，如图 10.50 所示；在“会议电话”中，将左侧的 6 号光板选中，单击箭头符号将其移到右边，如图 10.51 所示，单击“应用”→“关闭”，关闭配置窗口。

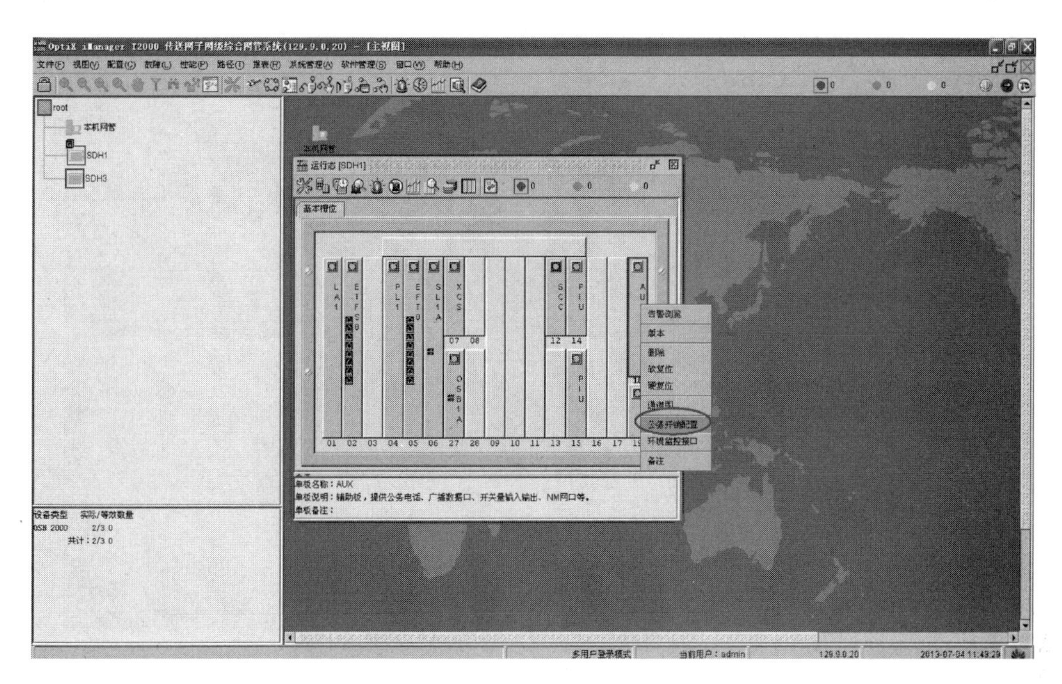

图 10.49　SDH1 公务开销选项

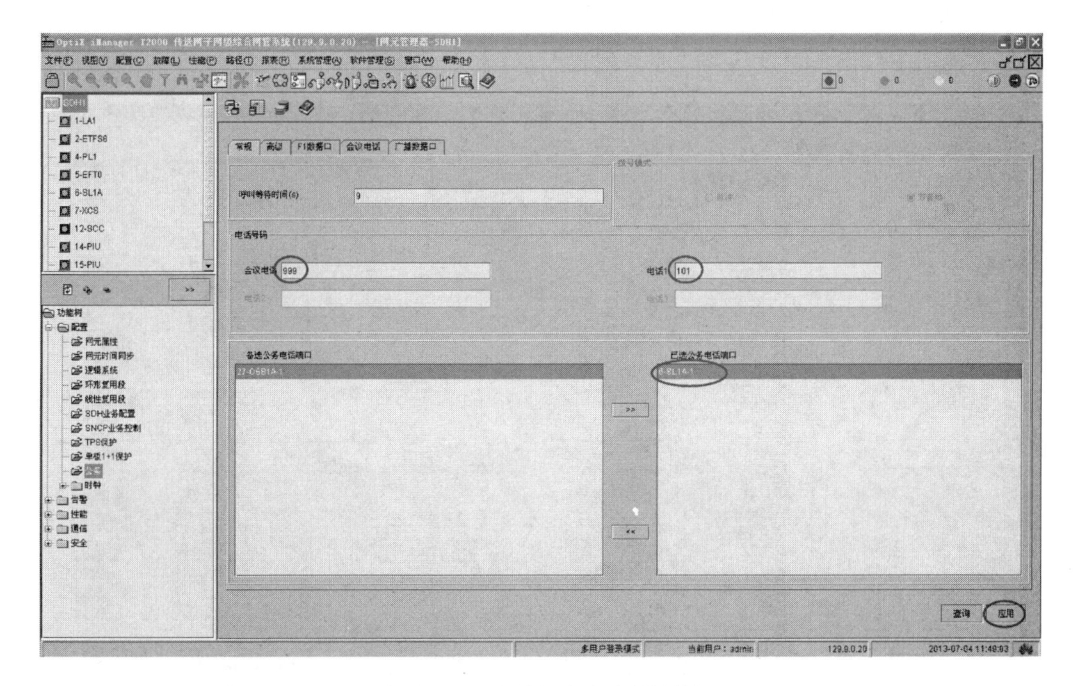

图 10.50　SDH1 公务电话配置

用同样的方式配置 SDH3，在“常规”中填入公务电话：103；会议电话：999。将左侧的 27 号光板选中，单击箭头符号将其移到右边，单击“应用”；在“会议电话”中，将左侧的 27 号光板选中，单击箭头符号将其移到右边，单击“应用”→“关闭”，关闭配置窗口。

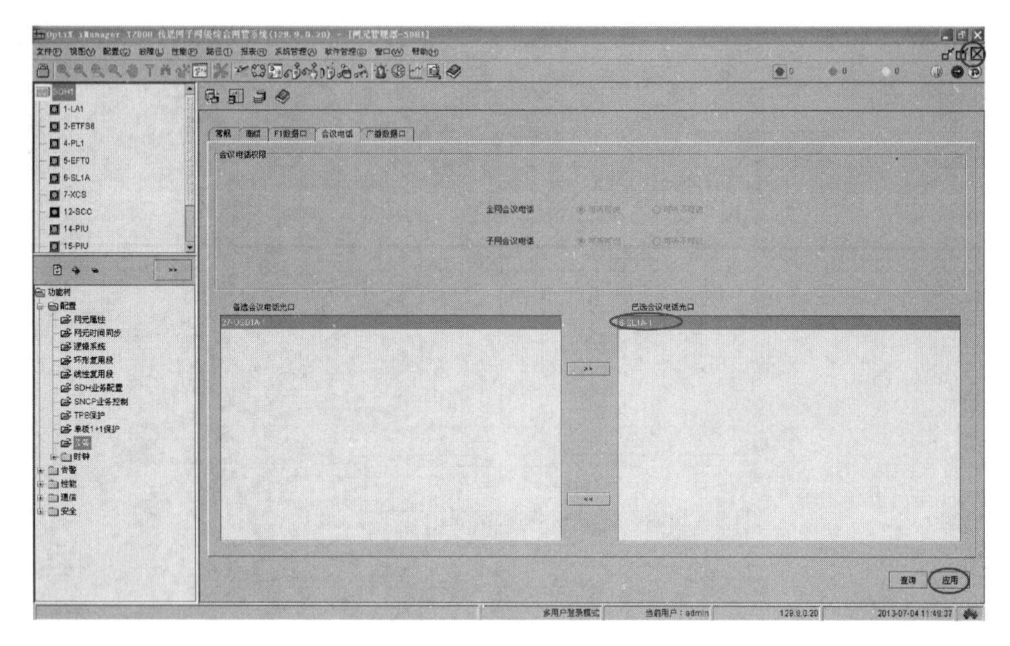

图 10.51 SDH1 会议电话端口配置

8. 业务配置

在主视图中右击 SDH1,选择“业务配置”。(图 10.52)

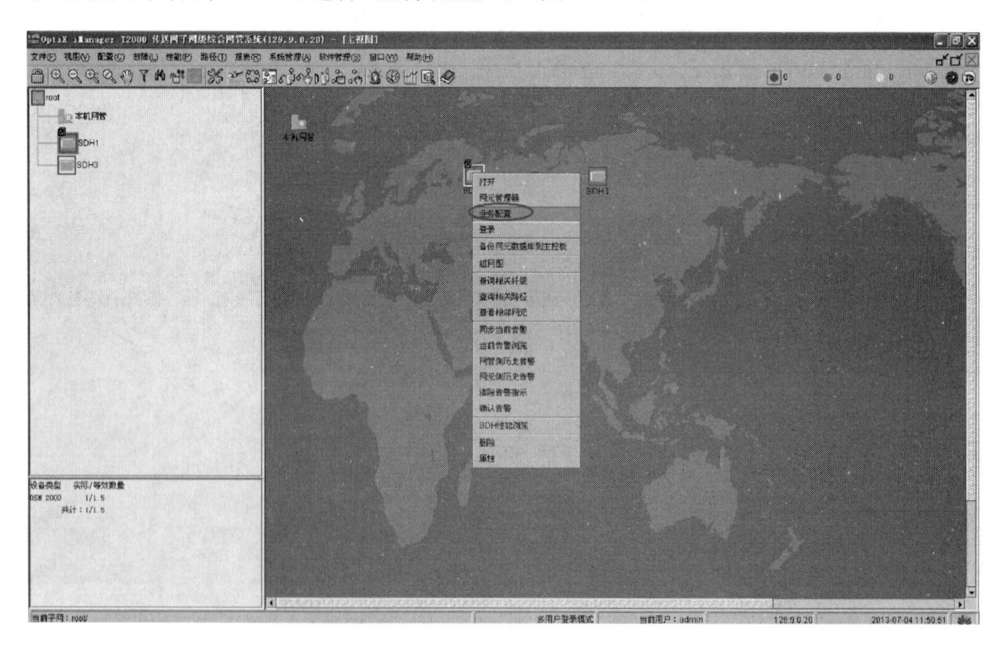

图 10.52 SDH1 业务配置选项

单击“新建”,在“新建 SDH 业务”对话框中填写业务参数:等级=VC12,方向=双向,源板位=6 号线路板,源 VC4=VC4—1,源时隙范围=1—4,宿板位=4 号支路板,宿隙范围=1—4,如图 10.53 所示。

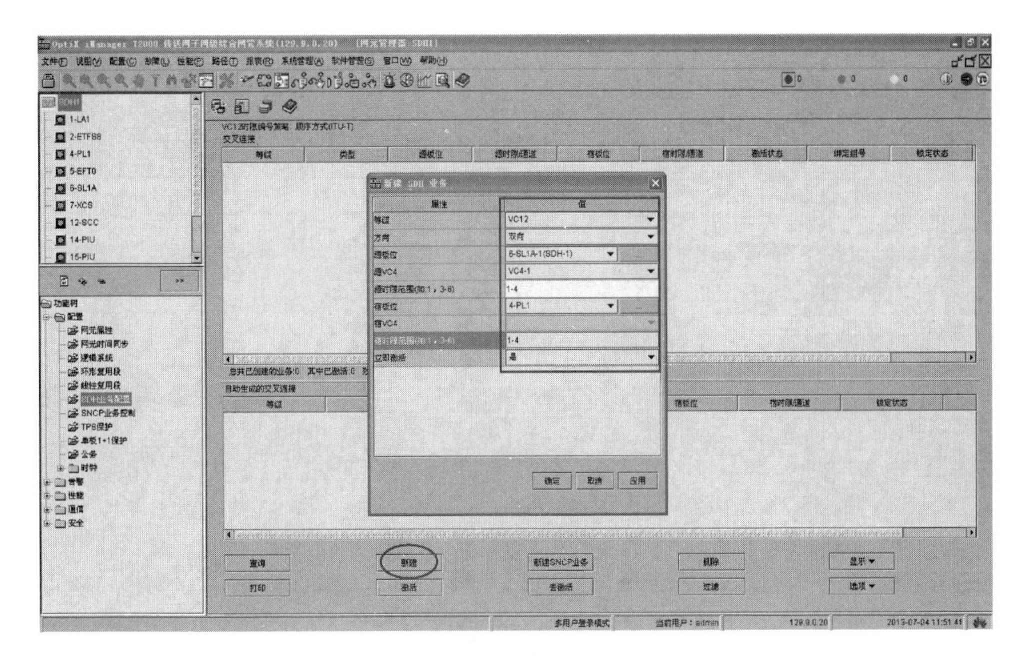

图 10.53　SDH1 业务配置

单击“确定”→“关闭”，可以看到已经配置的业务，右击该业务，选择“展开到单向”，可以查看其所包含的具体内容(图 10.54)。

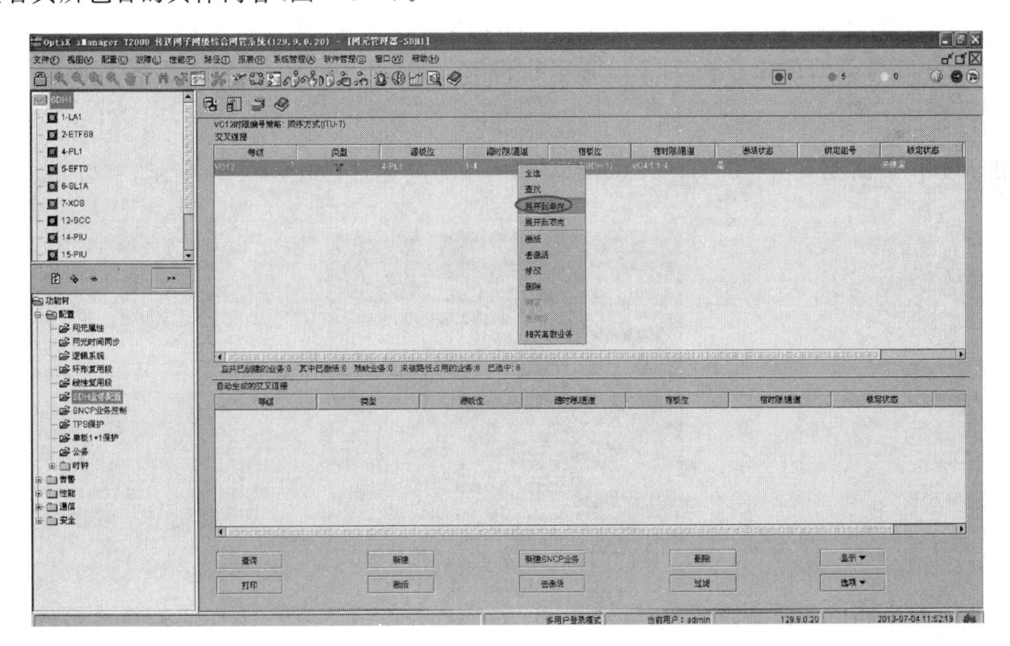

图 10.54　SDH1 业务展开到单向

关闭窗口。用同样的方法配置 SDH3，在 SDH3 的“新建 SDH 业务”对话框中填写业务参数：等级＝VC12，方向＝双向，源板位＝27 号线路板，源 VC4＝VC4—1，源时隙范围＝1—4，宿板位＝4 号支路板，宿隙范围＝1—4，如图 10.55 所示。

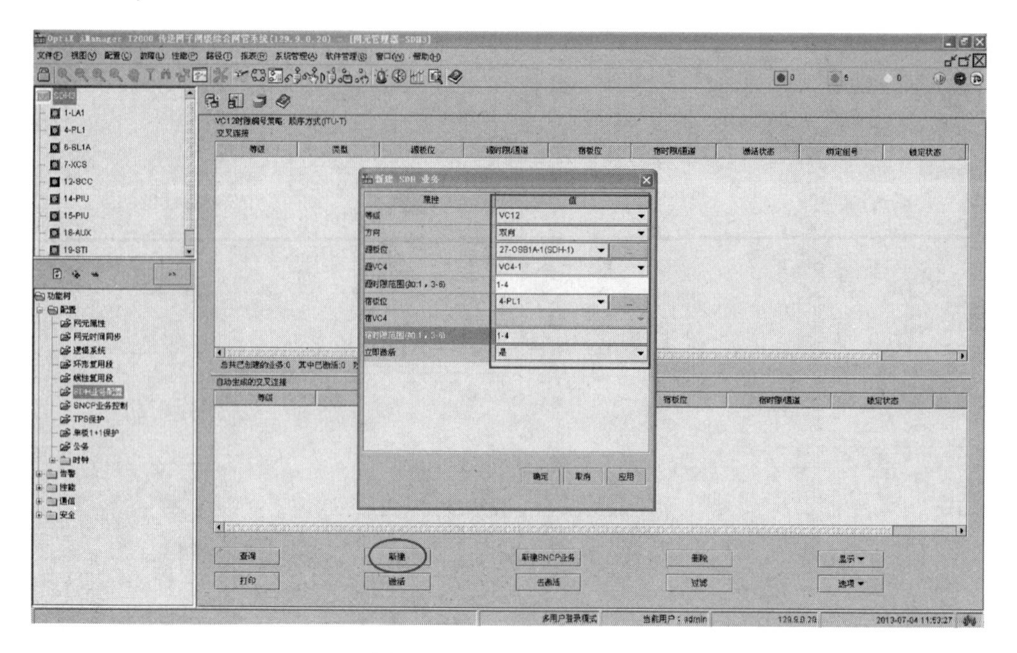

图 10.55　SDH3 业务配置

（二）使用 EB 通信软件实现硬件配置

做本实训之前，参与实训的学生应对 SDH 的原理技术、命令行有比较深刻的了解和认识。参与本实训的学生已对 EB 通信软件有了较深入的了解并已熟练掌握其使用操作。

(1) 在桌面上双击图标，输入实际的服务器地址，如图 10.56 所示，单击“确定”。

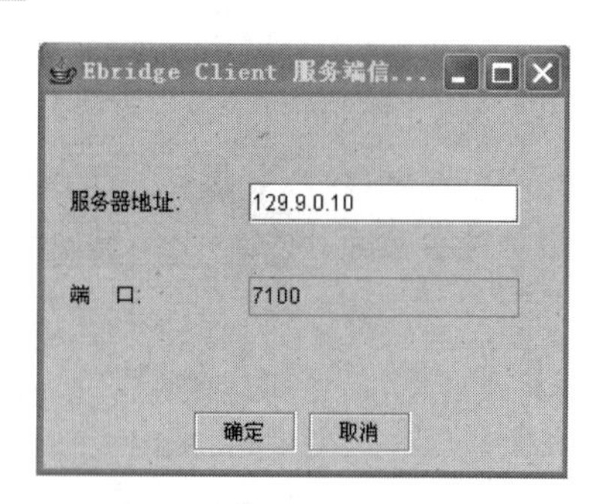

图 10.56　登录 EB 操作平台

(2) 双击相应的传输设备，如“传输：SDH1”，打开设备登录界面，输入用户名 szhw；密码 nesoft，单击“确定”(图 10.57)。

(3) 输入的方式有两种：第一种是在命令输入框中输入网元硬件配置命令(图 10.58)；第二种是预先使用文本文档编辑好命令脚本并保存，单击右下角的“导入文本文件”(图 10.59)，两者结果是一样的。

(4) 单击“申请席位”→“是”→“ 确定”→“ 确定”，系统会分配占用服务器权限，再单击

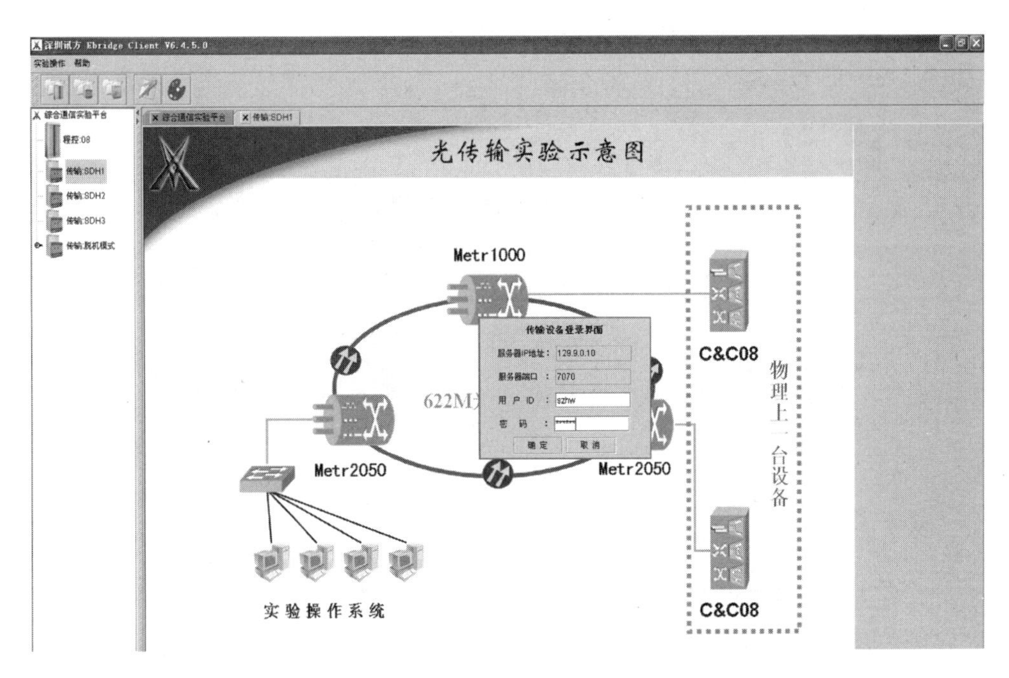

图 10.57　登录 SDH1

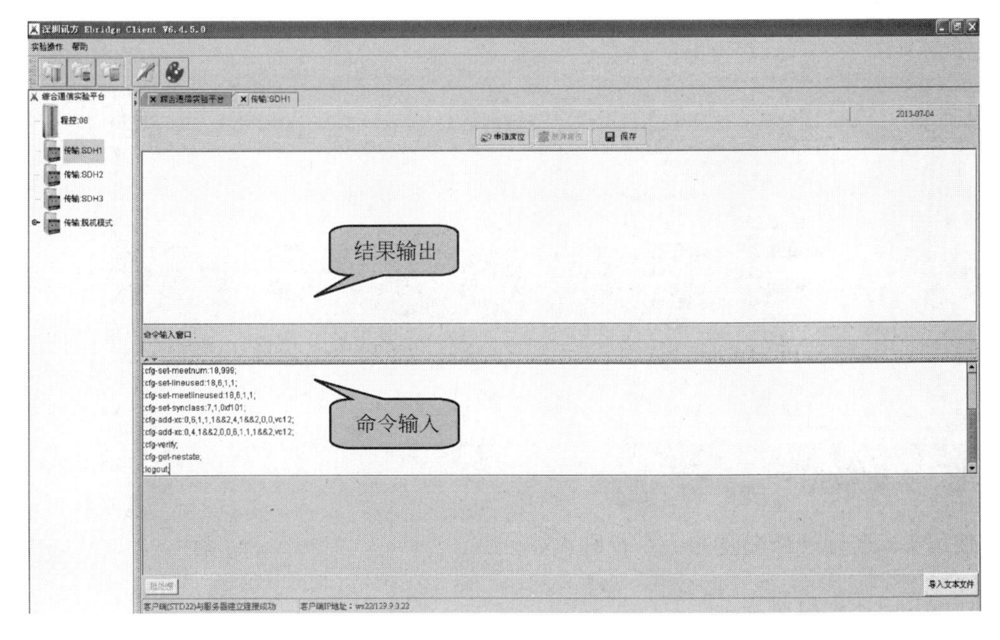

图 10.58　手工输入命令

“批处理”,系统会自动逐步执行每条命令,并将执行结果显示在结果输出框中,如图 10.60 所示。系统默认所执行的内容用红色标注,执行结果用蓝色标注,实训中可以根据自己的需求更改。

(5) 重复步骤(2)、(3)、(4),配置 SDH3。

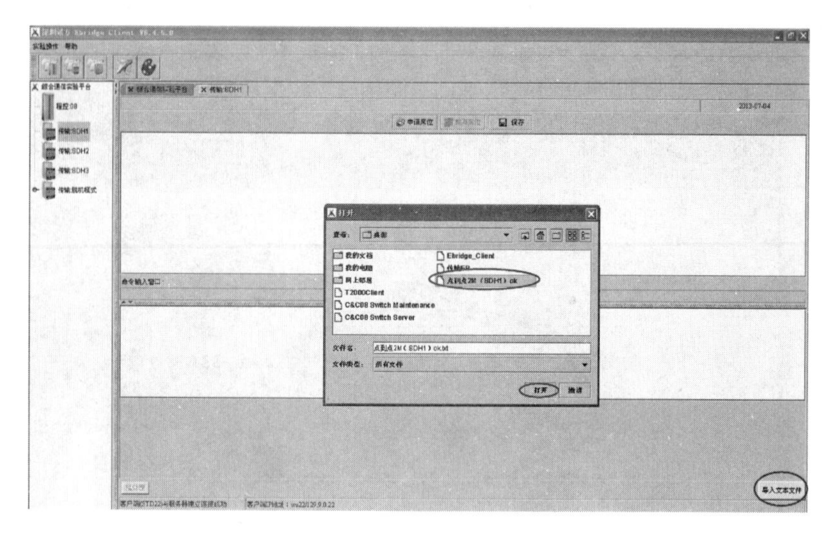

图 10.59　导入文本文件

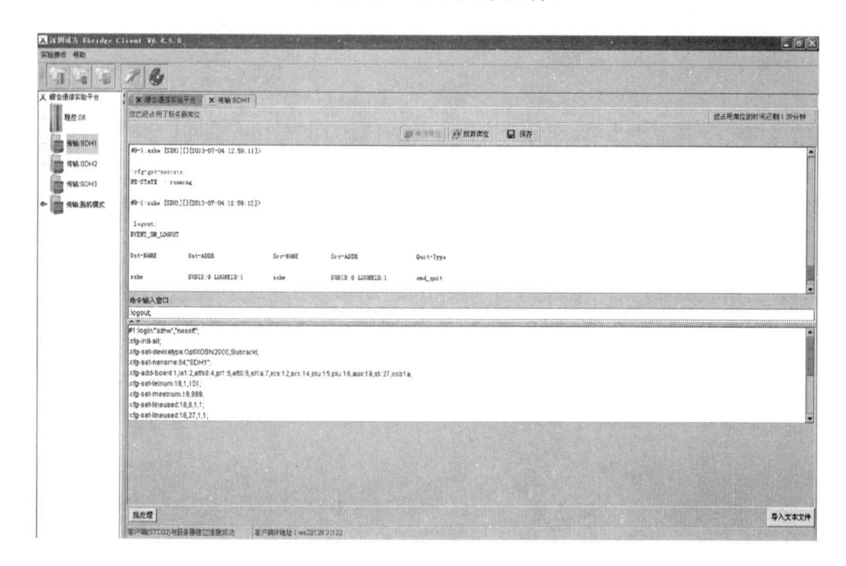

图 10.60　命令行执行结果

七、实训数据

使用 EB 进行硬件配置的命令行脚本如下。

（一）SDH1 配置脚本

1. 登录网元

#1:login:"szhw","nesoft";
//ID=1,用户名=szhw,密码=nesoft.

2. 初始化网元设备

:cfg-init-all;

//清除网元所有数据.

3. 设置网元整体参数

:cfg－set－devicetype:OptiXOSN2000,SubrackⅠ;
//设备类型＝OptiXOSN2000,子架类型＝SubrackⅠ.

4. 设置网元名称

:cfg－set－nename:64,"SDH1";
//字符串长度＝64,网元名称＝SDH1.

5. 增加网元逻辑板

:cfg－add－board:1,la1:2,etfs8:4,pl1:5,eft0:6,sl1a:7,xcs:12,scc:14,piu:15,piu:18,aux:19,sti:27,osb1a;
//1槽位＝la1; 2槽位＝etfs8; 4槽位＝pl1; 5槽位＝eft0; 6槽位＝sl1a; 7槽位＝xcs; 12槽位＝scc; 14槽位＝piu; 15槽位＝piu; 18槽位＝aux; 19槽位＝sti; 27槽位＝osb1a.

6. 配置公务电话

:cfg－set－telnum:18,1,101;
//开销板位号＝18, 电话序号＝1, 电话号码＝101.

7. 设置会议电话号码

:cfg－set－meetnum:18,999;
//开销板位号＝18,会议电话号码＝999.

8. 设置寻址呼叫可用光口

:cfg－set－lineused:18,6,1,1;
//开销板位号＝18, 线路板位号＝6, 光口号＝1,通道号＝1.

9. 设置会议电话呼叫可用光口

:cfg－set－meetlineused:18,6,1,1;
//开销板位号＝18, 线路板位号＝6, 光口号＝1,通道号＝1.

10. 配置网元时钟等级

:cfg－set－synclass:7,1,0xf101;
//时钟板位号＝7,时钟源个数＝1,时钟源＝自由振荡.

11. 配置交叉业务

:cfg－add－xc:0,6,1,1,1&&4,4,1&&4,0,0,vc12;
//配置光路到支路业务的映射: ID＝0,源板位＝6,源端口号＝1,源AU号＝1,源低阶通道号=1—4；宿板位号=4，宿端口号=1—4，为支路业务，业务级别=vc12.

:cfg—add—xc:0,4,1&&4,0,0,6,1,1,1&&4,vc12;

//配置支路到光路业务的映射：ID=0，源板位=4，源端口号=1—4，为支路业务；宿板位号=6，宿端口号=1，宿 AU 号=1，宿低阶通道号=1—4，业务级别=vc12.

12. 配置校验下发

:cfg—verify;

//校验完成，设备开始工作.

13. 查询网元状态

:cfg—get—nestate;

//查询网元运行状态.

14. 安全退出

:logout;

（二）SDH3 配置脚本

1. 登录网元

#3:login:"szhw","nesoft";

//ID=3，用户名=szhw，密码=nesoft.

2. 初始化网元设备

:cfg—init—all;

//清除网元所有数据.

3. 设置网元整体参数

:cfg—set—devicetype:OptiXOSN2000,SubrackⅠ;

//设备类型=OptiXOSN2000，子架类型=SubrackⅠ.

4. 设置网元名称

:cfg—set—nename:64,"SDH3";

//字符串长度=64，网元名称= SDH3.

5. 增加网元逻辑板

:cfg—add—board:1,la1:4,pl1:6,sl1a:7,xcs:12,scc:14,piu:15,piu:18,aux:19,sti:27,osb1a;

//1 槽位=la1；4 槽位=pl1；6 槽位=sl1a；7 槽位=xcs；12 槽位=scc；14 槽位=piu；15 槽位=piu；18 槽位=aux；19 槽位=sti；27 槽位=osb1a.

6. 配置公务电话

:cfg－set－telnum:18,1,103;
//开销板位号＝18，电话序号＝1，电话号码＝103.

7. 设置会议电话号码

:cfg－set－meetnum:18,999;
//开销板位号＝18,会议电话号码＝999.

8. 设置寻址呼叫可用光口

:cfg－set－lineused:18,27,1,1;
//开销板位号＝18，线路板位号＝27，光口号＝1,通道号＝1.

9. 设置会议电话呼叫可用光口

:cfg－set－meetlineused:18,27,1,1;
//开销板位号＝18，线路板位号＝27，光口号＝1,通道号＝1.

10. 配置网元时钟等级

:cfg－set－synclass:7,2, 0x1b01,0xf101;
//时钟板位号＝7,时钟源个数＝2,时钟源＝跟踪 27 光板,自由振荡.

11. 配置交叉业务

:cfg－add－xc:0,27,1,1,1&&4,4,1&&4,0,0,vc12;
//配置光路到支路业务的映射：ID＝0,源板位＝27,源端口号＝1,源 AU 号＝1,源低阶通道号＝1—4；宿板位号＝4,宿端口号＝1—4,为支路业务,业务级别＝vc12.
:cfg－add－xc:0,4,1&&4,0,0,27,1,1,1&&4,vc12;
//配置支路到光路业务的映射：ID＝0,源板位＝4,源端口号＝1—4,为支路业务；宿板位号＝27,宿端口号＝1,宿 AU 号＝1,宿低阶通道号＝1—4,业务级别＝vc12.

12. 配置校验下发

:cfg－verify;
//校验完成,设备开始工作.

13. 查询网元状态

:cfg－get－nestate;
//查询网元运行状态.

14. 安全退出

:logout;

八、实训验证

OptiX OSN2000 传输设备电端口和光端口传输都是数字信号，因此要检测所配置业务的正确性，必须在电端口接其他设备，看其是否能正常工作以检测所配业务的正确性。本实训教程使用光网络分析仪作为验证终端，在 SDH1 和 SDH3 的支路端口分别对接两台光网络分析仪，如图 10.61 所示(已正确配置光网络分析仪，接口连接数据如图 10.62 所示)，若能够开通视频，说明传输业务的配置是正确的(光网络分析仪的软硬件安装及使用方法这里就不详细描述了)。

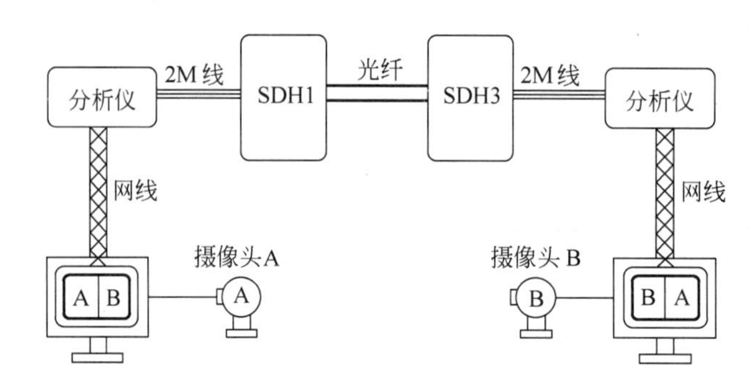

图 10.61 传输设备与光网络分析仪对接示意

图 10.62 光网络分析仪与传输 2M 口连接方式

图 10.63、图 10.64 分别为华为 SDH 测试软件的初始界面和视频界面。

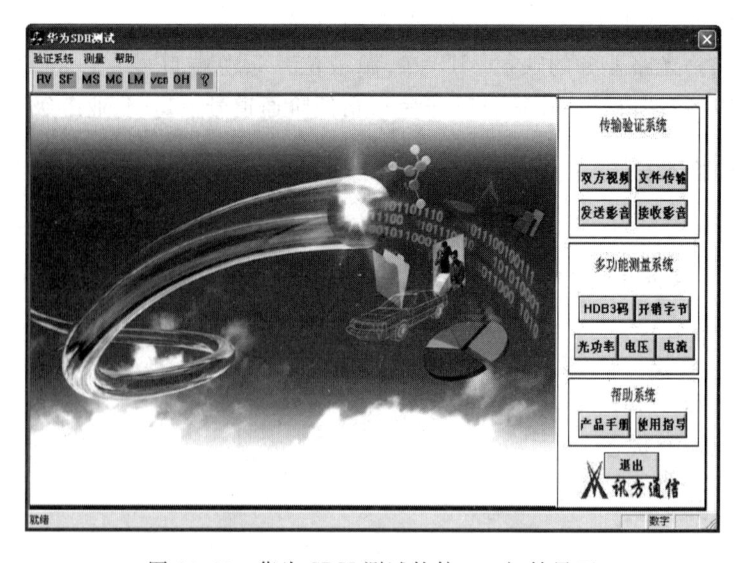

图 10.63 华为 SDH 测试软件——初始界面

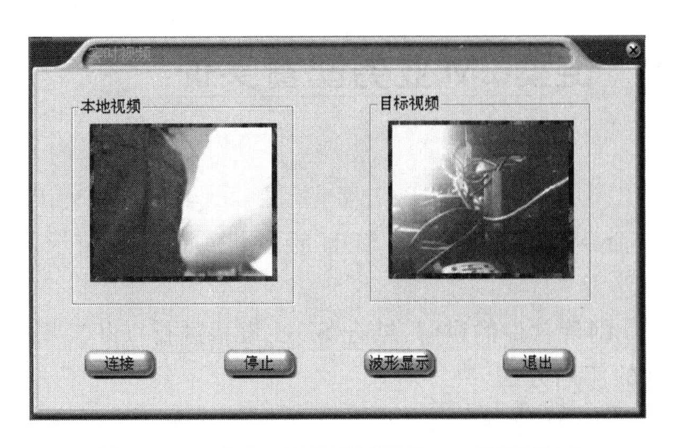

图10.64　华为SDH测试软件——视频界面

实训单元9　链型2M业务配置实训

一、实训目的

(1) 通过对SDH命令行的讲解，结合SDH设备进行命令行演示，让学生了解Ebridge通信软件的使用方法。

(2) 通过对T2000网管软件的讲解，结合SDH设备进行T2000软件操作演示，让学生了解T2000网管软件的使用方法。

(3) 通过本实训了解2M业务及2M业务在链型组网方式中的配置方法和应用。

二、实训器材

(1) OSN 2000传输设备3台

(2) EB服务器

(3) 操作终端

(4) 光网络分析仪

(5) 电话机

(6) 尾纤若干

(7) 2M连接线若干

三、实训内容说明

(1) 本实训平台网管的实际物理连接，具体如图10.65所示。

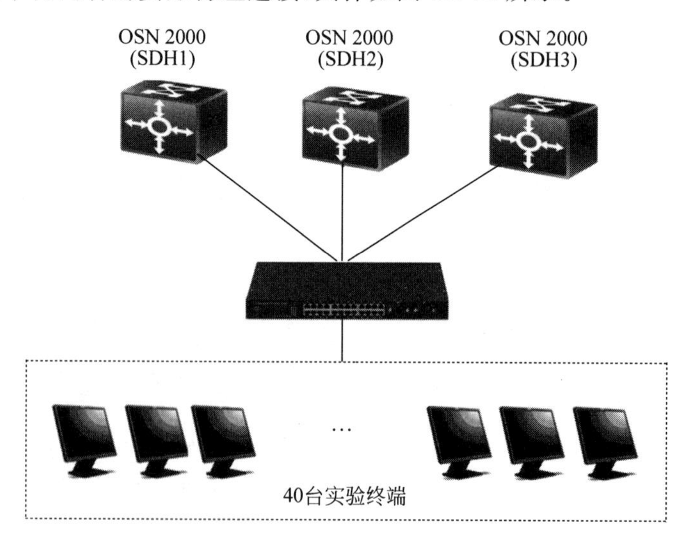

图10.65　实训平台网管的物理连接

(2) 三套SDH设备通过Ethernet配置口和以太网交换机相连，该三套SDH分别使用不同的IP地址以进行区分。三套SDH设备IP地址分别设置为129.9.0.1、129.9.0.2、129.9.0.3。

(3) 实训用维护终端也直接通过本机的网口和以太网交换机相连，也设置为不同的IP

地址。这样维护终端就可以直接登录三套不同的 SDH 设备。

(4) 实训终端通过局域网(LAN)采用 Sever/Client 方式和光传输网元通信，并完成对网元业务的设置、数据修改、监视等来达到用户管理的目的。

(5) 本实训平台提供传输设备传输速率为 STM-1(即 155M)。

(6) 三台 SDH 设备的硬件结构如图 10.66 所示。

设备	1	2	3	4	5	6	7	8	9	10	11	12	14	16	17	18
SDH1	LA1	ETFS8		PL1	EFT0	SL1A	XCS					SCC	PIU			AUX
							27	28				13	15			19
							OSB1A						PIU			STI
SDH2		ETFS8			EFT0	SL1A	XCS					SCC	PIU			AUX
							27	28				13	15			19
							OSB1A						PIU			STI
SDH3	LA1			PL1		SL1A	XCS					SCC	PIU			AUX
							27	28				13	15			19
							OSB1A						PIU			STI

图 10.66 SDH 设备硬件配置

(7) 根据三台 SDH 设备的硬件配置可知，点对点 2M 业务需使用尾纤将 SDH1、SDH2 和 SDH3 直接连接在一起，如图 10.67 所示，此连接方式并非唯一的。

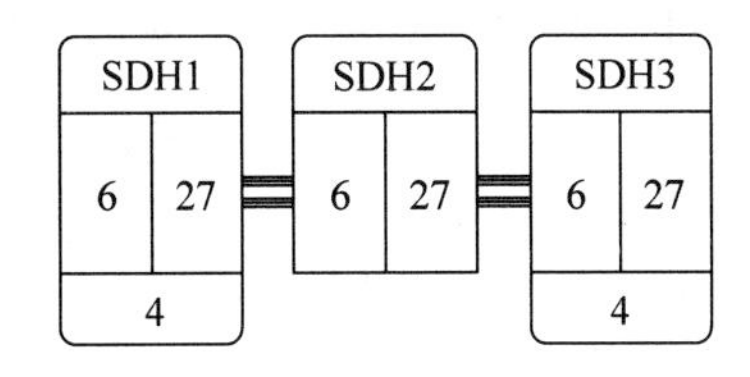

图 10.67 链型 2M 业务的纤缆连接

四、知识要点

(1) 时钟工作模式

- 跟踪模式
- 保持模式
- 自由振荡模式

(2) 中国 SDH 复用结构也简称为 3-7-3 结构。

(3) 容器/虚容器和线路支路对应关系

- 2M-C12(容器 12)-VC12(虚容器 12):1 个 VC12 对应着 1 个 2M。
- 34M-C3-VC3。
- 140M-C4-VC4。

(4) VC4/VC12/2M/155M 的对应关系

- 1 个 2M(硬件物理接口)对应着 1 个 VC12(逻辑通道号)。
- 1 个 155M(STM-1)光口里面对应着 1VC4,VC4 编号为 1。
- 1 个 622M(STM-4)光口里面对应着 1~4VC4,VC4 编号 1~4。
- 1 个 VC4 里面收容有 63 个 VC12,编号为 1~63。
- 1 个 VC4 里面收容有 3 个 VC3,VC3 编号为 1~3。

(5) 业务配置采用源→宿“点对点配置模式”。

- 源为光→宿为电,对应 2M 的收,又叫下业务。
- 源为电→宿为光,对应 2M 的发,又叫上业务。
- 源为光→宿为光,对应 2M 业务穿通,又叫穿通业务。

(6) 时隙的概念

- 传输里面讲的“时隙”概念和程控交换里面讲的“时隙”概念是不一样的。
- 程控交换里面讲的“时隙”指的是 1 个 2M 里面的 1 个通道(64K)。即一个 PCM32/30 系统中的一个 TS 通路。
- 传输里面讲的“时隙”指的是 1 个 2M(VC12),即一个标准的 PCM32/30 基群系统。

(7) 线路与支路

- SDH 传输设备中“线路”对应着光接口。
- SDH 传输设备中“支路”对应着 2M/34M/以太网/140M/低速 STM-N 等电接口。

五、数据准备

三台 SDH 设备的属性信息如下。

1. 网元 1

- ID:1
- 扩展 ID:9
- 名称:SDH1

- 网关类型：网关
- 协议：IP
- IP 地址：129.9.0.1
- 连接模式：普通
- 端口：1400
- 网元用户：root
- 密码：password
- 不选择“预配置”

2. 网元 2

- ID：2
- 扩展 ID：9
- 名称：SDH2
- 网关类型：非网关
- 所属网关：SDH1
- 所属网关协议：IP
- 网元用户：root
- 密码：password
- 不选择“预配置”

3. 网元 3

- ID：3
- 扩展 ID：9
- 名称：SDH3
- 网关类型：非网关
- 所属网关：SDH1
- 所属网关协议：IP
- 网元用户：root
- 密码：password
- 不选择“预配置”

业务信息，见表 10-2。

表 10-2　业务信息(2)

SDH1	线路板	27
	支路板	4
	通信时隙	1—4 VC12
	支路接口	1—4 2M
	公务电话号码	101
	公务电话线路	27
	会议电话号码	999

续表

SDH2	线路板	6、27
	支路板	
	通信时隙	1—4 VC12
	支路接口	1—4 2M
	公务电话号码	102
	公务电话线路	6、27
	会议电话号码	999
SDH3	线路板	6
	支路板	4
	通信时隙	1—4 VC12
	支路接口	1—4 2M
	公务电话号码	103
	公务电话线路	6
	会议电话号码	999

六、实训步骤

（一）创建真实网元

1. 前期准备

在教师机上双击 T2000 Server. exe 图标，启动 T2000 服务器，输入用户名 admin 及密码 T2000，待服务器中所有进程都成功启动（如图 10.68 所示）。

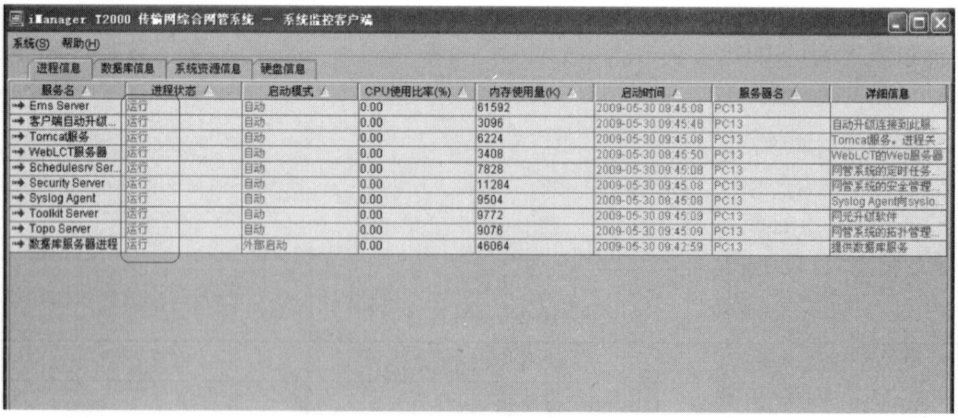

图 10.68 T2000 服务器成功启动

在客户端双击图标，登录 T2000 服务器，在弹出的对话框中输入正确的用户名和密码，服务器网管已经增加了两个账，权限是一致的，admin 的密码是 T2000，其他用户名及密码分别为 admin001、T2000001，admin002、T2000002；登录的服务器选择 server，本实

训平台的服务器 IP 地址是 129.9.0.20，如果是本机做服务器，登录 local 即可(图 10.69、图 10.70)。

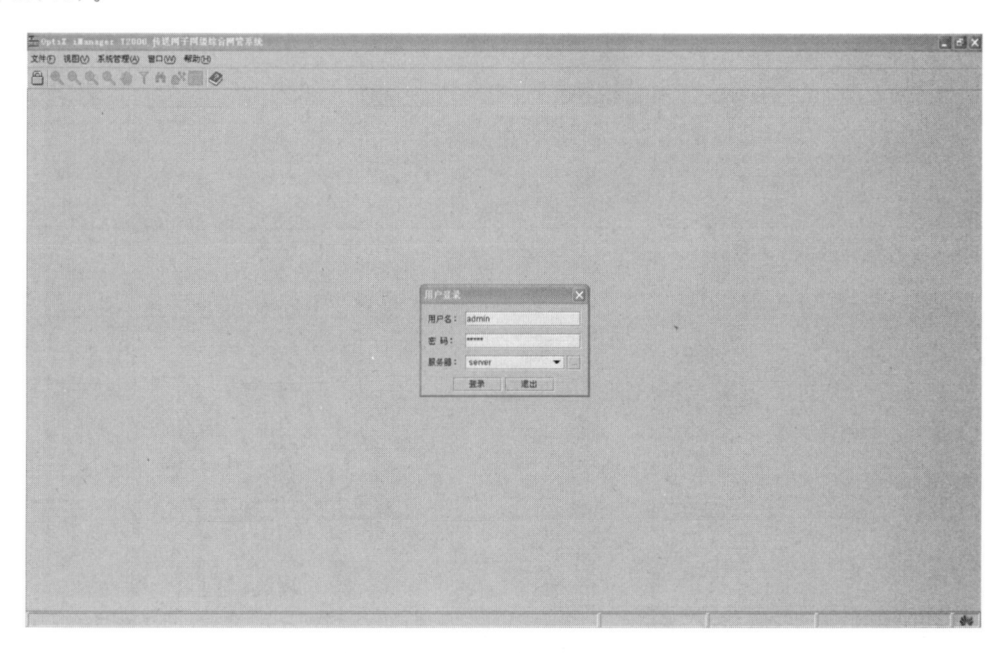

图 10.69　T2000 客户端登录界面

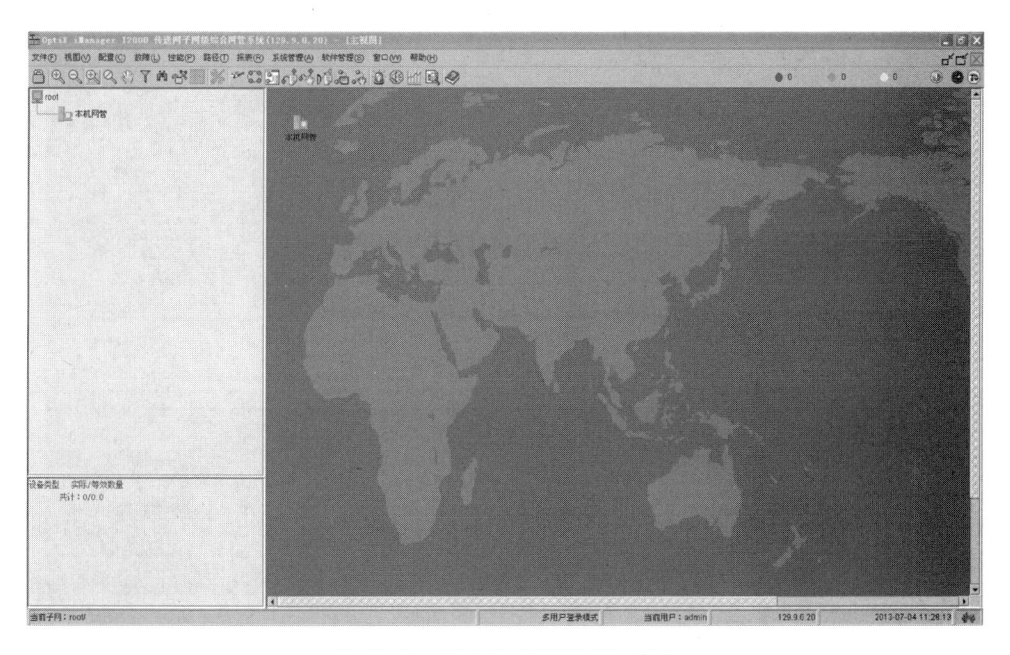

图 10.70　T2000 客户端登录成功

2. 创建网元

网元的创建有两种方式：一种是创建真实存在的网元，一种是创建虚拟的网元。

本实训共有 3 个网元，即 3 台 OSN2000 设备，其 IP 地址分别是 129.9.0.1、129.9.0.2、129.9.0.3。不管是真实存在的网元还是虚拟网元，手工创建的方式都有两种：

- 选择“文件”→“新建”→“拓扑对象”命令，如图 10.71 所示；
- 在页面空白处右击，选择“新建”→“拓扑对象”命令，如图 10.72 所示。

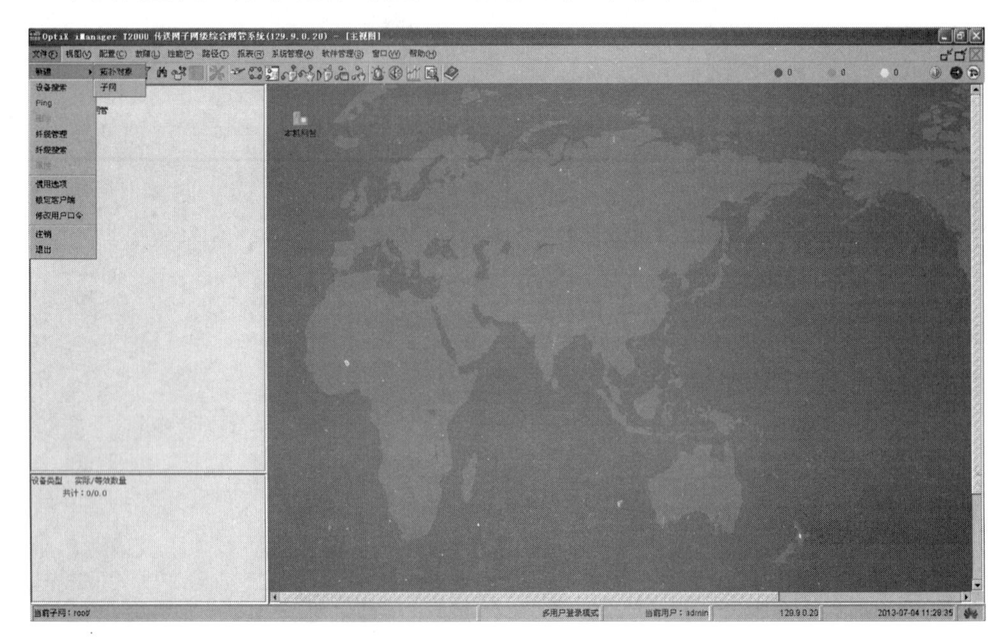

图 10.71 新建方式一

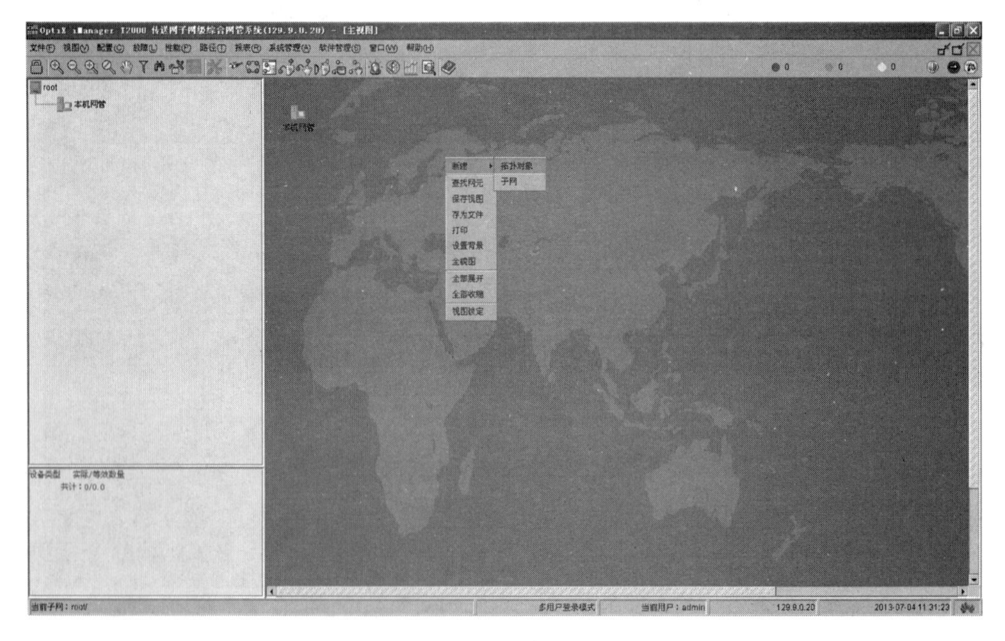

图 10.72 新建方式二

在设备型号一栏中选择“OSN 系列”→OptiX OSN2000，在右侧填入网元 1 的信息，如图 10.73 所示。

填写完基本信息后单击“确定”，在页面空白处单击，即可成功创建网元 1，如图 10.74 所示。

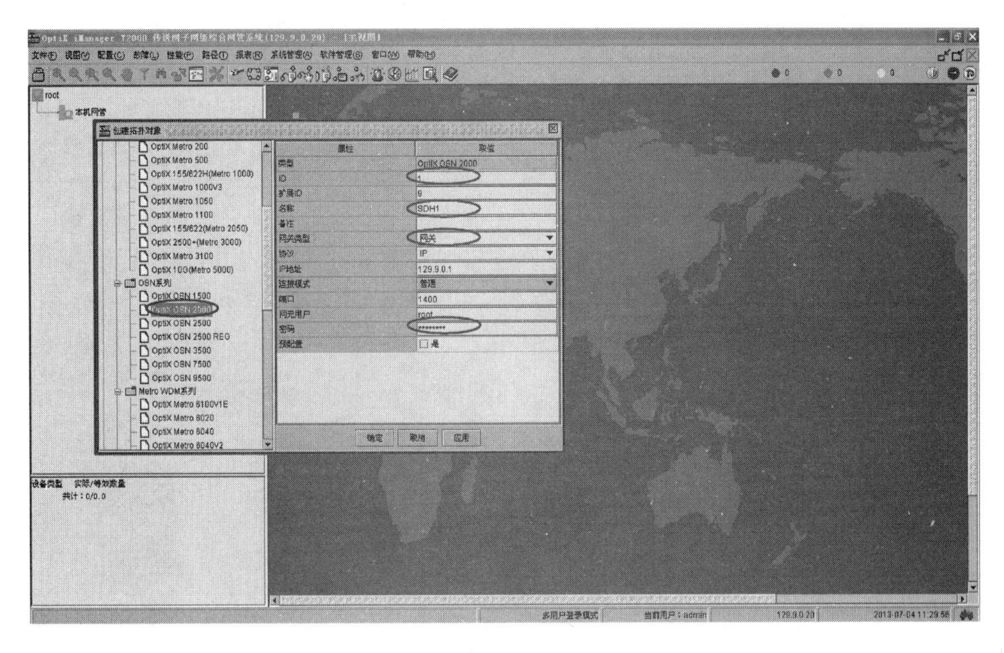

图 10.73 配置 SDH1 基本信息

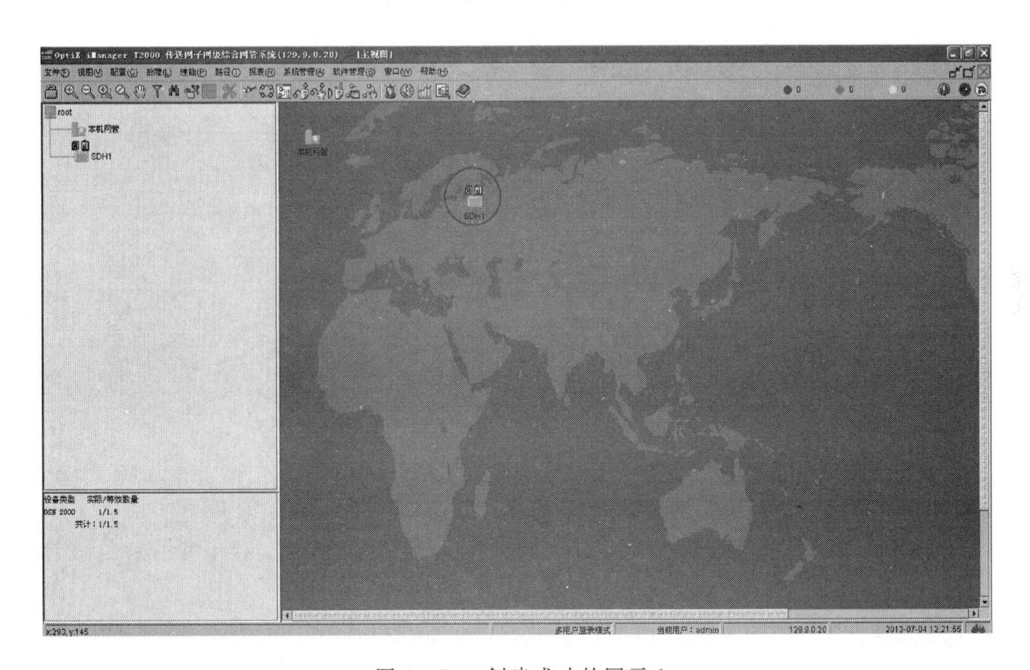

图 10.74 创建成功的网元 1

用同样的方式创建网元 2 和网元 3。注意：网元 2 和网元 3 均为非网关，如图 10.75 和图 10.76 所示。

3. 配置单板

(1) 配置 SDH1 的单板

已创建的 3 个网元的状态是未配置状态，需要进行硬件数据配置，用鼠标选中并右击

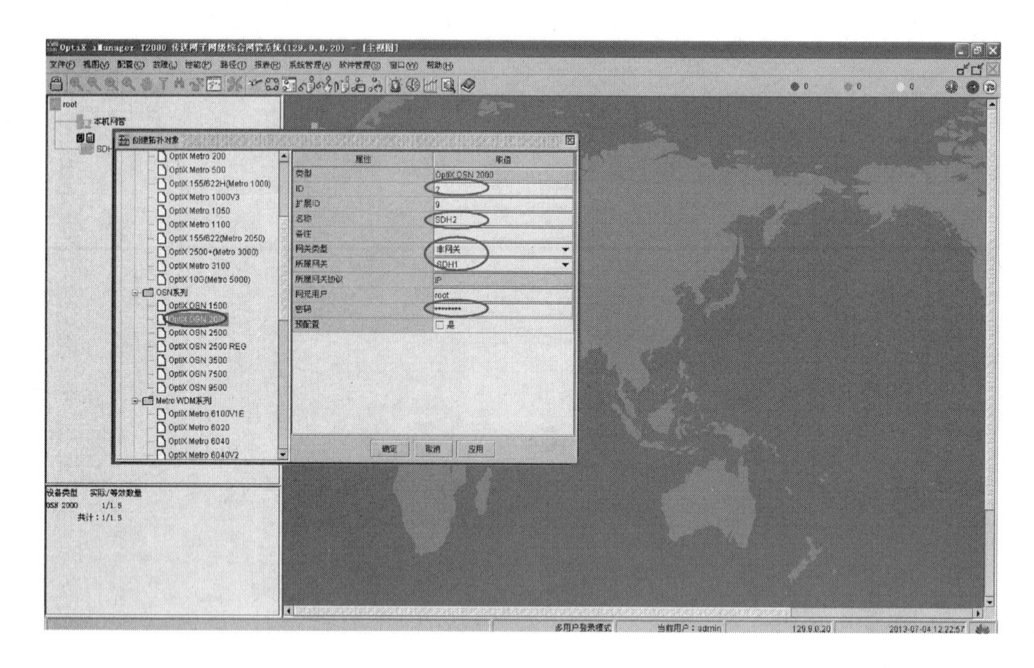

图 10.75 配置 SDH2 基本信息

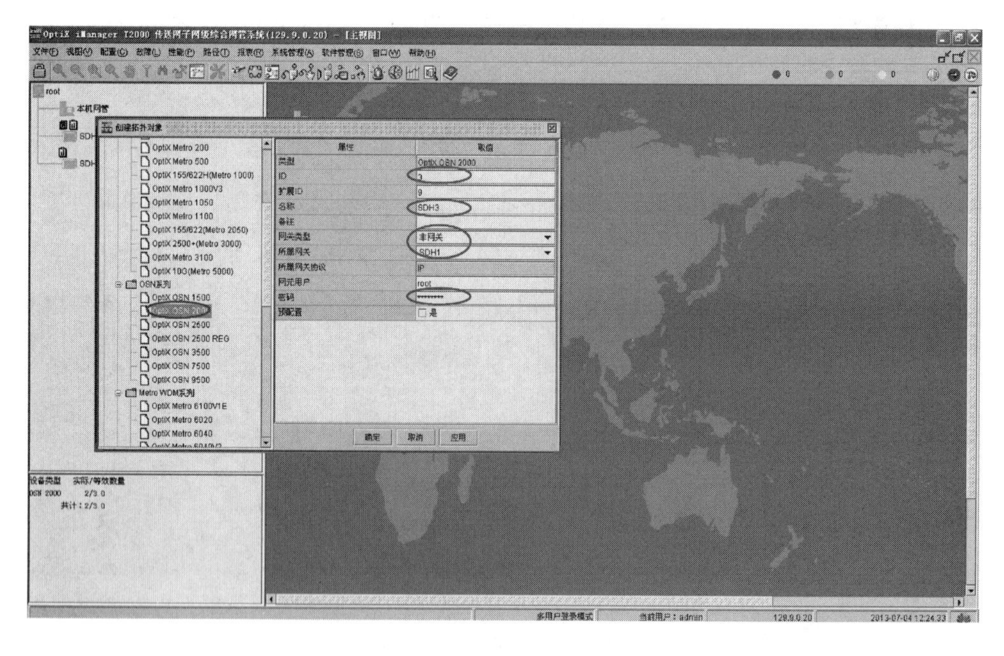

图 10.76 配置 SDH3 基本信息

SDH1,在弹出的菜单中选择“配置向导”,如图 10.77 所示。

选择“手工配置”,单击“下一步”→“确定”→“确定”→“下一步”,打开单板设置界面。右击 1 槽位空白处,在弹出的快捷菜单中选择 LA1(根据实际硬件配置),如图 10.78 所示。

用同样的方式完成 SDH1 的其他单板配置,如图 10.79 所示。

SDH1 单板配置完成后单击“下一步”→“完成”。

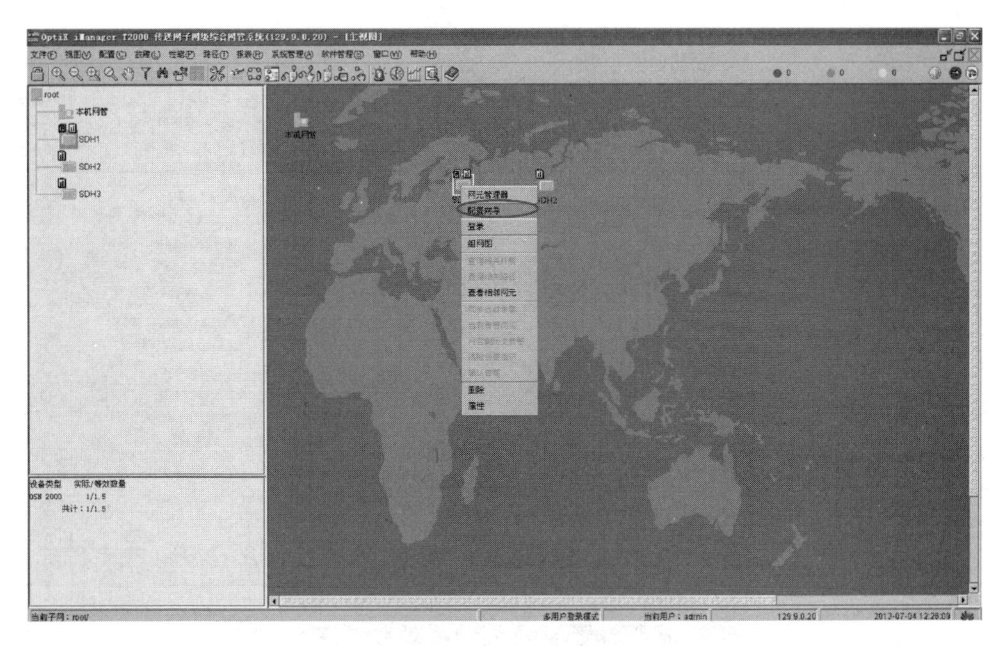

图 10.77　SDH1 配置向导

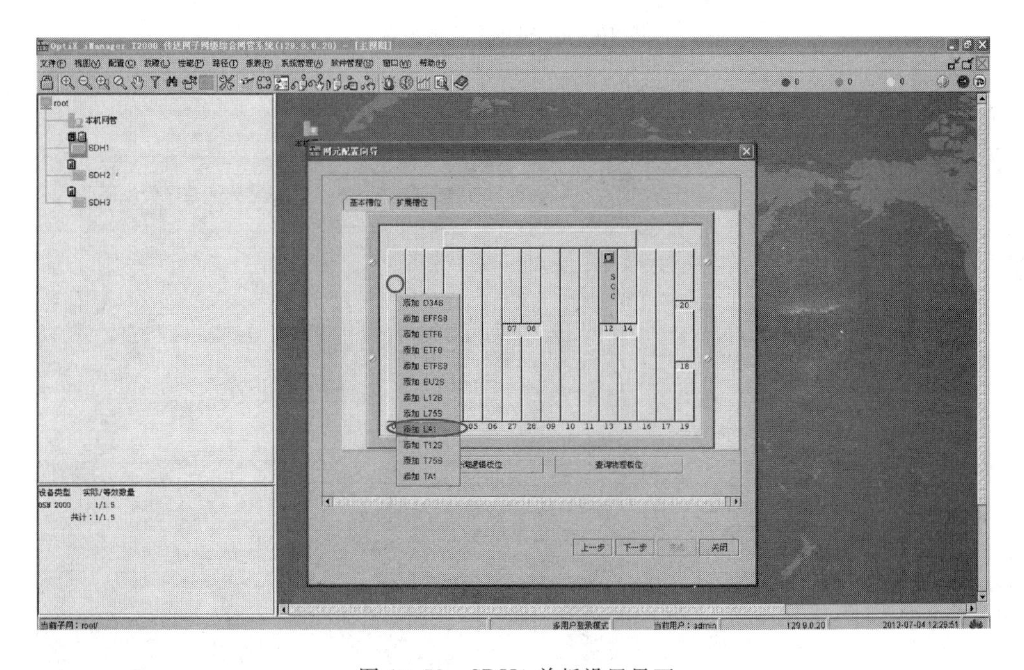

图 10.78　SDH1 单板设置界面

(2) 配置 SDH2 的单板

重复 SDH1 的单板配置过程配置 SDH2，板位如图 10.80 所示。

(3) 配置 SDH3 的单板

重复 SDH2 的单板配置过程配置 SDH3，板位如图 10.81 所示。

可以手工对每个槽位进行单板配置，也可以单击“查询物理板位”，从而直接获取单板信息。

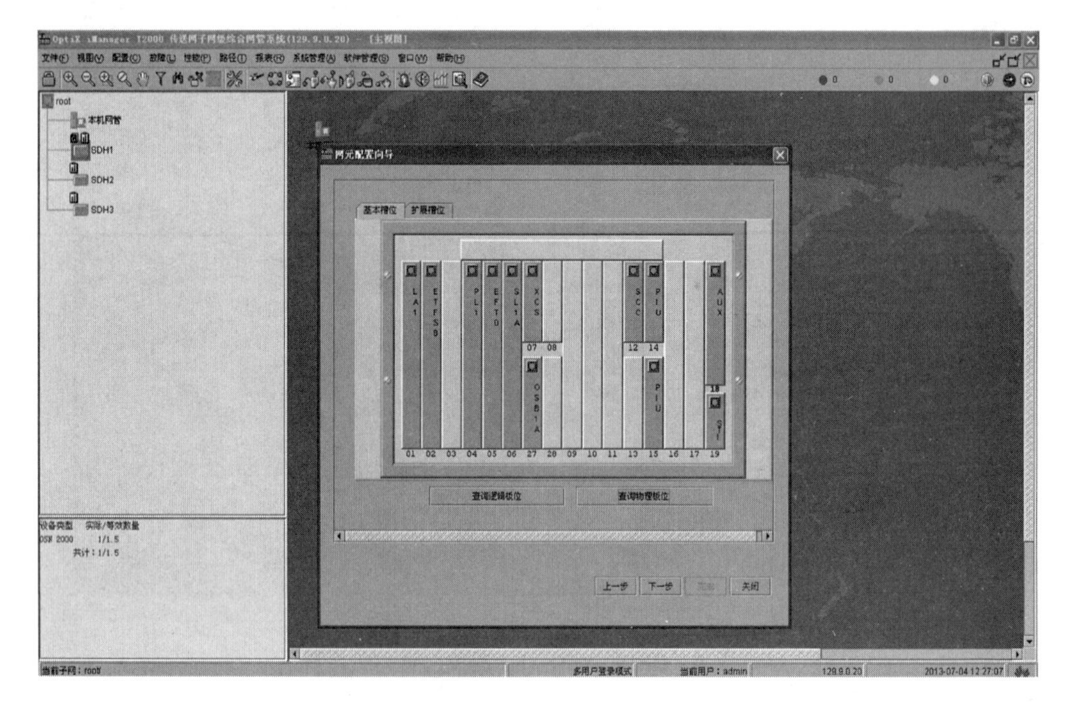

图 10.79 SDH1 单板配置

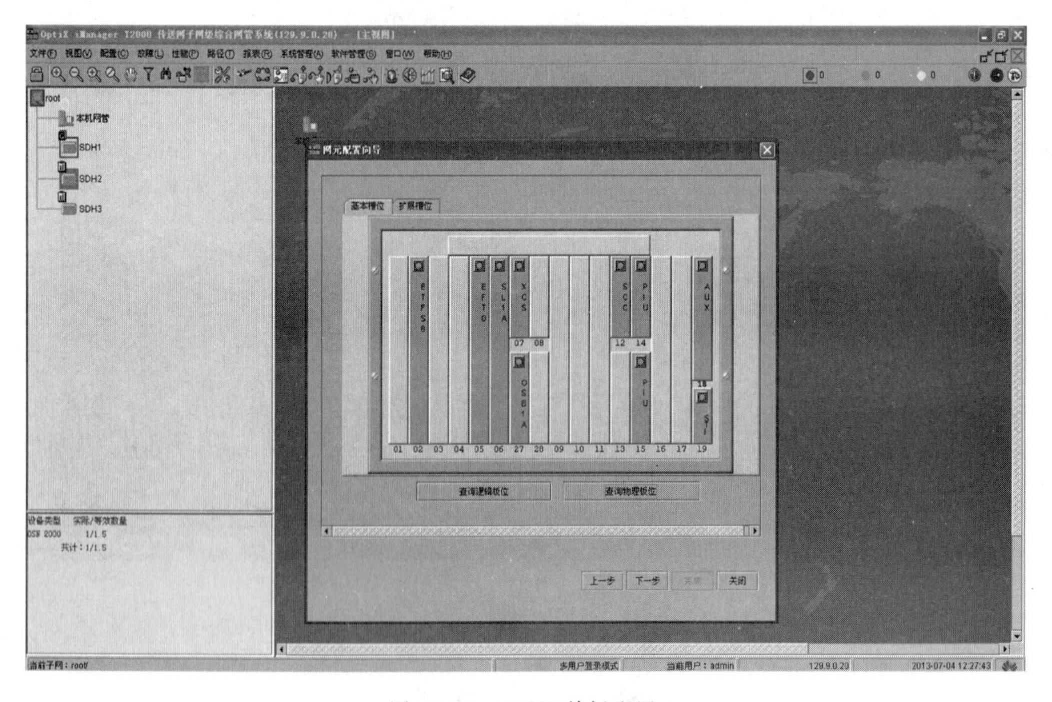

图 10.80 SDH2 单板配置

至此，3 个网元的创建和单板配置已完成，网元上方的未配置图标均已消失，结果如图 10.82 所示。

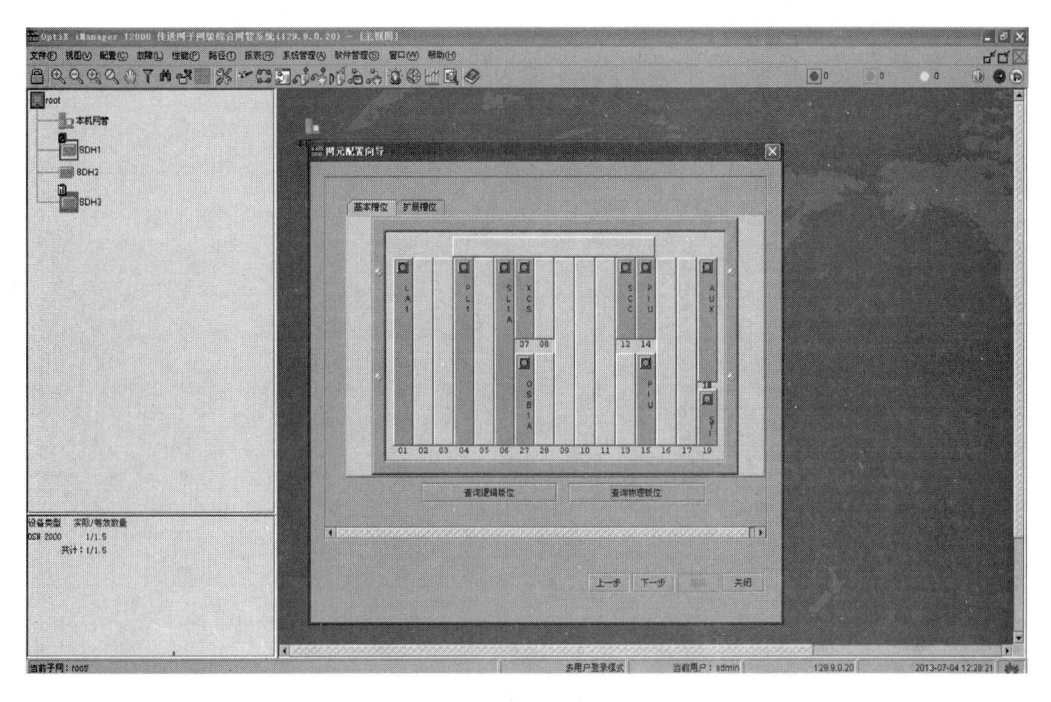

图 10.81　SDH3 单板配置

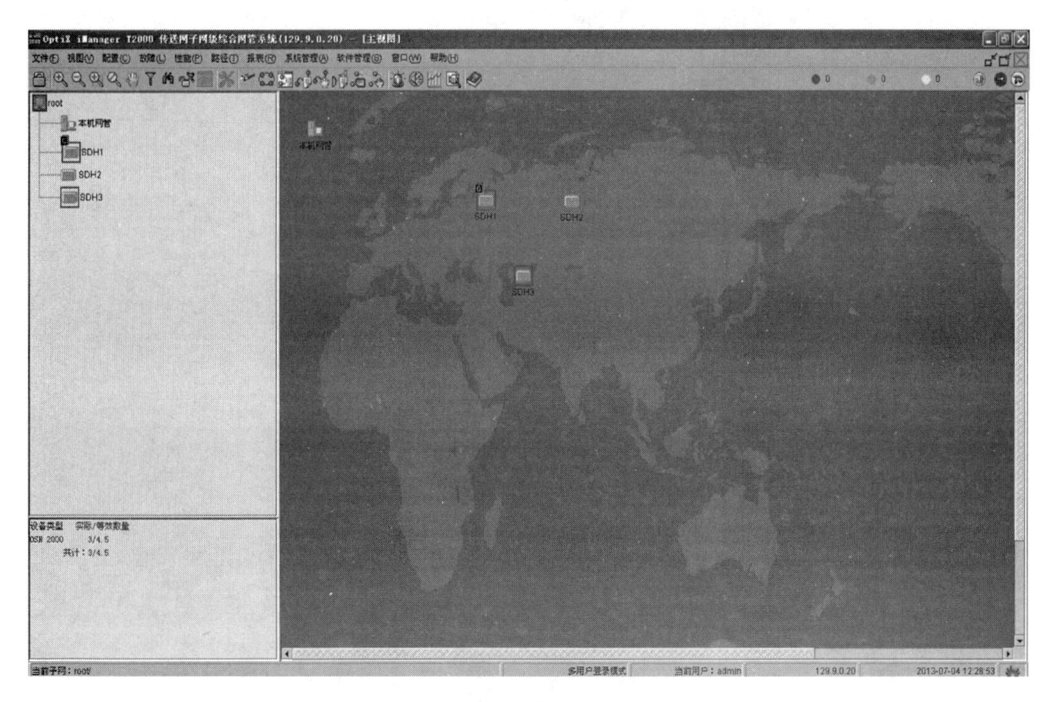

图 10.82　完成单板配置的 3 个网元

4. 创建纤缆

在工具栏中单击“创建链路”图标，如图 10.83 所示。

单击 SDH1，出现如图 10.84 所示的界面，选择 27 号板，单击“确定”。

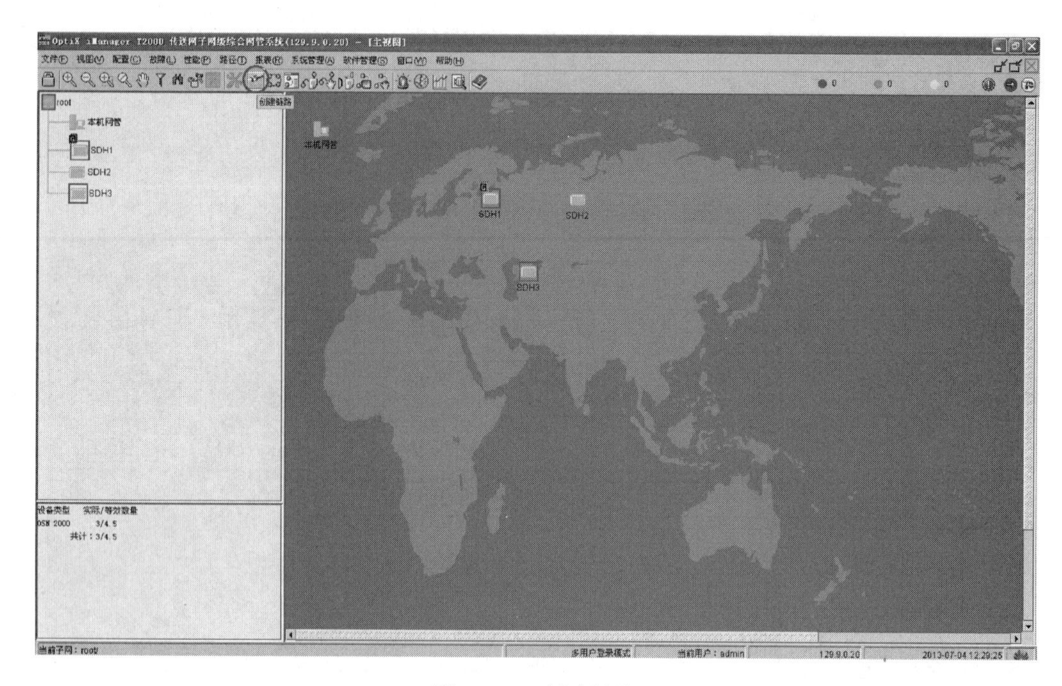

图 10.83　创建链路

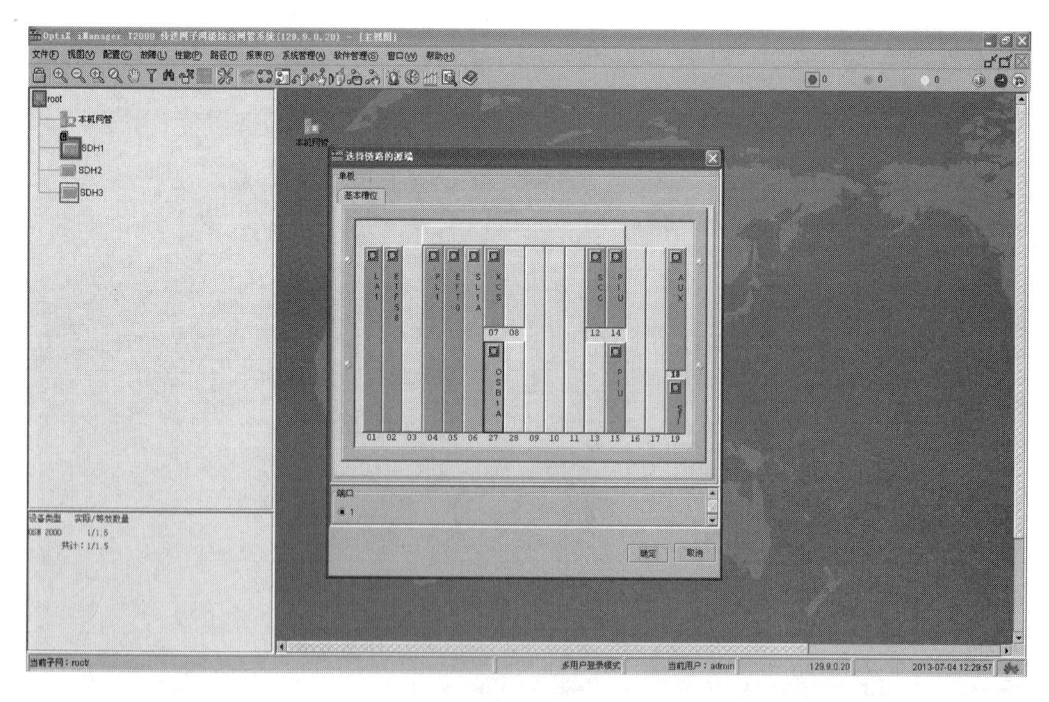

图 10.84　选择 SDH1 的光板

单击 SDH2，出现如图 10.85 所示的界面，选择 6 号板，单击“确定”→“确定”。

再次创建链路，单击 SDH2，出现如图 10.86 所示的界面，选择 27 号板，单击“确定”。

单击 SDH3，出现如图 10.87 所示的界面，选择 6 号板，单击“确定”→“确定”。

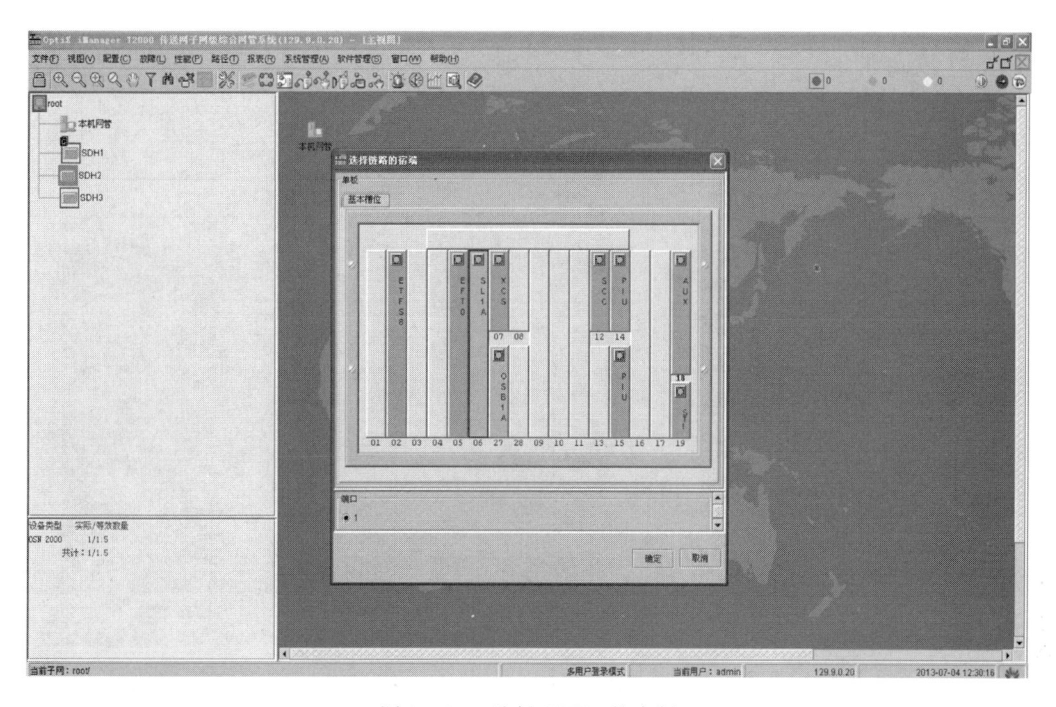

图 10.85 选择 SDH3 的光板

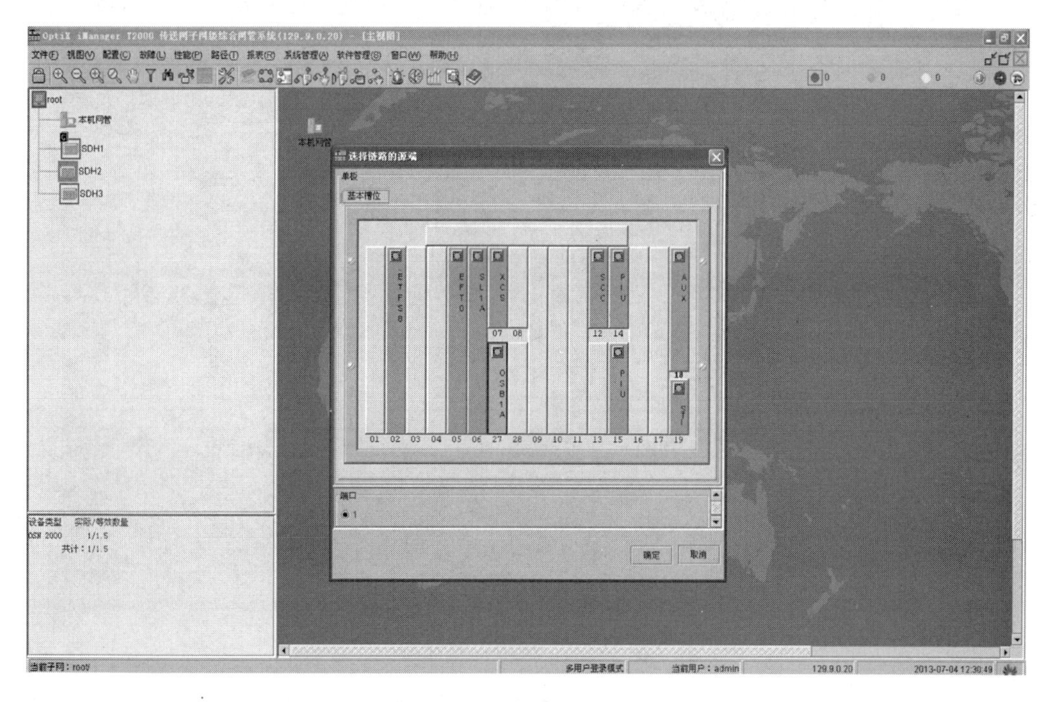

图 10.86 选择 SDH2 的光板

5. 创建保护视图

选择“配置”→“保护视图”命令(图 10.88),打开保护视图界面。

在保护视图空白处右击,选择“SDH 保护子网创建”→“无保护链”命令(图 10.89)。

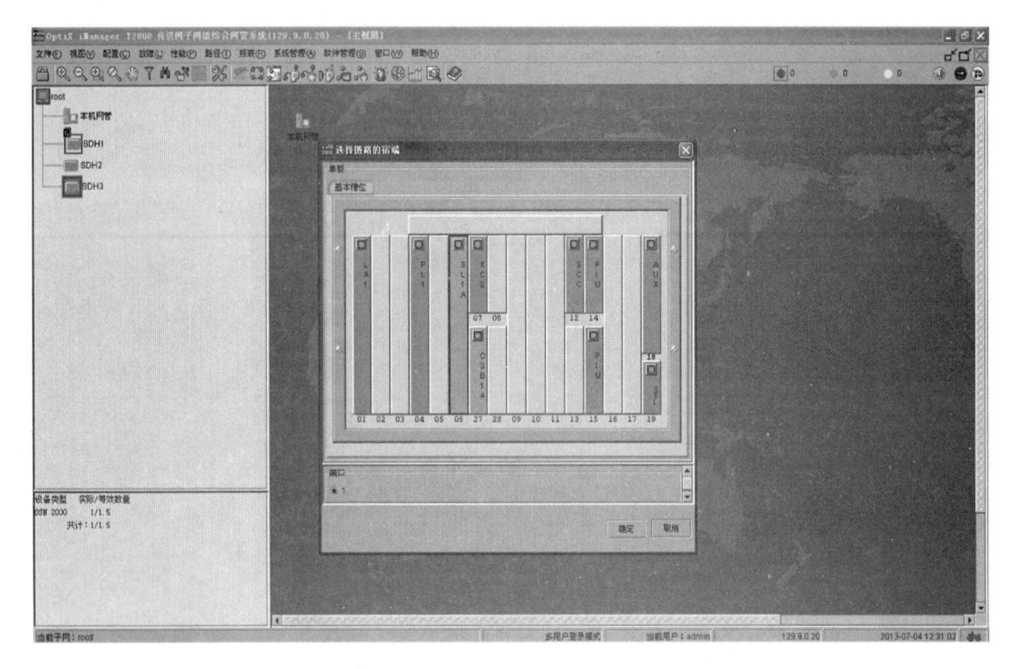

图 10.87　选择 SDH3 的光板

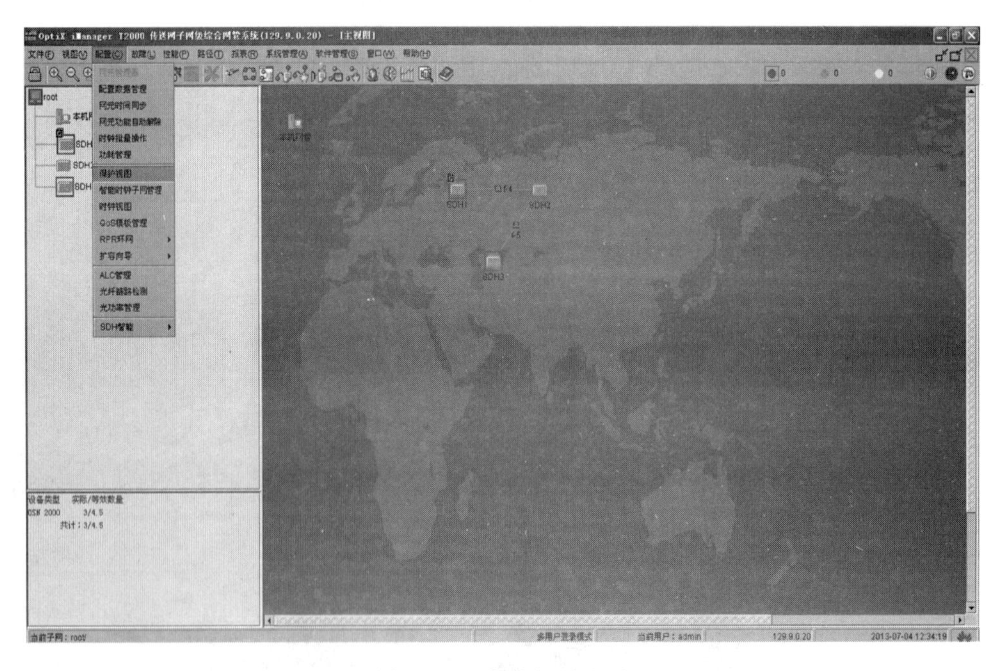

图 10.88　保护视图选项

依次双击 SDH1、SDH2 和 SDH3，使其进入左侧节点栏中，如图 10.90 所示，单击“下一步”→“完成”→“关闭”，关闭保护视图窗口。

6. 配置时钟

选择“配置” →“时钟视图”命令(图 10.91)，打开时钟视图界面。

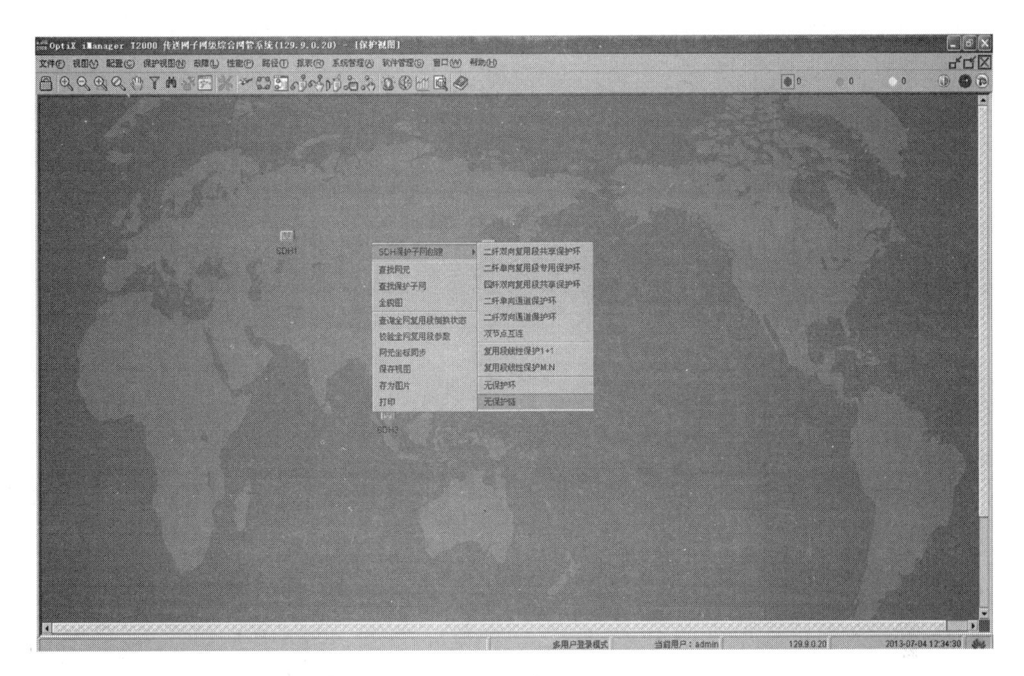

图 10.89 创建无保护链

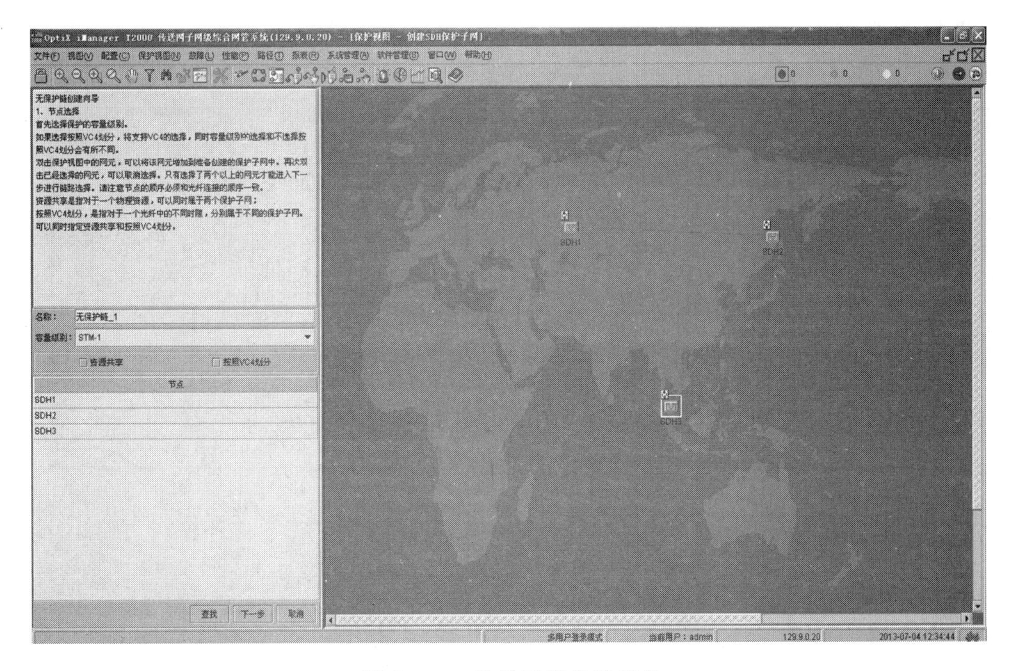

图 10.90 选择无保护链节点

SDH1 为网关，时钟为自由振荡，SDH2 的时钟由 6 号板通过光纤跟踪 SDH1，SDH3 的时钟由 6 号板通过光纤跟踪 SDH2。首先在保护视图中右击 SDH1，选择“时钟源优先级表”，如图 10.92 所示。

此时，SDH1 的时钟为内部时钟源即自由振荡模式，关闭 SDH1 的时钟源优先级表，打开 SDH2 的时钟源优先级表，单击“新建”，在时钟源中选择 6 号光板，如图 10.93 所示。单

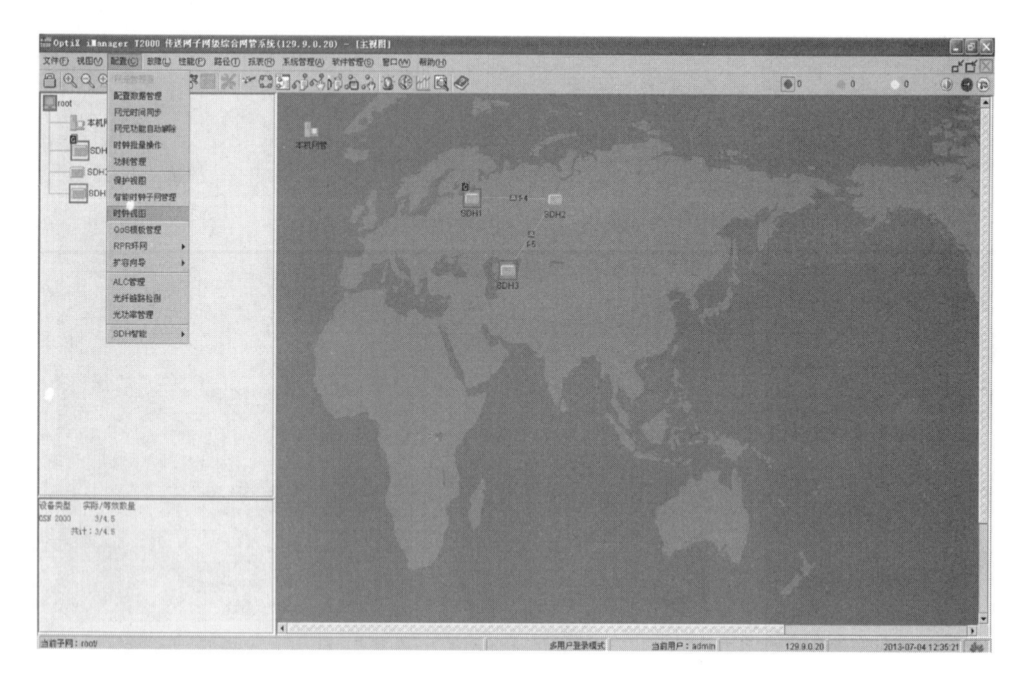

图 10.91　时钟视图选项

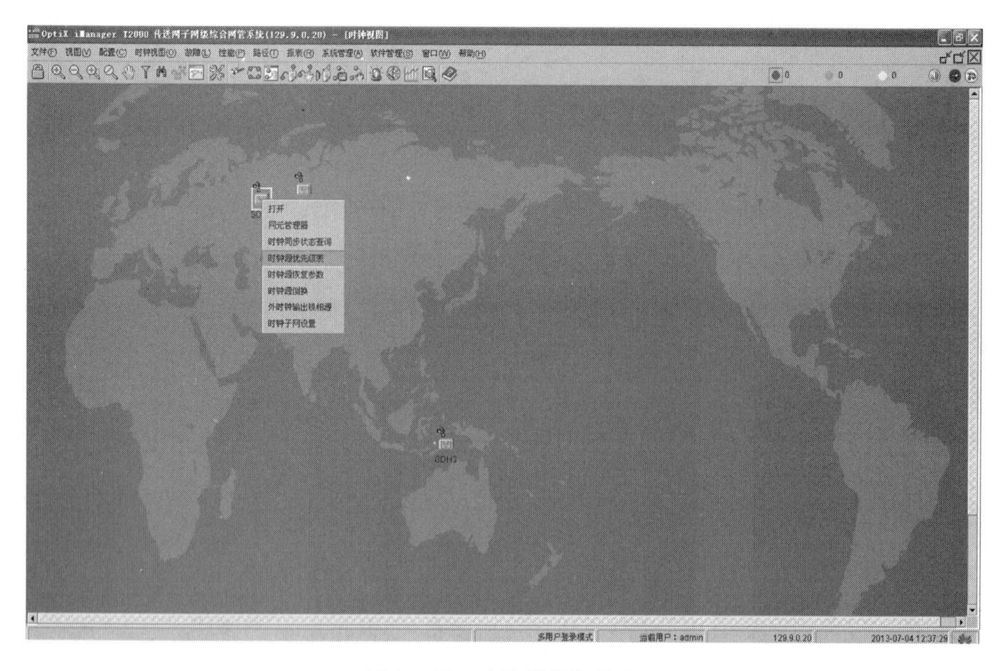

图 10.92　时钟源优先级表

击“应用”→“确定”→“关闭”，关闭时钟优先级配置窗口。

打开 SDH3 的时钟源优先级表，单击“新建”，在时钟源中选择 6 号光板，如图 10.94 所示。单击“应用”→“确定”→“关闭”，关闭时钟优先级配置窗口。

图 10.95 所示是配置完成的时钟视图，关闭时钟视图。

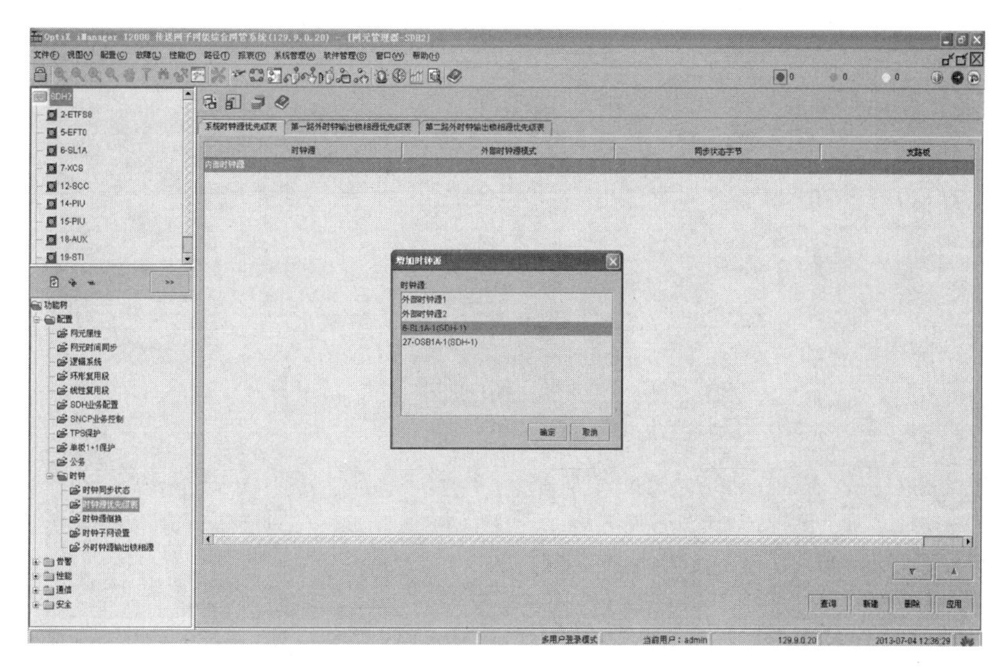

图 10.93　SDH2 添加时钟源

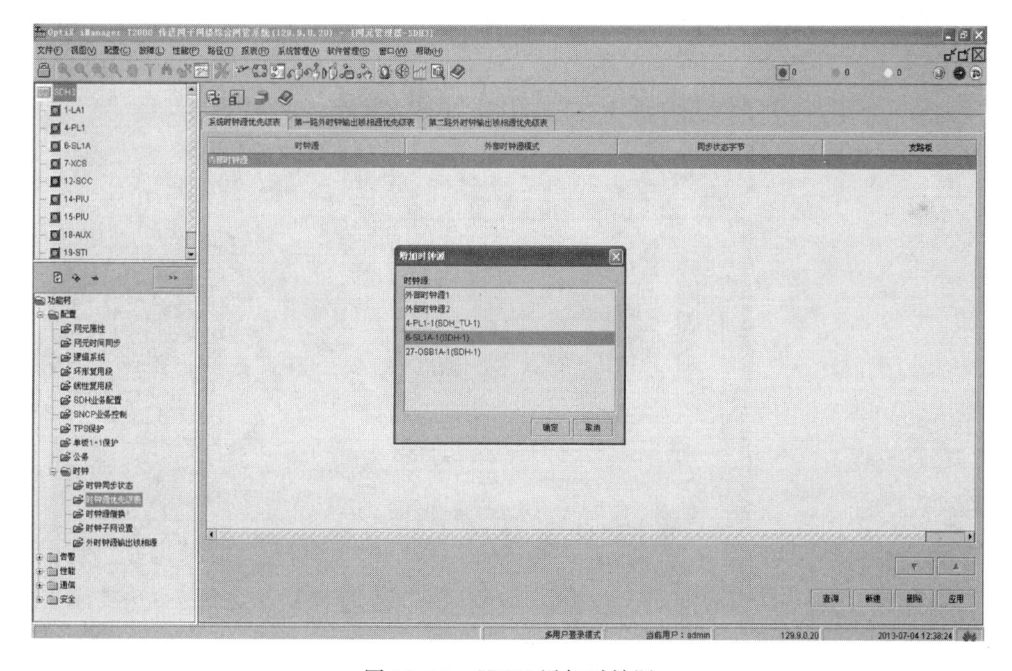

图 10.94　SDH3 添加时钟源

7. 配置公务

在主视图中双击 SDH1，右击 AUX 公务开销板，选择“公务开销配置”命令(图 10.96)。

关闭板位图，在“常规”中填入 SDH1 公务电话：101；会议电话：999。将左侧的 27 号光板选中，单击箭头符号将其移到右边，单击“应用”，如图 10.97 所示；在“会议电话”中，将

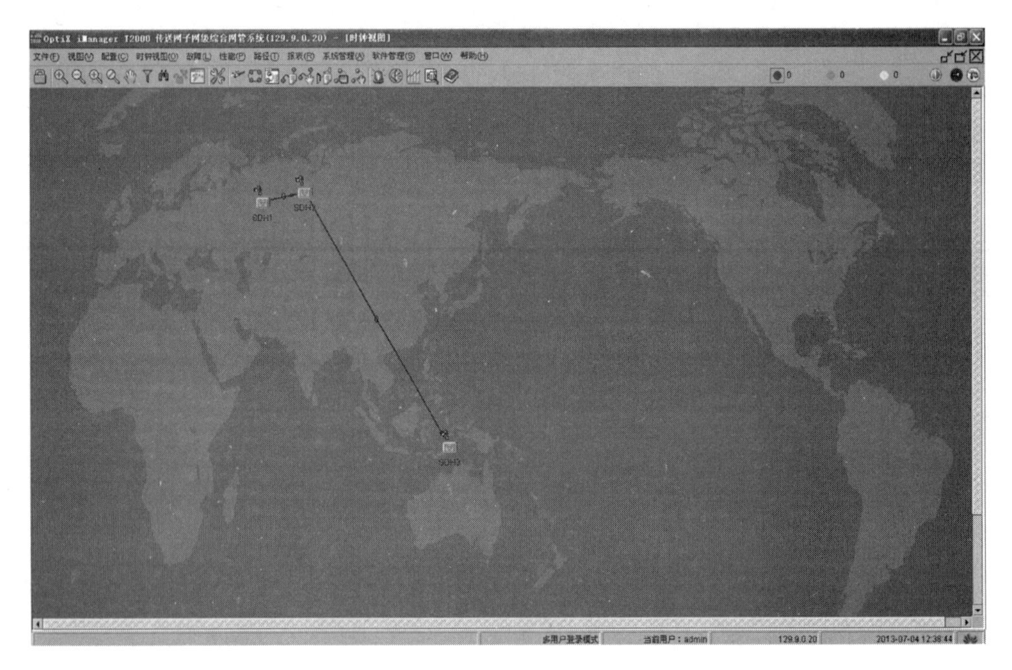

图 10.95　链形网络时钟方向

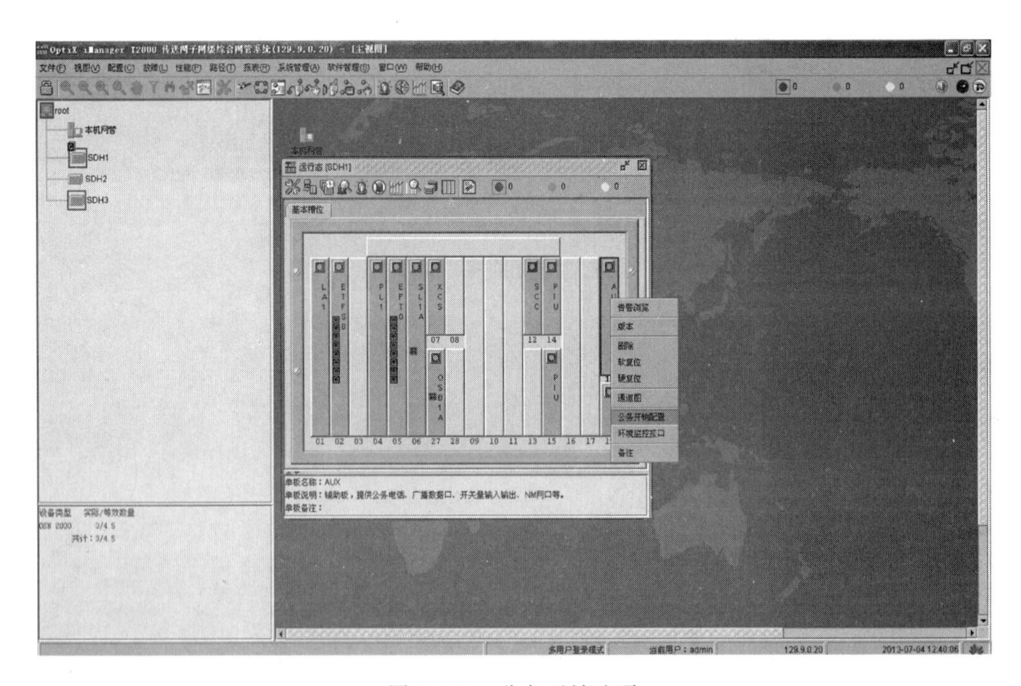

图 10.96　公务开销选项

左侧的 27 号光板选中，单击箭头符号将其移到右边，如图 10.98 所示，单击“应用”→“关闭”，关闭配置窗口。

用同样的方式配置 SDH2 和 SDH3，在 SDH2“常规”中填入公务电话：102；会议电话：999。将左侧的 6 和 27 号光板选中，单击箭头符号将其移到右边，单击“应用”；在“会议电话”中，将左侧的 6 和 27 号光板选中，单击箭头符号将其移到右边，单击“应用”→“关闭”。

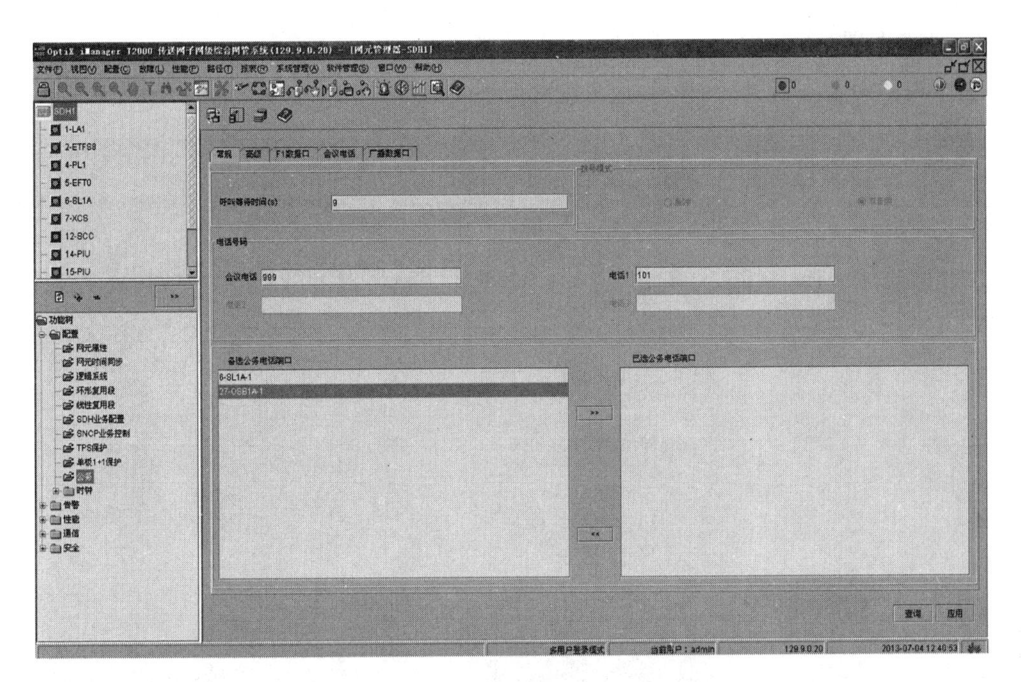

图 10.97　SDH1 公务电话配置

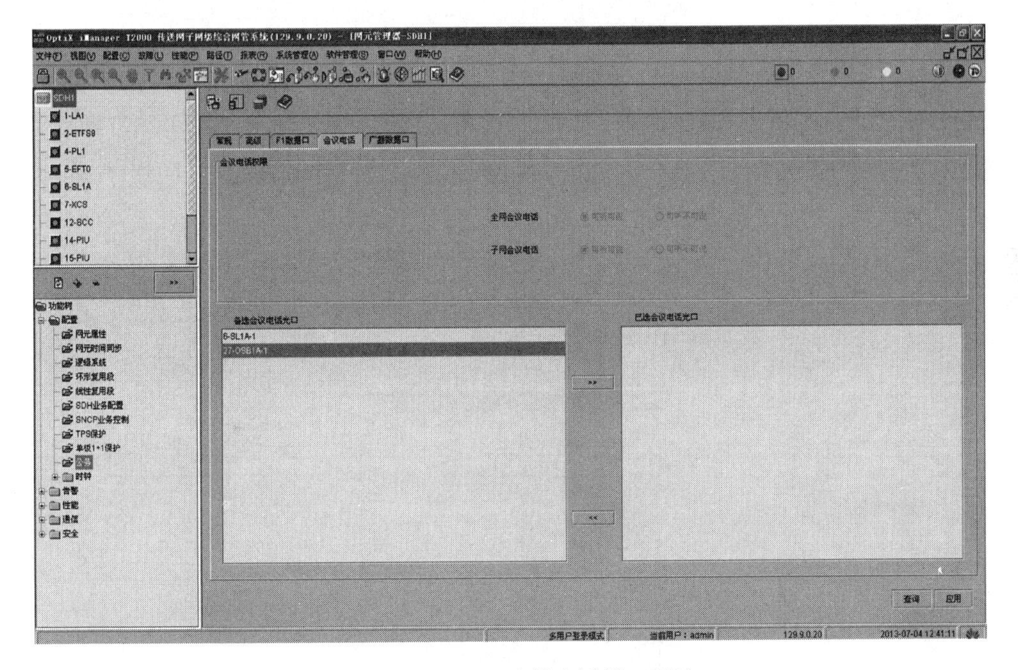

图 10.98　SDH1 会议电话端口配置

在 SDH3“常规”中填入公务电话：103；会议电话：999。将左侧的 6 号光板选中，单击箭头符号将其移到右边，单击“应用”；在“会议电话”中，将左侧的 6 号光板选中，单击箭头符号将其移到右边，单击“应用”→“关闭”，关闭配置窗口。

8. 业务配置

在主视图中右击 SDH1，选择“业务配置”(图 10.99)。

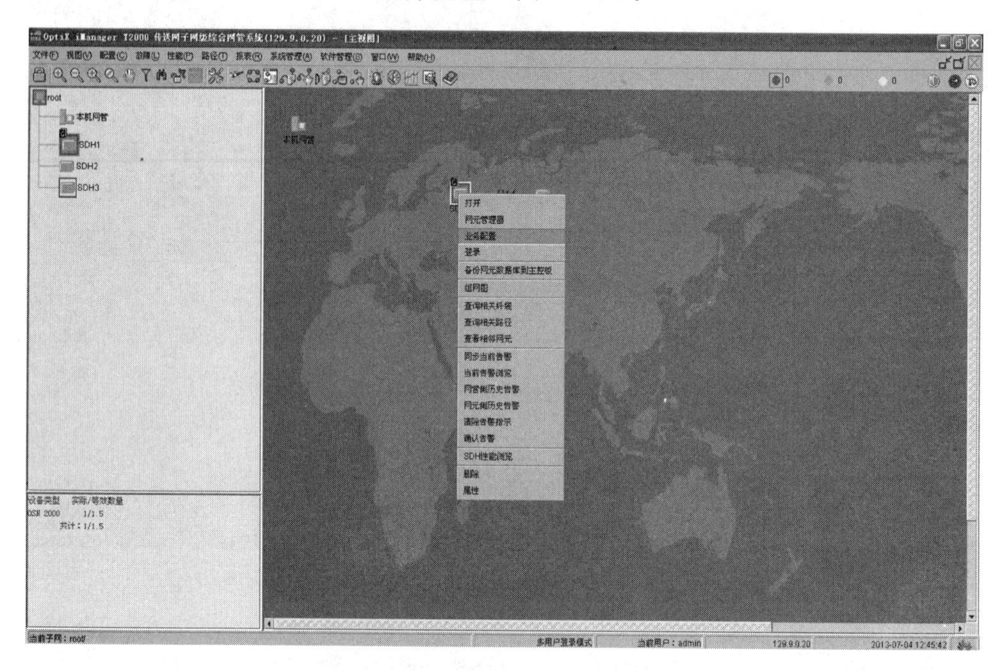

图 10.99 业务配置选项

单击“新建”，在“新建 SDH 业务”对话框中填写业务参数：等级=VC12，方向=双向，源板位=27 号线路板，源 VC4=VC4-1，源时隙范围=1—4，宿板位=4 号支路板，宿隙范围=1—4，如图 10.100 所示。

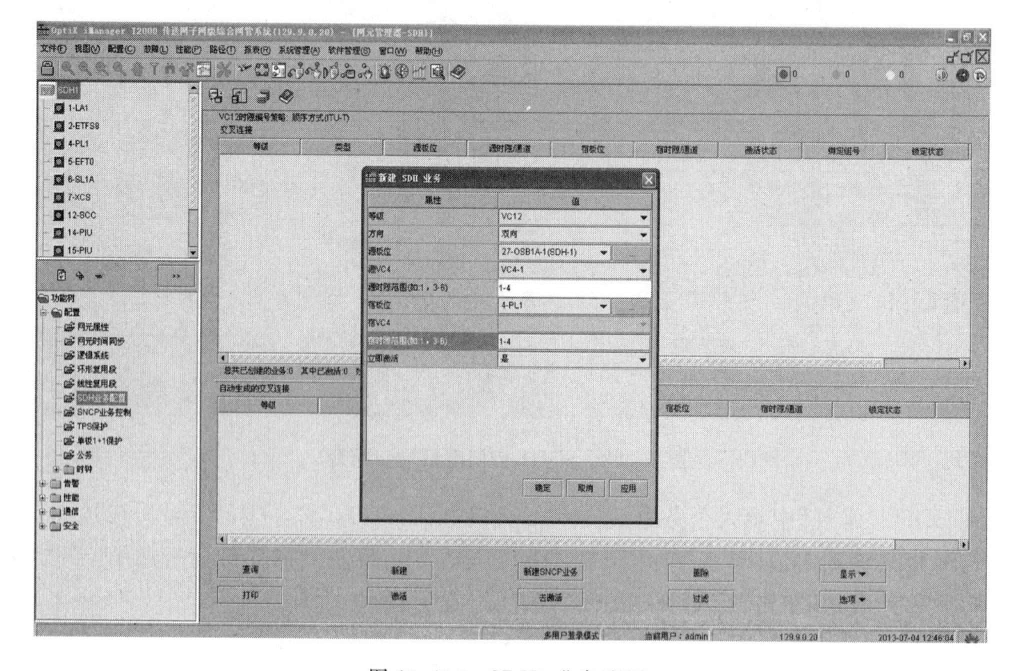

图 10.100 SDH1 业务配置

单击“确定”→“关闭”，可以看到已经配置的业务，右击该业务，选择“展开到单向”，可以查看其所包含的具体内容，如图 10.101 所示。

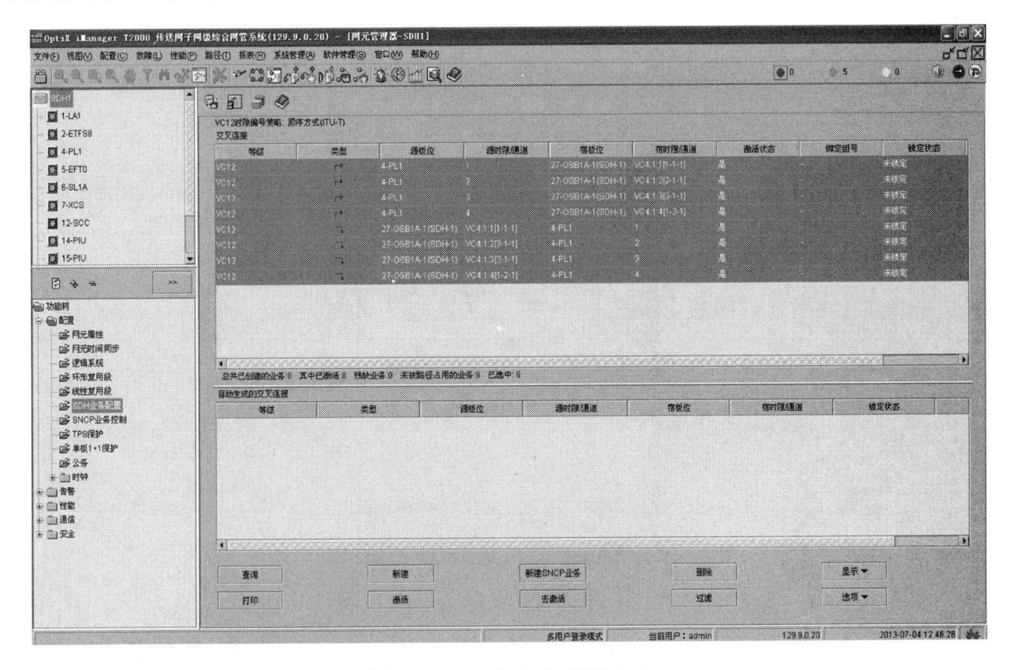

图 10.101　业务展开到单向

关闭窗口，用同样的方法配置 SDH2 和 SDH3。在 SDH2 的“新建 SDH 业务”对话框中填写业务参数：等级＝VC12，方向＝双向，源板位＝6 号线路板，源 VC4＝VC4—1，源时隙范围＝1—4，宿板位＝27 号线路板，宿 VC4＝VC4—1，宿隙范围＝1—4，如图 10.102 所示。

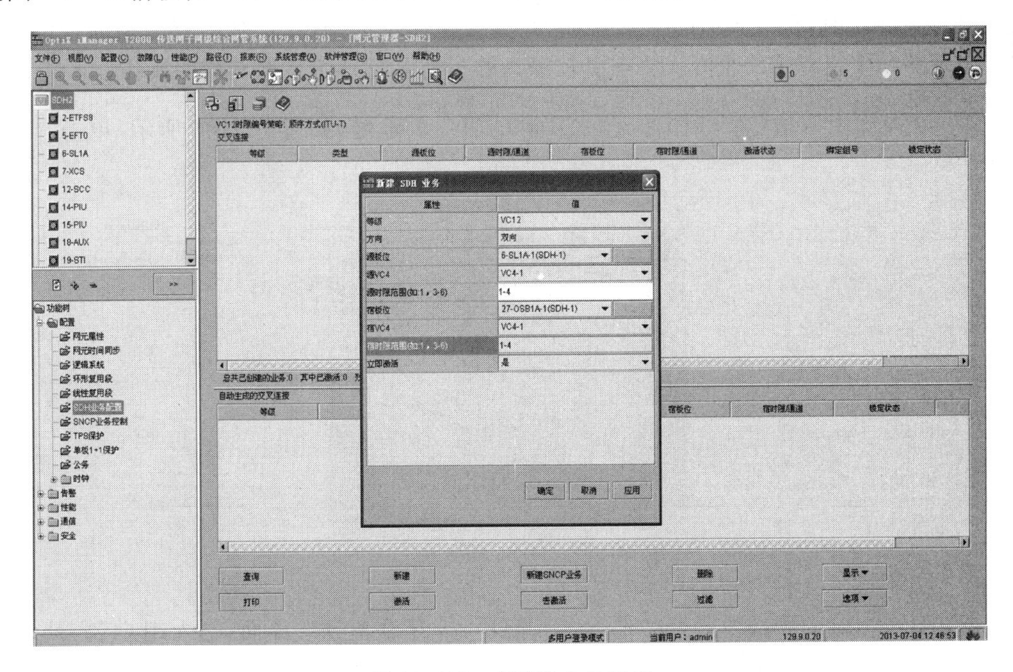

图 10.102　SDH2 业务配置

在 SDH3 的“新建 SDH 业务”对话框中填写业务参数：等级＝VC12，方向＝双向，源板位＝6 号线路板，源 VC4＝VC4—1，源时隙范围＝1—4，宿板位＝4 号支路板，宿隙范围＝1—4，如图 10.103 所示。

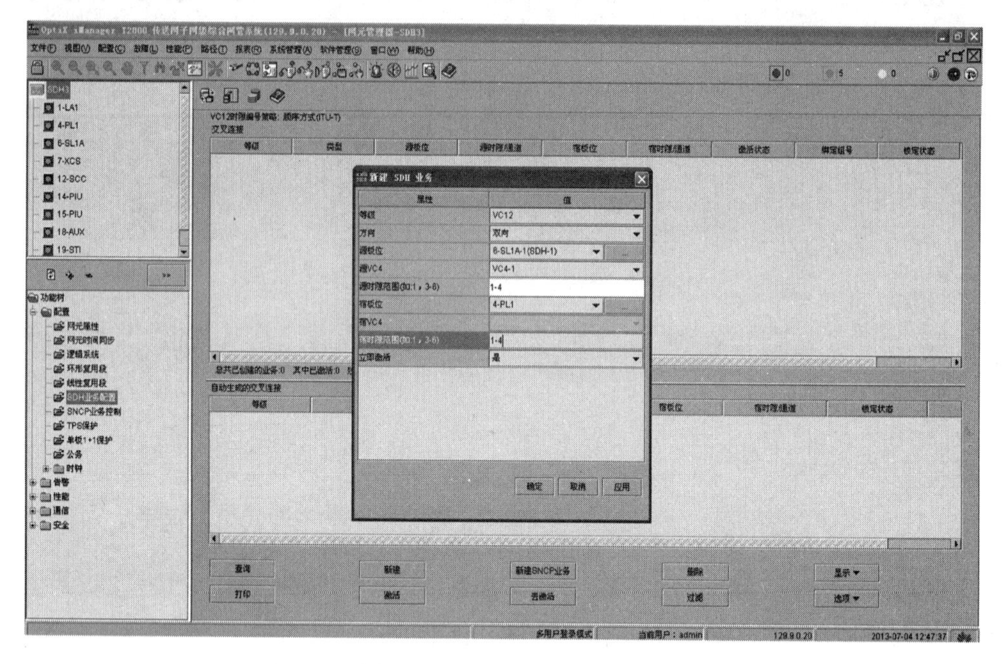

图 10.103 SDH3 业务配置

（二）使用 EB 通信软件实现硬件配置

做本实训之前，参与实训的学生应对 SDH 的原理技术、命令行有比较深刻的认识。参与本实训的学生已对 EB 通信软件有了较深入的了解并已熟练掌握其使用操作。

(1) 在桌面上双击 图标，输入实际的服务器地址，如图 10.104 所示，单击“确定”按钮。

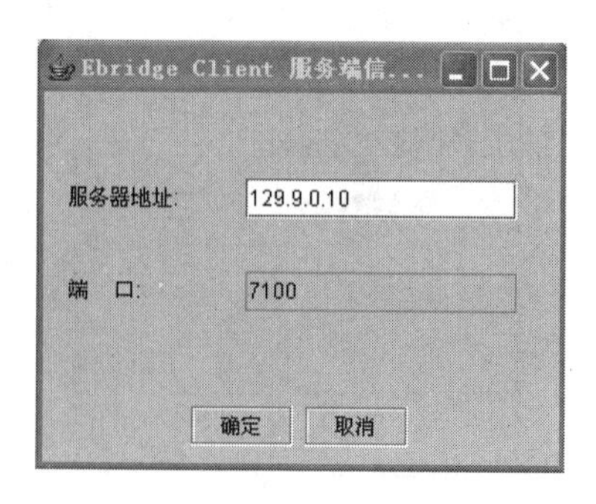

图 10.104 登录 EB 操作平台

(2) 双击相应的传输设备，如“传输：SDH1”，打开设备登录界面，输入用户名 szhw，密码 nesoft，单击“确定”(图 10.105)。

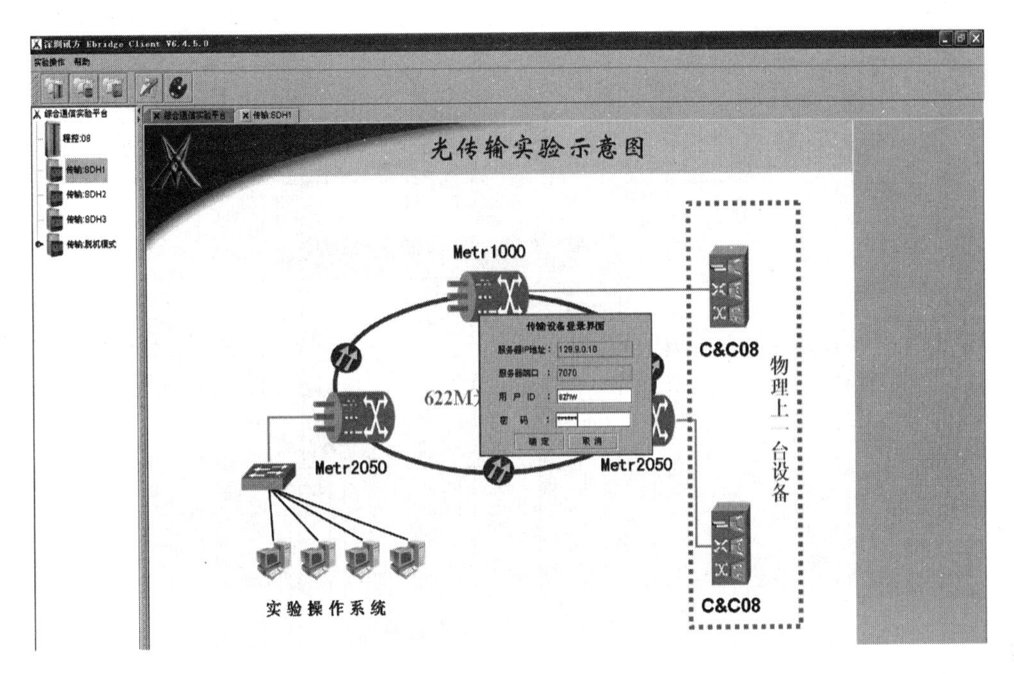

图 10.105 登录 SDH1

(3) 输入的方式有两种：第一种是在命令输入框中输入网元硬件配置命令(图 10.106)；第二种是预先使用文本文档编辑好命令脚本并保存，单击右下角的“导入文本文件”(图 10.107)。两者结果是一样的。

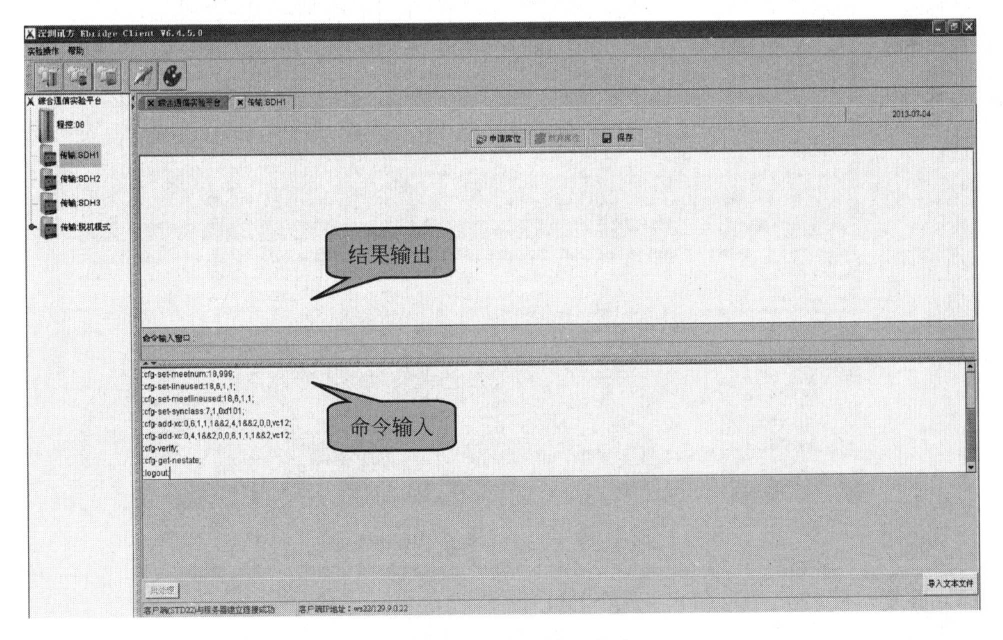

图 10.106 手工输入命令

(4) 单击“申请席位”→“是”→“ 确定”→“ 确定”，系统会分配占用服务器权限，再单击“批处理”，系统会自动逐步执行每条命令，并将执行结果显示在结果输出框中，如图 10.108

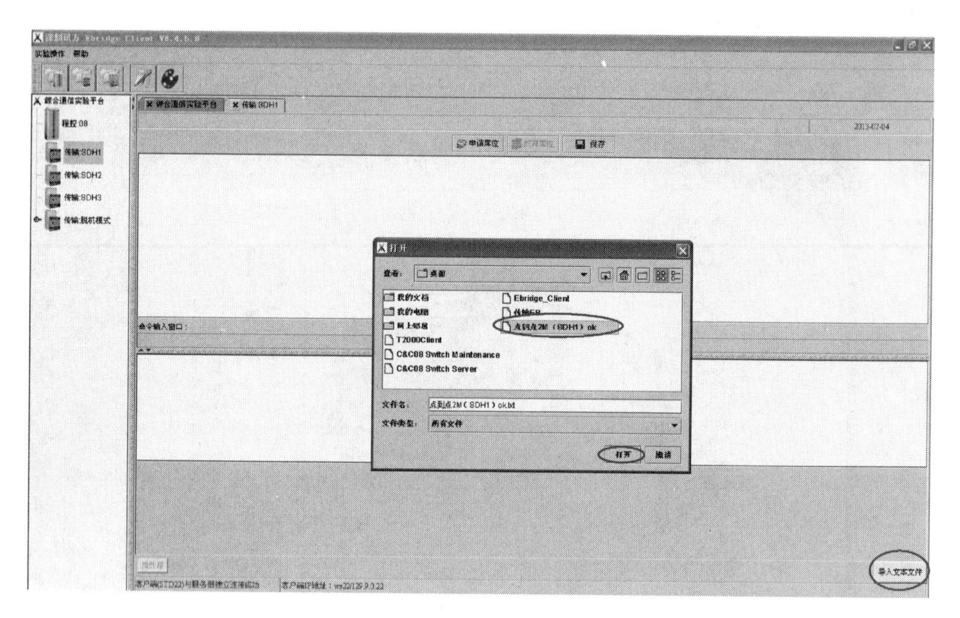

图 10.107 导入文本文件

所示。系统默认所执行的内容用红色标注,执行结果用蓝色标注,实训中可以根据自己的需求更改。

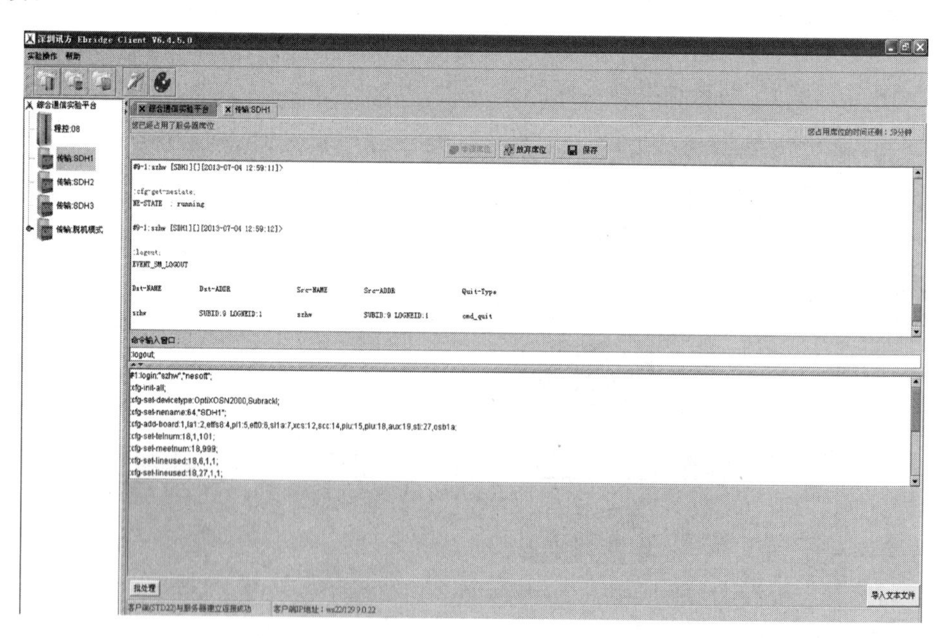

图 10.108 命令行执行结果

(5) 重复步骤(2)、(3)、(4),配置 SDH3。

七、实训数据

使用 EB 进行硬件配置的命令行脚本如下。

（一）SDH1 配置脚本

1. 登录网元

＃1:login:"szhw","nesoft";
//ID=1,用户名=szhw,密码=nesoft.

2. 初始化网元设备

:cfg—init—all;
//清除网元所有数据.

3. 设置网元整体参数

:cfg—set—devicetype:OptiXOSN2000,SubrackⅠ;
//设备类型=OptiXOSN2000,子架类型=SubrackⅠ.

4. 设置网元名称

:cfg—set—nename:64,"SDH1";
//字符串长度=64,网元名称=SDH1.

5. 增加网元逻辑板

:cfg—add—board:1,la1:2,etfs8:4,pl1:5,eft0:6,sl1a:7,xcs:12,scc:14,piu:15,piu:18,aux:19,sti:27,osb1a;
//1 槽位=la1; 2 槽位=etfs8; 4 槽位=pl1; 5 槽位=eft0; 6 槽位=sl1a; 7 槽位=xcs; 12 槽位=scc; 14 槽位=piu; 15 槽位=piu; 18 槽位=aux; 19 槽位=sti; 27 槽位=osb1a.

6. 配置公务电话

:cfg—set—telnum:18,1,101;
//开销板位号=18, 电话序号=1, 电话号码=101.

7. 设置会议电话号码

:cfg—set—meetnum:18,999;
//开销板位号=18,会议电话号码=999.

8. 设置寻址呼叫可用光口

:cfg—set—lineused:18,27,1,1;
//开销板位号=18, 线路板位号=27, 光口号=1,通道号=1.

9. 设置会议电话呼叫可用光口

:cfg—set—meetlineused:18,27,1,1;

//开销板位号=18，线路板位号=27，光口号=1,通道号=1.

10. 配置网元时钟等级

:cfg-set-synclass:7,1,0xf101;
//时钟板位号=7,时钟源个数=1,时钟源=自由振荡.

11. 配置交叉业务

:cfg-add-xc:0,27,1,1,1&&4,4,1&&4,0,0,vc12;
//配置光路到支路业务的映射：ID=0,源板位=27,源端口号=1,源 AU 号=1,源低阶通道号=1—4；宿板位号=4,宿端口号=1—4,为支路业务,业务级别=vc12.
:cfg-add-xc:0,4,1&&4,0,0,27,1,1,1&&4,vc12;
//配置支路到光路业务的映射：ID=0,源板位=4,源端口号=1—4,为支路业务；宿板位号=27,宿端口号=1,宿 AU 号=1,宿低阶通道号=1—4,业务级别=vc12.

12. 配置校验下发

:cfg-verify;
//校验完成,设备开始工作.

13. 查询网元状态

:cfg-get-nestate;
//查询网元运行状态.

14. 安全退出

:logout;

（二）SDH2 配置脚本

1. 登录网元

#3:login:"szhw","nesoft";
//ID=3,用户名=szhw,密码=nesoft.

2. 初始化网元设备

:cfg-init-all;
//清除网元所有数据.

3. 设置网元整体参数

:cfg-set-devicetype:OptiXOSN2000,SubrackⅠ;
//设备类型=OptiXOSN2000,子架类型=SubrackⅠ.

4. 设置网元名称

:cfg—set—nename:64,"SDH3";
//字符串长度=64,网元名称=SDH3.

5. 增加网元逻辑板

:cfg—add—board:2,etfs8:5,eft0:6,sl1a:7,xcs:12,scc:14,piu:15,piu:18,aux:19,sti:27,osb1a;
//2 槽位=etfs8; 5 槽位=eft0; 6 槽位=sl1a; 7 槽位=xcs; 12 槽位=scc; 14 槽位=piu; 15 槽位=piu; 18 槽位=aux; 19 槽位=sti; 27 槽位=osb1a.

6. 配置公务电话

:cfg—set—telnum:18,1,103;
//开销板位号=18, 电话序号=1, 电话号码=103.

7. 设置会议电话号码

:cfg—set—meetnum:18,999;
//开销板位号=18,会议电话号码=999.

8. 设置寻址呼叫可用光口

:cfg—set—lineused:18,6,1,1;
//开销板位号=18, 线路板位号=6, 光口号=1,通道号=1.
:cfg—set—lineused:18,27,1,1;
//开销板位号=18, 线路板位号=27, 光口号=1,通道号=1.

9. 设置会议电话呼叫可用光口

:cfg—set—meetlineused:18,6,1,1;
//开销板位号=18, 线路板位号=6, 光口号=1,通道号=1.
:cfg—set—meetlineused:18,27,1,1;
//开销板位号=18, 线路板位号=27, 光口号=1,通道号=1.

10. 配置网元时钟等级

:cfg—set—synclass:7,2, 0x0601,0xf101;
//时钟板位号=7,时钟源个数=2,时钟源=跟踪 6 光板,时钟源=自由振荡.

11. 配置交叉业务

:cfg—add—xc:0,6,1,1,1&&4, 27,1,1,1&&4,vc12;
//配置光路到支路业务的映射: ID=0,源板位=6,源端口号=1,源 AU 号=1,源低阶通道号=1—4; 宿板位号=27,宿端口号=1,宿 AU 号=1,宿低阶通道号=1—4,业务级别＝vc12.
:cfg－add－xc:0, 27,1,1,1&&4,6,1,1,1&&4,vc12;
//配置支路到光路业务的映射：ID＝0,源板位＝27,源端口号＝1,源 AU 号＝1,源低阶通道号＝1—4；宿板位号＝6,宿端口号＝1,宿 AU 号＝1,宿低阶通道号＝1—4,业务级别＝vc12.

12. 配置校验下发

:cfg－verify;
//校验完成,设备开始工作.

13. 查询网元状态

:cfg－get－nestate;
//查询网元运行状态.

14. 安全退出

:logout;

(三) SDH3 配置脚本

1. 登录网元

#3:login:"szhw","nesoft";
//ID＝3,用户名＝szhw,密码＝nesoft.

2. 初始化网元设备

:cfg－init－all;
//清除网元所有数据.

3. 设置网元整体参数

:cfg－set－devicetype:OptiXOSN2000,SubrackⅠ;
//设备类型＝OptiXOSN2000,子架类型＝SubrackⅠ.

4. 设置网元名称

:cfg－set－nename:64,"SDH3";
//字符串长度＝64,网元名称＝SDH3.

5. 增加网元逻辑板

:cfg－add－board:1,la1:4,pl1:6,sl1a:7,xcs:12,scc:14,piu:15,piu:18,aux:19,sti:27,osb1a;
//1 槽位＝la1；4 槽位＝pl1；6 槽位＝sl1a；7 槽位＝xcs；12 槽位＝scc；14 槽位＝

piu；15 槽位＝piu；18 槽位＝aux；19 槽位＝sti；27 槽位＝osb1a.

6. 配置公务电话

:cfg－set－telnum:18,1,103;
//开销板位号＝18，电话序号＝1，电话号码＝103.

7. 设置会议电话号码

:cfg－set－meetnum:18,999;
//开销板位号＝18,会议电话号码＝999.

8. 设置寻址呼叫可用光口

:cfg－set－lineused:18,6,1,1;
//开销板位号＝18，线路板位号＝6，光口号＝1,通道号＝1.

9. 设置会议电话呼叫可用光口

:cfg－set－meetlineused:18,6,1,1;
//开销板位号＝18，线路板位号＝6，光口号＝1,通道号＝1.

10. 配置网元时钟等级

:cfg－set－synclass:7,2, 0x0601,0xf101;
//时钟板位号＝7,时钟源个数＝2,时钟源＝跟踪 6 光板,时钟源＝自由振荡.

11. 配置交叉业务

:cfg－add－xc:0,6,1,1,1&&4,4,1&&4,0,0,vc12;
//配置光路到支路业务的映射：ID＝0,源板位＝6,源端口号＝1,源 AU 号＝1,源低阶通道号＝1—4；宿板位号＝4,宿端口号＝1—4,为支路业务,业务级别＝vc12.
:cfg－add－xc:0,4,1&&4,0,0,6,1,1,1&&4,vc12;
//配置支路到光路业务的映射：ID＝0,源板位＝4,源端口号＝1—4,为支路业务；宿板位号＝6,宿端口号＝1,宿 AU 号＝1,宿低阶通道号＝1—4,业务级别＝vc12.

12. 配置校验下发

:cfg－verify;
//校验完成,设备开始工作.

13. 查询网元状态

:cfg－get－nestate;
//查询网元运行状态.

14. 安全退出

:logout;

八、实训验证

OptiX OSN2000 传输设备电端口和光端口传输都是数字信号，因此要检测所配置业务的正确性，必须在电端口接其他设备，看其是否能正常工作以检测所配业务的正确性。本实训教程使用光网络分析仪作为验证终端，在 SDH1 和 SDH3 的支路端口分别对接 2 台光网络分析仪，如图 10.109 所示(已正确配置光网络分析仪，接口连接数据如图 10.110 所示)，若能够开通视频，说明传输业务的配置是正确的(光网络分析仪的软硬件安装及使用方法这里就不详细描述了)。

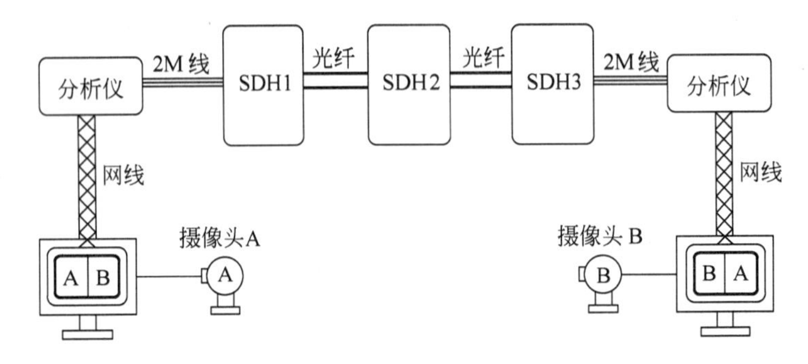

图 10.109 传输设备与光网络分析仪对接示意

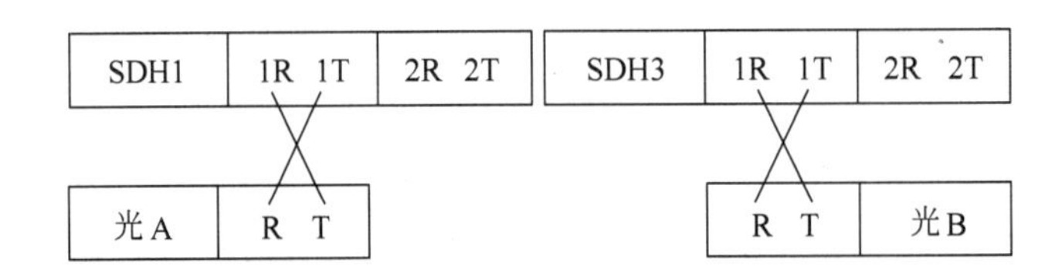

图 10.110 2M 口连接方式

图 10.111 所示为华为 SDH 测试软件的视频界面。

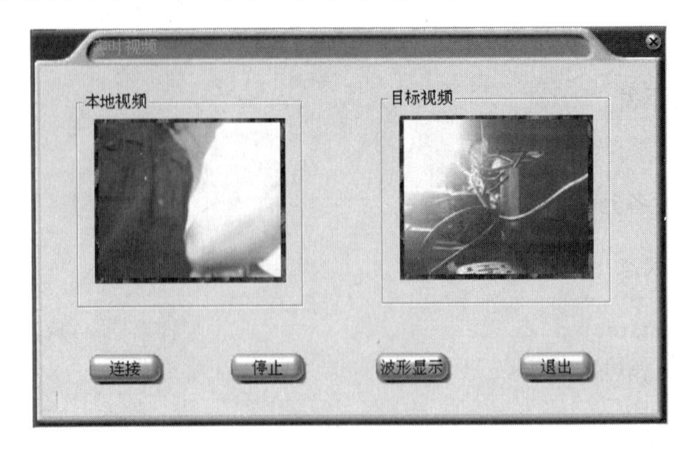

图 10.111 华为 SDH 测试软件——视频界面

实训单元 10 环形 2M 业务配置实训

一、实训目的

(1) 通过对 SDH 命令行的讲解,结合 SDH 设备进行命令行演示,让学生了解 Ebridge 通信软件的使用方法。

(2) 通过对 T2000 网管软件的讲解,结合 SDH 设备进行 T2000 软件操作演示,让学生了解 T2000 网管软件的使用方法。

(3) 通过本实训了解 2M 业务及 2M 业务在环形组网方式中的配置方法和应用。

二、实训器材

(1) OSN 2000 传输设备 3 台
(2) EB 服务器
(3) 操作终端
(4) 光网络分析仪
(5) 电话机
(6) 尾纤若干
(7) 2M 连接线若干

三、实训内容说明

(1) 本实训平台网管的实际物理连接,具体如图 10.112 所示。

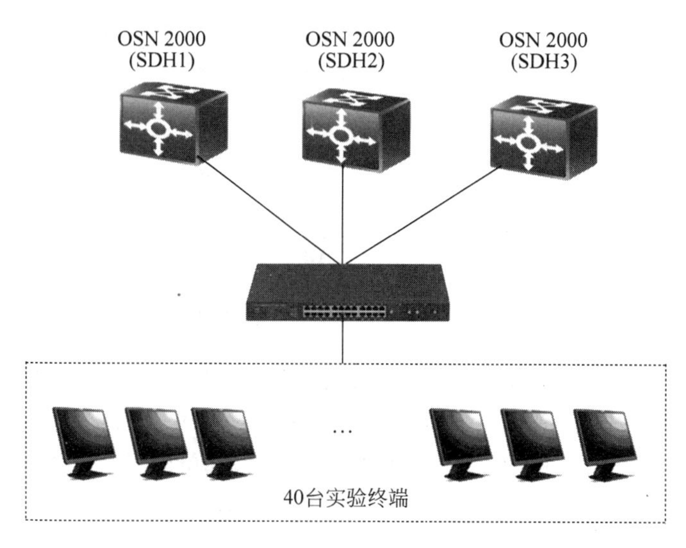

图 10.112 实训平台网管的物理连接

(2) 三套 SDH 设备通过 Ethernet 配置口和以太网交换机相连,该三套 SDH 分别使用不同的 IP 地址以进行区分。三套 SDH 设备 IP 地址分别设置为 129.9.0.1、129.9.0.2、129.9.0.3。

(3) 实训用维护终端也直接通过本机的网口和以太网交换机相连,也设置为不同的 IP

地址。这样维护终端就可以直接登录三套不同的 SDH 设备。

(4) 实训终端通过局域网(LAN)采用 Sever/Client 方式和光传输网元通信,并完成对网元业务的设置、数据修改、监视等来达到用户管理的目的。

(5) 本实训平台提供传输设备传输速率为 STM-1(即 155M)。

(6) 三台 SDH 设备的硬件结构如图 10.113 所示。

	1	2	3	4	5	6	7	8	9	10	11	12	14	16	17	18
SDH1	LA1	ETFS8		PL1	EFT0	SL1A	XCS					SCC	PIU			AUX
							27	28				13	15			19
							OSB1A						PIU			STI
	1	2	3	4	5	6	7	8	9	10	11	12	14	16	17	18
SDH2		ETFS8			EFT0	SL1A	XCS					SCC	PIU			AUX
							27	28				13	15			19
							OSB1A						PIU			STI
	1	2	3	4	5	6	7	8	9	10	11	12	14	16	17	18
SDH3	LA1			PL1		SL1A	XCS					SCC	PIU			AUX
							27	28				13	15			19
							OSB1A						PIU			STI

图 10.113 SDH 设备硬件配置

(7) 根据三台 SDH 设备的硬件配置可知,点对点 2M 业务需使用尾纤将 SDH1、SDH2 和 SDH3 直接连接在一起,SDH1 和 SDH3 做上下业务,SDH2 做穿通业务,如图 10.114 所示,SDH1 和 SDH3 直连为主环,通过 SDH2 的为保护环(单向通道保护)。

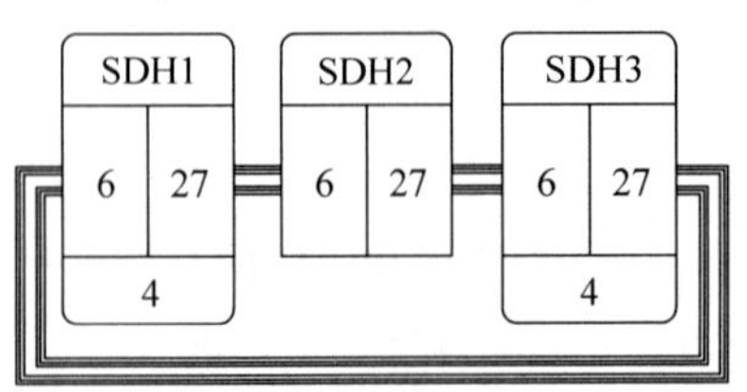

图 10.114 链形 2M 业务的纤缆连接

四、知识要点

(1) 时钟工作模式
- 跟踪模式
- 保持模式
- 自由振荡模式

(2) 中国 SDH 复用结构也简称为 3-7-3 结构。

(3) 容器/虚容器和线路支路对应关系
- 2M-C12(容器 12)-VC12(虚容器 12):1 个 VC12 对应着 1 个 2M。
- 34M-C3-VC3。
- 140M-C4-VC4。

(4) VC4/VC12/2M/155M 的对应关系
- 1 个 2M(硬件物理接口)对应着 1 个 VC12(逻辑通道号)。
- 1 个 155M(STM-1)光口里面对应着 1VC4,VC4 编号为 1。
- 1 个 622M(STM-4)光口里面对应着 4 个 VC4,VC4 编号为 1~4。
- 1 个 VC4 里面收容有 63 个 VC12,编号为 1~63。
- 1 个 VC4 里面收容有 3 个 VC3,VC3 编号为 1~3。

(5) 线路板的划分:
- 人为定义东西光口。
- 单光口板:左西右东,左边是西光口,右边是东光口。
- 双光口板:上西下东,左西右东。上面光口为西光口,下面光口为东光口。

(6) 业务配置采用源→宿“点对点配置模式”。
- 源为光→宿为电,对应 2M 的收,又叫下业务。
- 源为电→宿为光,对应 2M 的发,又叫上业务。
- 源为光→宿为光,对应 2M 业务穿通,又叫穿通业务。

(7) 时隙的概念
- 传输里面讲的“时隙”概念和程控交换里面讲的“时隙”概念是不一样的。
- 程控交换里面讲的“时隙”指的是 1 个 2M 里面的 1 个通道(64K)。即一个 PCM32/30 系统中的一个 TS 通路。
- 传输里面讲的“时隙”指的是 1 个 2M(VC12),即一个标准的 PCM32/30 基群系统。

(8) 线路与支路
- SDH 传输设备中“线路”对应着光接口。
- SDH 传输设备中“支路”对应着 2M/34M/以太网/140M/低速 STM-N 等电接口。

(9) 主环方向:一般选择逆时针为主环。便于我们做光纤连接,形成有效的保护环。

(10) 站 A 到站 B 的业务(2M)和站 B 到站 A 的业务所经过的站点如果是同一路由,则该业务为双向业务。否则为单向业务。

五、数据准备

三台 SDH 设备的属性信息如下。

1. 网元 1

- ID：1
- 扩展 ID：9
- 名称：SDH1
- 网关类型：网关
- 协议：IP
- IP 地址：129.9.0.1
- 连接模式：普通
- 端口：1400
- 网元用户：root
- 密码：password
- 不选择“预配置”

2. 网元 2

- ID：2
- 扩展 ID：9
- 名称：SDH2
- 网关类型：非网关
- 所属网关：SDH1
- 所属网关协议：IP
- 网元用户：root
- 密码：password
- 不选择“预配置”

3. 网元 3

- ID：3
- 扩展 ID：9
- 名称：SDH3
- 网关类型：非网关
- 所属网关：SDH1
- 所属网关协议：IP
- 网元用户：root
- 密码：password
- 不选择“预配置”

业务信息，见表 10-3。

表 10-3 业务信息(3)

SDH1	线路板	6、27
	支路板	4
	通信时隙	1—4 VC12
	支路接口	1—4 2M
	公务电话号码	101
	公务电话线路	6、27
	会议电话号码	999
SDH2	线路板	6、27
	支路板	
	通信时隙	1—4 VC12
	支路接口	1—4 2M
	公务电话号码	102
	公务电话线路	6、27
	会议电话号码	999
SDH3	线路板	6、27
	支路板	4
	通信时隙	1—4 VC12
	支路接口	1—4 2M
	公务电话号码	103
	公务电话线路	6、27
	会议电话号码	999

六、实训步骤

(一) 创建真实网元

1. 前期准备

在教师机上双击 T2000 Server. exe 图标,启动 T2000 服务器,输入用户名 admin 及密码 T2000,待服务器中所有进程都成功启动(如图 10.115 所示)。

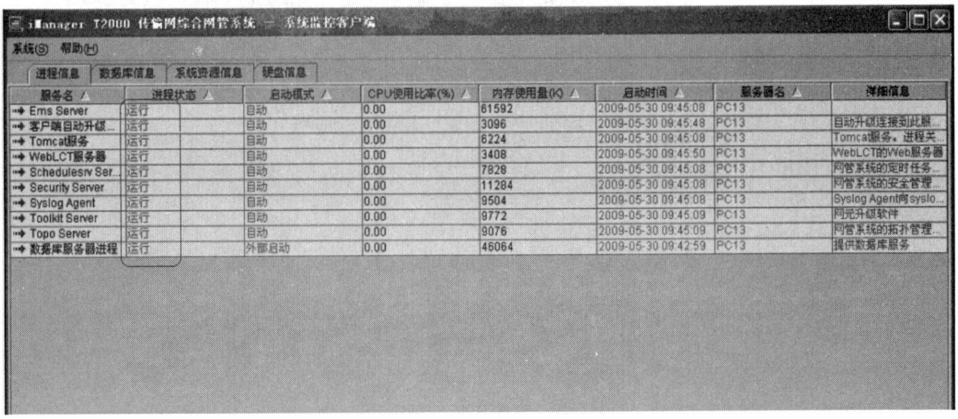

图 10.115 T2000 服务器成功启动

在客户端双击 T2000Client 图标，登录 T2000 服务器，在弹出的对话框中输入正确的用户名和密码，服务器网管已经增加了两个账号，权限是一致的，admin 的密码是 T2000，其他用户名及密码分别为 admin001、T2000001，admin002、T2000002；登录的服务器选择 server，本实训平台的服务器 IP 地址是 129.9.0.20，如果是本机做服务器，登录 local 即可(图 10.116、图 10.117)。

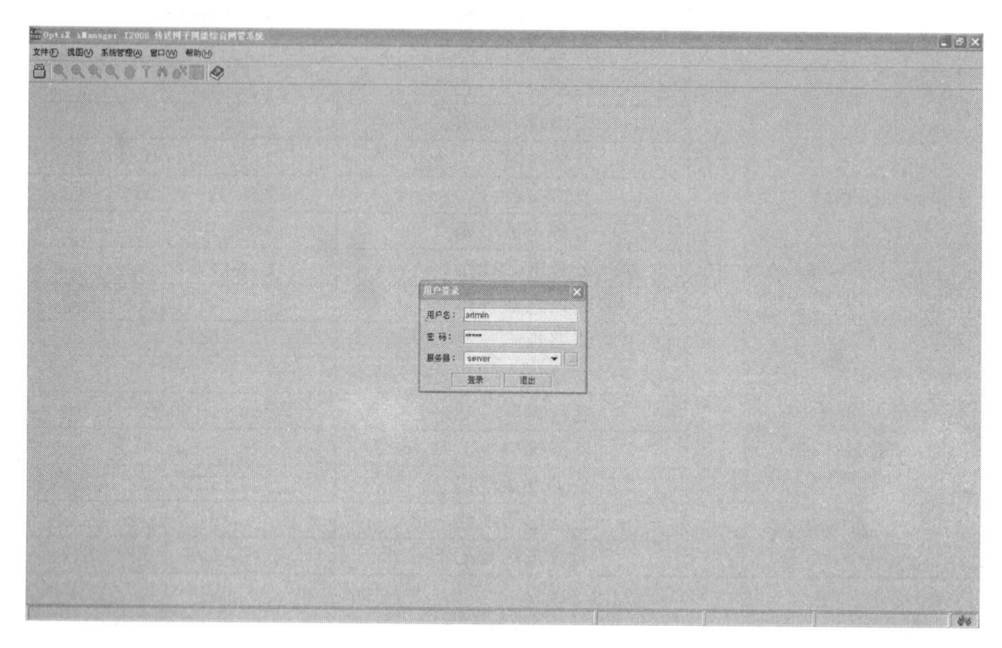

图 10.116　T2000 客户端登录界面

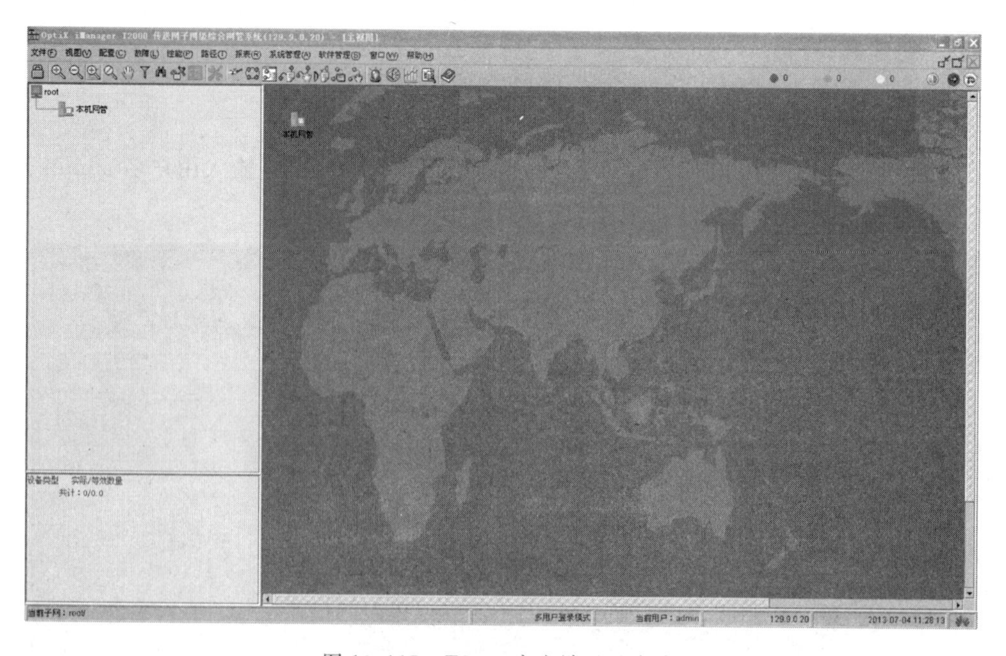

图 10.117　T2000 客户端登录成功

2. 创建网元

网元的创建有两种方式：一种是创建真实存在的网元，一种是创建虚拟的网元。

本实训共有 3 个网元，即 3 台 OSN2000 设备，其 IP 地址分别是 129.9.0.1、129.9.0.2、129.9.0.3。不管是真实存在的网元还是虚拟网元，手工创建的方式都有两种：

- 选择“文件”→“新建”→“拓扑对象”命令，如图 10.118 所示；
- 在页面空白处右击，选择“新建”→“拓扑对象”命令，如图 10.119 所示。

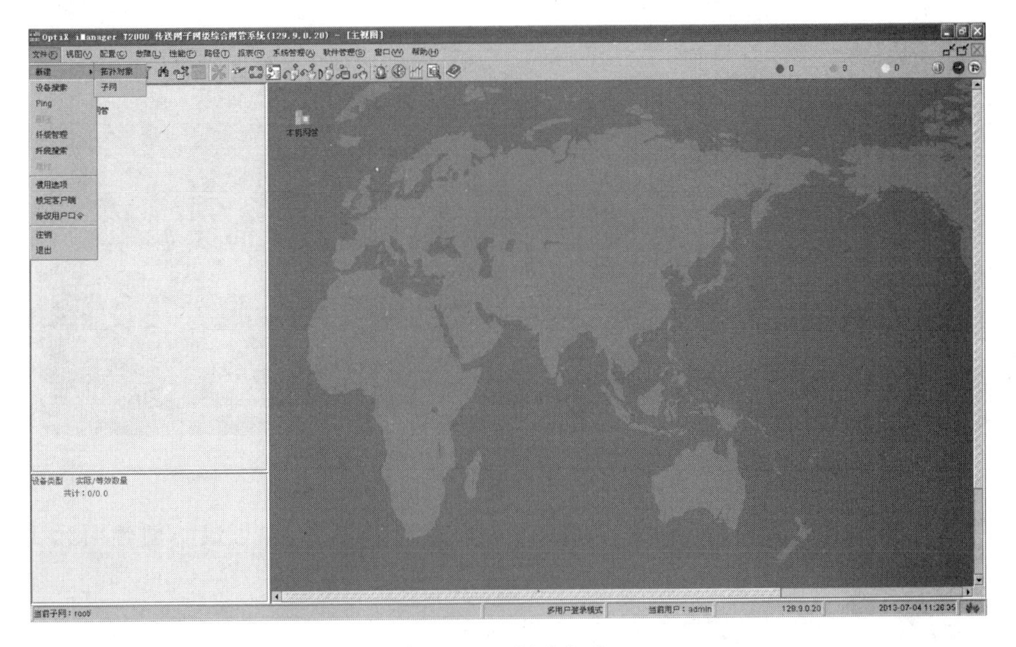

图 10.118 新建方式一

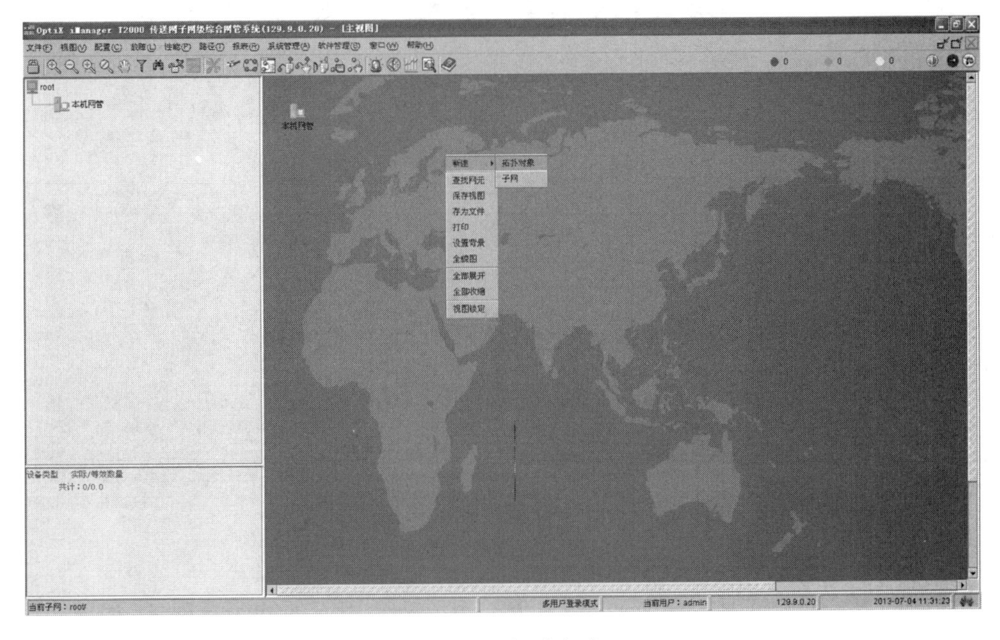

图 10.119 新建方式二

在设备型号一栏中选择“OSN 系列”→OptiX OSN2000 命令,在右侧填入网元 1 的信息,如图 10.120 所示。

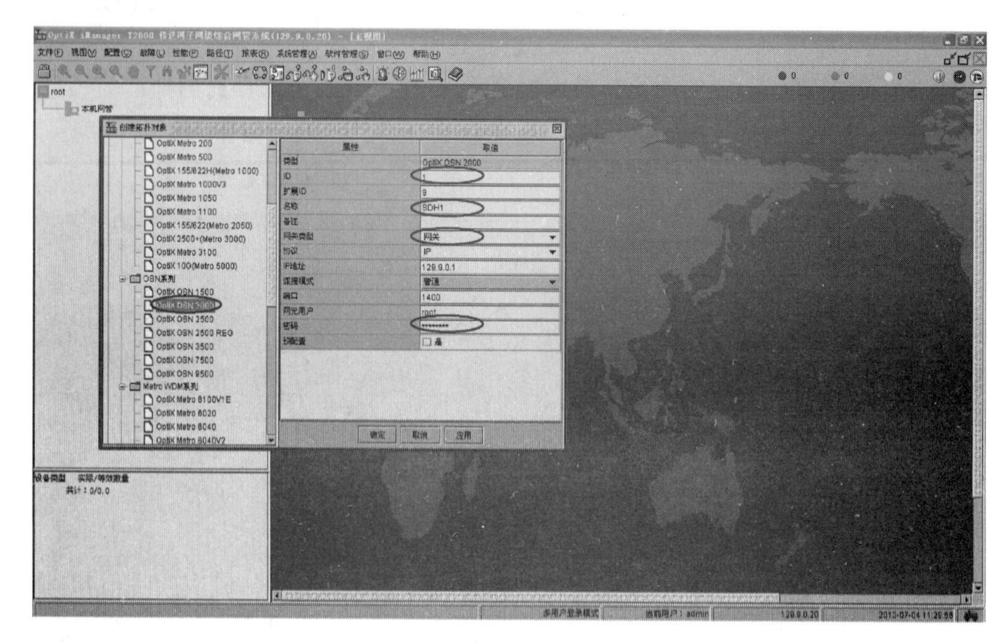

图 10.120　配置 SDH1 基本信息

填写完基本信息后单击“确定”按钮,在页面空白处单击,即可成功创建网元 1,如图 10.121 所示。

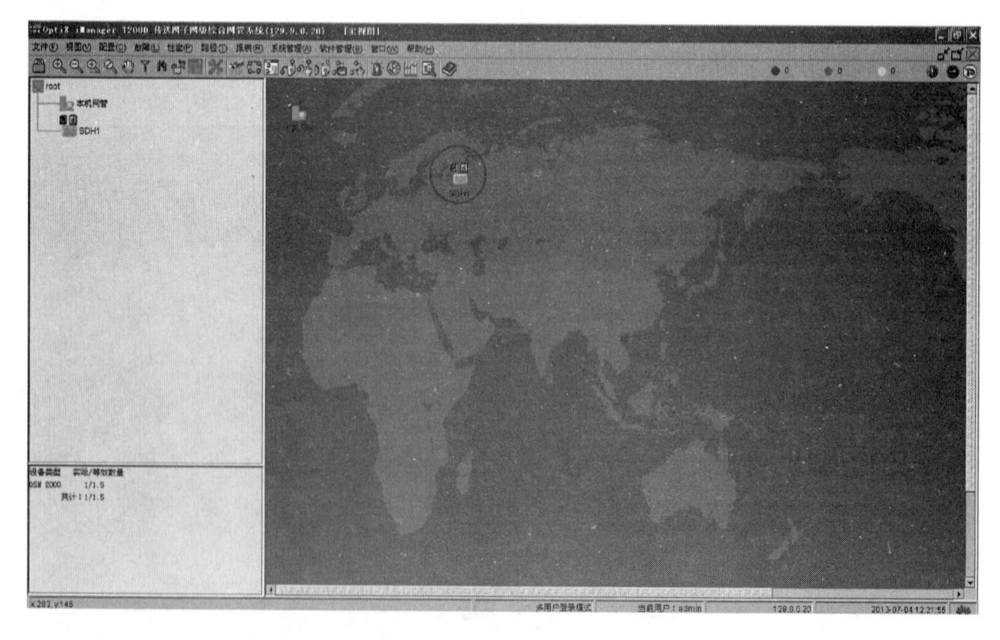

图 10.121　创建成功的网元 1

用同样的方式创建网元 2 和网元 3。注意:网元 2 和网元 3 均为非网关,如图 10.122 和图 10.123 所示。

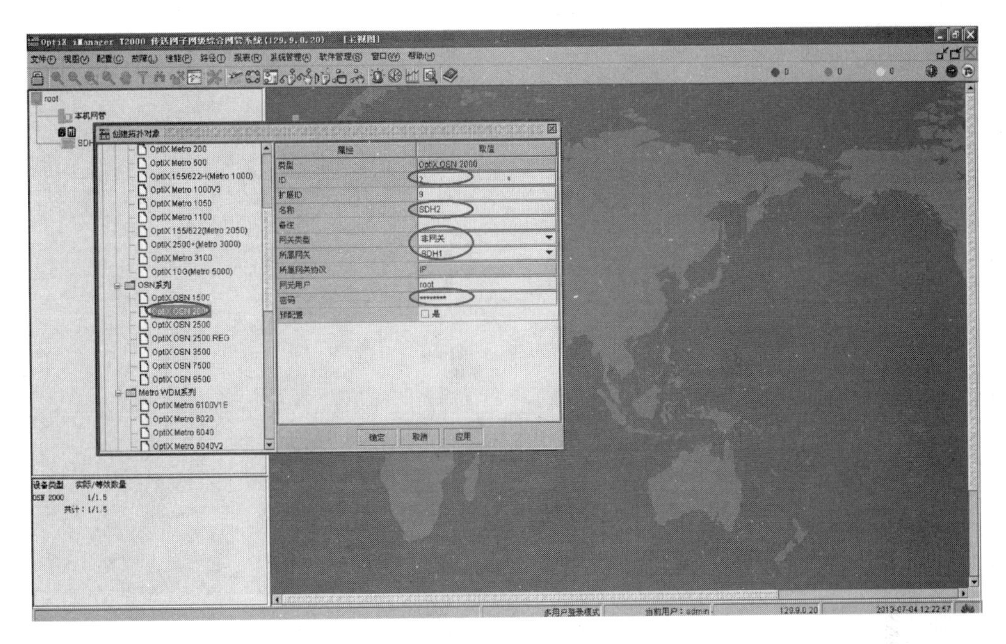

图 10.122　配置 SDH2 基本信息

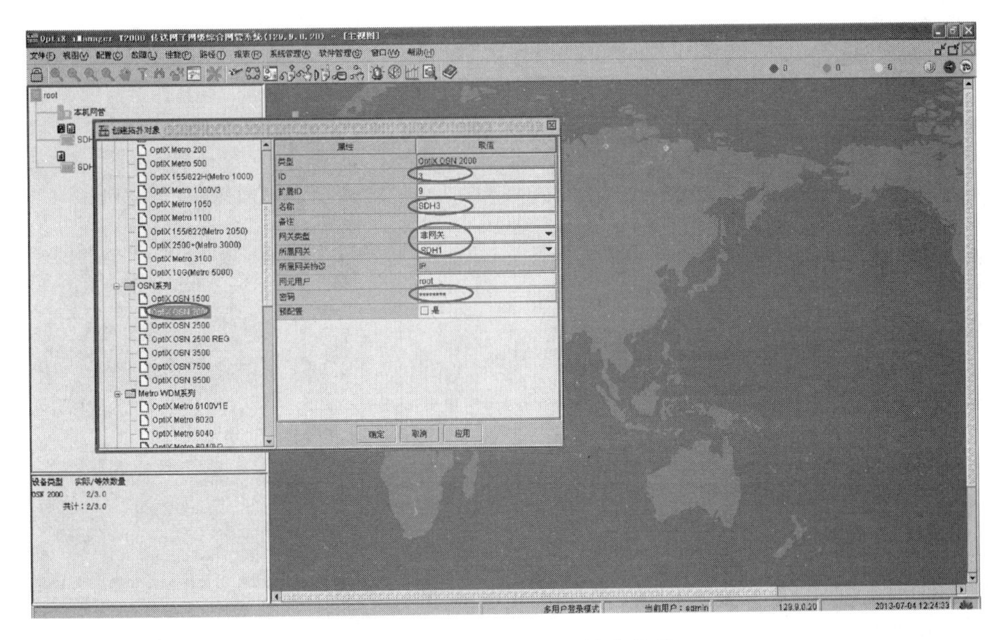

图 10.123　配置 SDH3 基本信息

3. 配置单板

(1) 配置 SDH1 的单板

已创建的 3 个网元的状态是未配置状态，需要进行硬件数据配置，用鼠标选中并右击 SDH1，在弹出的菜单中选择“配置向导”，如图 10.124 所示。

选择“手工配置”选项，单击“下一步”→“确定”→“确定”→“下一步”按钮，打开单板设置界面。右击 1 槽位空白处，在弹出的快捷菜单中选择 LA1(根据实际硬件配置)，如图 10.125 所示。

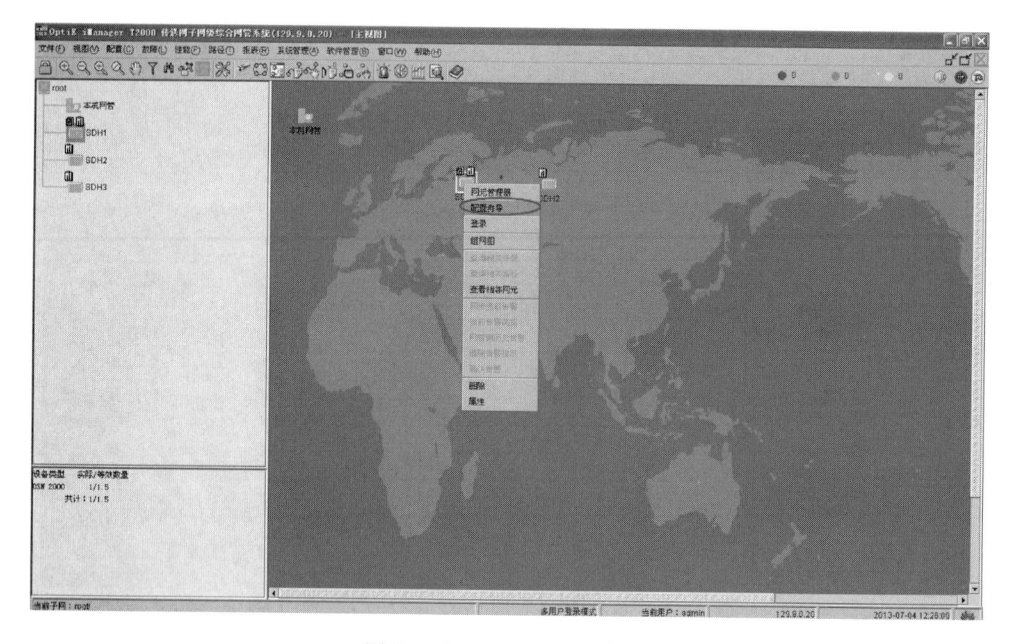

图 10.124 SDH1 配置向导

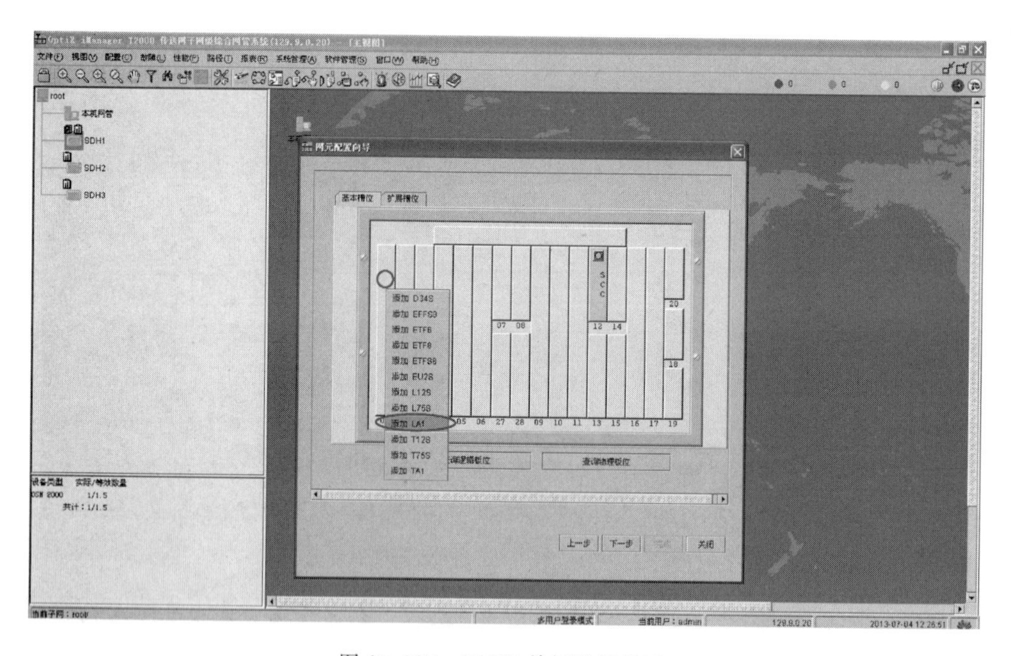

图 10.125 SDH1 单板设置界面

用同样的方式完成 SDH1 的其他单板配置，如图 10.126 所示。

SDH1 单板配置完成后单击“下一步”→“完成”按钮。

(2) 配置 SDH2 的单板

重复 SDH1 的单板配置过程配置 SDH2，板位如图 10.127 所示。

(3) 配置 SDH3 的单板

重复 SDH1 的单板配置过程配置 SDH3，板位如图 10.128 所示。

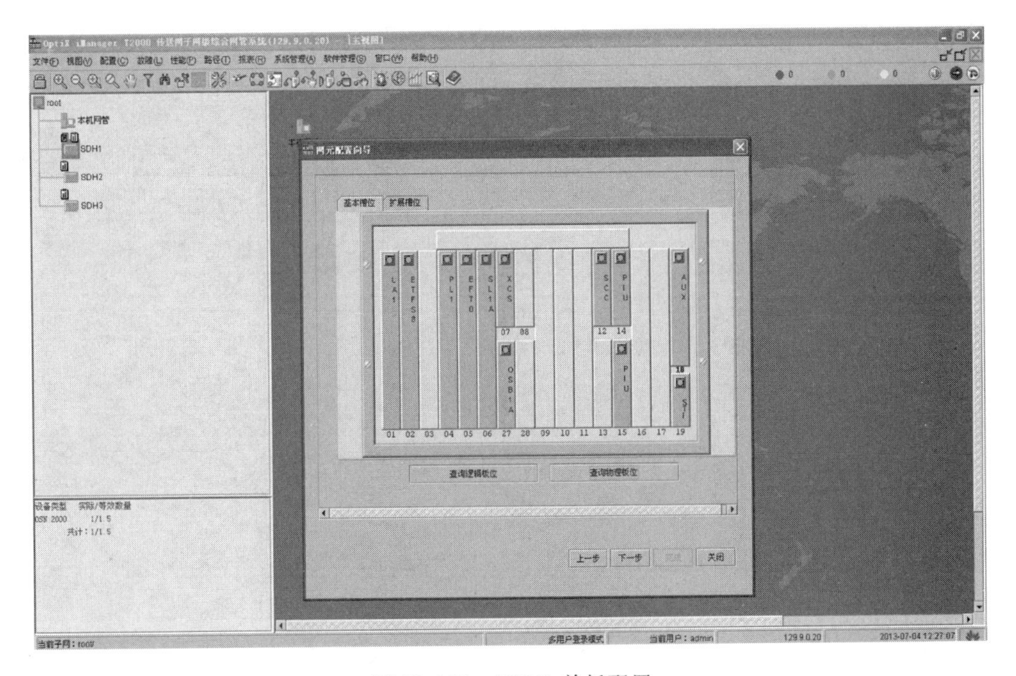

图 10.126　SDH1 单板配置

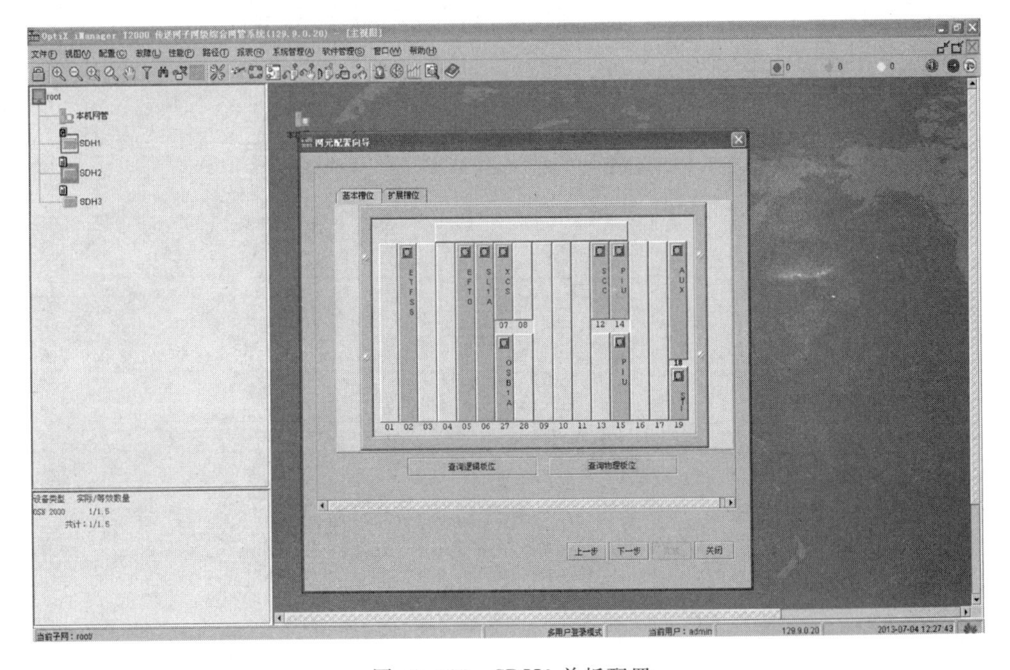

图 10.127　SDH2 单板配置

可以手工对每个槽位进行单板配置，也可以单击“查询物理板位”按钮，从而直接获取单板信息。

至此，3 个网元的创建和单板配置已完成，网元上方的未配置图标均已消失，结果如图 10.129 所示。

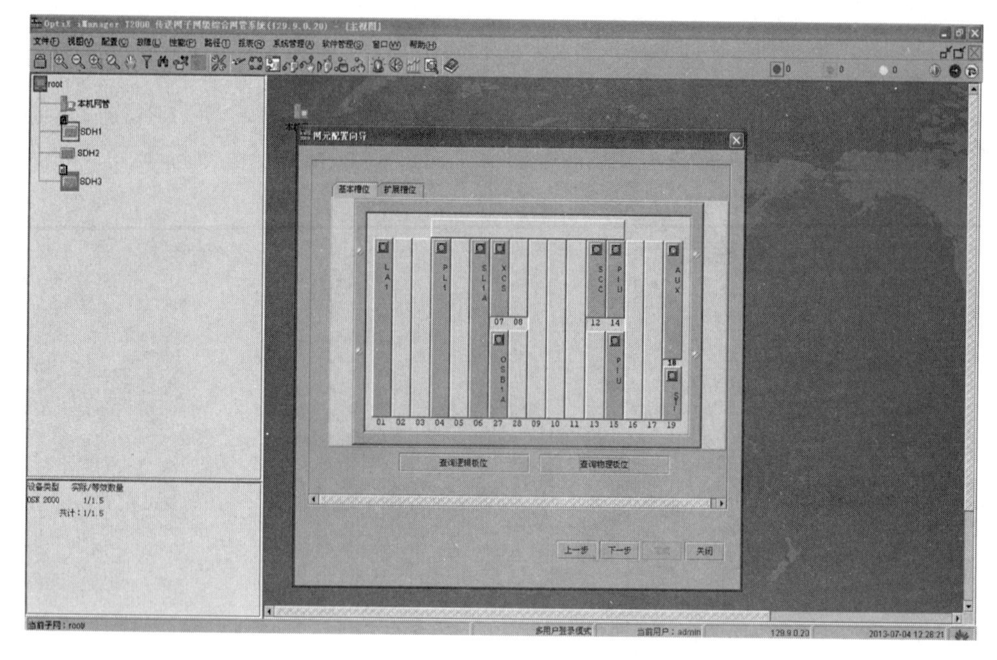

图 10.128　SDH3 单板配置

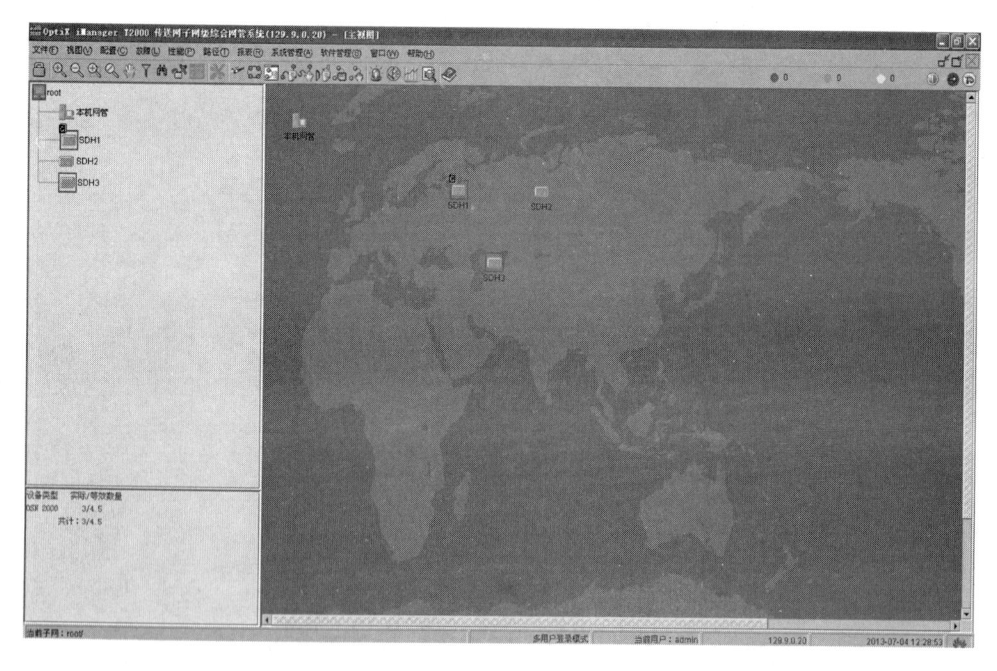

图 10.129　完成单板配置的 3 个网元

4. 创建纤缆

在工具栏中单击“创建链路”图标，如图 10.130 所示。

单击 SDH1，出现如图 10.131 所示的界面，选择 27 号板，单击“确定”按钮。

单击 SDH2，出现如图 10.132 所示的界面，选择 6 号板，单击“确定”→“确定”按钮。

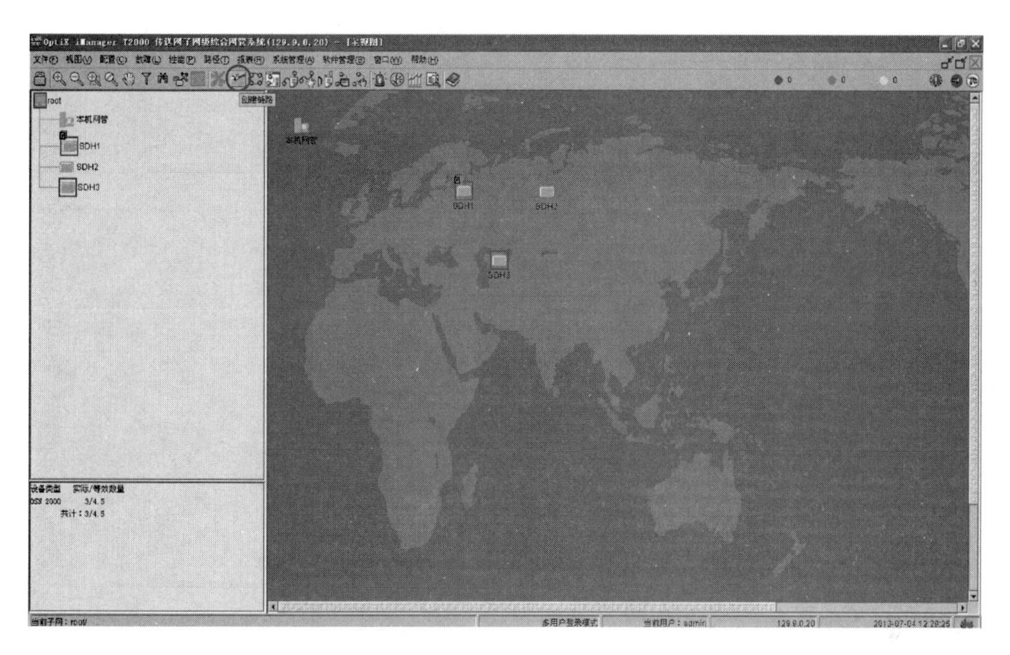

图 10.130　创建链路

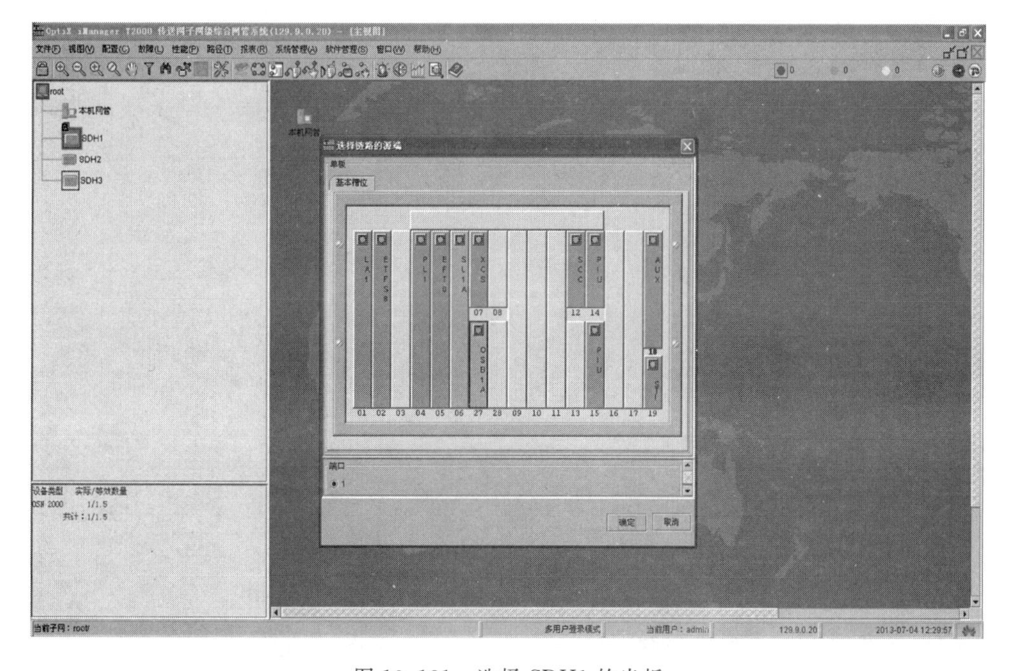

图 10.131　选择 SDH1 的光板

创建第二条链路，单击“创建链路”图标，单击 SDH2，出现如图 10.133 所示的界面，选择 27 号板，单击“确定”按钮。

单击 SDH3，出现如图 10.134 所示的界面，选择 6 号板，单击“确定”→“确定”。

创建第三条链路，单击“创建链路”图标，单击 SDH3，出现如图 10.135 所示的界面，选择 27 号板，单击“确定”按钮。

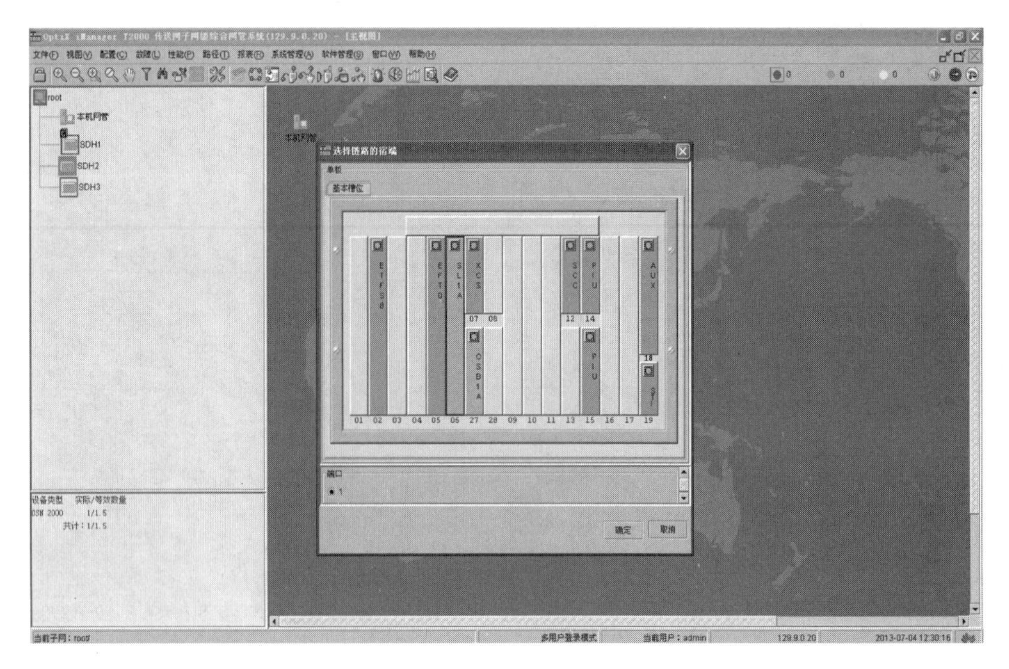

图 10.132　选择 SDH3 的光板

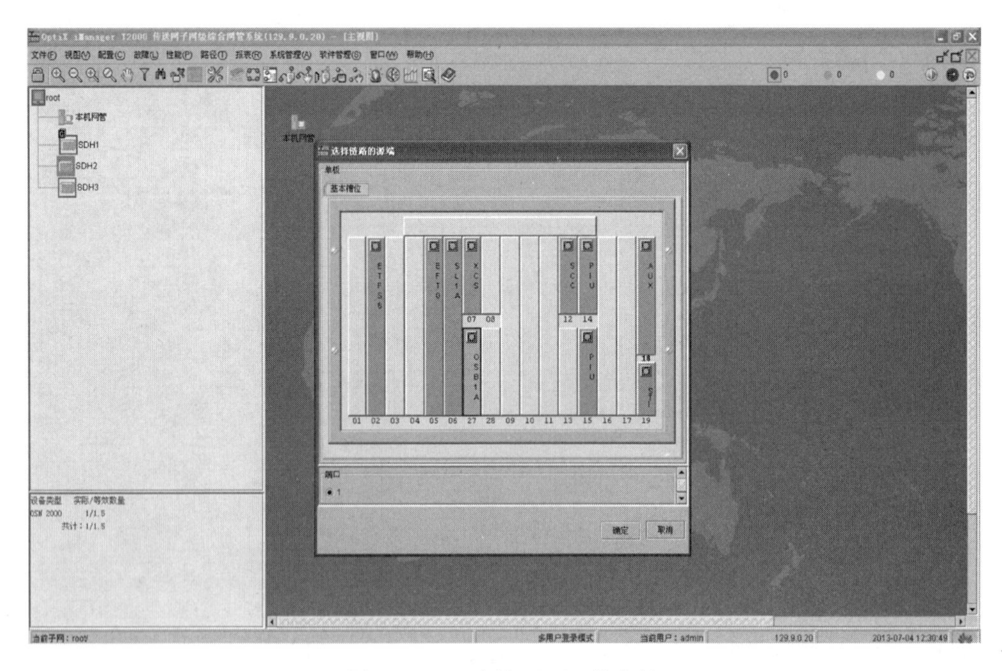

图 10.133　选择 SDH2 的光板

单击 SDH1,出现如图 10.136 所示的界面,选择 6 号板,单击“确定”→“确定”按钮。

5. 创建保护视图

选择“配置”→“保护视图”命令,打开保护视图界面。在保护视图空白处右击,选择“SDH 保护子网创建”→“二纤单向通道保护环”命令(图 10.137)。

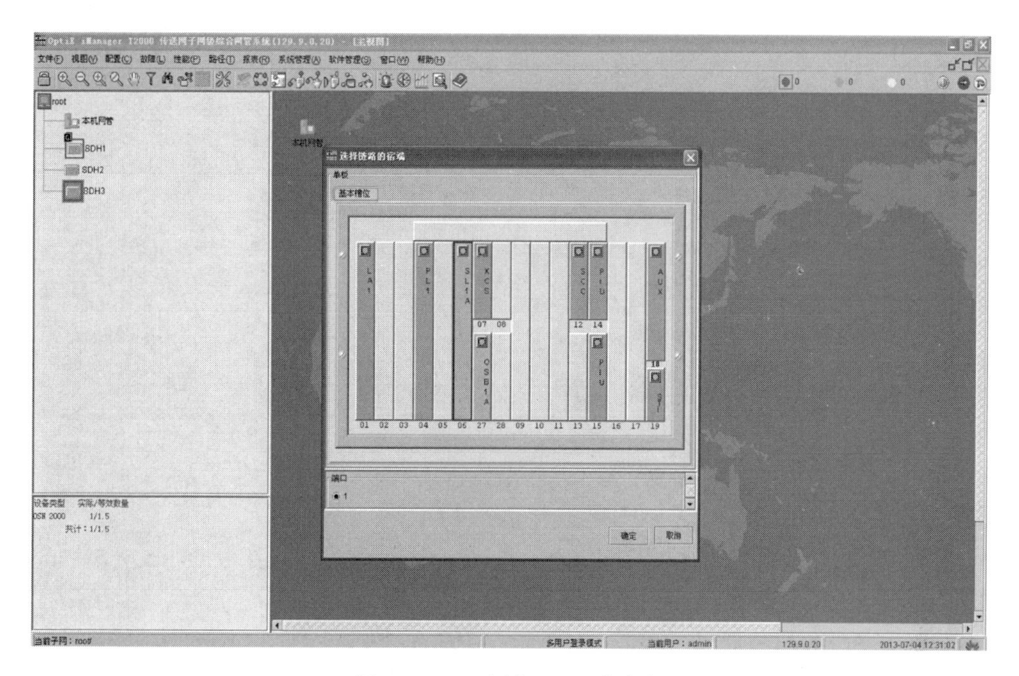

图 10.134　选择 SDH3 的光板

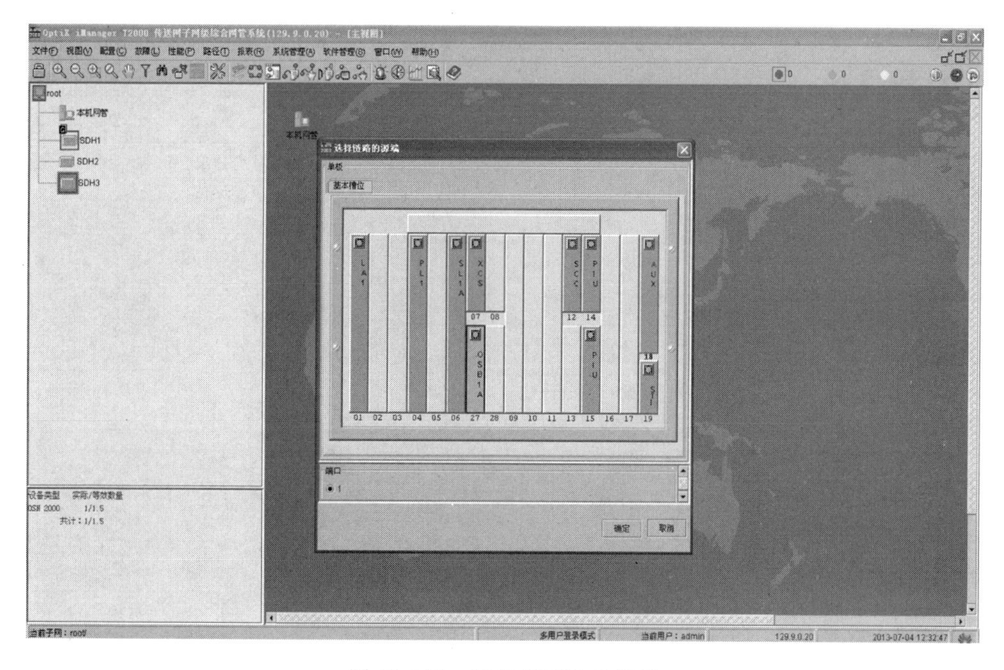

图 10.135　选择 SDH3 的光板

依次双击 SDH1、SDH2 和 SDH3，使其进入左侧节点栏中，如图 10.138 所示，单击“下一步”→“完成”→“关闭”按钮关闭保护视图窗口。

6. 配置时钟

选择“配置”→“时钟视图”命令，打开时钟视图界面。

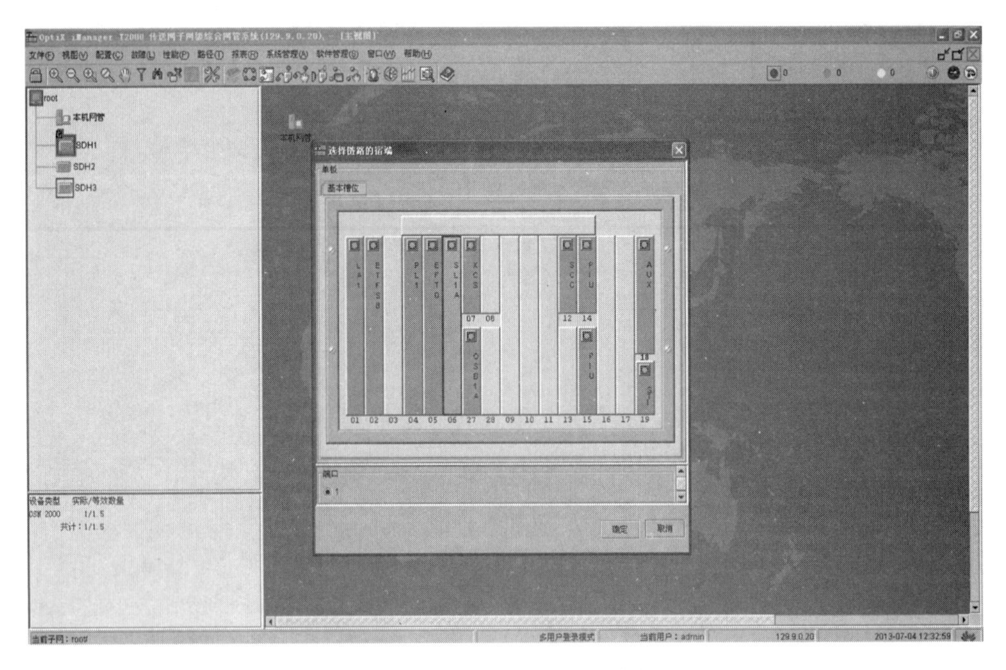

图 10.136 选择 SDH1 的光板

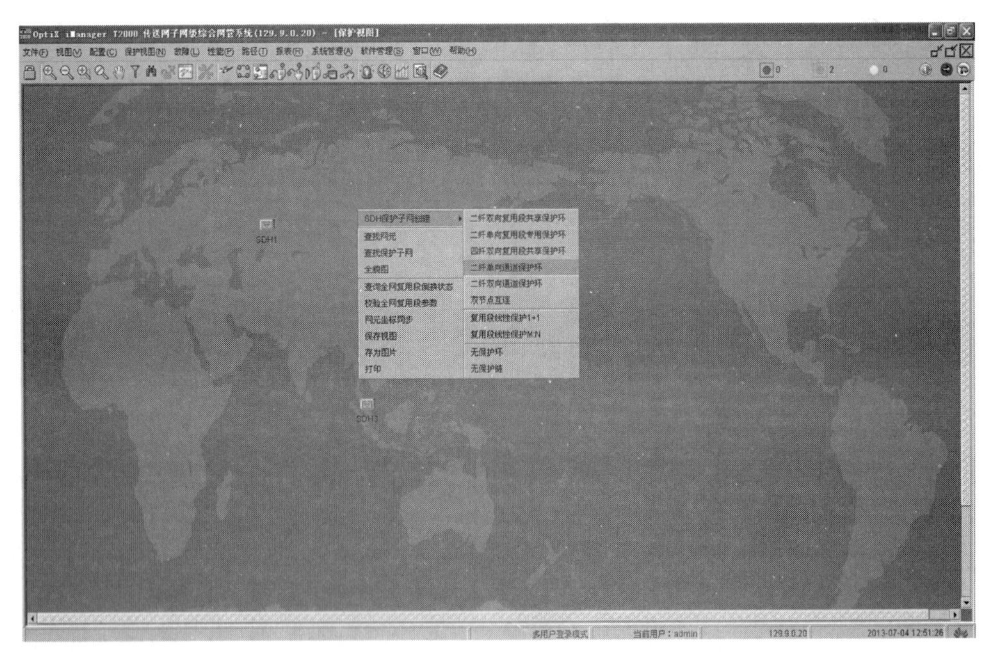

图 10.137 创建二纤单向通道保护环

SDH1 为网关，时钟为自由振荡，SDH2 和 SDH3 的时钟由光板通过光纤跟踪 SDH1。首先在保护视图中右击 SDH1，选择“时钟源优先级表”选项，SDH1 的时钟为内部时钟源即自由振荡模式，关闭 SDH1 的时钟源优先级表。

打开 SDH2 的时钟源优先级表，单击“新建”按钮，在时钟源中选择 6 号光板，再单击“新

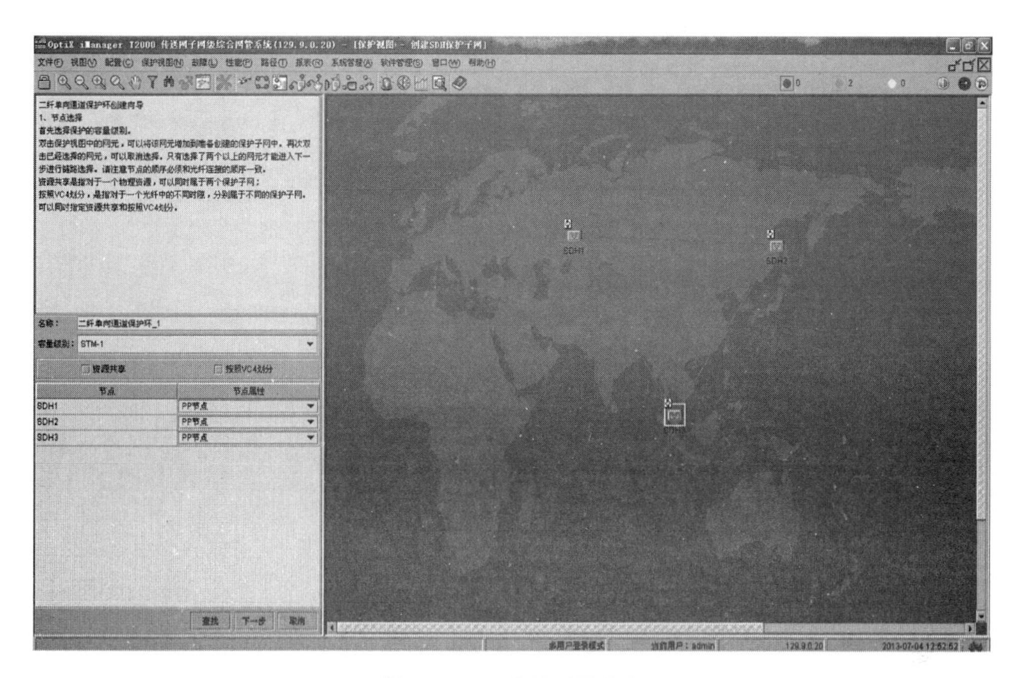

图 10.138 选择环路节点

建"按钮,在时钟源中选择 27 号光板,如图 10.139 所示。单击"应用"→"确定"→"关闭"按钮,关闭时钟优先级配置窗口。

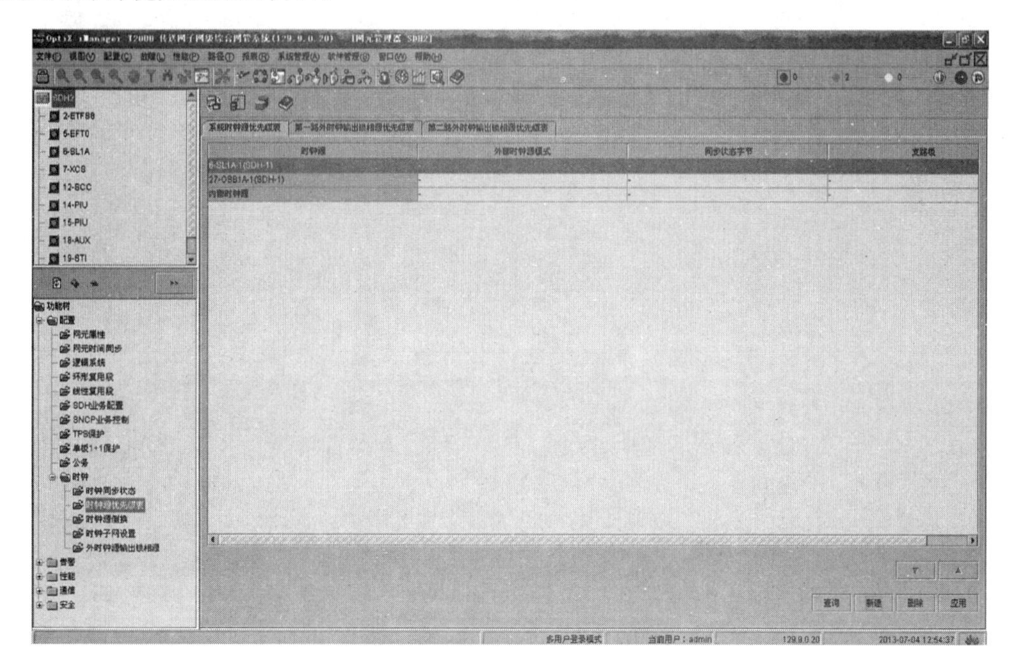

图 10.139 SDH2 添加时钟源

打开 SDH3 的时钟源优先级表,单击"新建"按钮,在时钟源中选择 27 号光板,单击"新建"按钮,在时钟源中选择 6 号光板,如图 10.140 所示。单击"应用"→"确定"→"关闭"按钮,关闭时钟优先级配置窗口。

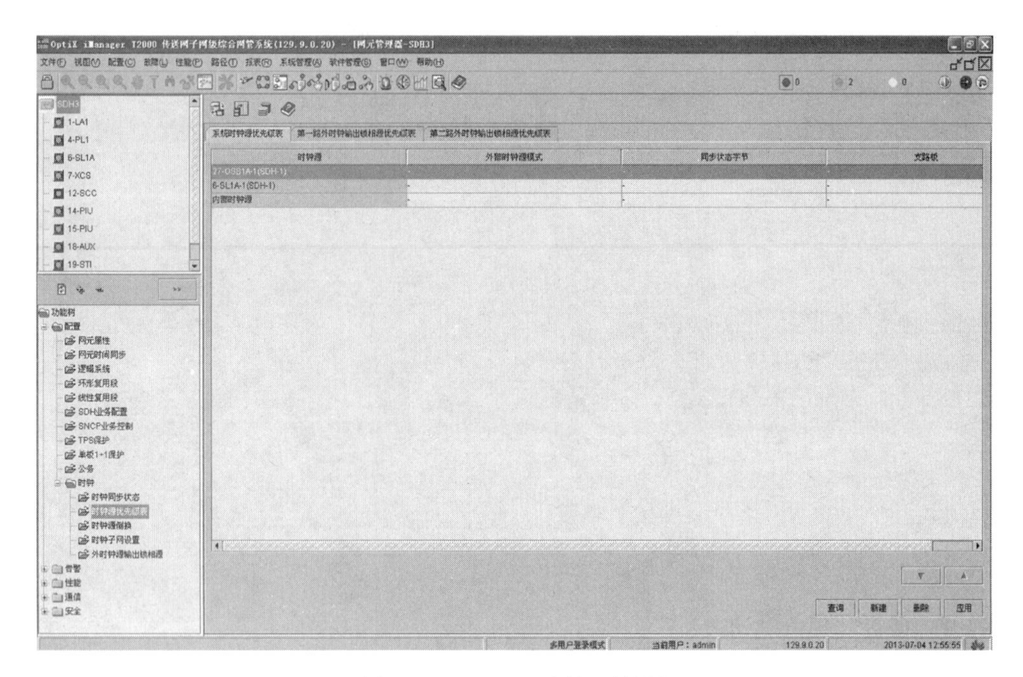

图 10.140　SDH3 添加时钟源

图 10.141 所示是配置完成的时钟视图，关闭时钟视图。

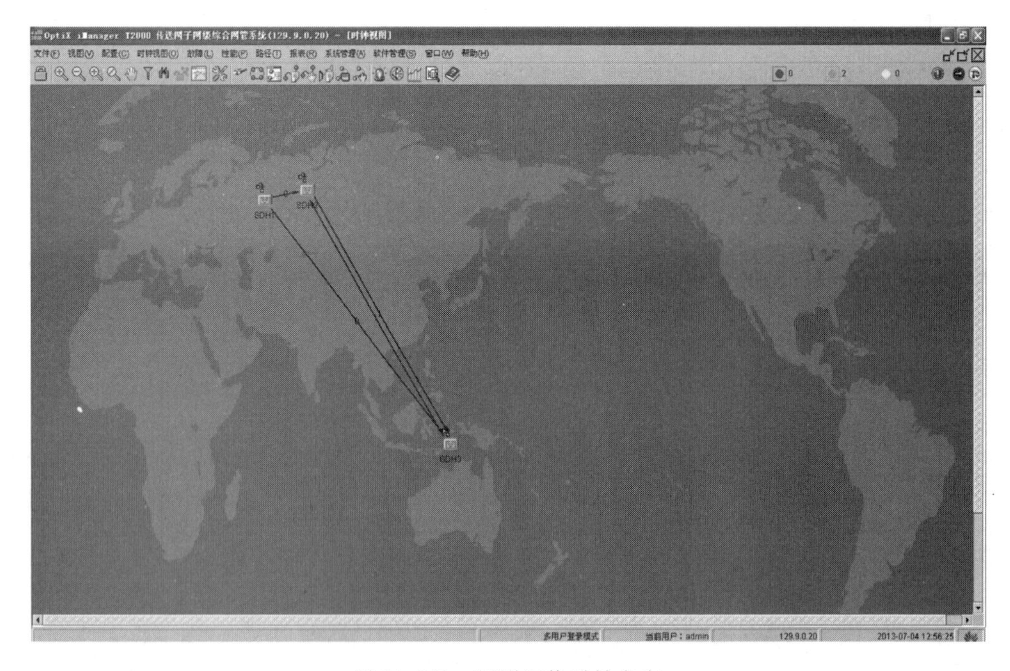

图 10.141　环形网络时钟方向

7. 配置公务

在主视图中双击 SDH1，右击 AUX 公务开销板，选择“公务开销配置”命令(图 10.142)。

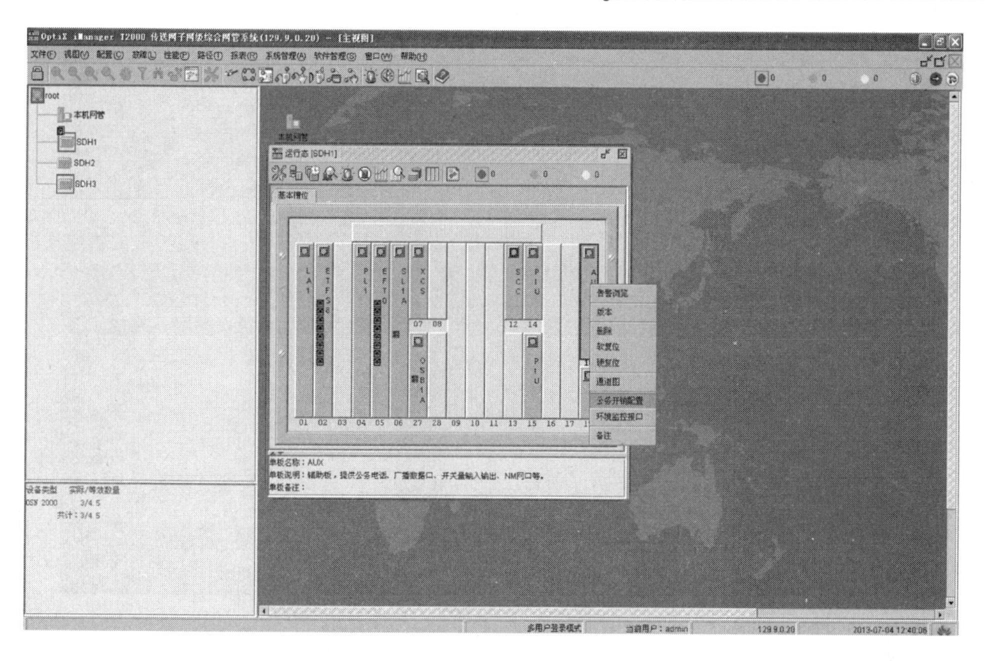

图 10.142 公务开销选项

关闭板位图,在"常规"中填入 SDH1 公务电话:101;会议电话:999。将左侧的 6 和 27 号光板选中,单击箭头符号将其移到右边,单击"应用"按钮,如图 10.143 所示;在"会议电话"中,将左侧的 6 和 27 号光板选中,单击箭头符号将其移到右边,如图 10.144 所示,单击"应用"→"关闭"按钮,关闭配置窗口。

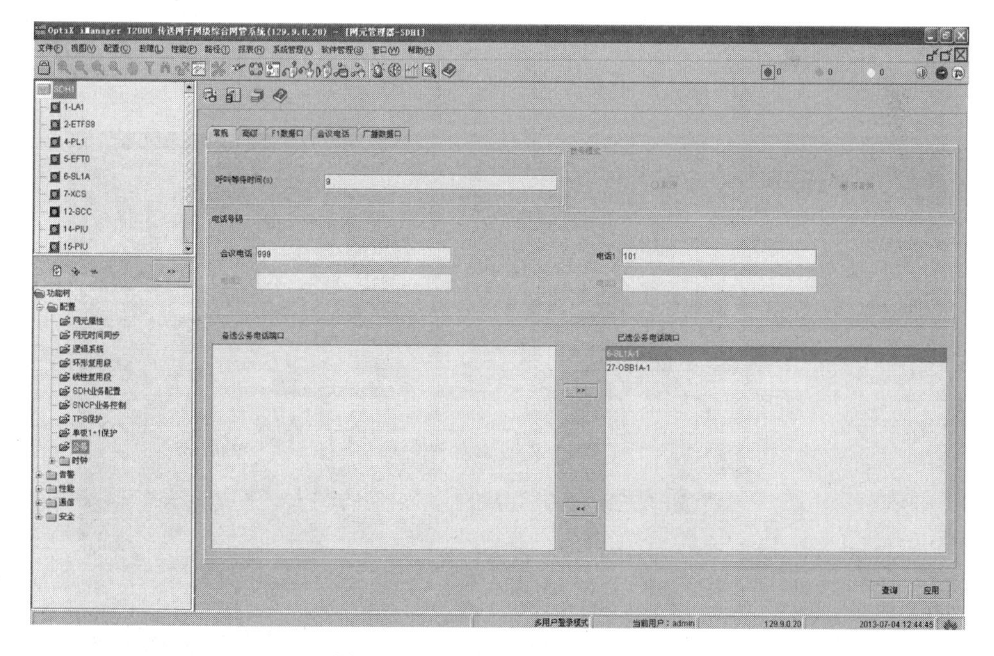

图 10.143 SDH1 公务电话配置

用同样的方式配置 SDH2 和 SDH3,在 SDH2"常规"中填入公务电话:102;会议电话:999。将左侧的 6 和 27 号光板选中,单击箭头符号将其移到右边,单击"应用"按钮;在"会

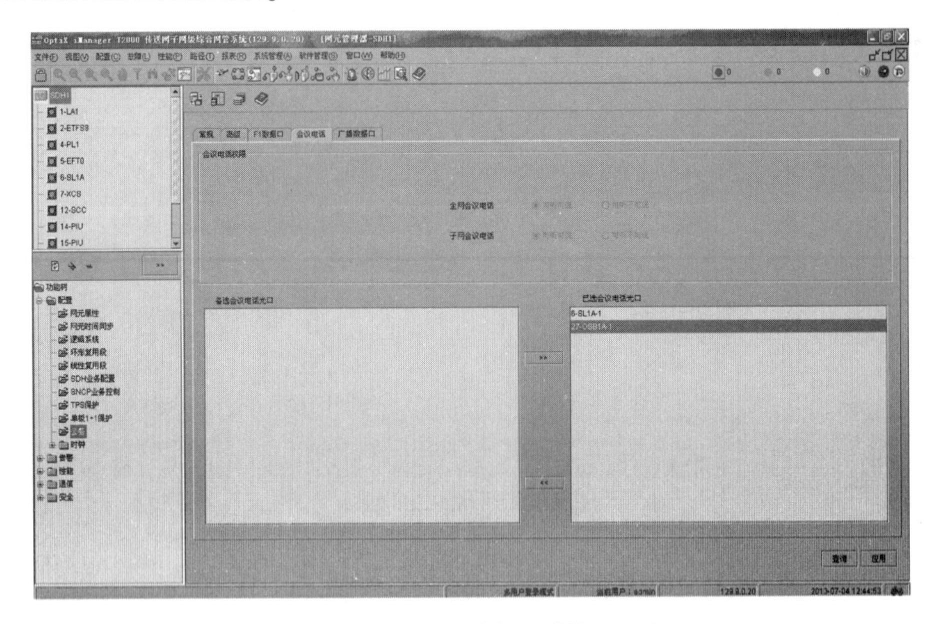

图 10.144 SDH1 会议电话端口配置

议电话”中,将左侧的 6 和 27 号光板选中,单击箭头符号将其移到右边,单击“应用”→“关闭”按钮。

在 SDH3“常规”中填入公务电话：103；会议电话：999。将左侧的 6 和 27 号光板选中,单击箭头符号将其移到右边,单击“应用”按钮；在“会议电话”中,将左侧的 6 和 27 号光板选中,单击箭头符号将其移到右边,单击“应用”→“关闭”按钮,关闭配置窗口。

8. 业务配置

在主视图中右击 SDH1,选择“业务配置”选项(图 10.145)。

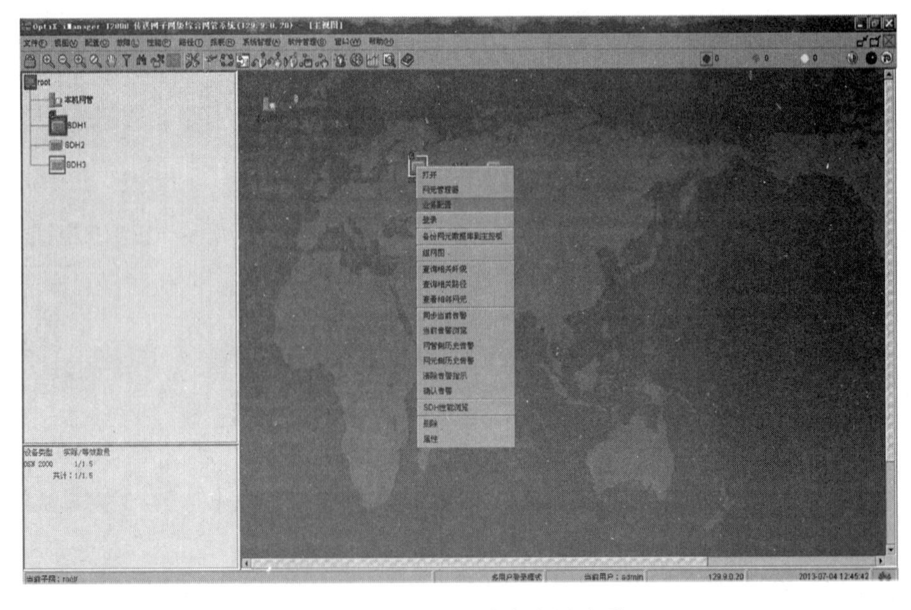

图 10.145 SDH1 业务配置选项

单击“新建 SNCP 业务”，在“新建 SNCP 业务”对话框中填写业务参数：业务类型＝SNCP，方向＝双向，等级＝VC12；在“工作业务”栏中的源板位＝6 号线路板，源 VC4＝VC4—1，源时隙范围＝1—4，宿板位＝4 号支路板，宿隙范围＝1—4；在“保护业务栏”中的源板位＝27 号线路板，源 VC4＝VC4—1，源时隙范围＝1—4，如图 10.146 所示。

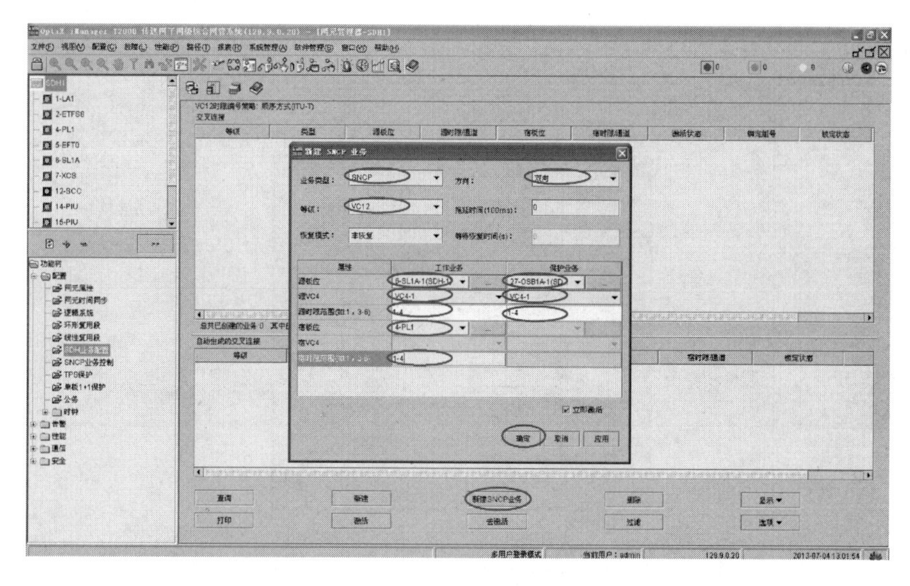

图 10.146 SDH1 业务配置

单击“确定”→“关闭”按钮，可以看到已经配置的业务，右击该业务，选择“展开到单向”，可以查看其所包含的具体内容。

关闭窗口，在 SDH2 的“新建 SDH 业务”对话框中填写业务参数：等级＝VC12，方向＝双向，源板位＝6 号线路板，源 VC4＝VC4—1，源时隙范围＝1—4，宿板位＝27 号线路板，宿 VC4＝VC4—1，宿隙范围＝1—4，如图 10.147 所示。

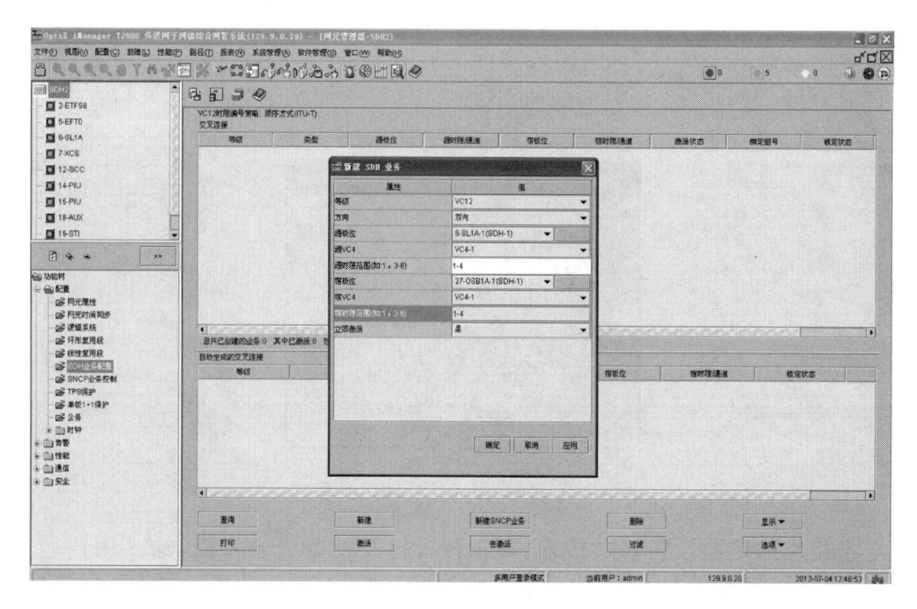

图 10.147 SDH2 业务配置

在SDH3的“新建SNCP业务”对话框中填写业务参数：业务类型＝SNCP，方向＝双向，等级＝VC12；在“工作业务”栏中的源板位＝27号线路板，源VC4＝VC4—1，源时隙范围＝1—4，宿板位＝4号支路板，宿隙范围＝1—4；在“保护业务”栏中的源板位＝6号线路板，源VC4＝VC4—1，源时隙范围＝1—4，如图10.148所示。

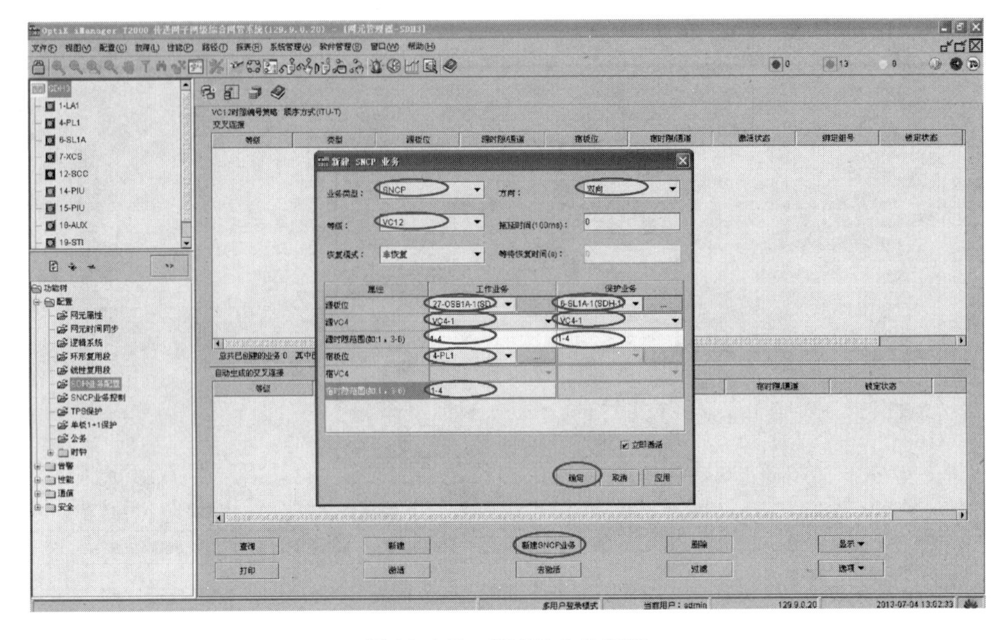

图10.148　SDH3业务配置

（二）使用EB通信软件实现硬件配置

做本实训之前，参与实训的学生应对SDH的原理技术、命令行有比较深刻的认识。参与本实训的学生已对EB通信软件有了较深入的了解并已熟练掌握其使用操作。

(1) 在桌面上双击图标，输入实际的服务器地址，如图10.149所示，单击“确定”按钮。

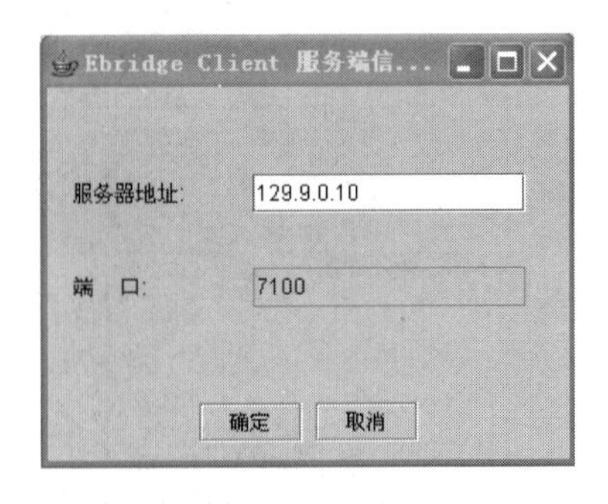

图10.149　登录EB操作平台

(2) 双击相应的传输设备，如“传输：SDH1”，打开设备登录界面，输入用户名szhw，密码nesoft，单击“确定”按钮(图10.150)。

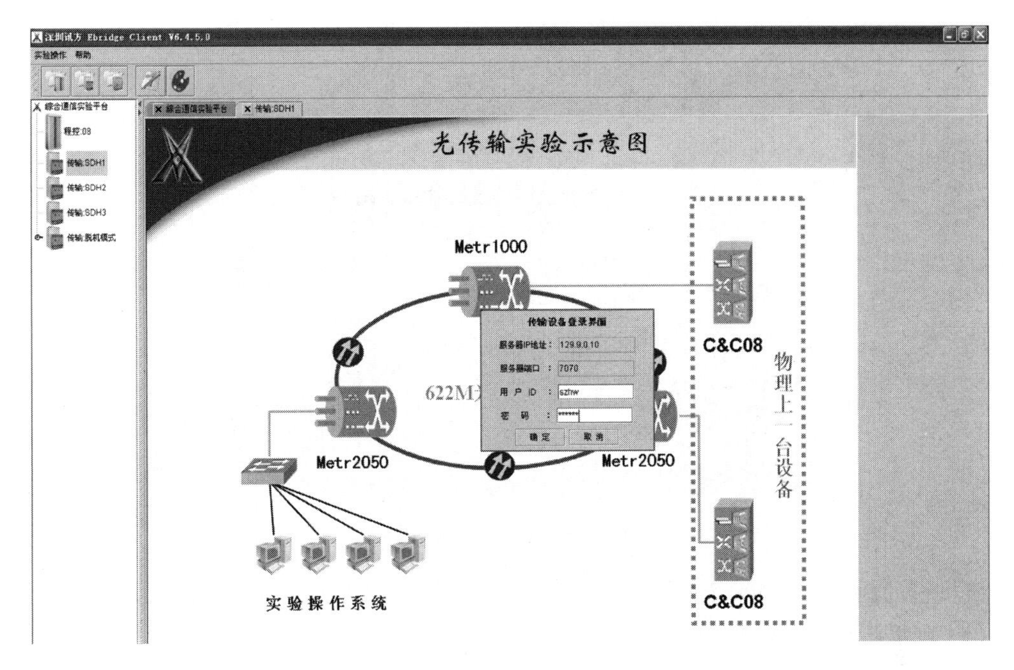

图 10.150　登录 SDH1

(3) 输入的方式有两种：第一种是在命令输入框中输入网元硬件配置命令(图 10.151)；第二种是预先使用文本文档编辑好命令脚本并保存，单击右下角的“导入文本文件”(图 10.152)。两者结果是一样的。

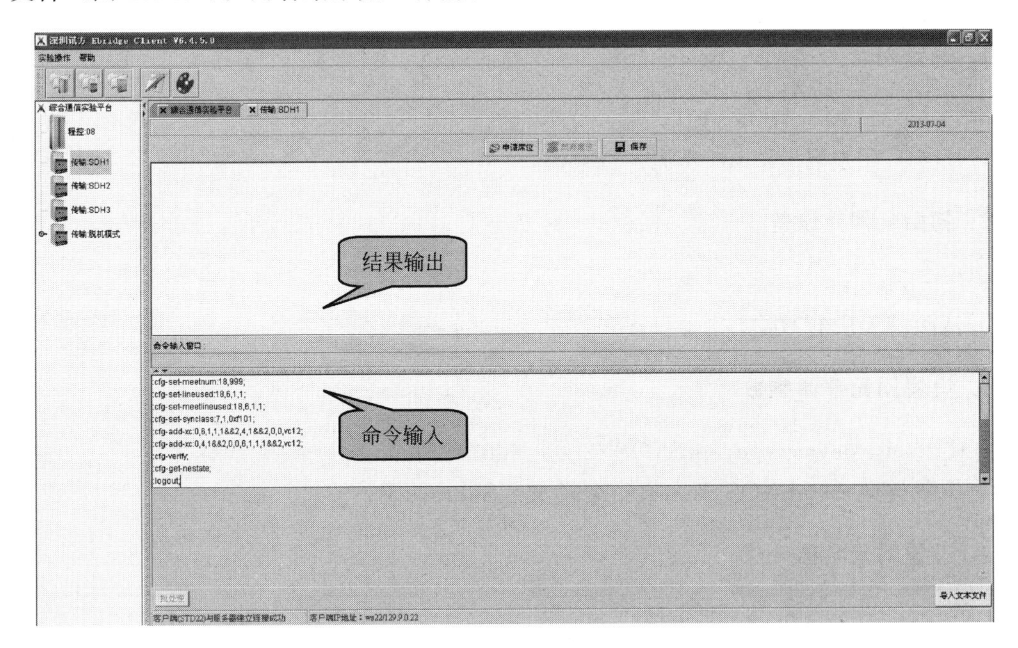

图 10.151　手工输入命令

(4) 单击“申请席位”→“是”→“确定”→“确定”按钮，系统会分配占用服务器权限，再单击“批处理”按钮，系统会自动逐步执行每条命令，并将执行结果显示在结果输出框中。系统

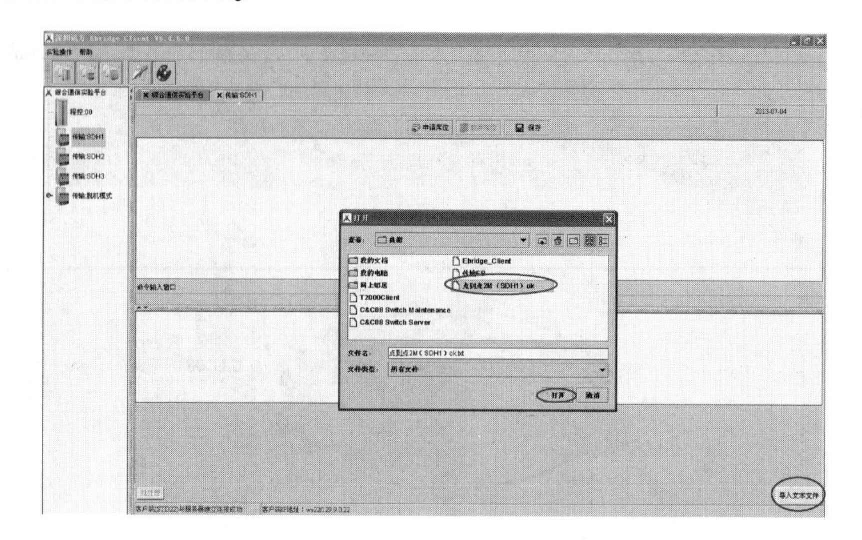

图 10.152 导入文本文件

默认所执行的内容用红色标注，执行结果用蓝色标注，实训中可以根据自己的需求更改。

(5) 重复步骤(2)、(3)、(4)，配置 SDH3。

七、实训数据

使用 EB 进行硬件配置的命令行脚本如下。

(一) SDH1 配置脚本

1. 登录网元

#1:login:"szhw","nesoft";
//ID=1,用户名=szhw,密码=nesoft.

2. 初始化网元设备

:cfg-init-all;
//清除网元所有数据.

3. 设置网元整体参数

:cfg-set-devicetype:OptiXOSN2000,SubrackⅠ;
//设备类型=OptiXOSN2000,子架类型=SubrackⅠ.

4. 设置网元名称

:cfg-set-nename:64,"SDH1";
//字符串长度=64,网元名称= SDH1.

5. 增加网元逻辑板

:cfg-add-board:1,la1:2,etfs8:4,pl1:5,eft0:6,sl1a:7,xcs:12,scc:14,piu:15,piu:

18,aux:19,sti:27,osb1a;
//1 槽位=la1；2 槽位=etfs8；4 槽位=pl1；5 槽位=eft0；6 槽位=sl1a；7 槽位=xcs；12 槽位=scc；14 槽位=piu；15 槽位=piu；18 槽位=aux；19 槽位=sti；27 槽位=osb1a.

6. 配置公务电话

:cfg—set—telnum:18,1,101;
//开销板位号=18，电话序号=1，电话号码=101.

7. 设置会议电话号码

:cfg—set—meetnum:18,999;
//开销板位号=18,会议电话号码=999.

8. 设置寻址呼叫可用光口

:cfg—set—lineused:18,6,1,1;
//开销板位号=18，线路板位号=6，光口号=1,通道号=1.
:cfg—set—lineused:18,27,1,1;
//开销板位号=18，线路板位号=27，光口号=1,通道号=1.

9. 设置会议电话呼叫可用光口

:cfg—set—meetlineused:18,6,1,1;
//开销板位号=18，线路板位号=6，光口号=1,通道号=1.
:cfg—set—meetlineused:18,27,1,1;
//开销板位号=18，线路板位号=27，光口号=1,通道号=1.

10. 配置网元时钟等级

:cfg—set—synclass:7,1,0xf101;
//时钟板位号=7,时钟源个数=1,时钟源=自由振荡.

11. 添加子网连接保护对

:cfg—add—sncppg:1&&4,rvt;
//保护对号 1—4,恢复模式.

12. 配置交叉业务(双发选收)

//业务选收
:cfg—set—sncpbdmap:1&&4,work,6,1,1,1&&4,4,1&&4,0,0,vc12;
//配置选收业务：保护对=1—4,主用业务,源板位=6,源端口号=1,源 AU 号=1,源低阶通道号=1—4；宿板位号=4,宿端口号=1—4,为支路业务,业务级别=vc12.
:cfg—set—sncpbdmap:1&&4,backup,27,1,1,1&&4,4,1&&4,0,0,vc12;

//配置选收业务：保护对＝1—4，备用业务，源板位＝27，源端口号＝1，源 AU 号＝1，源低阶通道号＝1—4；宿板位号＝4，宿端口号＝1—4，为支路业务，业务级别＝vc12.
//业务双发
:cfg—add—xc:0,4,1&&2,0,0,6,1,1,1&&2,vc12;
//配置双发业务：ID＝0，源板位＝4，源端口号＝1—4，为支路业务；宿板位号＝6，宿端口号＝1，宿 AU 号＝1，宿低阶通道号＝1—4，业务级别＝vc12.
:cfg—add—xc:0,4,1&&2,0,0,27,1,1,1&&2,vc12;
//配置双发业务：ID＝0，源板位＝4，源端口号＝1—4，为支路业务；宿板位号＝27，宿端口号＝1，宿 AU 号＝1，宿低阶通道号＝1—4，业务级别＝vc12.

13. 配置校验下发

:cfg—verify;
//校验完成，设备开始工作.

14. 查询网元状态

:cfg—get—nestate;
//查询网元运行状态.

15. 安全退出

:logout;

（二）SDH2 配置脚本

1. 登录网元

#3:login:"szhw","nesoft";
//ID＝3，用户名＝szhw，密码＝nesoft.

2. 初始化网元设备

:cfg—init—all;
//清除网元所有数据.

3. 设置网元整体参数

:cfg—set—devicetype:OptiXOSN2000,SubrackⅠ;
//设备类型＝OptiXOSN2000，子架类型＝SubrackⅠ.

4. 设置网元名称

:cfg—set—nename:64,"SDH3";
//字符串长度＝64，网元名称＝SDH3.

5. 增加网元逻辑板

:cfg—add—board:2,etfs8:5,eft0:6,sl1a:7,xcs:12,scc:14,piu:15,piu:18,aux:19,sti:27,osb1a;
//2 槽位=etfs8; 5 槽位=eft0; 6 槽位=sl1a; 7 槽位=xcs; 12 槽位=scc; 14 槽位=piu; 15 槽位=piu; 18 槽位=aux; 19 槽位=sti; 27 槽位=osb1a.

6. 配置公务电话

:cfg—set—telnum:18,1,103;
//开销板位号=18, 电话序号=1, 电话号码=103.

7. 设置会议电话号码

:cfg—set—meetnum:18,999;
//开销板位号=18,会议电话号码=999.

8. 设置寻址呼叫可用光口

:cfg—set—lineused:18,6,1,1;
//开销板位号=18, 线路板位号=6, 光口号=1,通道号=1.
:cfg—set—lineused:18,27,1,1;
//开销板位号=18, 线路板位号=27, 光口号=1,通道号=1.

9. 设置会议电话呼叫可用光口

:cfg—set—meetlineused:18,6,1,1;
//开销板位号=18, 线路板位号=6, 光口号=1,通道号=1.
:cfg—set—meetlineused:18,27,1,1;
//开销板位号=18, 线路板位号=27, 光口号=1,通道号=1.

10. 配置网元时钟等级

:cfg—set—synclass:7,2,0x0601,0xf101;
//时钟板位号=7,时钟源个数=2,时钟源=跟踪 6 光板,时钟源=自由振荡.

11. 配置交叉业务

:cfg—add—xc:0,6,1,1,1&&4, 27,1,1,1&&4,vc12;
//配置光路到支路业务的映射: ID=0,源板位=6,源端口号=1,源 AU 号=1,源低阶通道号=1—4; 宿板位号=27,宿端口号=1,宿 AU 号=1,宿低阶通道号=1—4,业务级别=vc12.
:cfg—add—xc:0, 27,1,1,1&&4,6,1,1,1&&4,vc12;
//配置支路到光路业务的映射: ID=0,源板位=27,源端口号=1,源 AU 号=1,源低阶通道号=1—4; 宿板位号=6,宿端口号=1,宿 AU 号=1,宿低阶通道号=1—4,业务级别＝vc12.

12. 配置校验下发

:cfg－verify;
//校验完成,设备开始工作.

13. 查询网元状态

:cfg－get－nestate;
//查询网元运行状态.

14. 安全退出

:logout;

(三) SDH3 配置脚本

1. 登录网元

＃3:login:"szhw","nesoft";
//ID＝3,用户名＝szhw,密码＝nesoft.

2. 初始化网元设备

:cfg－init－all;
//清除网元所有数据.

3. 设置网元整体参数

:cfg－set－devicetype:OptiXOSN2000,SubrackⅠ;
//设备类型＝OptiXOSN2000,子架类型＝SubrackⅠ.

4. 设置网元名称

:cfg－set－nename:64,"SDH3";
//字符串长度＝64,网元名称＝ SDH3.

5. 增加网元逻辑板

:cfg－add－board:1,la1:4,pl1:6,sl1a:7,xcs:12,scc:14,piu:15,piu:18,aux:19,sti:27,osb1a;
//1 槽位＝la1; 4 槽位＝pl1; 6 槽位＝sl1a; 7 槽位＝xcs; 12 槽位＝scc; 14 槽位＝piu; 15 槽位＝piu; 18 槽位＝aux; 19 槽位＝sti; 27 槽位＝osb1a.

6. 配置公务电话

:cfg－set－telnum:18,1,103;

//开销板位号=18，电话序号=1，电话号码=103.

7. 设置会议电话号码

:cfg—set—meetnum:18,999;
//开销板位号=18,会议电话号码=999.

8. 设置寻址呼叫可用光口

:cfg—set—lineused:18,6,1,1;
//开销板位号=18，线路板位号=6，光口号=1,通道号=1.
:cfg—set—lineused:18,27,1,1;
//开销板位号=18，线路板位号=27，光口号=1,通道号=1.

9. 设置会议电话呼叫可用光口

:cfg—set—meetlineused:18,6,1,1;
//开销板位号=18，线路板位号=6，光口号=1,通道号=1.
:cfg—set—meetlineused:18,27,1,1;
//开销板位号=18，线路板位号=27，光口号=1,通道号=1.

10. 配置网元时钟等级

:cfg—set—synclass:7,2,0x1b01,0x0601,0xf101;
//时钟板位号=7,时钟源个数=2,时钟源=跟踪 27 光板,时钟源=自由振荡.

11. 添加子网连接保护对

:cfg—add—sncppg:1&&4,rvt;
//保护对号 1—4,恢复模式.

12. 配置交叉业务(双发选收)

//业务选收
:cfg—set—sncpbdmap:1&&4,work,27,1,1,1&&4,4,1&&4,0,0,vc12;
//配置选收业务：保护对=1—4,主用业务,源板位=27,源端口号=1,源 AU 号=1,源低阶通道号=1—4；宿板位号=4,宿端口号=1—4,为支路业务,业务级别=vc12.
:cfg—set—sncpbdmap:1&&4,backup,6,1,1,1&&4,4,1&&4,0,0,vc12;
//配置选收业务：保护对=1—4,备用业务,源板位=6,源端口号=1,源 AU 号=1,源低阶通道号=1—4；宿板位号=4,宿端口号=1—4,为支路业务,业务级别=vc12.
//业务双发
:cfg—add—xc:0,4,1&&2,0,0,6,1,1,1&&2,vc12;
//配置双发业务：ID=0,源板位=4,源端口号=1—4,为支路业务；宿板位号=6,宿端口号=1,宿 AU 号=1,宿低阶通道号=1—4,业务级别=vc12.
:cfg—add—xc:0,4,1&&2,0,0,27,1,1,1&&2,vc12;

//配置双发业务：ID=0,源板位=4,源端口号=1—4,为支路业务；宿板位号=27,宿端口号=1,宿 AU 号=1,宿低阶通道号=1—4,业务级别=vc12.

13. 配置校验下发

:cfg—verify;
//校验完成,设备开始工作.

14. 查询网元状态

:cfg—get—nestate;
//查询网元运行状态.

15. 安全退出

:logout;

八、实训验证

OptiX OSN2000 传输设备电端口和光端口传输都是数字信号,因此要检测所配置业务的正确性,必须在电端口接其他设备,看其是否能正常工作以检测所配业务的正确性。本实训教程使用光网络分析仪作为验证终端,在 SDH1 和 SDH3 的支路端口分别对接 2 台光网络分析仪,如图 10.153 所示(已正确配置光网络分析仪,接口连接数据如图 10.154 所示),若能够开通视频,断开其中一组光纤仍然能开通视频,说明传输业务的配置是正确的(光网络分析仪的软、硬件安装及使用方法这里就不详细描述了)。

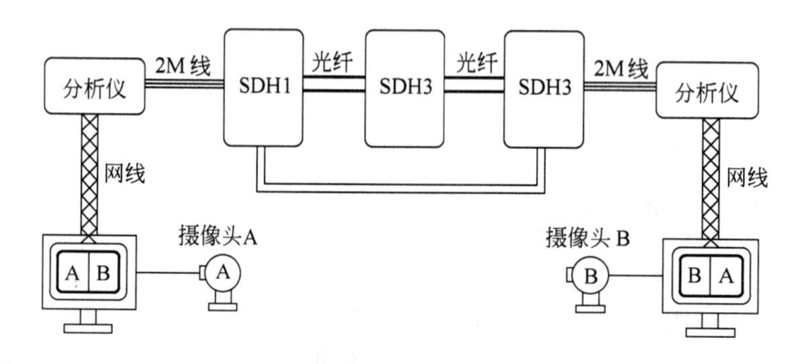

图 10.153 传输设备与光网络分析仪对接示意

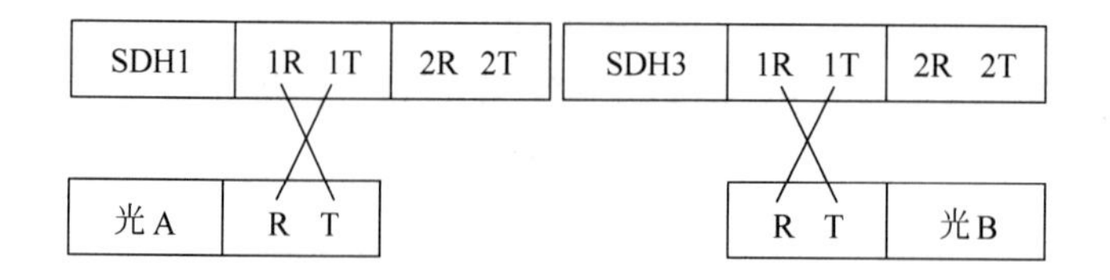

图 10.154 2M 口连接方式

图 10.155 所示为华为 SDH 测试软件的视频界面。

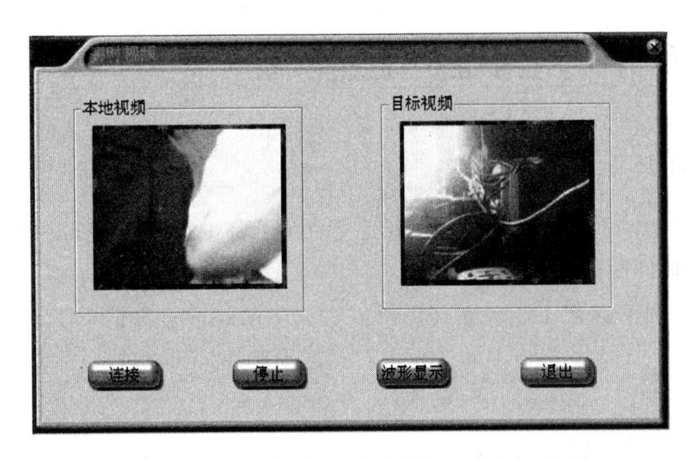

图 10.155　华为 SDH 测试软件——视频界面

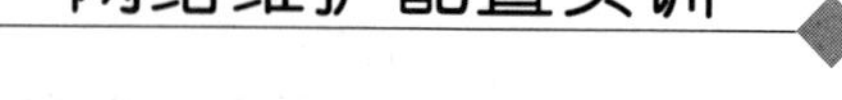

实训单元 11 网络维护配置实训

一、实训目的

(1) 通过对 T2000 网管软件的讲解,结合 SDH 设备进行 T2000 软件操作演示,让学生了解 T2000 网管软件的使用方法。

(2) 通过本实训了解 2M 业务在环形组网方式中的修改和删除的方法。

二、实训器材

(1) OSN2000 传输设备 3 台

(2) EB 服务器

(3) 操作终端

(4) 光网络分析仪

(5) 电话机

(6) 尾纤若干

(7) 2M 连接线若干

三、实训内容说明

在使用 Ebridge 进行传输业务配置时,如果配置数据出现错误,可以将错误的那条命令修改之后重新执行该命令,或者将错误的命令修改之后,重新执行全部命令。但是使用 T2000 进行业务配置时,如果其中某步骤出现错误且执行成功了,只能删除该命令的执行结果,然后重新配置该步骤。本实训单元以环形 2M 业务为例,介绍删除配置的流程。

1. 环形 2M 业务配置的流程

- 新建网元
- 配置单板
- 创建纤缆
- 创建保护视图
- 配置时钟
- 公务配置
- 业务配置

2. 删除配置的流程

- 业务去激活
- 删除业务
- 删除保护子网
- 删除纤缆
- 删除网元

四、实训步骤

1. 业务去激活

选中该网元 SDH1 中需删除的交叉连接业务，右击，选择“去激活”，如图 10.156 所示，再单击“确定”→“确定”→“关闭”。

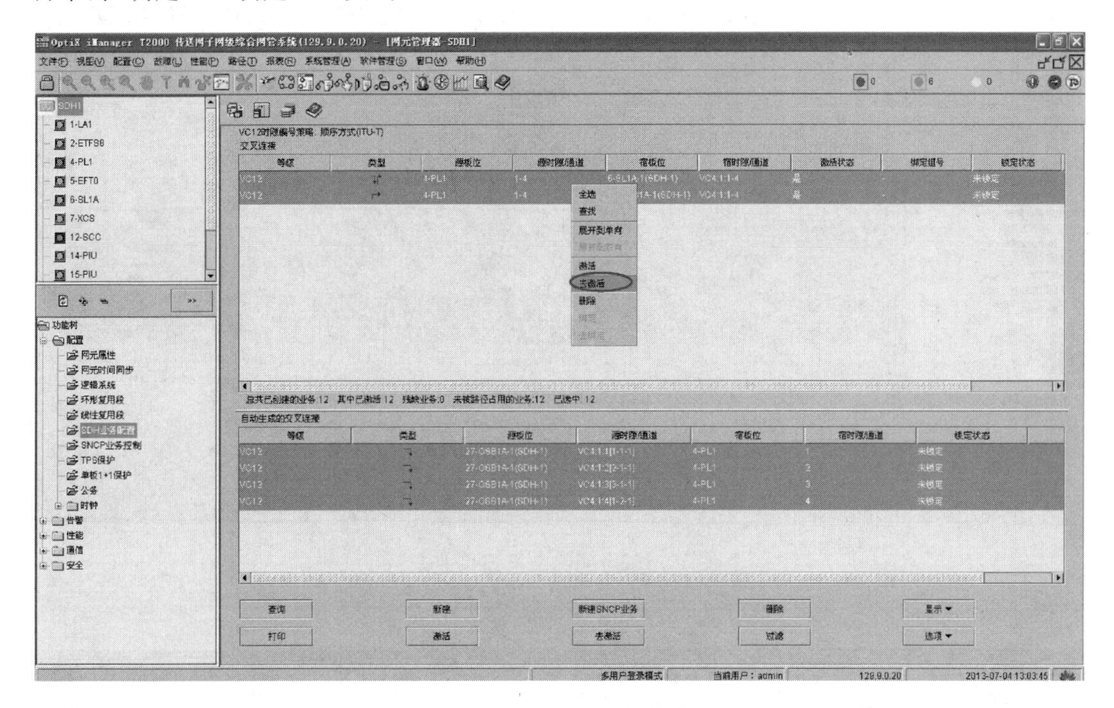

图 10.156　SDH1 业务去激活

2. 删除交叉连接业务

如图 10.157 所示，该网元中交叉连接业务的激活状态由“是”变为“否”，右击该业务，选择“删除”命令，再单击“确定”→“关闭”按钮。

3. 删除保护子网

如图 10.158 所示，在菜单栏中选择“配置”→“保护视图”命令，右击“二纤通道保护环_1”，选择“从网络层删除保护子网”命令，再单击“确定”→“关闭”按钮。

4. 删除纤缆

在主视图中，右击环网中的一条纤缆，选择“删除”命令(图 10.159)，单击“确定”按钮。

5. 删除网元

该网元连接的所有纤缆删除完成后，右击需删除的网元，选择“删除”命令(图 10.160)，单击“确定”按钮。

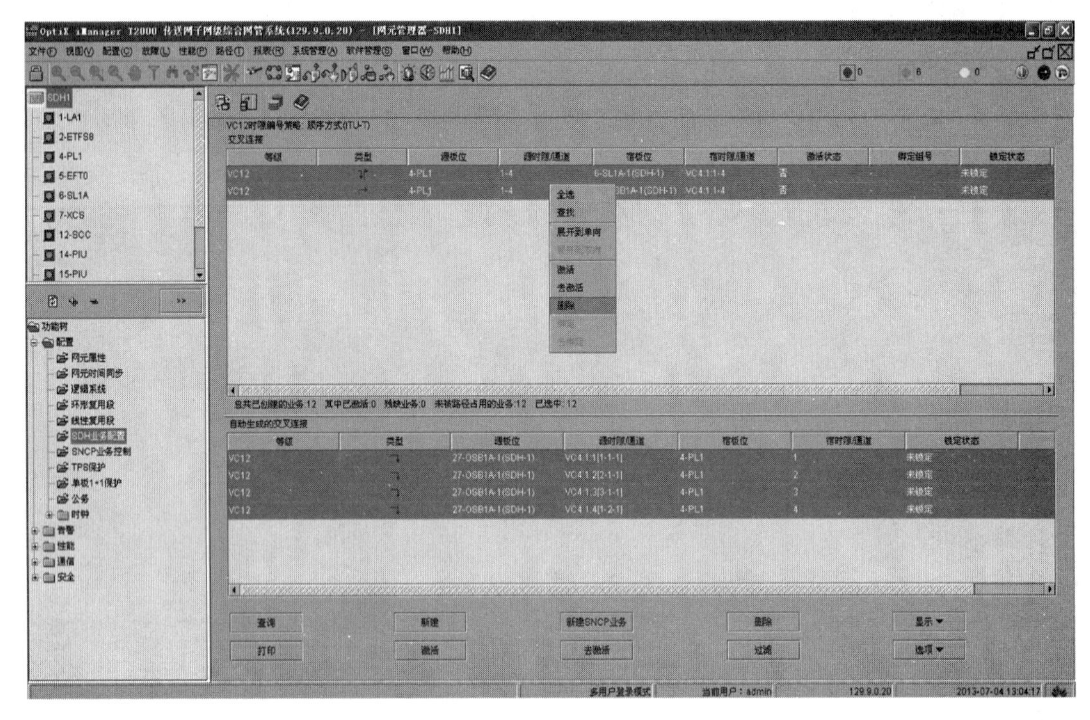

图 10.157　删除交叉连接业务

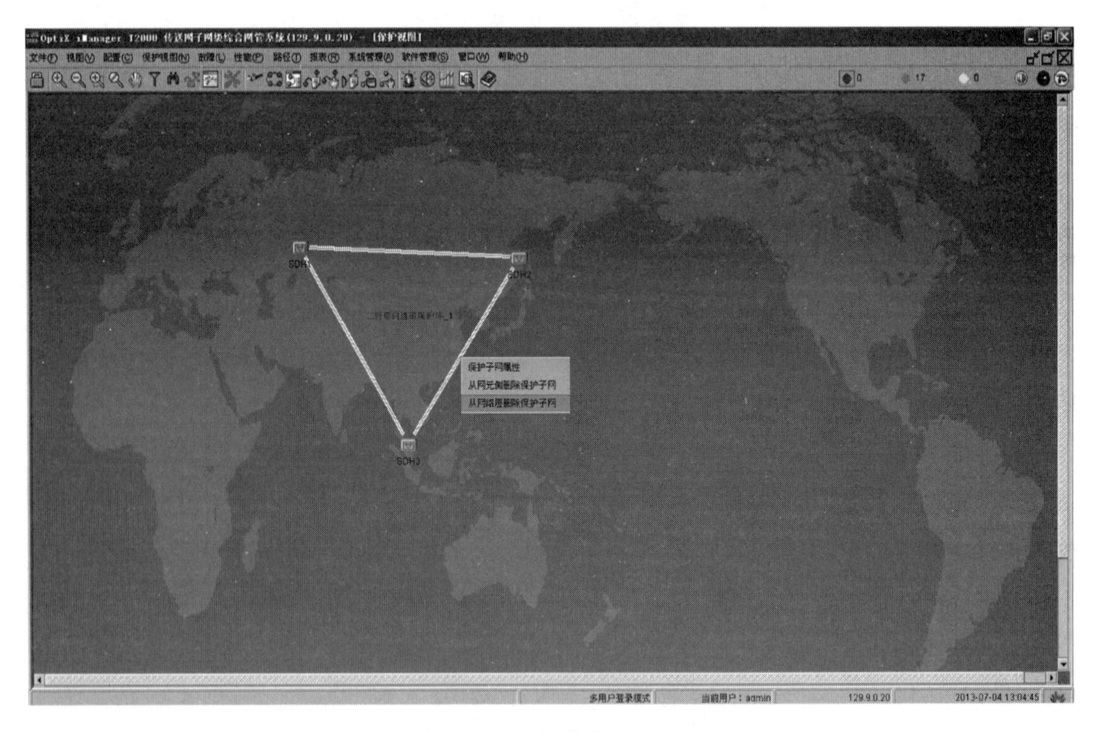

图 10.158　删除保护子网

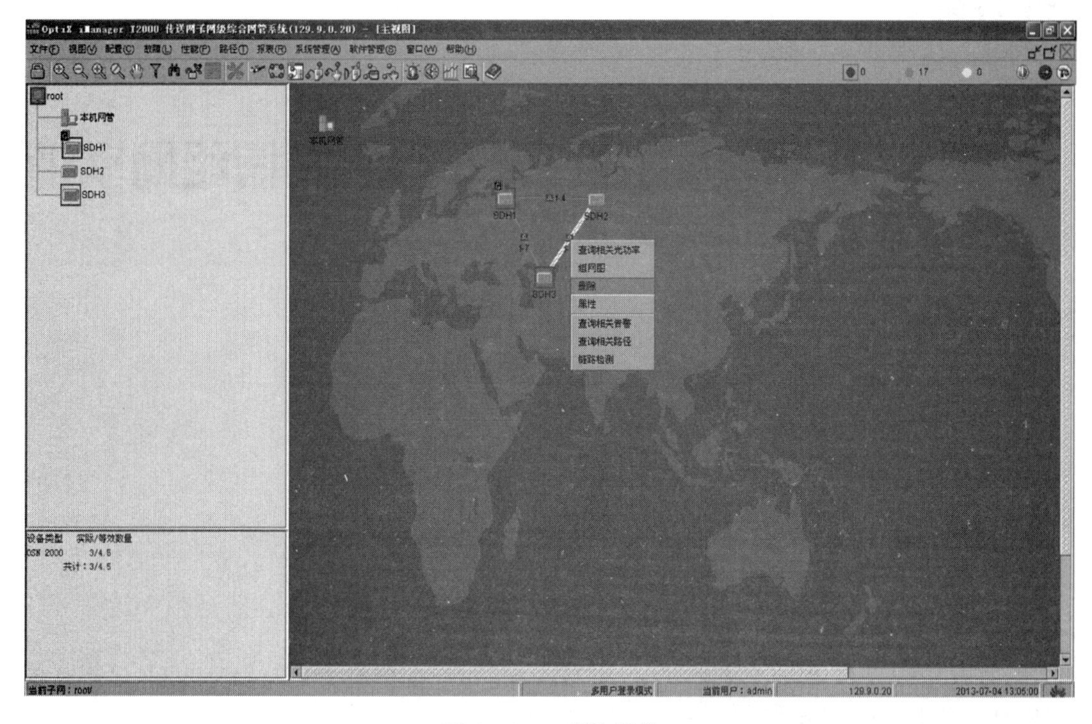

图 10.159　删除纤缆

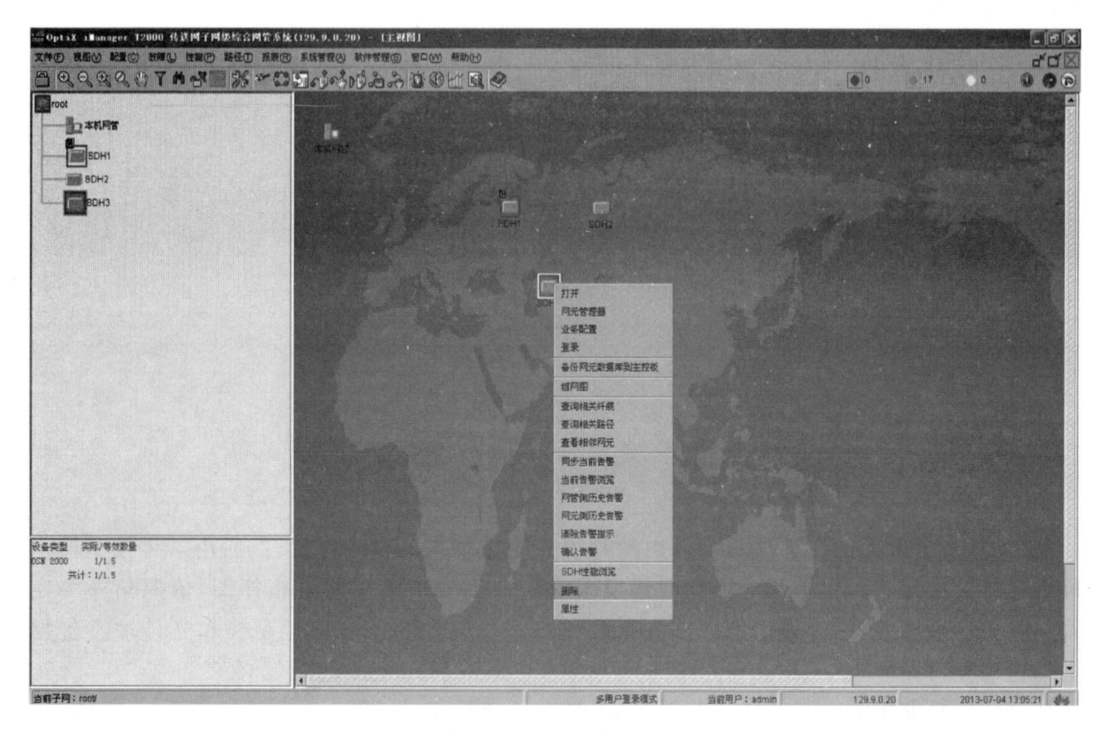

图 10.160　删除网元

第11章 综合通信组网实训

实训单元12　程控传输组网实训

一、实训目的

(1) 学习C&C08程控交换机NO.7 TUP中继电路的配置方式和OSN2000传输设备在环形网中2M业务的配置。

(2) 将C&C08程控交换机的中继电路接入OSN2000传输设备的支路板端口，完成网络的组建及调试。

二、实训器材

(1) OSN2000传输设备3台
(2) EB服务器
(3) 操作终端
(4) 程控交换机
(5) 光网络分析仪
(6) 电话机
(7) 尾纤若干
(8) 2M连接线若干

三、实训内容说明

之前11个单元的实训科目均是由教师事先完成网络的物理连接，然后由学生按照预定科目进行数据配置。本单元的实训科目要求学生根据要求画出网络拓扑图，依照拓扑图完成网络的物理连接，然后再进行数据配置和调试。所以先要了解程控交换和光传输设备提供的物理接口。

(1) 本实训平台中C&C08程控交换机配置两块DTM板，共提供四路2M接口，如图11.1所示。

DDF 架				
C&C08	1R 1T	2R 2T	3R 3T	4R 4T

图 11.1　程控交换机 2M 接口示意

(2) 本实训平台中有两台 OSN2000 传输设备配置一块 PL1 板，通过 LA1 提供 16 路 E1 电接口，这里只画出了 8 路，如图 11.2 所示。

DDF 架								
SDH1	1R 1T	2R 2T	3R 3T	4R 4T	5R 5T	6R 6T	7R 7T	8R 8T
SDH3	1R 1T	2R 2T	3R 3T	4R 4T	5R 5T	6R 6T	7R 7T	8R 8T

图 11.2　传输设备 E1 电接口示意

(3) 本实训平台中每台 OSN2000 传输设备都配置两块线路板，每块线路板提供 1 路 STM-1 光接口，如图 11.3 所示。

ODF 架					
6R 6T	27R 27T	6R 6T	27R 27T	6R 6T	27R 27T
SDH1		SDH2		SDH3	

图 11.3　传输设备光接口示意

四、实训步骤

(1) 提出组网要求：一台程控交换设备(可另虚拟一台)，三台传输设备，组成环形通信网。

(2) 根据组网要求画出网络拓扑图。图 11.4 所示为各设备之间及用户连接的示意图。

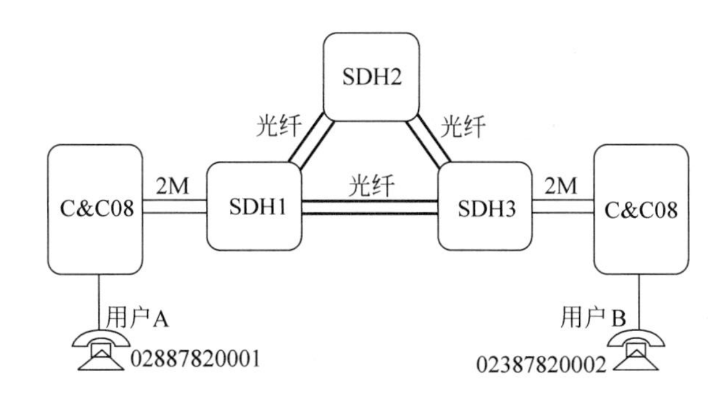

图 11.4　网络连接示意

(3) 完成网络的物理连接(包括 2M 线和光纤)。图 11.5 所示为参考 2M 线及光线的参考连接图。

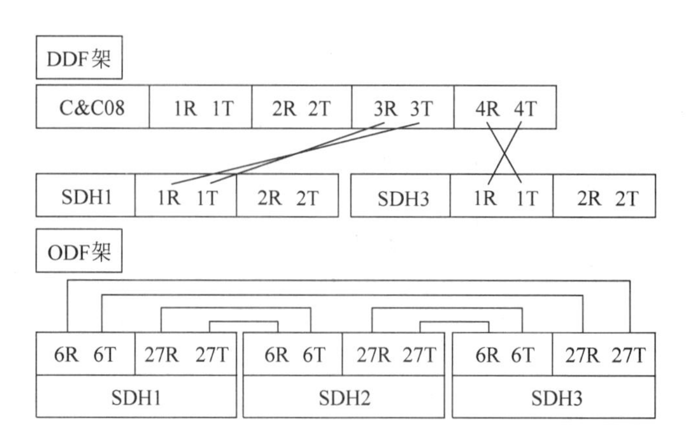

图 11.5 网络连接示意

(4) 在实训终端进行业务配置，要求：程控交换配置成 NO.7 TUP 中继业务，传输设备配置成单通道保护环。

(5) 线路检查及业务配置调试。

五、实训数据

(1) C&C08 数字程控交换机的 NO.7 TUP 中继业务配置数据请参考实训单元 6，这里不做详细讲解。

(2) OSN2000 传输设备的环形 2M 业务(单通道保护环)配置数据请参考实训单元 10，这里不做详细讲解。

六、实训验证

(1) 如图 11.4 所示，用户 A 使用话机拨打用户 B(02387820002)，振铃且能够接通，说明基础业务配置成功。

(2) 拆去其中一组光线，仍然能打通电话，说明保护业务配置成功。

参考文献

[1] 卞佳丽,等.现代交换原理与通信网技术[M].北京:北京邮电大学出版社,2005.

[2] 孙学康,张金菊.光纤通信技术[M].2版.北京:人民邮电出版社,2008.

[3] 华为技术有限公司.C&C08 数字程控交换系统-技术手册.

[4] 华为技术有限公司.C&C08 数字程控交换系统-操作手册.

[5] 华为技术有限公司.C&C08 数字程控交换系统-设备手册.

[6] 华为技术有限公司.C&C08 数字程控交换系统-安装手册.

[7] 华为技术有限公司.OptiX iManager T2000 传送网子网级综合管理系统.

[8] 华为技术有限公司.OptiX OSN2000 增强型多业务光传输系统-产品描述.

[9] 华为技术有限公司.OptiX OSN2000 增强型多业务光传输系统-配置指南.